"十四五"时期国家重点出版物出版专项规划项目 现代土木工程精品系列图书
黑龙江省优秀学术著作 / "双一流"建设精品出版工程

严寒地区城市形态要素与微气候调节

URBAN MORPHOLOGY ELEMENTS AND MICROCLIMATE REGULATION IN SEVERE COLD REGIONS

金 虹 黄 锰 金雨蒙 颜廷凯 著

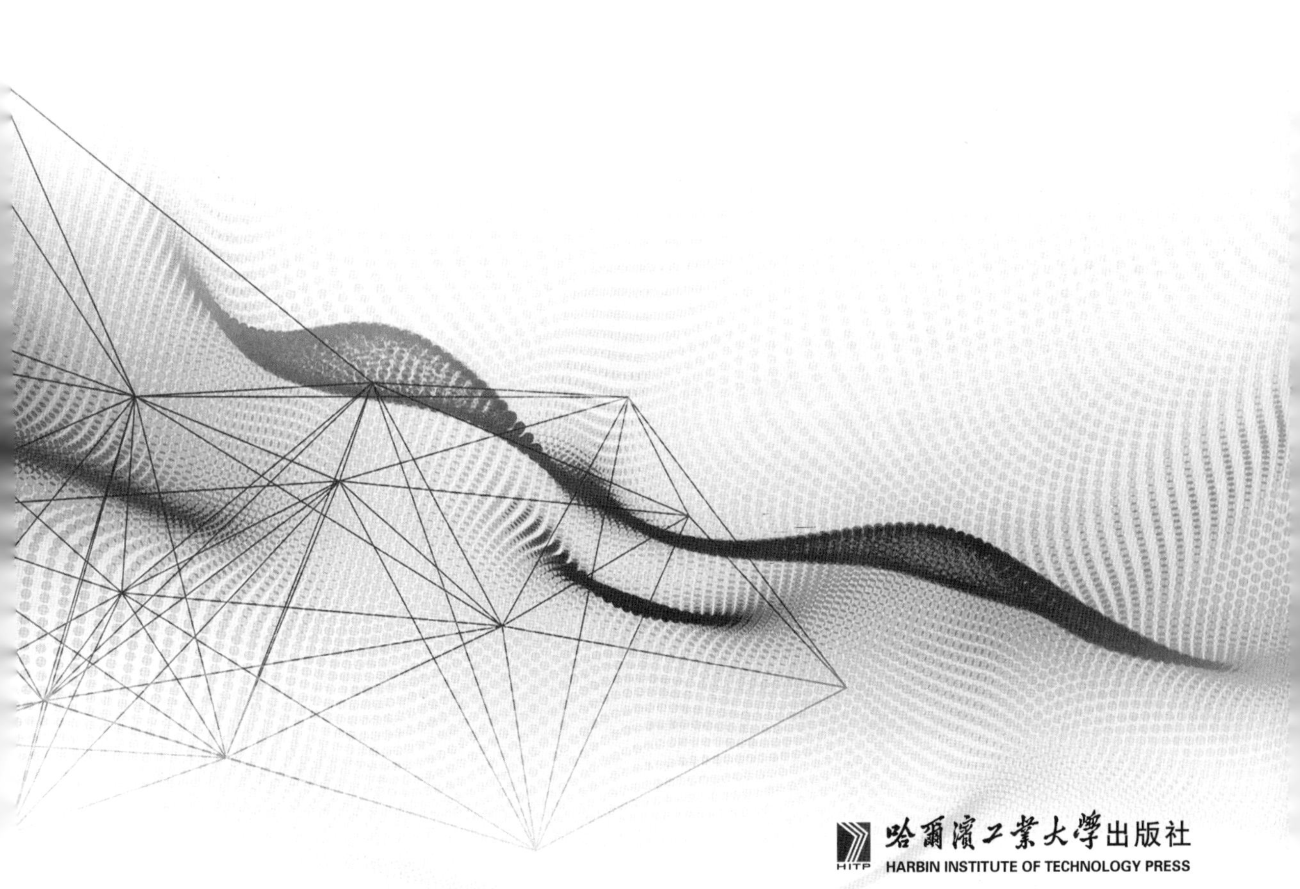

哈爾濱工業大學出版社
HARBIN INSTITUTE OF TECHNOLOGY PRESS

内 容 简 介

本书以严寒地区典型城市哈尔滨为例，通过对哈尔滨的城市空间形态、路网形态、不透水面形态、绿地形态等进行基础数据采集与调研，从宏观的视角分析了严寒地区城市形态与城市微气候相互关联的内在机理，找出其相互影响与制约的关系。分别从城市空间形态与微气候调节、城市路网形态与风环境关联性、城市不透水面形态与微气候调节、城市绿地形态与微气候调节等方面阐释了严寒地区城市形态及城市发展对其微气候的影响，并给出相应的建议和策略。本书目的在于为严寒地区城市规划与城市建设提供科学的理论依据和技术对策，从而有利于改善严寒地区城市的人居环境，提升居民户外活动的舒适性，促进严寒地区城市的可持续发展。

本书调研及实测数据充分可靠，分析方法科学系统，内容翔实，图文并茂，可为高等院校城乡规划、建筑学、风景园林等专业的广大师生、科研院所的研究人员、相关的设计人员及城乡建设管理者提供参考。

图书在版编目(CIP)数据

严寒地区城市形态要素与微气候调节/金虹等著
.—哈尔滨：哈尔滨工业大学出版社，2022.8
(现代土木工程精品系列图书)
ISBN 978-7-5603-9322-3

Ⅰ.①严… Ⅱ.①金… Ⅲ.①寒冷地区—城市规划—研究②寒冷地区—城市—微气候—调节—研究 Ⅳ.①TU984②P463.2

中国版本图书馆 CIP 数据核字(2021)第 016870 号

策划编辑 王桂芝
责任编辑 李长波 杨 硕 那兰兰 马 媛
出版发行 哈尔滨工业大学出版社
社 址 哈尔滨市南岗区复华四道街 10 号 邮编 150006
传 真 0451-86414749
网 址 http://hitpress.hit.edu.cn
印 刷 黑龙江艺德印刷有限责任公司
开 本 787 mm×1 092 mm 1/16 印张 18 字数 424 千字
版 次 2022 年 8 月第 1 版 2022 年 8 月第 1 次印刷
书 号 ISBN 978-7-5603-9322-3
定 价 68.00 元

前　　言

严寒地区城市化进程的快速推进，引发了城市新陈代谢的不良循环，带来了诸如城市热岛、雾霾加剧等问题，同时也使城市微气候变得更为复杂敏感。这些变化产生了大量负面效应，对城市居民的生活质量、身心健康都造成很大影响。可见，人居环境的改变与恶化已成为严寒地区城市建设与发展中的突出问题，城市气候环境越来越远离舒适性。而且，随着城市规模和人口的扩张，这些现象也在逐年加剧。因此，亟待针对严寒地区气候的特殊性，展开对严寒地区城市微气候环境的相关研究，为严寒地区宜居城市建设提供理论基础和科学依据。

本书基于国家自然科学基金重点项目“严寒地区城市微气候调节原理与设计方法研究(51438005)”的部分研究成果，以严寒地区典型城市哈尔滨为例，从宏观的视角分析了严寒地区城市形态与其微气候的关联性，分别从城市空间形态、城市路网形态、城市不透水面形态、城市绿地形态等方面阐释了严寒地区城市形态要素对城市微气候的影响，并给出相应的微气候调节策略，为严寒地区城市建设提供科学的理论依据。希望本书可为严寒地区城市规划与城市建设提供技术支持，为改善严寒地区城市人居环境，建设绿色、低碳、健康的严寒地区城市做出一定的贡献。

本书主要由金虹、黄锰、金雨蒙、颜廷凯撰写。撰写分工如下：第 1 章，金雨蒙、颜廷凯、徐思远、李婧、何欣；第 2 章，颜廷凯、金虹；第 3 章，徐思远、金虹；第 4 章，李婧、黄锰；第 5 章，何欣、金雨蒙。全书图表等由金雨蒙、颜廷凯统一调整。本项目研究过程中，绿色建筑设计与技术研究所的全体硕博研究生历经 5 个春夏秋冬，在零上 30 ℃的夏季和零下 30 ℃的寒冬中，坚持测试与调研，获得了宝贵的第一手材料。在此，为他们不畏酷暑和严寒、踏实科研的精神点赞。

由于作者水平有限，书中难免存在不足之处，敬请读者批评指正。

金　虹

2022 年 7 月

目　录

第1章　绪　论

城市微气候是基于大气候的背景下，在城市的特殊空间环境和城市中人类活动的共同作用下（主要是无意识的）而形成的一种局地城市气候。相比大气候，城市微气候的研究更加复杂，涵盖了气象学、生命科学、地理学、城乡规划学、景观学和建筑学等多个学科。有学者发现：很多城市的微气候特征会随着该城市的空间形态、下垫面、绿化等因素的改变而变化；建筑布局、城市绿地以及下垫面材质等因素直接影响着城市的热污染和能源的使用率；合理的规划布局、适宜的城市绿地可以有效缓解城市热岛效应，减弱气候条件对居民户外活动的影响，为市民提供良好的人居环境；而在城市微气候的影响因素中，城市空间形态、城市下垫面形式、绿化结构又起到关键作用。因此本书将选取严寒地区典型城市哈尔滨为研究案例，从哈尔滨的城市空间形态、城市路网形态、城市不透水面形态、城市绿地形态等特征入手，深入研究严寒地区城市形态与微气候调节的机理，并给出相应的技术对策与建议，意在为严寒地区城市规划与建设提供科学的参考依据和设计方法，通过营造良好的微气候环境，改善严寒地区城市人居环境，提升居民户外活动的舒适性。

1.1　研究背景

随着城市的发展和城市人口的扩张，原有的城市空间结构逐渐发生变化，下垫面更迭，人为热大量释放，这些变化逐渐影响城市微气候的变化，也带来了诸如城市热岛及雾霾加剧等问题，随之也影响了城市居民的日常生活和身心健康。这种变化同时还关系到城市的生态环境，影响城市的能源消耗，因此引发了众多学者的关注。

1.1.1　城市空间扩张

在1995—2010年的15年时间里，哈尔滨城市人口规模快速增长，城市中心建筑密度不断增大，城市边缘不断向外扩张，侵占着周边农田、裸地等自然用地。由表1－1可以看出，在这15年间，建筑用地总面积增加106.97 km^2，增长的总面积约等于1910—1983年这70多年中增加的面积，其中向西南方向的增长最为迅速。

哈尔滨最早规划的老城区包括道里区、南岗区、道外区、香坊区，随着城市不断扩大，增加了松北区、呼兰区等，现总用地面积为458 km^2。老城区不仅人口数量多于其他区，同时包含了城市主要的行政部门、经济商圈等，是哈尔滨重要的城市商业中心、文化中心聚集区。

早期哈尔滨城区空间发展主要集中在老城区，空间较为离散，随着城市化的不断发展，老城区城市空间逐渐紧密，1995年起城市分维指数达到最大，城市空间开始向外扩张；1995—2015年的20年中，城市分维指数逐渐下降，紧凑度上升，老城市空间增加方式主要以填充城市内部空隙为主，新城区开始向外扩张，见表1－2。

表1－1 哈尔滨主城区空间形态发展 km²

年份	各区域面积								总用地面积
	西北北	东北北	东北东	东南东	东南南	西南南	西南西	西北西	
1910年	2.48	1.94	0.72	0.88	1.73	1.56	0.62	1.55	11.48
1925年	2.48	2.69	0.83	1.89	2.53	1.66	0.62	2.36	15.06
1938年	3.52	6.32	4.22	5.38	9.99	7.32	6.34	3.32	46.41
1946年	3.61	6.42	7.51	6.87	9.99	7.32	6.38	3.78	51.88
1959年	4.46	7.81	18.79	9.85	21.86	12.98	8.75	4.14	88.64
1975年	4.46	7.81	32.1	31.43	31.32	24.9	13.93	4.14	150.09
1983年	5.8	9.92	34.71	33.15	37.75	29.57	17.43	4.28	172.61
1995年	6.37	11.31	35.38	45.4	42.16	75.14	26.45	4.28	246.49
2010年	42.67	21.36	35.39	47.77	62.05	84.32	39.84	20.06	353.46

表1－2 哈尔滨1995—2015年城市分维指数及紧凑度统计表

监测年	1995	2000	2005	2015
紧凑度	0.028	0.029	0.031	0.043
城市分维指数	2.4	2.3	2.2	2

城市老城区由于紧凑度不断增大，空间高密增长，建筑密度过大，因此交通拥挤、环境恶化；主城区向外扩张，不断侵占城市周边的自然下垫面，硬质铺地等不透水面侵占原有的森林、草原、农田等，影响城市热环境，加剧热岛效应。同时，这种发展方式直接影响着城市微气候的变化。影响城市气候的因素主要有以下三方面：

(1) 城市的不断扩张导致城市边缘的农田、草场等自然下垫面逐渐变化为沥青、水泥等硬质铺地，自然下垫面急剧减少，土地类型发生很大的改变。

(2) 城市空间发生改变，高层建筑大量增加，建筑密度不断升高，城市中心容积率增大，造成城市下垫面对太阳短波辐射吸收率、地表反照率等发生巨大改变。

(3) 城市快速发展，人口逐渐增加，采暖能耗增加，加剧城市中心人为热上升，造成城市内部气候发生转变。

1.1.2 城市交通发展

城市化进程快速发展，城市规模不断扩张，城市道路建设也随之迅速发展。城市道路网作为城市的骨架，是城市发展扩张的基础脉络，对于现今很多面临着旧城扩建的大城市来说，路网的结构合理性影响城市资源输出与输入的速度。哈尔滨旧城的路网结构从中东铁路时兴建，至19世纪50年代基本成型，道路主体为方格式路网，为了增强对角线位置的联系性，在方格的基础上增加对角线道路，从而形成了网格－放射混合式路网。虽然增加了城市路网的灵活性，但也形成了很多三角形街坊和畸形复杂的交通路口。在新城建设时哈尔滨市制定了环形放射式的道路网规划方案，制定了“两轴、四环、十射”的路网规划，至此哈尔滨市基本形成了以环形路网为骨架，网格道路为次级通路的路网形式，如图1－1所示。

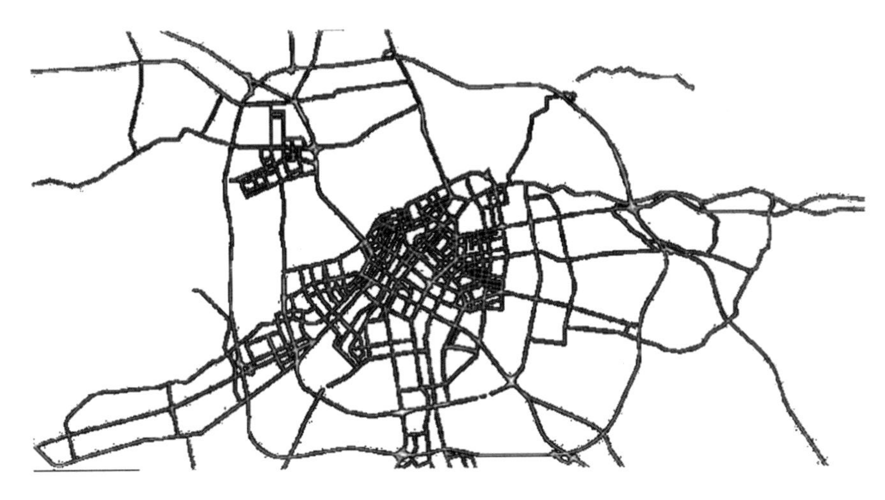

图 1－1　哈尔滨市城市路网

根据对哈尔滨市道路(2006年)总体建设水平的分析，全市整体共建有道路1 796条，道路总长度为1 263 km，道路总面积为1 712万 m^2，道路用地率为8.4%，市区人均道路面积为5.77 m^2。根据《城市道路交通规划设计规范》(GB 50220—95)，人口两百万以上的大城市道路占地率应该达到15%～20%，人均道路面积宜为7～15 m^2，由此可知哈尔滨市总道路面积和人均道路面积严重不足。分析各级道路，基本情况见表1－3。根据比例统计，如图1－2和图1－3所示，哈尔滨市城市次干路级别以上的道路只占到城市道路数目的10%，次干路以上级别道路的长度却占到总长度的26%。根据《城市道路交通规划设计规范》，快速路、主干路、次干路和城市支路总长度比例宜为1∶2∶3∶7.5，可知哈尔滨城市次干路以上级别道路总长度不足。

表1－3　哈尔滨市城市道路统计(2006年)

道路级别	快速路	主干路	次干路	城市支路	总计
数目／条	8	57	109	1 622	1 796
长度／km	19.55	138.21	157.24	883.43	1 198.43
路网密度／($km \cdot km^{-2}$)	0.09	0.65	0.74	4.13	5.61

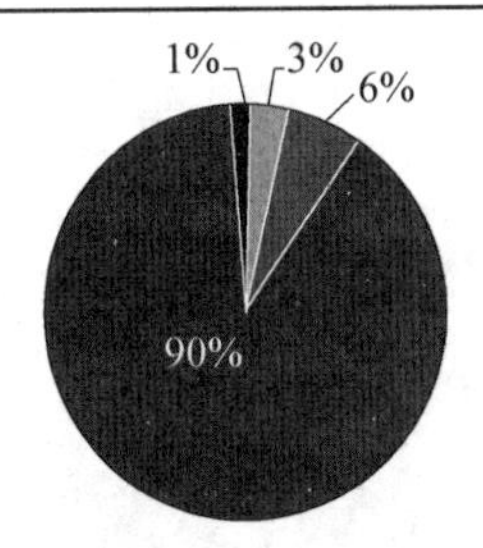

图 1－2　哈尔滨不同级别道路数目比例统计图

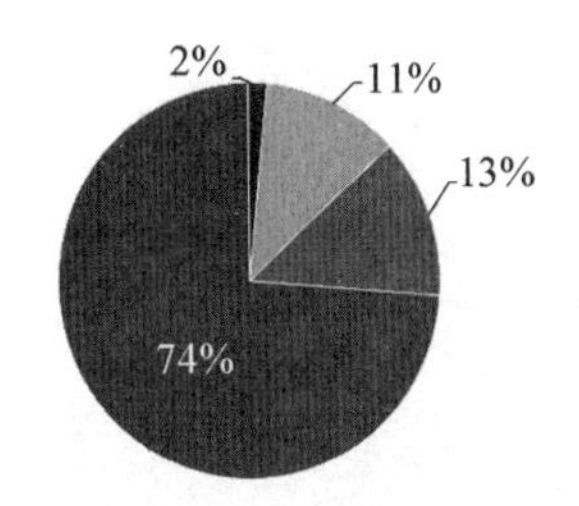

图 1－3　哈尔滨不同级别道路长度比例统计图

1.1.3　城市下垫面变化

城市的扩张过程中，由于自然下垫面变为不透水面，不同区域对太阳辐射的吸收产生差异，各区域温度不均匀。具体而言，即由于人工铺地（沥青、大理石等）吸热快而热容量小，在相同的太阳辐射条件下，它们比自然下垫面（绿地、水面等）升温快，因而其表面温度明显高于自然下垫面造成的。城市扩张又直接造成城市热岛效应的加剧，城市热岛由地表热岛和大气热岛构成，而地表热岛是基于地表温度区域差异形成的，城市人工发热体、建筑物和道路等高蓄热体扩增及绿地减少，造成城市气温明显高于郊区，形成"高温化"的现象。城市高温化又会引发城市热浪，造成大量的负面效应，包括能源消耗增加，空气污染物和温室气体排放增加，人体健康受损，水质变差等。

城市系统作为一个空间异质的景观，其结构、功能和动态是由人与环境的相互作用所决定的。具体而言，造成城市热环境差异的主要因素有下垫面的物理性质、城市景观的几何形态、城市地理位置、气候及城市人为活动等。其中，土地利用／覆被变化是导致城市微气候变化的主要驱动力之一，而城市热环境取决于土地覆盖类型及分布情况。同时，不同的下垫面类型对地表空气温度的影响是不同的。有学者对北京五类景观区的水体、绿地、建筑物空间和道路的四种下垫面进行温湿度测试，研究表明水体温度变化相对较小，道路变化最大，而湿度的变化与温度呈相反趋势，绿地和水体白昼的降温增湿效应最为明显。

城市下垫面土地覆被类型以不透水面为主，如图 1－4 所示，1984—2010 年间，哈尔滨不透水面面积呈上升态势，城市不透水面的重心主要集中在南岗区，但 2002—2010 年不

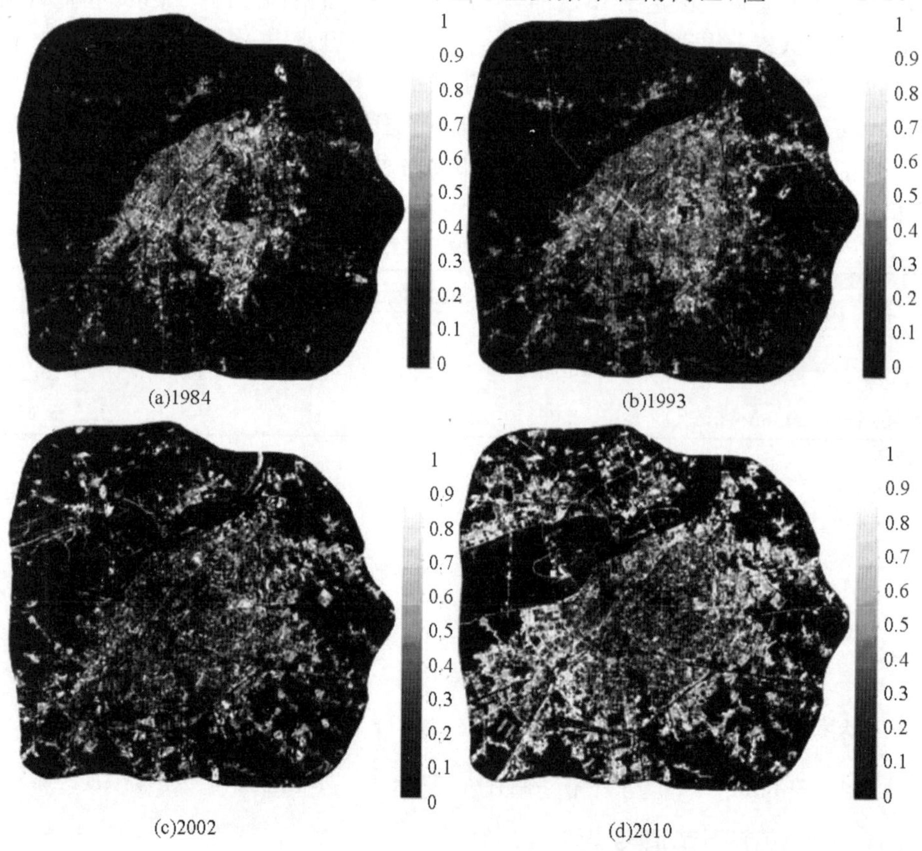

图 1－4　哈尔滨中心城区不透水面分布图

透水面中心向东南向移动，这主要是由香坊区自然下垫面减少，不透水面增加造成。如图 1－5 所示，1995—2005 年间，哈尔滨道里区和香坊区不透水面增长较快，分别增长了 9.60 km^2 和 9.57 km^2；而 2005—2010 年间，南岗区和道外区不透水面急剧增加，分别增加了 10.63 km^2 和 13.10 km^2。城市新区建设和老城区自然下垫面变为不透水面，城市绿地空间被侵占，对城市微气候造成不利的影响。

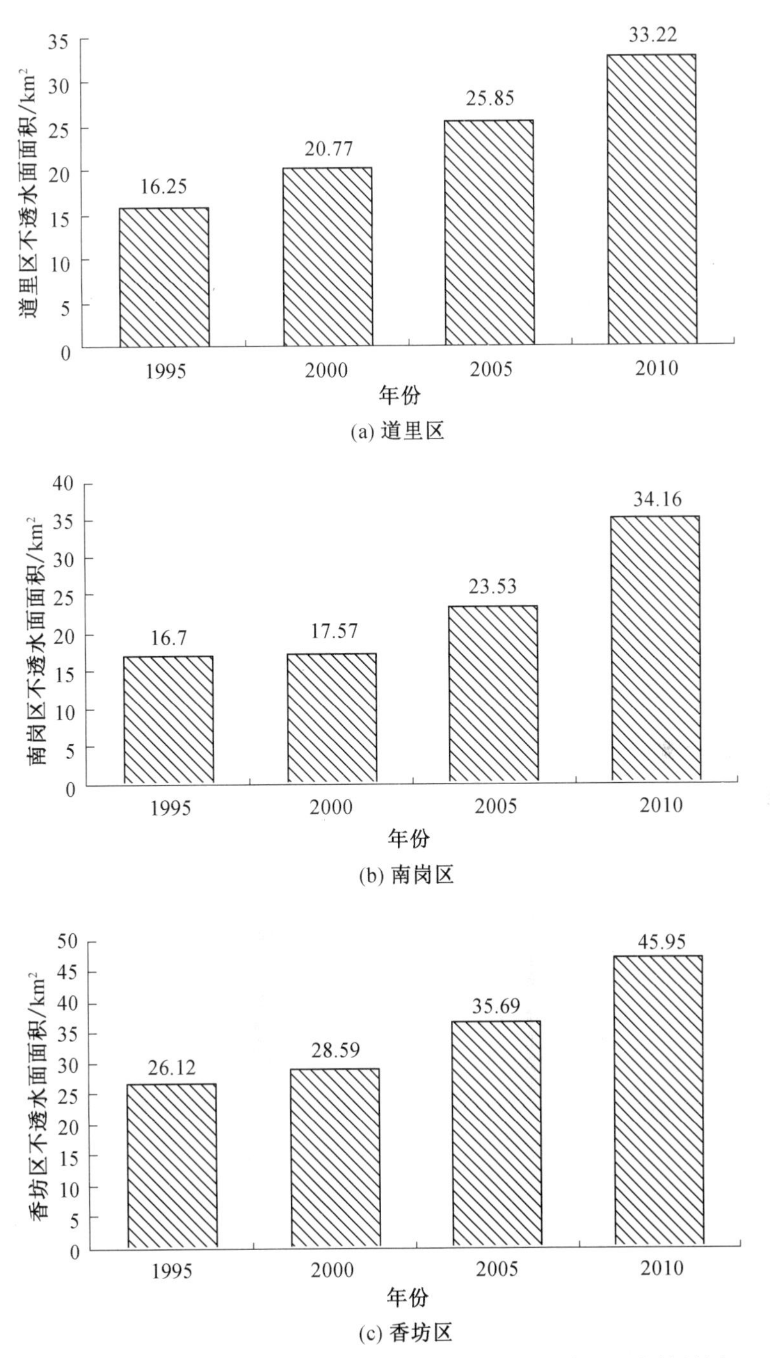

图 1－5　1995—2010 年哈尔滨中心城区各区不透水面面积统计图

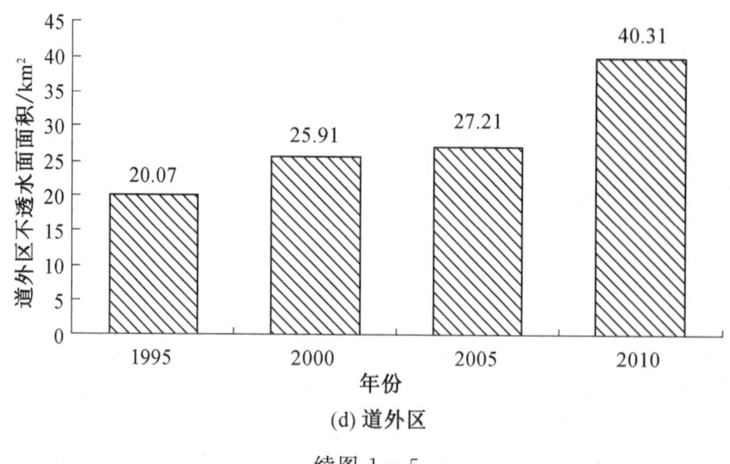

(d) 道外区

续图 1－5

城市下垫面中，沥青、水泥等不透水材质作为城市建设的主要成分，其物理特性影响室外微气候。农业用地、森林等植被转变为城市用地（如人行道、建筑物等不透水性界面）会改变地表渗透率和水分含量，影响陆地与大气间的碳循环和水循环，使得雨季地表径流量增大，造成城市内涝。不透水面特征的转化也影响着地表能量收支，其通过改变城市表面和边界层之间的显热和潜热通量，影响城市表面温度。随着城市化的进一步发展，硬质铺装等不透水面侵占城市原有的地表景观，以自然植被、覆被为主的景观结构变为以人工构筑物为主的景观结构，导致生态环境破坏、热岛效应加剧、能源短缺等问题。因此亟须对不透水面与热环境的相互作用关系进行研究，以期从建筑规划角度出发，来缓解城市热岛效应，改善城市微气候。

1.1.4　城市绿化结构

城市绿地不仅能有效地调节城市生态系统、改善城市微气候，对于缓解热岛效应、减轻城市雾霾等也起到显著作用。城市绿地公园、屋顶绿化及墙面立体绿化通过自身的光合作用来蒸发消耗空气中的二氧化碳，释放出水蒸气，在其覆盖范围内起到降温增湿作用。绿色植物通过遮阴、蒸腾等方式来调节周围环境的空气温度，改善城市微气候。例如在建筑周围的高大植物可以通过遮挡光线的方式吸收太阳辐射和周围反射的短波辐射，降低空调制冷消耗的能量。由此可见，城市绿地在城市规划设计中不可或缺。

在《哈尔滨城市绿地系统规划修编(2012—2020)》中指出至本规划末期，要求实现建成区绿化覆盖率、绿地率、人均公园绿地面积指标分别不低于 40％、35％、10 m² 的目标，形成“三环、三纵、四横、十八园、八片”且适应城市发展建设的格网形绿地空间结构体系。而在 2012—2020 年对绿地系统的修编规划中，补充了“三环、三纵、四横、十八园、八片”的具体内容，而“八片”主要生态绿地是作为哈尔滨的“生态库存”及楔形绿地建设空间。

如表 1－4 所示，2009—2014 年哈尔滨城市绿地变化中，人均公共绿地面积从期初的 9.4 m² 增加到 10.4 m²，已经达到《哈尔滨城市绿地系统规划修编(2012—2020)》规划目标，而建成区绿地面积和建成区绿化覆盖面积增长较慢，导致建成区的绿化覆盖率从最高的39.1%下降到35.5%，下降了3.6%，比国家《城市园林绿化评价标准》(GB 50563—2010)中"绿化覆盖率(%)"≥36%少0.5%。城市新建绿地及草坪铺设和种花面积主要集中在新区或市区边界处，导致城市绿地分布不均匀，有的城区绿化情况优良，有的城区绿化不足；不均衡的城市绿地分布造成城市绿地未能合理发挥其最优生态效益。

表1—4　哈尔滨市2009—2014年绿地相关指标统计

指标	单位	2009	2010	2011	2012	2013	2014
人均公共绿地面积	m^2	9.4	10.1	10.0	10.0	10.5	10.4
城市公共绿地面积	hm^2	3 909	4 198	4 238	4 333	4 333	4 346
建成区绿地面积	hm^2	12 174	12 805	12 929	13 177	13 333	13 160
建成区绿化覆盖面积	hm^2	13 504	13 787	13 923	14 181	14 099	14 219
建成区绿化覆盖率	%	39.1	38.4	37.9	37.0	36.1	35.5
公园面积	hm^2	1 731	1 764	1 868	1 868	1 868	1 868
铺草坪面积	hm^2	35.2	6.9	10.9	16.3	16.8	6.5
种花面积	hm^2	38.5	11.5	9.1	16.9	24.8	19.3
年末实有树木	万株	1 388	1 468	1 525	1 579	1 588	1 588
人行道树	万株	25.1	30.2	28.1	28.8	28.8	28.8

在城市降温方面，绿地也扮演着重要角色。其降温效应主要受到绿地类型、绿地面积、群落结构以及植物种类等因素的影响。研究发现，绿地面积只有达到一定量时才能起到有效的降温作用。经过对不同下垫面对微气候的影响研究，发现硬质铺地和高密度建筑群落会降低绿地的降温效果，而水体可以促进绿地对空气温度的调节作用。此外，街道走向、建筑密度、区域气候条件、季节、昼夜温差以及天气情况都影响着绿地对微气候的调节效果。目前，大多数的研究只是从单一影响因素考虑，并没有指出影响绿地降温效果的最主要因素，导致现阶段的研究成果有着较大的差异，不能有效地指导城市绿地的规划与设计。因此，只有明确微气候变化特征及主要影响因素，才能科学合理地对城市绿地进行规划，以达到缓解城市热岛效应、降低夏季能源浪费、营造良好人居环境的目的。

1.2　城市形态要素对微气候的影响研究概况

早期的城市气候学着重研究的是城市整体气候变化及影响，如气候变暖、局地气候异常、极端气候天气等，而建筑学领域的气候学则关心室内热环境的营造及改善，介于两者中的城市微气候学研究却始终发展迟缓，直到20世纪后半叶，越来越多的专家学者才开始关注城市微气候所产生的问题。经过研究发现，城市微气候的形成原因非常复杂，通常涉及多学科、多领域、多因素。目前已有一些学者开始关注城市微气候的问题，研究也呈现出多学科、多领域交互。通过对大量研究结果的整理，专家学者逐渐意识到，研究城市热环境不仅要关注城市大气，还要关注城市微气候。城市微气候不同于大气研究，其关注的重点是城市内不同建筑布局、不同属性下垫面及城市绿化结构引起的气候指标参数的分布规律和影响因素，评价其对人体热感觉的影响，从而创造良好的人居环境。

城市形态很大程度上直接影响城市下垫面对太阳辐射的反射率和地面长波的净辐射率；

另外，建筑的布局、密度等会导致下垫面热导率、热容量、导热强度等都比自然下垫面大，从而造成城市微气候变化，也会改变下垫面粗糙度和反射率，影响城市显热量和地表能量平衡；下垫面材质、空间绿化影响太阳辐射的吸收，大面积的不透水铺地，导致城市对雨水的吸收和储存能力降低，从而造成城市水分和能量的失衡，引发城市微气候的变化。

1.2.1 城市形态对微气候的影响

1. 国内外研究现状

通过国内外现阶段城市气候相关研究，确定不同学者对城市空间形态的影响因子的界定，同时总结目前为止适用于城市气候研究的科学方法，总结归纳了不同气候区研究所提供的相应优化策略，为接下来的研究奠定基础。

关于城市街区尺度层面的微气候研究，国外从 20 世纪初开始，澳大利亚、北美等国家和地区学者首先对夏季夜晚城市街谷的热环境进行研究。Oke 定量分析了城市街道的形式与城市微气候的关系，并提出了 4 个城市微气候方面的重要问题：城市避风港、污染物扩散、城市热岛、太阳辐射量。随后日本学者对城市不同街区的热环境进行研究，通过监控商业街区、大学校区及居住区等区域的多点空气温度和风速等参数发现，区域形态热环境所受影响因子权重不同。干旱地区的学者也逐渐开始关注城市形态对微气候的影响。Bourbia 等对伊斯坦布尔的君士坦丁市不同城区形态对微气候的影响研究发现，街区的几何形状由高宽比、天空视角因子(Sky View Factor，SVF) 和方向对街道内的温度变化以及周围环境有直接的影响。国内学者对街区形态与微气候的研究主要集中在不同尺度下，街区形态元素与微气候的耦合研究和调节微气候中人为可控因素及其量化管控指标等。孙一民等对广州街道微气候进行研究，发现不同尺度、朝向的街区微气候差异性较大，通过改变建筑界面、提高街道高宽比等方式可以改善街区的微气候。刘加平等利用街谷动态模型，发现街谷热环境直接影响城市热环境。在街区尺度微气候的研究后，学者们逐步开始转向城市形态对微气候影响的研究。

关于城市形态层面的微气候研究，Martin 团队以选择传统欧洲城市的空间形态作为研究对象，提出城市形态的六种原型，探讨建筑布局、建筑高度等对微气候的影响；Hiran 对日本东京白天热岛效应的环流方式进行研究，揭示了东京大都城区的海陆风特征、热岛环流方式及城市空间形态与城市风环境的关联性；Oke 等对热岛效应与城市风环境之间的关系进行研究，指出城市热岛问题与城市通风廊道有一定的联系，良好的自然通风可以有效地改善城市空气的污染程度，缓解城市热岛效应；随后日本学者推测，当风速到达一定的数值时，热岛效应会削弱到最小并逐渐消失，对改善城市污染现象、创造宜居城市环境起到关键作用；Yasun bu、Ashie 等在风环境与热岛现象研究的基础上，开始引入城市形态因子，发现城市空间形态影响城市风环境和热岛效应，其中建筑密度、容积率作用显著。20 世纪初国内学者逐渐开始重视城市微气候环境，其中研究范围主要集中在我国中、南部。丁沃沃等对城市形态与城市外部空间微气候进行关联性研究，指出城市肌理是城市形态对微气候的主要影响因素；孟庆林等针对不同的城市热环境评价方法进行分析，提出针对研究尺度的不同应选择适合的评价方法；吴玺等以天空开阔度作为媒介探究空间形态与城市热岛的关系，发现城市空间的差异对城市热岛强度影响较大；陈宏等研究武汉城市的扩张对城市微气候的影响，指出建筑密度对微气候的影响大于容积率，城市在水平方向的发展对微气候的影响大于垂直层，人为热及城市绿化等因素对城市微气候也产生较大影响。

城市微气候研究主要方法有实地测量、气象观测、问卷调查、移动测试和数值模拟等。国外对于城市气候系统化的研究开始于19世纪初，Luke Howard通过对伦敦城市气候进行大量的实地观测，并将观测数据总结、分析，整理出版了《伦敦气候》一书。书中对城市市区与郊区间的空气温度进行整理对比，数据结果显示出城区每个月的平均气温均高于郊区，揭示了城市由于发展产生了特有的区域气候。随着计算机技术的不断更新，对于城市微气候的研究逐渐引入基于空气动力学和热力学的城市边界层模型，计算机数值模拟方式的介入可以弥补实际测试研究范围等问题的缺陷。Piu等使用1 km高分辨率卫星影像对香港与珠江三角洲的城市土地利用进行分类，发现城市空间形态影响城市空气质量。在国内的研究中，王颖、张镭等利用中尺度气象模型与空气质量模式系统相耦合，发现城市空气温度变化与污染分布的关系；郭飞等用天气预测模式 / 城市冠层模型（WRF/UCM）以1 km的高分辨率进行数值模拟，验证了WRF在中尺度模拟中的准确性，发现地面温度场的模拟结果优于风场模拟结果。

2.国内外研究现状评价

在研究内容上，城市形态与微气候的研究主要集中在城市空间形态的发展过程、发展机制及城市形态所产生的相关气候效应等；从针对街区形态气候适应性的研究到解决城市热岛、空气污染等问题的相关研究，现阶段主要集中在城市尺度下的微气候研究，关注调节微气候的策略及其量化指标。

在研究方法上，小范围中多使用现场实测和问卷调查，大尺度研究中多使用地理信息系统（GIS）空间分析、空间图形定量法、遥感测试和移动测试等。在实验室模拟分析中，多使用数值模拟和风洞实验。

在研究尺度上，既有大尺度的城市研究，又包括街道、住区等小尺度的研究，但对于城市中尺度区域的研究较少；从气候分区来看，主要以夏热冬暖地区、夏热冬冷地区、东部沿海地区为主，对严寒地区和温和地区的研究相对较少。

1.2.2　城市下垫面对微气候的影响

城市作为人口高度集中的地方，伴随着城市化进程的加快，城市下垫面也不断更新，城郊自然下垫面逐渐减少，城市中心绿化面积减少，建筑密度上升。原本的自然地表面变为不透水的混凝土或沥青覆盖的路面、建筑屋面等，改变了城市下垫面的性质，造成城市微气候的变化。

1.国内外研究现状

在下垫面与城市微气候方面，Xu等认为，下垫面类型对城市热环境的变化起着决定性作用，地表温度分布情况与土地覆盖有着显著的联系；Young和Bae等研究了城市功能区的土地类型对微气候的影响，研究发现各下垫面的平均地表温度关系存在较大差异，结果为森林＜交通设施＜居住和商业地区；随后Hang等在对新德里的地表热环境特征进行研究时发现地表温度的空间分布受景观特征的影响；M. E. Hereher对埃及尼罗河流域的土地利用及覆被变化的前后地表温度进行研究，发现城市化进程导致农田向城市土地转变，地表温度上升；Hove 等利用气象网络对鹿特丹地区 2010—2012 年的城市热岛时空变化进行监测，发现城市热岛存在季节和区域性差异，并与不透水面和绿地的空间分布有关。此外，该团队在通过生理等效温度来定量研究热舒适性时，发现生理等效温度也受到城市土地利用及城市几何形态特征的影响；Atsuko Nonomura 等通过选取低密度人口城市为样本，降低人为活动对城市热环境的影响，发现不透水区是引起城市温度上升的重要原因，只有提高植被覆盖度才能降低城市能耗。国内学者在研究下垫面与城市微气候时，发现城市化的快速发展导致了城市景观格局的变化，从而引起生态和环境问题，要解决这些问题，必须量化城市扩张的动态，充分了解城市扩张的模式。Gong 等采用土地利用及其效应转换的框架，发现城市扩张模式呈现螺旋形而非线性模式，城市空间布局更大程度上取决于土地利用结构而非行政区域化的空间政策；张雷等通过监测 1988—2013 年珠江三角洲不透水面年际时空格局演变，发现珠江三角洲不透水面面积急剧扩张；石凌飞等采用时间序列数据集量化 1987—2016 年间武汉市不透水面的时空变化，开发出基于不确定性、时空一致性的基于不确定性的时空一致性模型（Uncertainty-based Spatial-Temporal Consistancy，USTC）模型，提高了长期不透水面系列分类的准确性。

在不透水面与城市微气候方面，Lahouari 对华盛顿和亚特兰大进行研究，发现城市环境中植被种类和数量对调节城市地表温度有极其重要的作用，不透水面在决定城市下垫面的地表温度中占据了较大的权重；Tauseef 等使用 Nagpur 市 2000 年和 2012 年的高分辨率卫星数据建立了城市不透水面与植被指数的函数关系。随着全球变暖，热带地区气候日益恶劣。Ronald 等发现城区和农村地区的平均地表温差呈逐年上升趋势。伴随着城市快速扩张，不透水面增加，即使被认为本应凉爽的山区也出现了热岛效应，并随着城市规模扩大，热岛效应加剧。国内学者在不透水面与微气候方面也做了长足的研究，彭建等利用不透水面与空间连续小波段结合的方法，发现使用不透水面空间连续数据可以寻找到不透水面的变化率突变点，进而准确地识别城乡边缘；在对城市主要建成区不透水面的研究中，孟庆岩等提出一种新的提取不透水面分布密度的方法，可以更高效地区分郊区边界以确保土地覆被类型的完整性，用以分析地表热岛的空间分布变化；占玉林等利用时间序列监测北京市土地扩张和地表温度的变化，提出缓解城市热岛、改善生态环境的针对性意见，为类似的中高密度城市规划建设提供借鉴；匡文慧等研究城乡透水面与不透水面温差的作用机理问题，发现城市内土地利用类型，如不透水面与植被之间也存在较大温差，同时提出，要缓解城市热岛效应，应合理安排城市结构，选择合适的建筑材料，扩大绿地面积等。

在不透水面的研究方法方面，早在 1995 年 Rid 就提出了利用植被、不透水面和土壤光谱差异构建城市土地利用分类系统（Vegetation－Impervious surface－Soil，VIS）模型来进行初步的不透水面的提取，但它无法解释湿地、水体和城市阴影。近年来激光雷达数据作为补充数据与光传感器相结合，提高了土地分类的精确度；针对不同的数据源和研究对象，各国学者提出不同的方法。Wang 等提出使用陆地卫星（Landsat）数据进行连续不透水面变化制图是量化城市时空动态进程的最佳方法，使用不透水面的面积拟合地表温度函数可以有效地量化城市热岛强度，评估城市热岛效应潜在的热风险；Eckert 等将归一化植被指数（Normalized Difference Vegetation Index，NDVI）数据的时间序列用于绘制土地利用变化图，验证了MODIS数据在蒙古土地退化与再生监测方面研究的适用性；Feizizadeh也表明NDVI－LST(Land Surface Temperature，地表温度)关系可被用来描述土地利用／覆盖的动态变化，并对伊朗土地利用／覆被与地表温度的时空变化的关系进行了研究；Weng等用Landsat ETM＋对美国印第安纳波利斯的热环境进行研究，证明了NDVI能良好地衡量亮温温度与植被分布之间的关系；Yuan等利用遥感影像反演地表温度的方法，发现不同下垫面类型的地表温度不同，受季节的影响，NDVI不能良好反映冬季地物的温度情况，因此提出需要结合不透水指数来分析城市热岛效应。经文献研究，根据使用图像类别、光谱分类规则及建模将目前已有的不透水面提取方法总结如下，见表1－5。

表1－5　不透水面主要提取方法总结

类别	主要方法	数据类型	研究者	优缺点
逐像元分类方法	监督分类，如：最大似然法；人工神经网络；支持向量机等	IKONOS，QuickBird，Landsat	Plunk(1990)，Lu和Weng(2009)，Sun(2011)等	由于数据分辨率限制和城市环境的异质性，不透水面与其他非植被覆被用地相似的光谱特性，难以选择合适的训练样本，分类结果较差
面向对象的分类方法	图像分割(基于高空间分辨影像光谱、纹理、空间特征)	QuickBird，IKONOS	Hu和Weng(2011)，Lu(2014)	可消除逐像元分类的“椒盐”现象，但高光谱的阴影和光谱混淆问题缺乏有效解决方法
光谱混合分析法	固定端源光谱混合分析(基于反照率划分)；多端元光谱混合分析法(MESMA)；时间混合分析	Landsat，CHRIS/Proba，HyspIRI，MODIS	Ridd(1995)，Lu(2001)，Powell(2007)，Wu(2013)等	受端元识别的难易性和城市景观复杂性影响，该方法仅适用于小范围提取
亚像元分类方法	ERDAS亚像元分类器；人工神经网络	Landsat，ASTER，IRS－1C	Rashed(2001)，Voorde和De Roeck(2009)	不透水面材料的复杂性决定了其光谱特征的复杂性，为光谱混合分析法提供端元补充。但实践中不透水面异质性及与其他地物的光谱混合不能提供满意的分类结果
回归模型法	基于不透水面的回归模型；基于植被回归模型(穗帽变化和植物覆被分维数)	Landsat，SPOT，inSAR，QuickBird，MODIS，DMSP	Gillies(2003)，Imhoff(2012)，Kuang(2013)	具有地域和时间的独特性，无法大范围推广适用

续表1—5

类别	主要方法	数据类型	研究者	优缺点
阈值法（指数法）	ISA 指数;NDISI 指数;CBI 指数等	QuickBird, Landsat	Xu(2010), Sun(2016)	可将不透水信息与砂土、水体信息分离，无须事先掩膜处理。但热红外光谱的使用会造成中等分辨率影像的混合像元问题

2. 国内外研究现状评价

在不透水面与微气候的研究内容方面，大多数研究集中于减缓透水性土地覆被的热岛效应，然而随着城市建设发展，不透水面已取代植被、裸地等土地覆被，改变了当地的微气候，对生态系统调节、水循环、大气循环以及区域气候产生重大影响。可以说不透水表面覆被在城市热环境监测和改良中成为一个极其关键的环境指标。对于不透水面的研究，地理信息专业关注的重点是算法精度与提高数据源的空间分辨率。城市生态学和景观学专业则主要是研究不透水面及植被与地表温度的定量关系及对城市热岛的影响。在观察土地覆被动态变化时，只进行整体景观格局分析，忽视了不透水斑块自身作用的价值权重。不透水面作为影响城市地表热岛的重要成分因子，其尺度大小、形状复杂度以及空间连续性等对城市热环境有着重要的影响。

在不透水面与微气候的研究范围方面，国外主要关注麦迪逊市、华盛顿这类的湿润性大陆气候、菲律宾热带雨林气候以及尼罗河流域的干热气候；国内则集中于北京、武汉和珠江三角洲流域，热工分区为寒冷、夏热冬冷和夏热冬暖地区。然而国内外对气候环境恶劣的严寒地区几乎没有研究。此外，在季节变化对不透水面与地表温度的作用方面研究较少，一般都是采用夏季数据来研究历年土地覆被变化。哈尔滨属于典型的严寒城市，冬季是该城市的研究重点。因此，应结合冬夏两季数据，合理设计不透水面，兼顾夏季热量扩散与冬季保温要求。

在不透水面与微气候的研究方法方面，传统热岛研究采用现场实测，但简单的城乡二分法忽视了城市边界复杂性与乡村生态系统多样性，且城市边界不好定义。此外，固定有限的站点仅能代表测点及其周围的局部微气候特征，分散的站点缺乏空间的详细信息，无法反映城市内部温度场的空间结构变化。部分研究者采用移动测量，可以克服空间性的不足，但受天气条件、路线规划的影响，也不能做到同步观测。而基于计算机模拟分析需要大量现场实测数据佐证，且模拟采用的是理想化模型，与真实环境仍有一定差距。因此，采用遥感技术获得的温度数据具有稳定性且时间同步性好，空间覆盖性广，能够实现城市地表温度动态监测的优点。

1.2.3 城市绿地对微气候的影响

1. 国内外研究现状

在城市公园绿地对微气候影响方面，国内外学者将公园绿地的研究分为两部分，一部分是公园内部区域的研究，一部分是公园周边建筑区域的研究，并将二者进行对比分析。Lee 等在首尔对宣靖陵皇家陵墓公园与周边区域温度进行对比，发现公园绿地对该建筑区降温起到作用;Zoulia等对雅典城市公园进行研究,仅对夏季城市公园内部和周边建筑区域的温度进行监测,结果显示白天温度的差异并不明显,而夜间温度会产生明显的差异性,发现昼夜因素影响着公园绿地的降温作用;Oliveira对葡萄牙里斯本的小型城市公园对温度降低的作用进行研究,发现公园绿地都对空气温度降低作用比较明显。尽管基于这些研究数据,还有一些学者认为城市公园绿地的降温效果会受到公园周边的建筑群体的影响:Chen和Wong在对新加坡的两个公园进行研究时发现,城市公园绿地周边建筑的高度和布局影响着城市公园绿地的降温范围;Shashua和Bar在特拉维夫对11个小型林地进行研究时发现,当绿地宽为60 m时,可以对周边100 m范围内的建筑群落起到降温作用。国内学者对城市公园绿地的研究主要集中在绿地种类及降温效果方面。陈朱等根据不同的植物类型及功能和环境效应选择了上海的15个公园绿地,研究绿地面积和群落对气温和热岛强度的影响,发现白天绿地对周边建筑区降温效果存在其他影响因素,而夜间公园绿地降温效果不受其影响;吴菲等对北京万芳亭公园绿地对周边气温的影响进行研究,发现公园绿地对林下广场的降温效果较为明显,降温幅度较大;晏海等针对公园绿地植被种类进行研究,选取8种不同树木分析其降温效果,研究发现高温天气时,不同树木搭配比单一树种的降温增湿效果明显;苏泳娴等在广州调查了17个公园绿地,发现公园绿地降温范围随着绿化面积的增大而增大,绿地类型也会对其降温效果产生影响;孟丹等对北京公园绿地和道路的热力景观进行了探讨,研究发现公园绿地的面积和边界长度对降温效果产生影响;邹春城等利用景观指数对城市绿地与城市热环境进行研究,指出绿地形状越复杂,空间连续性越强,聚集度越高,而人类活动越强,地表温度越高,植被降温主要由于蒸腾作用、阴影等对太阳直接辐射的阻隔作用。

在绿地覆盖率与城市微气候方面,Honjo和TaJcakura通过数值建模的方法对城市绿地进行研究时发现,绿地的整体面积直接影响到其作用的范围,同样面积的多个小型绿地比整块大面积绿地起到更好的降温作用。随后,Hart和Sailor研究发现,城市内部温度和湿度改变的主要原因是城市绿地面积的覆盖程度;Ohta和Hamada在日本名古屋进行研究,结果表明城区绿地与植被覆盖率的关联性最明显,城区绿地和周边区域的最大温差为1.9 ℃,出现在7月,最小温差为0.3 ℃,出现在3月,发现不同季节城市绿地对城市周边降温效果不同,夏季要比冬季的效果更为显著。国内学者的研究主要集中在绿化覆盖率对降温的作用强度和范围两方面。刘艳红等指出绿化覆盖率与城市气温呈线性变量关系,植物覆盖面积大的城市其地表气温降低明显;吴菲等在北京研究植被覆盖率与热岛效应关系,发现城市温度是随着城市绿地面积的改变而变化的,城市绿地面积越大,降温效果越明显,当城市绿化面积达到5 hm^2 时,绿地对城市温度的降低效果最为明显,且不再变化;陈辉等在成都利用卫星影像资料研究城市绿地在不同季节对城市周边环境的降温效果,结果表明城市森林覆盖面积越大,降低温度就越大。森林覆盖率差异不大时,集中的林地比分散的林地降温效应显著;阳勇等认为海拔、地形及植被覆盖是影响高寒山区地表温度的主要因素;周婷等人对高寒草地的植被指数与地表温度的关联性进行研究,结果发现不同植被覆盖的情况下,植被指数对LST的相关性的影响程度各不相同,且当植被覆盖率较低的情况下,最大植被指数与LST有负的相关关系。

在绿地类型与城市微气候方面,Shahidan在马来西亚对不同树种进行分类对比研究发现,枝叶结构浓密的树种,在降低温度的效果上表现更为明显;Nicho使用具有较高精准度的

Landsat 数据对城市不同下垫面进行研究,反演得到乔木树冠的平均温度为32.9 ℃,草地的平均温度为 35.6 ℃,水泥地面的平均温度为 40.7 ℃,结果表明乔木和草地对城市降温起到明显作用;Avissar 在研究绿地对城市热岛的影响中发现,合理规划的植被群落可以有效降低周边建筑区域的温度,不同树种构成的绿地降温增湿的效果也不同;Alexandri 和 Jones 研究屋顶绿地和绿化墙面在不同气候条件下对城市微气候的改善效果,发现其对温度降低效果明显,对风环境的改善效果并不突出。国内研究集中在植被种类与群落的降温效应方面,纪鹏等在对河流廊道的组成部分进行研究时,发现草坪在降低温度和增加湿度方面表现最不明显,其次是灌—草类型的绿地,在降低温度和增加湿度方面效果最好的绿地类型为乔—草型和乔—灌—草型;高玉福等研究了北京市带状绿地林型对城市地表温度湿度的影响,发现混交林型绿地对城市地表温度湿度的影响远远高于单一型绿地的影响,但草坪的降温增湿效应则并不十分显著;马秀枝等在内蒙古对垂柳、新疆杨和油松进行研究,发现三者都对周边环境具有降低温度和增加湿度的作用,但从降低地表温度和加大空气湿度这个角度来看,效果较为明显的是垂柳和油松,并提出造成这种结果的原因是不同的树种存在树冠形状、叶片面积指数和长势等的差异。

2. 国内外研究现状评价

在城市绿地与微气候的研究范围方面,目前针对城市绿地的研究取得了较多的成果,多数集中在城市公园绿地、绿化覆盖率以及植被种类与群落的降温效应等方面。其中研究区域多集中在夏热冬暖、夏热冬冷地区,对严寒地区的研究是相对较少的,目前国内外对冬季城市绿地对微气候影响的研究几乎是没有的。

在城市绿地与微气候的研究尺度方面,既往的研究主要集中在宏观尺度,对城市绿地和微气候之间变量关系的研究相对较多,缺乏多纬度多角度的深入研究。在中尺度方向研究较少,多学科交叉的研究较少。

在城市绿地与微气候方面,已有的研究方法较为单一,且大多数为定性的分析,缺乏对城市绿地提出的定量化建议。对于改善城市微气候的方法也只是建议设置绿屋顶,改用浅色的建筑外表皮及增加建筑表面反射率等,针对具体方案改善城市微气候的案例较少。

1.2.4 城市风环境

1. 国内外研究现状

随着研究方法与手段的进步,风环境的研究范围逐步从建筑单体扩展到建筑组团及街区流场乃至城市尺度,研究手段也逐步由现场实测和实验室实验发展至模拟仿真。以下将分别从研究区域分类的角度对现有的研究现状进行分析。

(1) 在建筑群体层面风环境的研究方面,主要集中于建筑的组合形式与密度对于风环境产生的影响。Tetsu Kubota 依据风洞实验,通过对 22 个住宅的风环境进行模拟研究,分析了 16 个不同风向时建筑周边的风速比,提出了建筑密度与 1.5 m 高度处风环境的影响关系,即室外人行高度处风速比与建筑密度成反比;Hugh Bartond 等通过对三种典型住宅模式的分析,提出住宅布局与风环境之间的影响关系;Littlefair 和 Salvarez 在著作 *Environmental Site Layout Planning* 中分析出建筑平面布局对风环境的影响,认为建筑师应该从建筑群规划的角度改善室外风环境。国内学者对建筑群体的风场研究更多结合了特殊的地形特点与气候条件。孟庆林等以广州地区气候作为背景，研究建筑群体的布局方式对自然通风的影响，发现行列式、错列式和斜列式的布局方式所产生的风环境效果较好，指出建筑群体布局方式直接影响户外风环境以及室外舒适感觉和居民户外活动时间；徐小东等研究发现地形与城市气候因素之间相互影响，地形比城市建筑物对局地风环境的影响更大，起伏的山地会产生局部地形风从而对城市微气候产生影响；王雪松等以重庆偏岩古镇为例研究建筑群选址及布局对风环境的影响，发现沿河布置建筑朝向，可形成相对均匀平和的风环境，结合山地地形布置建筑可以减少局地疾风、旋涡风等恶性风环境，提出在城市设计中可以结合场地内的地形、河流等条件，为城市设计提供了新思路。

(2) 在城市街谷层面风环境的研究方面，早在20世纪80年代末期，Oke就通过风洞实验对城市街谷的风环境进行研究，得出当来流风垂直于道路方向进入时，街道的高宽比对街谷内气流流动有显著影响；随后很多学者都对Oke的研究结论进行了实验验证和数值模拟验证，而且对于街谷高宽比与街道风环境的影响关系进行了定性分析，得出只有当街道高宽比在适宜的范围内时，街道内的气流才能保持畅通；Dabber利用风洞实验，通过改变街谷尺度和流场方向，分析了其内部风场与街谷形态的变化关系；Aishe Zhang等通过将三个实验建筑置于街谷内部进行对比分析，得出不同形态、尺度的街谷在风向不同时内部气流的运动模式；Geogakis进行了风场实测和数值模拟的比较，通过测试街谷围合界面和内部空气的温度风速，得出了气流运动和温度分布随水平和垂直方向的变化规律。国内学者蒋维楣等通过风洞实验和计算模拟，分别研究了街谷内部风环境与污染颗粒的分布关系，并验证了风环境模拟软件的可靠性；沈祺等进一步通过该方法研究了商业步行街的风场分布，认为在商业街区中行人停留时间较长，因此，应着重考虑1.5 m行人高度处的风舒适度，并在设计初始阶段就应利用合理的建筑布局规避巷道风现象；赵敬源总结了七种不同尺度的街道风环境，通过对比分析将高宽比大于1.11的街道定义为街谷，同时针对风环境分析结果给出了最适宜的街道高宽比区间，为建筑设计及城市规划学科提出了参考依据；寇利等通过计算流体动力学(Computational Fluid Dynamics，CFD)对城市十字路口空间建模，并在不同风向下进行数值模拟，提出街区界面形态与主导风向共同影响了街谷风环境的结论。

(3) 在城市通风廊道层面风环境的研究方面，Shnsuke通过计算机模拟研究了城市通风能力现状，提出了城市通风效率以及城市自净能力的概念；S. Taiki通过软件模拟得到海风与城市风热环境的影响关系，说明海风对于临海城市的热岛效应有着较明显的缓解作用；Kazuya的团队建立了全面囊括热传递方式的物理模型并通过数值模拟得到城市风热环境变化。国内对于城市通风廊道层面的研究多从2000年以后开始。张伯寅等利用风洞实验和数值模拟结合的手法研究了北京商业区的大气边界层风场，并用风洞实验进行验证，结果表明模拟与实验取得了较好的一致性；朱亚斓等从宏观角度出发，根据城市规模、城市总体规划、城乡交接处以及城市外部空间形态等因素提出了建设城市通风廊道的设计策略。十多年来城市风环境以香港学者研究成果较多，且研究区域和研究对象逐步细化，能够基于具体城市条件和气候条件进行针对性分析：Lina Yang等测试了香港山地区域峡谷风的风场特点，根据测试结果，采用数值模拟分析了山地内部的流体运动规律，提出太阳辐射强度和城市下垫面物理性质是影响山地区域风环境的主要因素；Hang Jian以香港为对象研究了城市郊区内的新鲜空气进入城市中心的流动情况，分析了通风廊道的长宽比以及建筑排布方式对空气流动效率的影响，提出针对城市污染物扩散的城市建筑高度分布方式；香港中文大学的任超等对城市通风廊道的研究发展历程和风道设计手法进行梳理，并提出要加强对小尺度范围的城市静风或弱风状态下的通风廊道的研究，以提高城市疏散污染物的效率。

2. 国内外研究现状评价

总结国内外研究现状可以发现，对于不同尺度的城市风环境的研究取得了一些成就，但同时也存在着局限。

从研究区域的尺度来看，风环境在单体建筑、建筑群、街区和城市的尺度研究均较全面，但对于城市中尺度，即1～5 km区域之间的研究相对较少。关于城市道路层面的风环境研究，国内外研究大部分集中于人行街道尺度和通风廊道尺度。人行街道主要研究街道绿化、街道高宽比、街谷围合形态等与街道风环境的影响关系，尺度在500 m以下；城市通风廊道主要基于城市下垫面形态和物理性质展开研究，尺度在5 km以上。而对于中尺度的城市道路网络体系的风环境研究则出现断层。

从研究的内容来看，国内外对小尺度风环境的研究已经基本涵盖了建筑室内外的方方面面。对于建筑单体形态、两至三栋单体建筑的相对位置、建筑组合布局以及街谷形态等与风环境的影响都有了细致、全面的科研成果；而较大尺度方面对于城市的通风廊道规划、城市下垫面特征与风环境的关系的研究也较为完善。未来研究内容有多元化发展趋势，即趋于将建筑、植物、地形、气候等多重因素包含在一个对象中进行综合性、多尺度的风环境研究。

从研究的方法来看，由于数值模拟的可靠性逐步被认可，因此所有尺度层面的研究都有从实地测试转向数值模拟的趋势。街区以下层面多采用模拟与实测相结合的方法，对于城市层面的研究则一般采用模拟与气象数据相结合的方法。由于受到技术手段限制，我国实测和实验手法相对滞后于国外研究，但对于计算机模拟方面的发展则很迅速，模拟结果的准确性也相对较高。

总结上述国内外研究发现，小尺度风环境研究成果多，涵盖范围广，多三维空间研究；大尺度风环境研究受技术限制，数量相对少；风环境的中尺度研究在城市路网方面出现断层。所以城市路网的二维平面形态与城市风环境的关系研究对于现有城市整体风环境研究系统起到补充和过渡的作用。

1.3 哈尔滨气候特征

严寒气候特征为夏季短暂，冬季漫长，全年日平均气温在0 ℃(32 ℉)以下的时间在连续三个月以上，全年降水多以雪的形式出现，白昼及日照时间较短等。世界范围内，符合严寒气候的城市多位于北欧、美国中北部、俄罗斯北部及中国东北和西北等地区。我国的有关标准《民用建筑热工设计规范》(GB 50176—2016)和《严寒和寒冷地区居住建筑节能设计标准》(JGJ 26—2018)将严寒地区又分为三个区(A、B、C区)，见表1－6，哈尔滨属于严寒地区中的B区。

表1－6　严寒地区气候分区及气候特点

气候区	子区	分区指标	气候特征	主要分布城市
严寒地区	A区	6 000≤HDD18	冬季异常寒冷，夏季凉爽	黑龙江漠河、伊春及以北地区；四川色达；西藏那曲、帕里地区；甘肃乌鞘岭；青海玛多、刚察等地区
	B区	5 000≤HDD18＜6 000	冬季非常寒冷，夏季凉爽	黑龙江哈尔滨、齐齐哈尔及以南地区；吉林敦化、长白山等地；内蒙古乌珠穆沁旗、阿巴嘎旗地区；四川理塘、若尔盖地区；西藏索县、丁青地区；甘肃合作地区；青海冷湖、玉树等地；新疆阿勒泰和布克赛尔地区
	C区	3 800≤HDD18＜5 000	冬季很寒冷，夏季凉爽	吉林长春、四平及以南地区；辽宁沈阳、本溪地区；河北蔚县地区；四川康定、稻城地区；西藏日喀则地区；甘肃酒泉、岷县地区；青海西宁地区；新疆乌鲁木齐等地区

注：HDD为供暖度日数(Heating Degree-Day)。

1.3.1　哈尔滨冬季气候特点

哈尔滨位于东经125°42′～130°10′、北纬44°04′～46°40′，是我国纬度最高、气温最低的省会城市。冬季漫长寒冷，而夏季则显得短暂凉爽。春、秋过渡季气温升降变化快，时间较短。根据近年数据统计可以看出，哈尔滨最冷月为12月，最低温度在－27 ℃，最高温度为－3.9 ℃，T≤－15 ℃的气温天数长达28 d，其中27 d在－20 ℃以下，如图1－6所示。可以得出，哈尔滨冬季寒冷且漫长，处于－20 ℃以下的时间长达65 d，最冷月平均气温在－10 ℃以下且全年平均温度T≤－5 ℃的天数大于145 d，具有严寒地区温度特点。

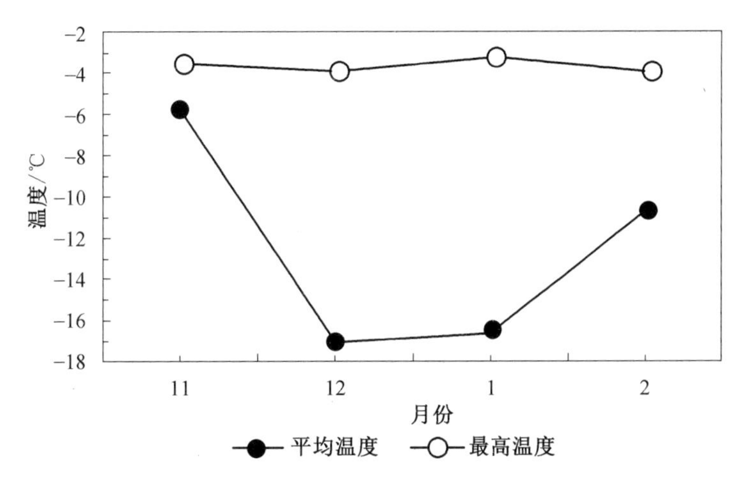

图1－6　哈尔滨冬季温度变化
(数据来源：中国国家数据网)

哈尔滨冬季盛行西南风，寒风时间较长，见表1－7，冬季平均风速为2.8 m/s，最大风速出现在11月，平均风速为3.6 m/s，月日平均风速大于5 m/s的天数为15 d且极大风速最大可达9.8 m/s，冬季风环境较为恶劣。从哈尔滨冬季累年月降水量可以看出，冬季降雪量较大，最大降雪量超过15 mm，冬季降雪会产生路面积雪，对城市微气候环境存在一定影响。

表1－7　哈尔滨冬季风环境及降水统计

月份	平均风速 /($m\cdot s^{-1}$)	最高风速 /($m\cdot s^{-1}$)	月日平均风速 ≥5 m/($s^{-1}\cdot d^{-1}$)	累月最多降水量 /mm	累年月最大日降水量 /mm
11	3.6	9.8	15	48.8	19.7
12	2.3	7.1	5	20.7	9.9
1	2.5	8.2	11	12.9	6.7
2	2.9	9	12	17.6	9.7

注：数据来源于中国国家数据网。

1.3.2　哈尔滨夏季气候特点

哈尔滨夏季盛行南－西南风，见表1－8，平均风速为2.9 m/s，风速较小，最大风速均小于9 m/s，无极端大风天气。同时，夏季降水量较大，累年月最长连续降水日数较多，夏季雨水充沛。哈尔滨夏季的平均温度较低，为22.3 ℃，其中7月是最热月，平均温度为24.7 ℃，最高温度为34.1 ℃，夏季气温超过30 ℃的天数为18 d，高温天数较少，夏季整体气温稳定，较为凉爽。

表1－8　哈尔滨夏季气候情况

月份	平均风速 /($m\cdot s^{-1}$)	平均温度 /℃	最高温度 /℃	最低温度 /℃	≥25 ℃天数 /d	≥30 ℃天数 /d
6	2.9	20.2	31.9	7.6	16	4
7	2.6	24.7	34.1	12.4	27	18
8	3.1	22	30.8	5.7	20	3

注：数据来源于中国国家数据网。

综上所述，哈尔滨位于高纬度地区，冬季漫长而干燥，异常寒冷，连续3个月平均气温低于－5 ℃，同时降雪持续时间较长，降雪量较大，属于典型严寒地区气候特征；与之相反，夏季凉爽，平均气温在25 ℃以下，较少出现持续高温天气，降水量较高。因此，本书选择哈尔滨作为严寒地区典型城市进行相关研究。

1.4　本章小结

本章概述严寒地区城市发展现状，描述了现阶段严寒城市空间扩张、交通发展、下垫面变化以及城市绿化结构对微气候的影响，总结了国内外学者关于城市形态要素对微气候的影响研究并分析研究所存在的局限性，同时介绍了严寒城市哈尔滨的冬、夏两季的气候特征。

第 2 章　城市空间形态与微气候调节

近几年来，随着城市化进程的不断加快，高密度、高容积率的城市发展模式带来很多城市问题，如城市通风状况变差、城市热岛和雾霾加剧等。这些问题不仅降低城市居民的居住生活质量，还严重影响居民的身体健康。科学地分析微气候与城市形态间相互关联的内在机理，可为城市规划、城市设计提供必要的理论依据。

城市空间形态的定义有很多，吴志强教授提出城市空间形态是城市空间的深层结构和发展规律的显相特征；林炳耀教授指出城市空间形态不仅是研究其形态，同时需要定量地分析其影响要素、空间结构及分布规律和特征；Conzen 认为城市空间形态是对城市平面、建成环境以及空间利用三个方面进行综合研究。因此，本书所研究的城市空间形态包含空间结构、建筑布局及城市密度等要素。

2.1　建筑布局对城市微气候的影响

建筑布局是决定一组建筑、一个城区甚至一个城市形态的重要因素，同时，建筑布局也影响着城市的微气候，本节以哈尔滨具有代表性的建筑布局为研究对象，探究其与微气候的关联性，以便找出有利于改善城市微气候的建筑布局，达到改善人居环境的目的。

2.1.1　哈尔滨城区形态调研

哈尔滨是伴随着中东铁路的建设而发展起来的城市，其城市形态早期在规划、铁路和地形等因素的影响下，呈现出多核分布状态，并非“同心圆”模式或“扇形”模式。哈尔滨最初是由道里、道外、南岗三个核心区域组成。随着经济发展，增加新城区 —— 香坊区，继而形成了由道里区、道外区、南岗区、香坊区组成的多核心分布的城市格局。随着城市的扩张，到 2020 年哈尔滨形成了“一江、两城、九大组团”的新城市格局，即以松花江为轴线，两城区布局，多核心散点分布的新城市结构。至此，哈尔滨整体空间布局初步形成，各城区具有非常清晰的功能分区，商业、文化、行政区主要集中在道里区和南岗区，道外区则逐渐转变为旅游区和轻型工业区，而处于南部和东部的香坊区成为工业区、居住区与其他功能区混杂分布的形式。

哈尔滨城市中心区（二环以内）区域面积约为 300 km^2，长约为 20 km，宽约为 15 km。建筑密度较大，建筑形态复杂；同时作为居民主要的活动场所，相比于城市边缘地带，中心区具有更大的人流密度和复杂的城市环境。中心区位于松花江以南，包括南岗区、道里区、道外区、香坊区，其空间形态基本囊括了哈尔滨的现有的建筑布局，如图 2－1 所示。

图 2－1　哈尔滨建筑布局图

受历史及文化等因素的影响，哈尔滨二环内各区域的建筑布局存在较大差异，见表 2－1。南岗区局部道路呈放射状，如：以教化广场为中心，西大直街、教化街等呈放射式形态；以北秀广场为中心，满洲里街、松花江街等呈放射式形态；街区组团以矩形网格式布局为主。道里区则是由两种形态组成，一种是典型的网格式街区布局，组团面积多为 1 km^2 大小，建筑多为 6～8 层；另一种由高层组成，形成散点型布局，组团面积较大，基本大于 2 km^2，其中建筑多为 18 层以上的高层。道外区空间形态主要以传统院落式布局为主，以小网格形态，多为低层围合式，其中传统街区以“外店内院”形式为主，集中度较高，各院落之间相互关联，形成密集的院落群体。香坊区作为全国老工业基地改造试点区，存在多个工业厂区，同时香坊区内包括东北农业大学、东北林业大学、黑龙江省中医药大学等 35 所大专院校，城区主要由大学、科研园区、工业区和居民区组成，绿化率高，组团以不规则矩形网格为主，道路为线性路网。

表 2－1　哈尔滨二环内城区形态分布

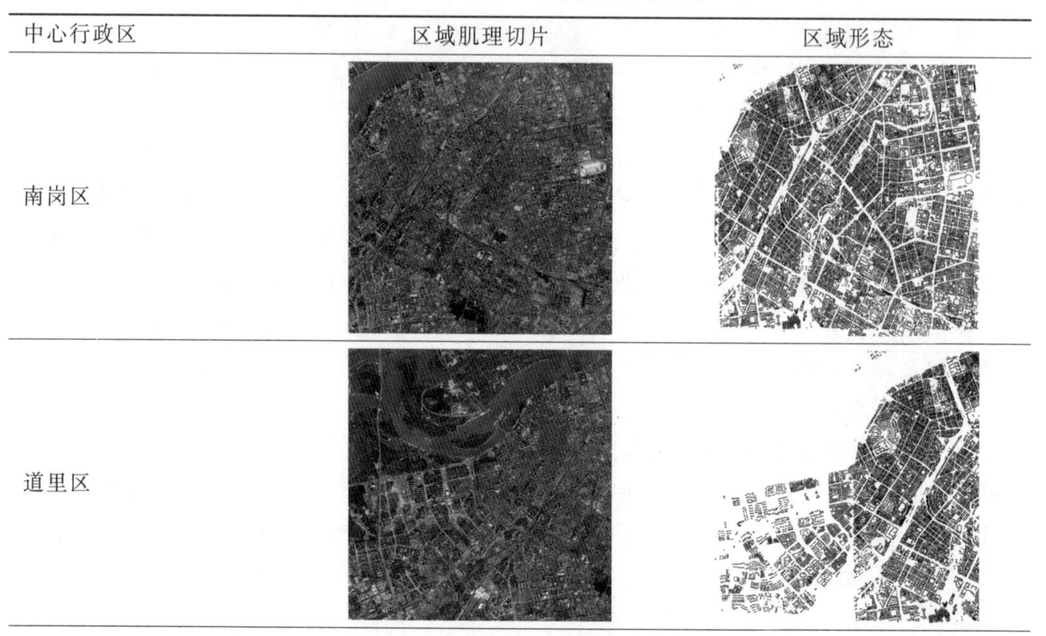

中心行政区	区域肌理切片	区域形态
南岗区		
道里区		

续表2—1

中心行政区	区域肌理切片	区域形态
道外区	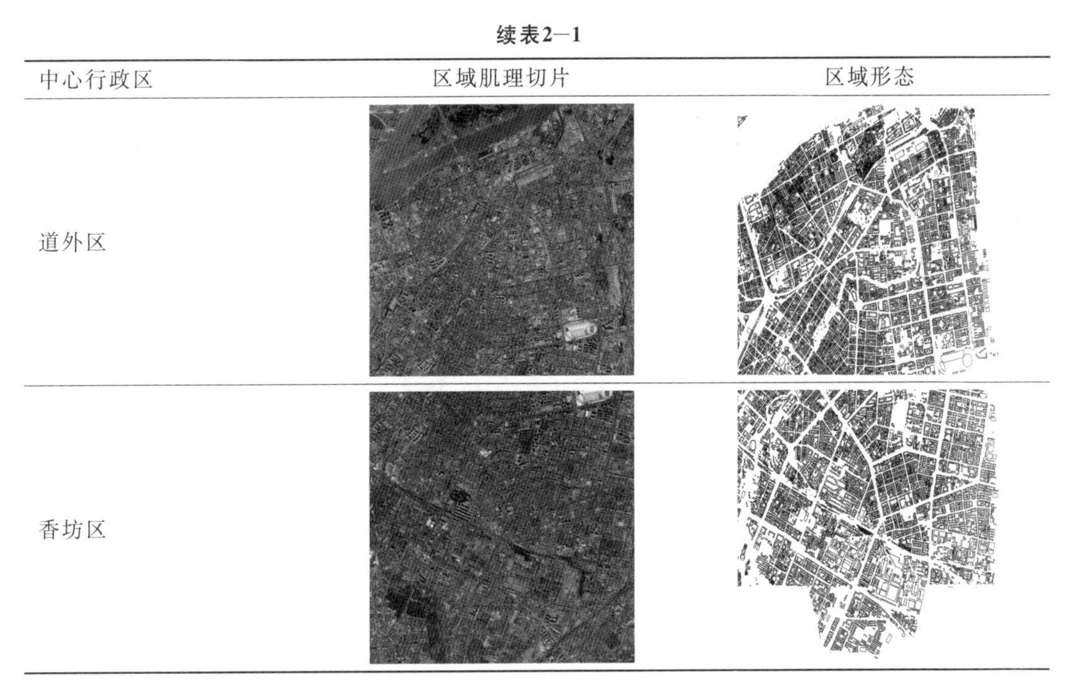	
香坊区		

注:城市区域肌理切片和形态为作者自绘。

本书利用调研数据进行统计和分析,提炼出哈尔滨各城区中已有的空间形态,计算建筑基底面积比,分析各城区主要建筑形式。

南岗区城区面积约为 2 000 万 m²,主要由围合式和混合式组成。其中混合式组团面积约为 564.6 万 m²,面积占比约为整体行政区面积的 18%,而围合式网格形态面积占比较大,达 60% 以上,见表 2－2。

表 2－2　南岗区典型空间形态

区域一	区域二	区域三
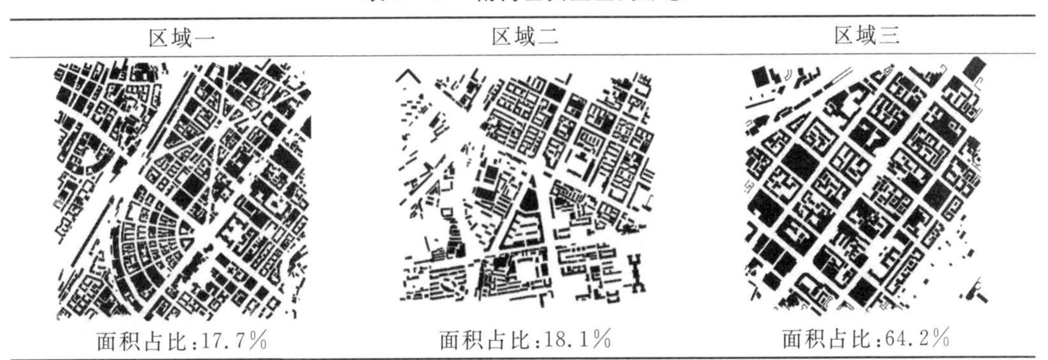		
面积占比:17.7%	面积占比:18.1%	面积占比:64.2%

注:哈尔滨城区形态图为作者自绘。

道里区城市空间形态主要由多层围合式空间、高层散点式空间和多层行列式空间构成。其中多层围合式空间和高层散点式空间面积分别为 1 415.2 万 m² 和 1 681.9 万 m²,根据各形态面积占比可以看出,道里区空间形态主要由多层围合式形态和高层散点式空间组成,而多层行列式形态布局占比不到 10%,见表 2－3。

表 2－3　道里区典型空间形态

区域四	区域五	区域六

面积占比:50.8%	面积占比:42.7%	面积占比:6.5%

道外区总面积约为 1 875.9 万 m^2，主要空间形态为低层围合式形态和多层围合式形态，其中多层围合式形态占道外区面积的 43.9%，低层围合式形态约占道外区的 30% 左右，见表 2－4。

表 2－4　道外区典型空间形态

区域七	区域八	区域九

面积占比:27%	面积占比:29.1%	面积占比:43.9%

香坊区总面积约为 2 231.6 万 m^2，主要由自由式形态、围合式形态和混合式形态构成，自由式空间形态占比为 44.2%，为区域主要空间形态，见表 2－5。

表 2－5　香坊区典型空间形态

区域十	区域十一	区域十二

面积占比:28.7%	面积占比:44.2%	面积占比:27.1%

2.1.2　研究对象选取

城市大尺度空间形态研究中，通常选取 GIS 进行分析统计以提高城市分析的准确性。如图 2－2 所示，本书利用 GIS 数据，首先提取哈尔滨城市主要行政区域轮廓，标定哈尔滨三环线所在区域，再将两部分进行耦合，选出三环以里的城市中心研究区域。以 2 km^2 为基本网格大小对整个三环以里的松花江以南一侧的城区进行网格切分，依次标定序号，通过对每个切片的空间形态进行统计分析，发现不同网格的空间形态存在明显的差异。

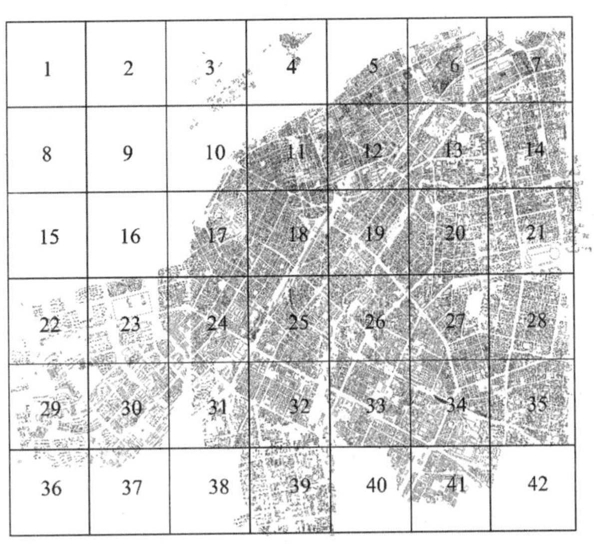

图 2－2　网格大小为 2 km×2 km 的城市切片
（图片为作者自绘）

根据 2.1.1 节的调研结果选出每个行政区占比高的建筑布局形态，分别为：多－高层围合式、多层围合式、高层散点式、多层自由式，见表 2－6；另外增加道外区特有的低层围合式和道里区多层行列式两种形态；虽然多层行列式在道里区占比较低，但其在城市总建筑布局中不可忽视，因此增加多层行列式形态。

表 2－6　哈尔滨各行政区占比较高的布局形态

行政区	南岗区	道里区		道外区	香坊区
布局形式	多－高层围合式	多层围合式	高层散点式	低层围合式	多层自由式
占比	64.2%	50.8%	42.7%	43.9%	44.2%

从图 2－2 中，选取 6 个 2 km×2 km 的城市空间形态切片，分别设定冬、夏两组案例进行模拟，以典型高温、晴朗气象日作为热岛研究气象背景，夏季选择 2017 年 7 月 28 日 00:00 至 7 月 30 日 00:00 共计 48 h 作为模拟时间段；冬季选择 2018 年 1 月 12 日 00:00 至 2018 年 1 月 14 日 00:00。去除模型调试时间，选取模拟稳定后即模拟时间段后 24 h 作为研究时间。本节将根据各种形态对城市温度、热岛效应的影响程度来探讨适应严寒气候的城市空间形态，所选样本的空间形态特点见表 2－7。

表 2－7　研究区域的城市空间形态特点

方案	建筑布局形态	肌理	容积率	建筑密度	经纬坐标
1(切片12)	低层围合式		1.21	0.33	126°37′,45°47′, 126°37′,45°46′, 126°39′,45°47′, 126°39′,45°46′
2(切片39)	多层自由式		1.52	0.19	126°38′,45°45′, 126°38′,45°44′, 126°39′,45°45′, 126°39′,45°44′
3(切片21)	多层围合式		1.96	0.26	126°40′,45°45′, 126°40′,45°44′, 126°42′,45°45′, 126°42′,45°44′
4(切片30)	多层行列式		1.56	0.21	126°38′, 45°44′, 126°38′,45°43′, 126°39′,45°44′, 126°39′,45°43′
5(切片19)	多层－高层围合式		2.67	0.3	126°33′ 45°44′, 126°33′,45°43′, 126°34′,45°44′, 126°34′,45°43′
6(切片23)	高层散点式		3.8	0.14	126°36′, 45°42′, 126°36′,45°41′, 126°37′,45°42′, 126°37′,45°41′

2.1.3 研究方法介绍

20 世纪 80 年代，城市设计主要从城市空间结构、功能区分布、色彩学、景观规划等方面着手，研究方法往往局限于城市肌理的图底关系分析、视觉效果分析、城市意象分析、交通可达性分析等，随着微气候的引入，城市气候适应性及城市整体节能的思想逐渐被接受。微气候的研究多侧重于分析城市微气候的变化和对城市居民在室外环境舒适度的影响，目的是改善微气候和提出适宜不同气候区的改善策略。主要使用的研究方法为实地测量或气象观测。随着计算机技术的不断更新，对于城市微气候的研究逐渐引入基于空气动力学和热力学的城市边界层模型，计算机数值模拟方式的介入可以弥补实际测试研究范围等问题的缺陷。数值模拟技术依据研究对象范围的不同，主要分为大尺度、中尺度和小尺度三类，不同尺度所关注的研究对象及建立的数学模型、物理边界条件也不尽相同。在城市气候数值模拟研究方法中，常常使用的有 ENVI－MET、FLUENT、WRF 等。同时，国际在气象研究方面往往都会针对自己国家的城市特征、气象特点等因素开发出各自的相对独立的城市气候模拟模型，见表 2－8。

表 2－8　微气候研究方法总结

研究方法	研究作者
定点观测	Oke 团队
PHOENICS	英国帝国理工学院 CHAM 研究所
缩尺模型	D. Pearlmutter
ETA	Noaa/Ncep
NHM	日本气象研究中心
LOCALS	Itochu 技术方案合作社
METRAS	Hamburuy 大学
ENVI－MET	Fazia Ali－Toudert
街谷数字模型	Jonas Allegrini

本章选择 WRF/UCM 进行数值模拟。该方法模拟精度高，研究者可根据研究进行边界条件、下垫面等方面的调试，同时，可插入研究区域的气象数据作为边界条件，从而提高数值模拟的准确度。

数值模拟研究首先是对城市下垫面的编辑和边界条件的选取，然后调试初始气象条件，研究调用美国国家大气研究中心(National Center for Atmospheric Research, NCAR)全球气象数据，确保输入条件的准确度，而模拟天气选用晴天、高压下的天气，避免极端气候的影响。本书选取的哈尔滨城市下垫面模拟参数见表 2－9。

表 2－9　研究区域模拟参数设置

方案	1	2	3	4	5	6
建筑密度 /%	0.33	0.19	0.26	0.26	0.3	0.14
屋顶高度 /m	15	20	20	30	30	35
容积率	1.2	1.5	2	2	2.5	3.5
屋顶宽度 /m	10	10	20	20	35	35

续表2—9

方案	1	2	3	4	5	6
道路宽度 /m	10	10	10	10	10	10
人为热 /(W · m^{-2})	8.35/25	8.35/25	8.35/25	8.35/25	8.35/25	8.35/25

实验所选用的物理条件见表 2－10：云微物理过程（mp_physics）选取新 Thompson 的冰雹方案，该方案包含六种水物质和冰晶浓度，可以在微物理过程参数化方案中计算雪和霾的量，同时可以依托温度计算雪和雨的大小方案；城市空间中短波辐射采用 Dudhia 方案，其中包括了气候臭氧因素和云效应的多重波段短波传播；长波辐射选用 Rrtm 方案；辐射方案计算间隔采用 10 min；近地面层方案采用 Monin－Obukhov Similarity Theory 方案；陆面过程选用 Noah Land Surface Model 参数化方案，含有不同层次的土壤温湿度、积雪覆盖和冻土物理过程；边界层选取 YSU PBL 方案（Hong 和 Noh）；对于时间积分的方案选择，使用 Rung－Kutta 中的 3 阶方案；对于城市物理模型，选择城市冠层模型（Urban Conopy Model，UCM），通过在冠层中的分层，模拟各层之间能量、动量等物理因素的相互作用，本实验选用了模拟结果较为准确的城市物理模型（即 UCM），可以适应不同城市下垫面的模型建立，同时提高近地面气候模拟的准确性。

表 2－10　WRF 模式物理方案选取

物理过程	方案选取
云微物理过程	Thompson et al. graupel
短波辐射方案	Dudhia
长波辐射方案	Rrtm
辐射方案计算间隔	10 min
近地面层方案	Monin－Obukhov Similarity Theory
陆面过程	Noah Land Surface Model
边界层过程	YSU PBL
时间积分方案	Rung－Kutta 中的 3 阶方案
城市物理模型	UCM 城市冠层模型

使用数字模拟来研究城市微气候，实测验证最为关键，以增加模拟的可信度。验证方式有很多，采用实测数据进行对比，有 8 h、12 h、24 h 及更为长时间的实测验证，一般根据研究内容选用适于自身实验的验证时长。例如，在本次实验中，选用了 10 h 验证，对比结果如图 2－3 所示：夏季的实测值和模拟值平均误差为 0.96 ℃，最大误差为 1.89 ℃，最小误差为 0.04 ℃，模拟结果与实测结果日变化趋势一致，但模拟值结果略小于观测值；冬季实测值与模拟值的平均误差为 1.55 ℃，最大误差为 2.87 ℃，最小误差为 0.51 ℃。同样两者的变化趋势一致，模拟结果可以准确反映出城市温度场的分布特征，具有较高的可信度。

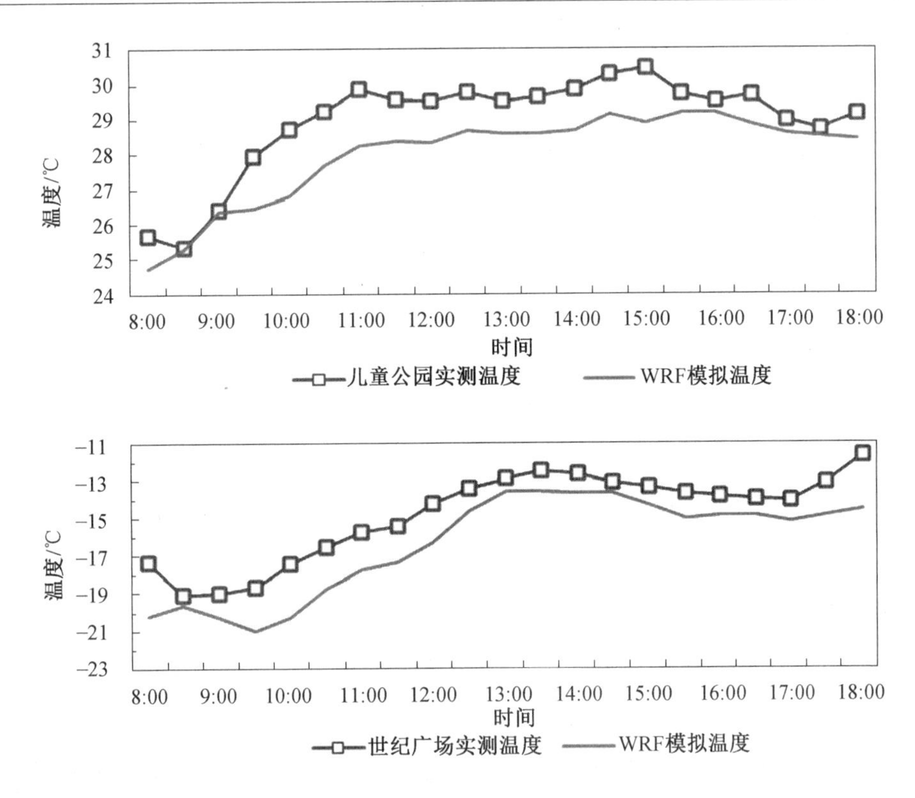

图 2－3　现场实测和 WRF 模拟结果对比验证

2.1.4　建筑布局与微气候的关联性

以哈尔滨 6 种典型的建筑布局(详见 2.1.2 节)为研究案例,分析夏、冬气候条件下建筑布局的差异对城市区域微气候的影响。选取 6 个 2 km×2 km 具有代表性的城市空间形态切片,分别设定冬、夏两组案例进行模拟,以典型高温、晴朗气象日作为热岛研究气象背景。夏季选择 2017 年 7 月 29 日 00:00 至 7 月 31 日 00:00 共计 48 h 作为模拟时间段;冬季选择 2018 年 1 月 13 日 00:00 至 2018 年 1 月 15 日 00:00。去除模型调试时间,选取模拟稳定后即模拟时间段后 24 h 作为研究时间。本节以不同形态下的气温、风速、热岛效应的影响程度等几个方面探讨适应严寒气候的城市建筑布局,具体所选区域的建筑布局特点见表 2－11。

表 2－11　研究区域的建筑布局特点

方案	1(切片 12)	2(切片 39)	3(切片 21)	4(切片 30)	5(切片 19)	6(切片 23)
建筑形态	低层 围合式	多层 自由式	多层 围合式	多层 行列式	多层－高层 围合式	高层 散点式
肌理						

续表2—11

方案	1(切片 12)	2(切片 39)	3(切片 21)	4(切片 30)	5(切片 19)	6(切片 23)
容积率	1.21	1.52	1.96	1.56	2.67	3.8
建筑密度	0.33	0.19	0.26	0.21	0.3	0.14

从表 2－11 可以看出，不同切片样本之间具有明显的差异，多层自由式(切片 39) 和高层散点式(切片 23) 建筑密度 ＜ 0.2，而低层围合式(切片 12) 和多层－高层围合式(切片 19) 建筑密度 ＞ 0.3；多层－高层围合式和高层散点式容积率 ＞ 2.5；而低层围合式、多层自由式、多层围合式、多层行列式容积率 ＜ 2。

1. 建筑布局与夏季微气候的关联性

图 2－4 所示为夏季低层围合式布局与多层围合式布局日均温度变化趋势，低层围合式布局与多层围合式布局两组典型空间形态位于同一城区 —— 道外区，但微气候差别却较大。低层围合式布局建筑密度大，聚集度较高，但容积率较低，城区空间形态多数以 2 ～ 4 层院落式和少数多层围合式空间形态构成，日平均温度为 24.17 ℃，最高温度达 29.35 ℃，最低温度为 17.75 ℃；多层围合式布局建筑密度相比低层围合式的低，但绿化程度高，以多层围合式空间形态为主，中心院落尺度较大，日平均温度为 22.29 ℃，最高温度达 29.15 ℃，最低温度为 13.95 ℃。当白天温度升高时，气温上升逐渐与低层围合式布局相同。由于太阳辐射影响，夜间低层围合式布局的温度高于多层围合式布局的温度，可知高密度小院落形态比中密度大院落形态夜间城区空气温度高，同时夜间气温下降缓慢，由于密集的建筑群落热惰性较大，夜间释放白天下垫面吸收的热量，因此温度较高。夏季，低层围合式布局与多层围合式布局相比室外热环境较差。

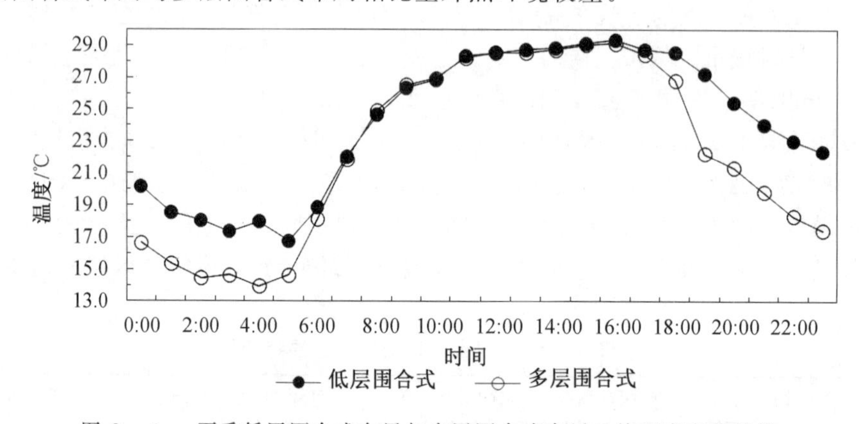

图 2－4　夏季低层围合式布局与多层围合式布局日均温度变化趋势

图 2－5 所示为夏季多层行列式布局与多层围合式布局日均温度变化趋势。多层围合式布局建筑密度比多层行列式大，且聚集度较高，日平均温度为 22.29 ℃，最高温度达 29.15 ℃；多层行列式布局建筑密度和容积率相对多层围合式较低，日平均温度为 21.95 ℃，最高温度达 28.43 ℃，区域温度比多层围合式低，主要因为多层行列式布局通风效果较好，散热能力较强，同时建筑密度比围合式布局小。夏季，多层行列式布局比多层围合式布局室外热环境好。

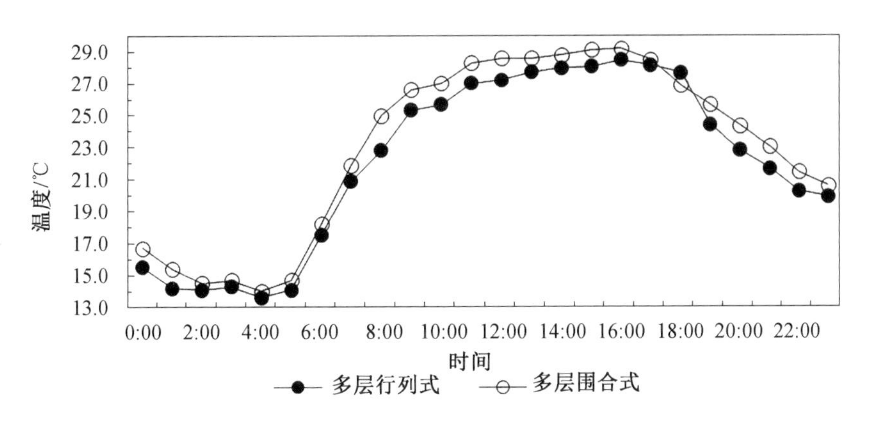

图2－5　夏季多层行列式布局与多层围合式布局日均温度变化趋势

如图2－6所示，对6种样本区域的温度进行对比，结果显示不同建筑布局区域的温度变化相差较大，低层围合式（方案1）布局全天温度最高，平均温度为24.17 ℃，最高温度出现在16:00，为29.35 ℃，最低温度为16.75 ℃，全天温差较大；多层自由式布局（方案2）温度最低，平均温度为21.86 ℃，最低温度为13.98 ℃。多层自由式布局、多层行列式布局（方案4）与多层围合式布局夜间温度较低，但白天多层围合式布局（方案3）和多层行列式布局恢复高温，而多层自由式布局温度较低，主要由于多层自由式布局区域绿化率较高；多层围合式布局与多层自由式布局建筑密度及容积率相似，两种布局白天（6:00～18:00）温度相近，但到夜间温度相差较大。

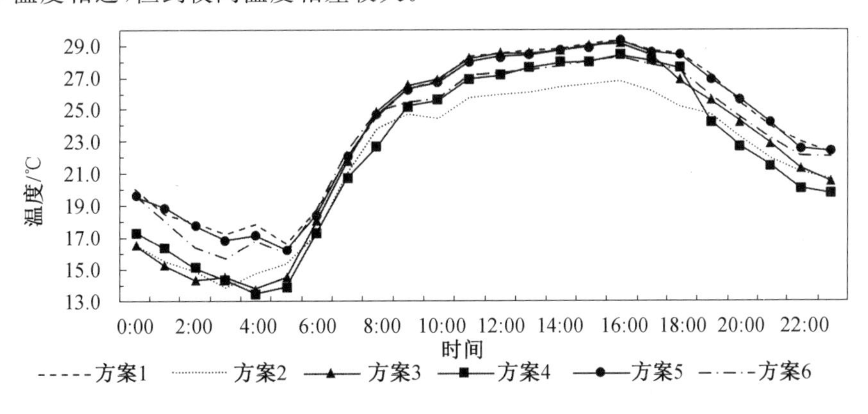

图2－6　不同城区各案例夏季日均温度变化趋势

多层自由式布局与高层散点式布局（方案6）的建筑密度相近，但高层散点式布局的容积率较大；可以看出高层散点式布局全天温度高于多层自由式布局，主要是由于容积率较大，使区域空气温度升高。整体平均温度比较来看，低层围合式布局＞多层－高层围合式布局（方案5）＞高层散点式布局＞多层围合式布局＞多层行列式布局＞多层自由式布局；从温度稳定性来看，多层围合式布局＞多层行列式布局＞多层－高层围合式布局＞多层自由式布局＞低层围合式布局＞高层散点式布局。

低层围合式空间布局平均气温较高，且热稳定性较差；多层围合式布局和多层行列式布局热稳定性较好，平均温度较低；在城区温度与热稳定性综合评价的最优选择为多层行列式布局与多层自由式布局。因此得到适宜严寒地区夏季的建筑布局为多层行列式和多层自由式布局。

2.建筑布局与冬季微气候的关联性

图 2－7 所示为冬季低层围合式布局与多层围合式布局日均温度变化趋势。结果显示低层围合式布局的冬季温度高于多层围合式布局，低层围合式布局的平均温度比多层围合式布局高 2.23 ℃，低层围合式布局的最高温度为 － 13.87 ℃，最高温度差为 1.05 ℃，而最低温度差为 2.86 ℃。造成这种现象的主要原因为低层围合式布局建筑密度大，建筑较为密集，城市下垫面蓄热能力较强，夜间温度下降较慢，而白天升温较快。同时，低层围合式布局与多层围合式布局虽然都位于道外区，但由于围合式所形成的院落面积相差较大，因此温度相差较大。

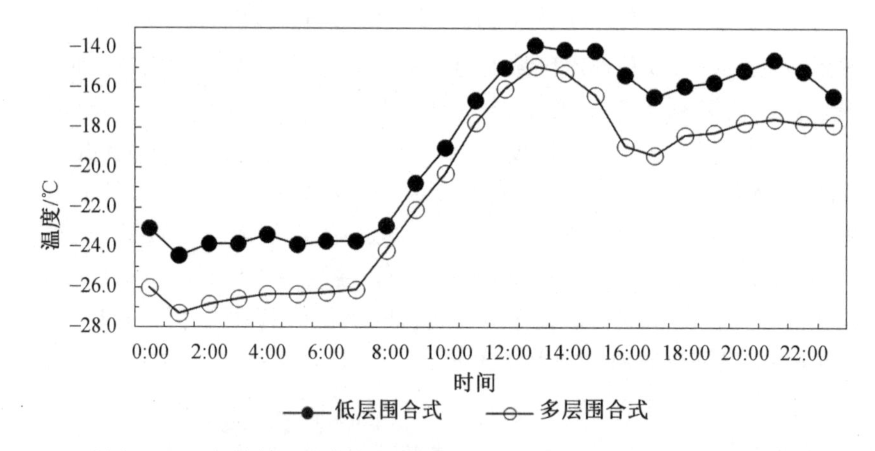

图 2－7　冬季低层围合式布局与多层围合式布局日均温度变化趋势

图 2－8 所示为冬季多层行列式布局与多层围合式布局日均温度变化趋势。结果显示，多层围合式布局的冬季温度高于多层行列式布局，多层围合式布局的平均温度比多层行列式布局高 2.26 ℃，多层围合式布局的日平均温度为 － 19.51 ℃，最高温度为 － 14.45 ℃，最低温度为－25.85 ℃；而多层行列式布局平均温度为－21.77 ℃，最高温度为－ 16.74 ℃，最低温度为 － 27.97 ℃。通过对比可以看出多层围合式布局比多层行列式布局冬季温度高，更适宜严寒地区冬季气候。

如图 2－9 所示，对比 6 种建筑布局的全天温度变化趋势，发现不同建筑布局的区域温度相差较大，低层围合式布局(方案 1) 全天温度最高，平均温度为 － 18.79 ℃，最高温度出现在 13:00，为 － 13.87 ℃，最低温度为 － 24.43 ℃，全天温差较大；多层自由式布局(方案 2) 与多层行列式布局(方案 4) 温度相差不大，全天温度较低；多层自由式布局与多层－高层围合式布局(方案 5) 的全天温度差较大；低层围合式布局与多层围合式布局(方案 3) 都位于道外区，但温度相差较大，造成城区热环境分布不均匀；高层散点式布局(方案 6) 日平均温度为 － 19.25 ℃，仅低于低层围合式布局。整体平均温度比较来看，低层围合式布局 > 多层 － 高层围合式布局 > 多层围合式布局 > 多层自由式布局 > 多层行列式布局 > 高层散点式布局；从温度稳定性来看，多层自由式布局 > 多层围合式布局 > 多层 － 高层围合式布局 > 高层散点式布局 > 多层行列式布局 > 低层围合式布局。

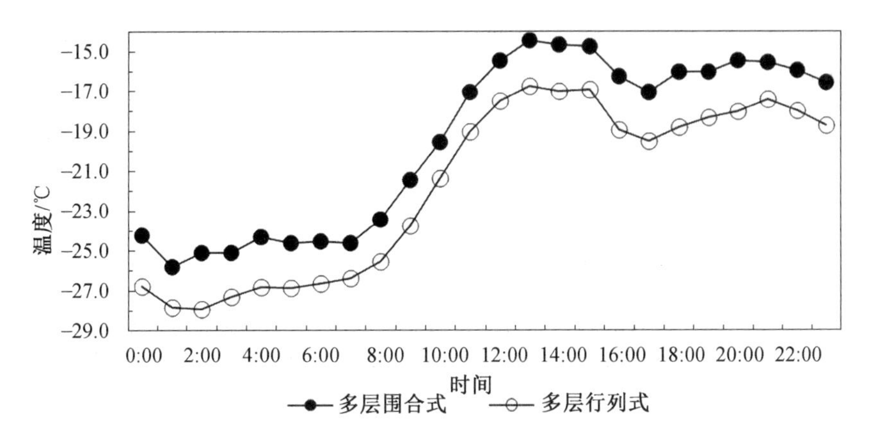

图 2－8　冬季多层行列式布局与多层围合式布局日均温度变化趋势

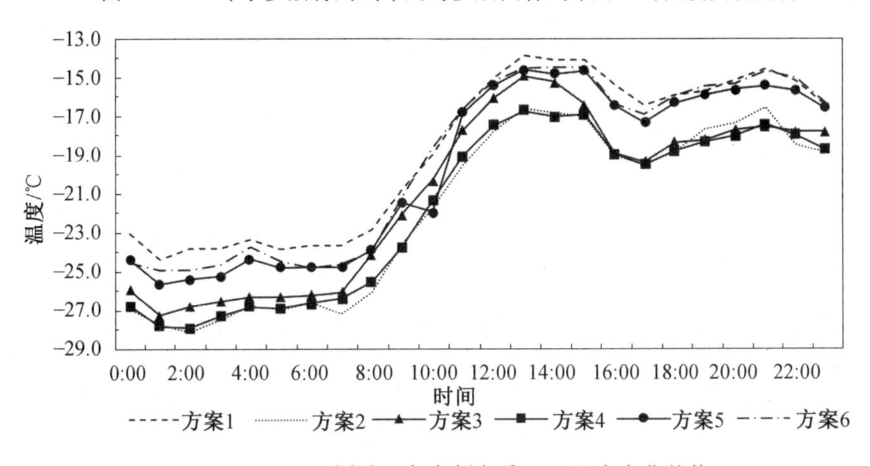

图 2－9　不同城区各案例冬季 2 m 温度变化趋势

低层围合式布局平均气温较高，但热稳定性较差；多层围合式布局热稳定性较好，平均温度稍低于低层围合式。因此，综合温度与热稳定性，我们认为多层围合式布局与多层－高层围合式布局为抵抗严寒气候的最佳城市空间布局。

2.2　建筑密度对城市微气候的影响

从城市空间布局来看，建筑密度首先可以反映所选建设用地区域内建筑的密集程度，同时也可以表达区域内空间形式的开放度。在三维空间中，建筑密度主要用来表示城市空间布局水平方向的关系。对于城市不同区域空间布局来说，建筑密度越大，建筑集约利用的程度越大，但同时城市公共空间及绿地面积等相对减少，所以建筑密度可以作为综合衡量城市空间布局的参数。

2.2.1　研究对象选取

研究选取严寒地区典型城市哈尔滨为对象，基于 2.1 节对建筑布局的研究，本节缩小研究范围，提高研究对象分辨率。选取冬、夏微气候环境较好的空间切片案例 5，将

2 km×2 km 空间布局进行更精细化划分，分成 16 个 500 m×500 m 的空间切片，同时将 2.1 节模拟得到的区域温度、风速、风向等气象作为边界条件输出到模型中，进行微气候与空间布局因子关联度研究，具体划分如图 2－10 所示。

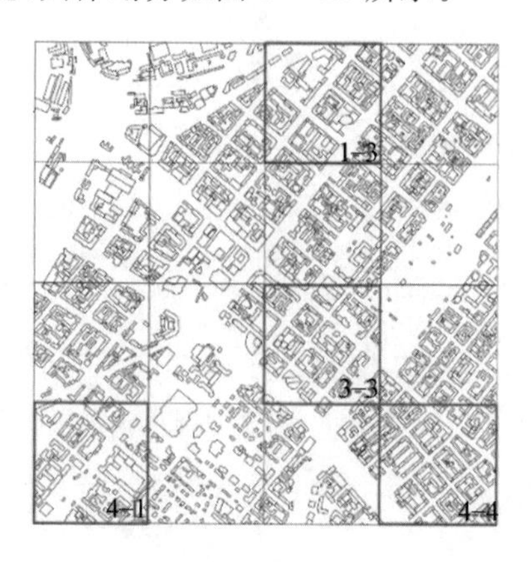

图 2－10　研究对象划分示意图

在模拟初始阶段，扩大模拟网格范围，选取模型范围 4 倍区域作为模型模拟缓冲区，以便消除边界影响，提高模拟结果的准确性。同时，采用排除单一网格设置，选取双重网格嵌套模式——中心模型区进行网格加密，保证最中心区域模拟的高精准度。针对城市肌理研究结果，选出多层－高层围合式布局作为建筑密度及容积率研究的对象进行细致划分，从图 2－10 中挑选 1－3、3－3、4－1、4－4 四个切片，同时增加一个建筑密度 $d=15\%$ 的切片，进行简化处理，如图 2－11 所示，研究建筑密度与微气候影响。

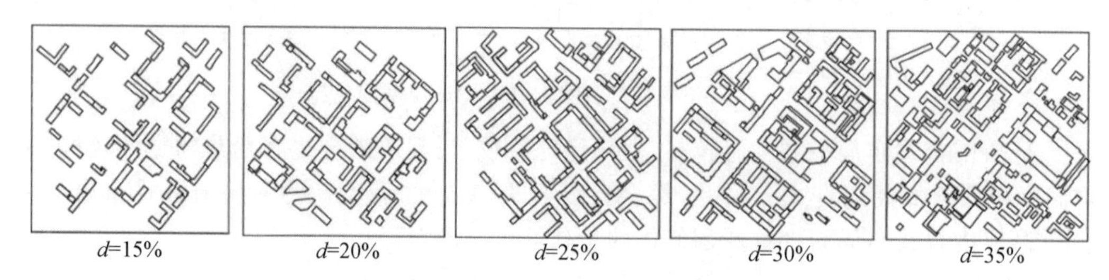

图 2－11　建筑密度（d）研究模型图

选取的边界条件见表 2－12，以 WRF 模式模拟得到的气象信息作为基础，以夏季 2017 年 7 月 29 日的风场、温度场作为边界条件进行模拟。

表 2－12　PHOENICS 边界条件表

温度	23 ℃	风速	8 m/s
气压	101 325.0 Pa	风向	E－S－E
太阳直射辐射	400 W/m²	太阳散射辐射	300 W/m²

2.2.2　建筑密度与微气候的关联性

1. 建筑密度与风环境的关系

对建筑密度 $d=15\%$，20%，25%，30%，35% 的模型进行模拟分析，得到人行高度处

的 z 平面(平行于地表)的风速云图。通过图2－12可以看出,建筑的布局对城市风场分布的影响较大,结果显示,建筑布置密集处,通风效果减弱,风速出现明显降低;由图2－12可以看出,随着建筑密度增大,研究中心区域风速明显下降:当建筑密度 $d=20\%$ 时,研究区平均风速 $v>2.5$ m/s,风速 $v<1.75$ m/s区域较少,建筑迎风街道平均风速 $v>3$ m/s,最大风速可达5.2 m/s;当建筑密度 $d>30\%$ 时,模拟范围中风速 $v\leqslant 1.75$ m/s的区域逐渐增多,模拟区域平均风速 $v<2.5$ m/s。

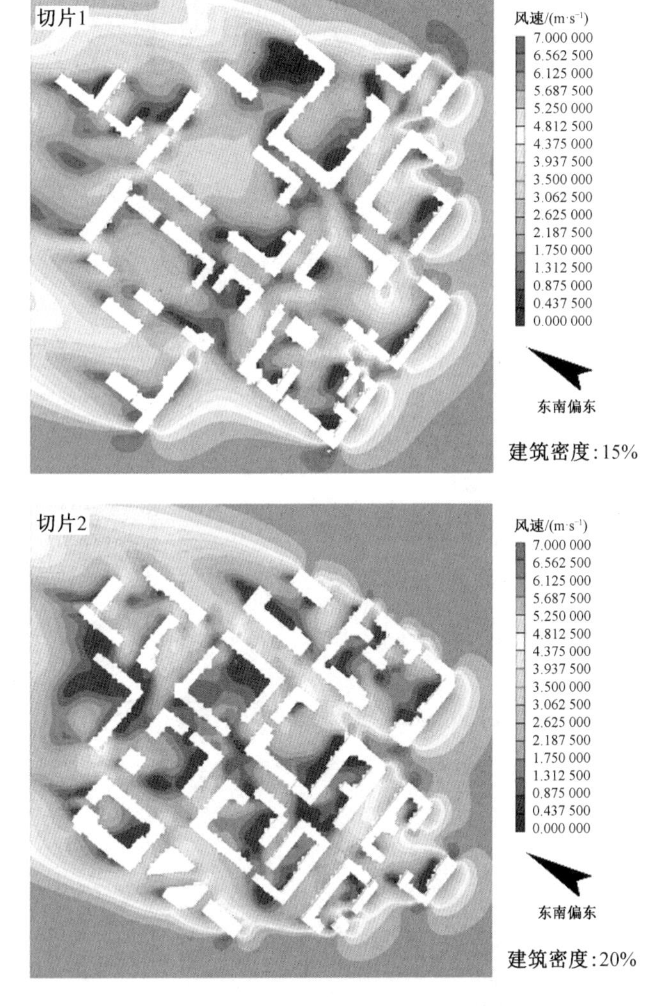

图2－12　建筑密度模拟风场分布图(彩图见附录)

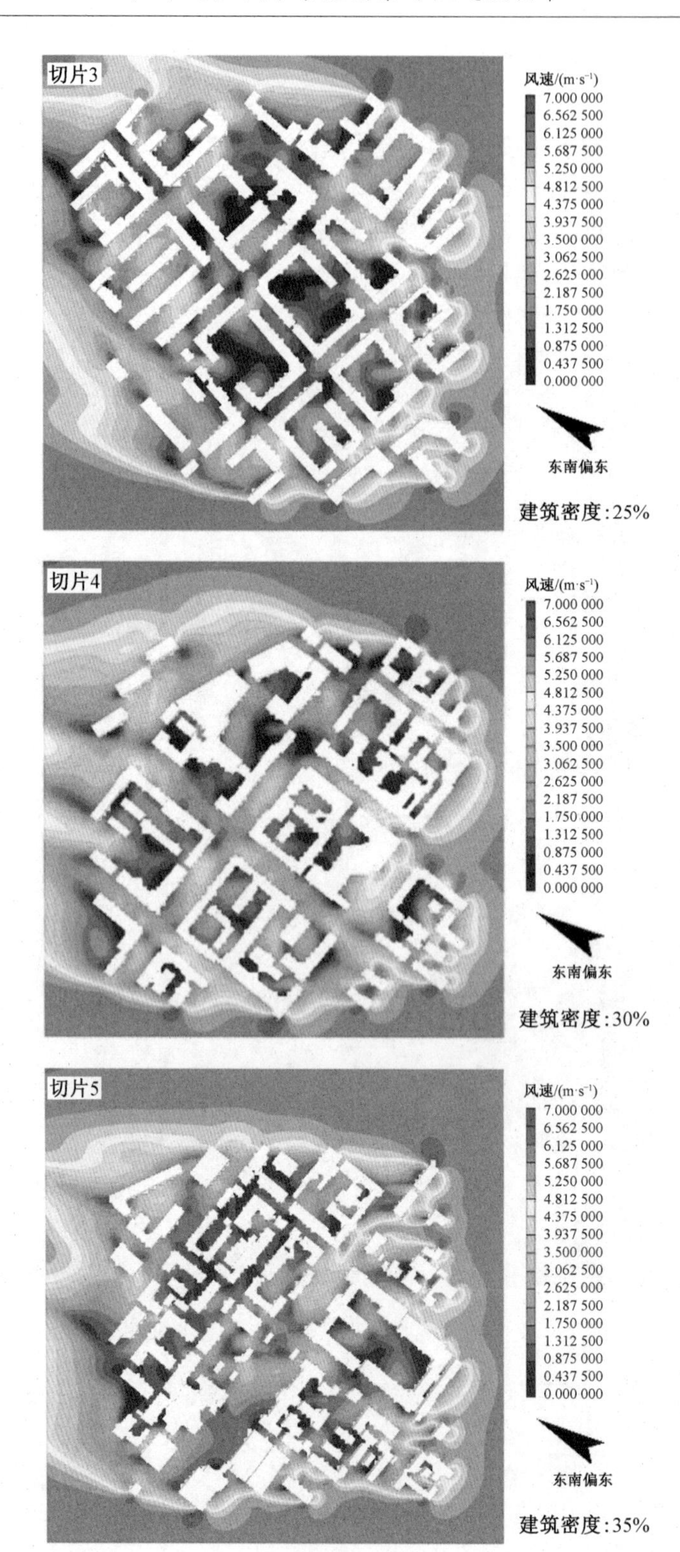
切片3
风速/(m·s⁻¹)
7.000 000
6.562 500
6.125 000
5.687 500
5.250 000
4.812 500
4.375 000
3.937 500
3.500 000
3.062 500
2.625 000
2.187 500
1.750 000
1.312 500
0.875 000
0.437 500
0.000 000
东南偏东
建筑密度:25%
切片4
风速/(m·s⁻¹)
7.000 000
6.562 500
6.125 000
5.687 500
5.250 000
4.812 500
4.375 000
3.937 500
3.500 000
3.062 500
2.625 000
2.187 500
1.750 000
1.312 500
0.875 000
0.437 500
0.000 000
东南偏东
建筑密度:30%
切片5
风速/(m·s⁻¹)
7.000 000
6.562 500
6.125 000
5.687 500
5.250 000
4.812 500
4.375 000
3.937 500
3.500 000
3.062 500
2.625 000
2.187 500
1.750 000
1.312 500
0.875 000
0.437 500
0.000 000
东南偏东
建筑密度:35%

续图 2－12

通过对比风速面积占比(表 2—13)可知:$v<2$ m/s 的面积占比中,建筑密度 $d=25\%$ 的面积占比为 41.35%,占比最大;而 $d=20\%$ 时,$v>5$ m/s 的面积占比为 23.83%,占比最大。2 m/s$\leqslant v \leqslant$5 m/s 的面积占比中,$d=25\%$ 和 $d=35\%$ 占比相似。综合比较看出,$d=25\%$ 时,人行空间风环境最为适宜。

表 2—13　建筑密度与风速面积占比

建筑密度 /%	15	20	25	30	35
$v<2$ m/s 的面积占比 /%	25.32	31.11	41.35	28.56	35.96
2 m/s$\leqslant v \leqslant$5 m/s 的面积占比 /%	66.45	45.06	53.42	65.54	52.47
$v>5$ m/s 的面积占比 /%	8.23	23.83	5.23	5.90	11.57

对比建筑密度 $d=20\%$ 和 $d=35\%$ 两组案例,如图 2—13 所示,可以看出密集分布的建筑对风速的遮挡作用更明显。$d=20\%$ 时,人行区风速变化较大,产生湍急气流区和涡旋区,严重影响行人舒适度;$d=35\%$ 时,人行区风速产生均匀递减,涡旋区得到改善。当围合院落空间减小时,建筑物周围人行区风速减缓,分布逐渐均匀,产生较好的局地风环境。

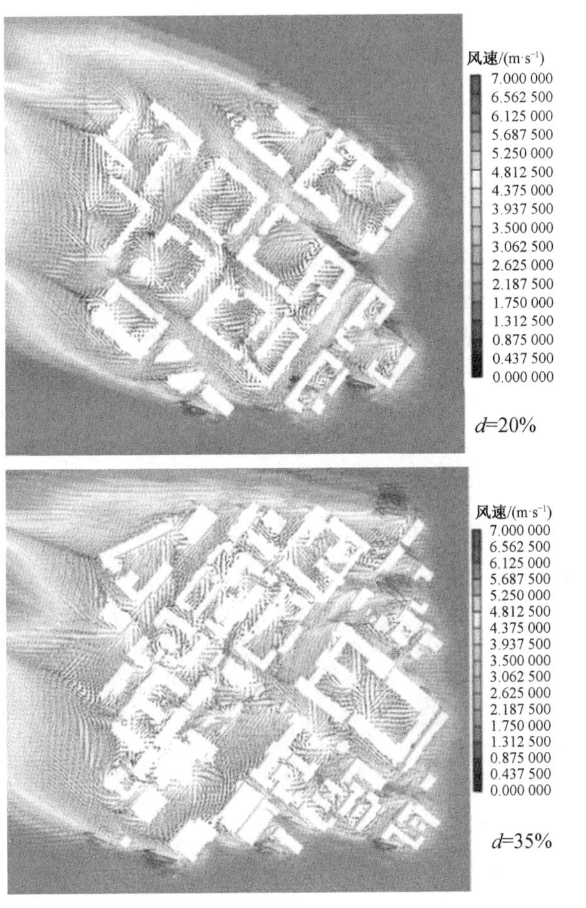

图 2—13　建筑密度模拟风速矢量变化图(彩图见附录)

2. 建筑密度与热环境的关系

从模拟温度场云图 2－14 结果看出，建筑密度对空间温度分布具有较大的影响，建筑密度越大，空气温度越高；对比围合式院落大小可以看出，围合空间越小，内部温度越高。如图中切片 5(建筑密度为 35％)，由于围合空间四周的建筑表面主要受太阳辐射以及自身产生热传递等，因此影响围合空间的温度，建筑表面积与围合空间比值越大，内部温度升高越明显。因此，围合式中内部面积较小的空间温度相对面积较大的空间温度高。模拟结果显示，当建筑密度达到 15％ 时，模拟区温度最低，建筑密度达到 35％ 时，模拟高温($T \geqslant 25$ ℃)区面积较大且分布较广。

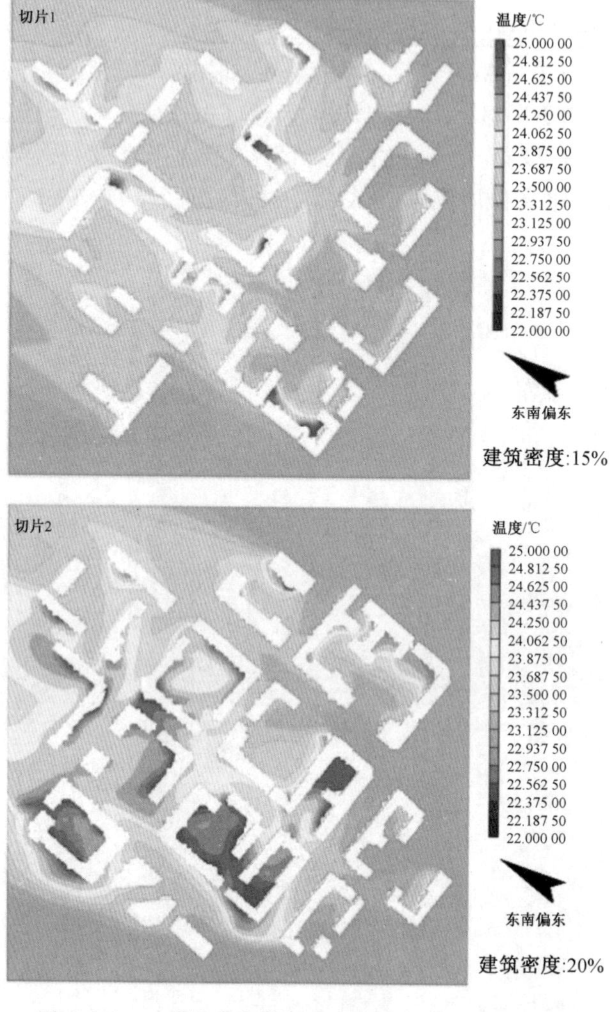

图 2－14　建筑密度模拟温度场分布图(彩图见附录)

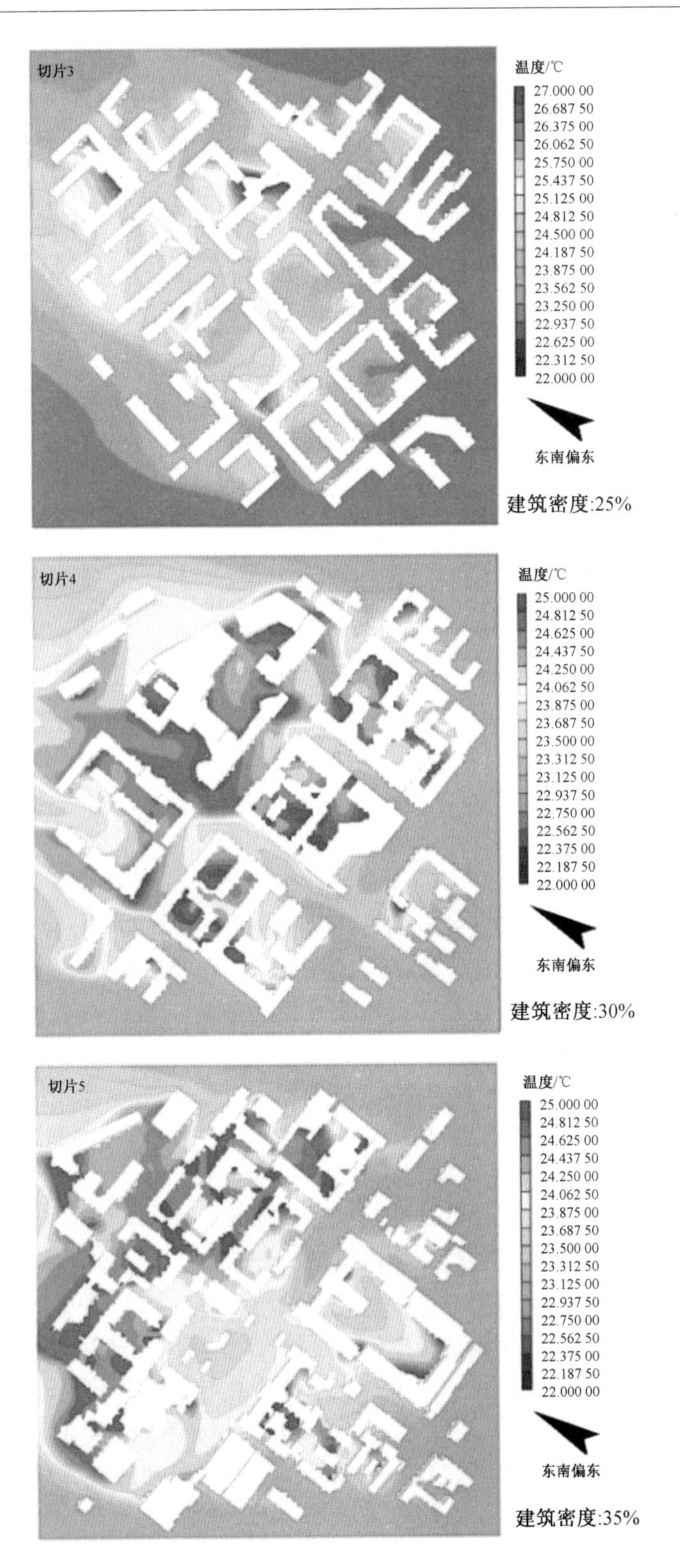
切片3
温度/℃
27.000 00
26.687 50
26.375 00
26.062 50
25.750 00
25.437 50
25.125 00
24.812 50
24.500 00
24.187 50
23.875 00
23.562 50
23.250 00
22.937 50
22.625 00
22.312 50
22.000 00
东南偏东
建筑密度:25%
切片4
温度/℃
25.000 00
24.812 50
24.625 00
24.437 50
24.250 00
24.062 50
23.875 00
23.687 50
23.500 00
23.312 50
23.125 00
22.937 50
22.750 00
22.562 50
22.375 00
22.187 50
22.000 00
东南偏东
建筑密度:30%
切片5
温度/℃
25.000 00
24.812 50
24.625 00
24.437 50
24.250 00
24.062 50
23.875 00
23.687 50
23.500 00
23.312 50
23.125 00
22.937 50
22.750 00
22.562 50
22.375 00
22.187 50
22.000 00
东南偏东
建筑密度:35%

续图 2－14

3. 建筑密度对微气候的影响

通过对比建筑密度与平均温度和风速，如图 2－15 所示，发现建筑密度与温度之间有正相关关系，即随着建筑密度的增大，区域平均温度逐渐升高，建筑密度从 15% 增大到 20%，平均温度上升较快，达到 20% 后随建筑密度增大，温度上升较为缓慢。而建筑密度与风速之间关系与之相反，随建筑密度增大，风速逐渐减小，以线性关系减弱。

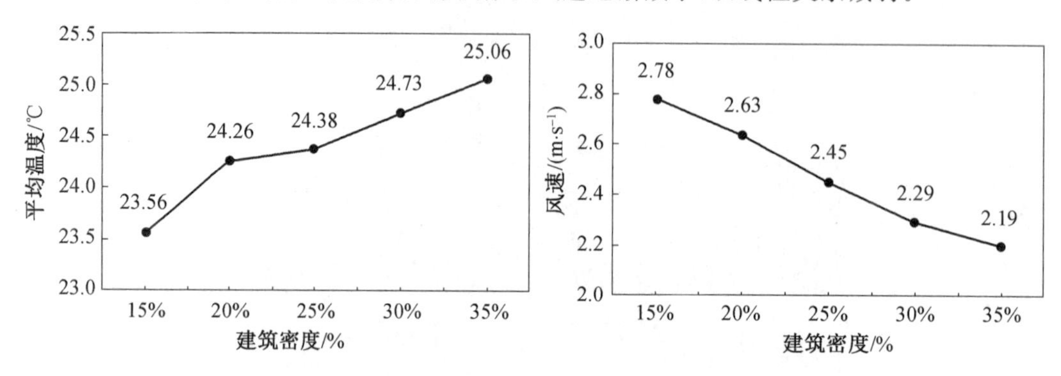

图 2－15　建筑密度与平均温度和风速关系

综上，在一定范围内，选取建筑密度的较优指标为 20% ～ 25%，此时，区域微气候环境较好，区域空间温度适宜，通风效果较好，既能保证一个相对较好的微气候环境，同时也有利于城市可持续发展的要求。

2.2.3　理想模型对比分析

1. 理想空间模型建立

在建筑密度不同的情况下，虽然空间布局都为围合式，但差异性较大，难以排除布局对空间温度场和风场的影响，因此选取围合式理想模型作为研究对象，与实际案例进行对比分析，研究围合式空间布局下建筑密度对微气候的影响。理想模型选用与实际模型相同的建筑密度（15%、20%、25%、30%、35%），如图 2－16 所示。

2. 理想空间建筑密度对微气候的影响

从温度场云图 2－17 结果看出，随着建筑密度增大，空间温度升高。27 ～ 30 ℃ 的面积变化不大，主要高温区位于围合院落中，街道高温区主要分布在建筑背风向，24 ～ 27 ℃ 的面积增多，24 ℃ 以下面积减小。对比建筑密度 25% 和 35% 温度场，空间中心区温度出现明显上升，空间平均温度随建筑密度增大而升高。同时，综合结果分析，围合院落温度受院落大小影响，空间温度与建筑密度呈正相关关系。

从风场云图 2－18 结果看出，随着建筑密度增大，空间风速逐渐减小，$v \geqslant 3$ m/s 的区域空间面积明显减少，微风区 $v \leqslant 1.5$ m/s 区域面积变化不大。围合院落空间风速较为稳定，当建筑密度增大，风速在 1.5 m/s $\geqslant v \geqslant$ 3 m/s 区域变化较为明显，街道间风速变化较大，建筑密度增大 20%，平均风速减小 1.2 m/s。空间风速随着建筑密度的增大而减小，因此空间风速与建筑密度间呈负相关关系。

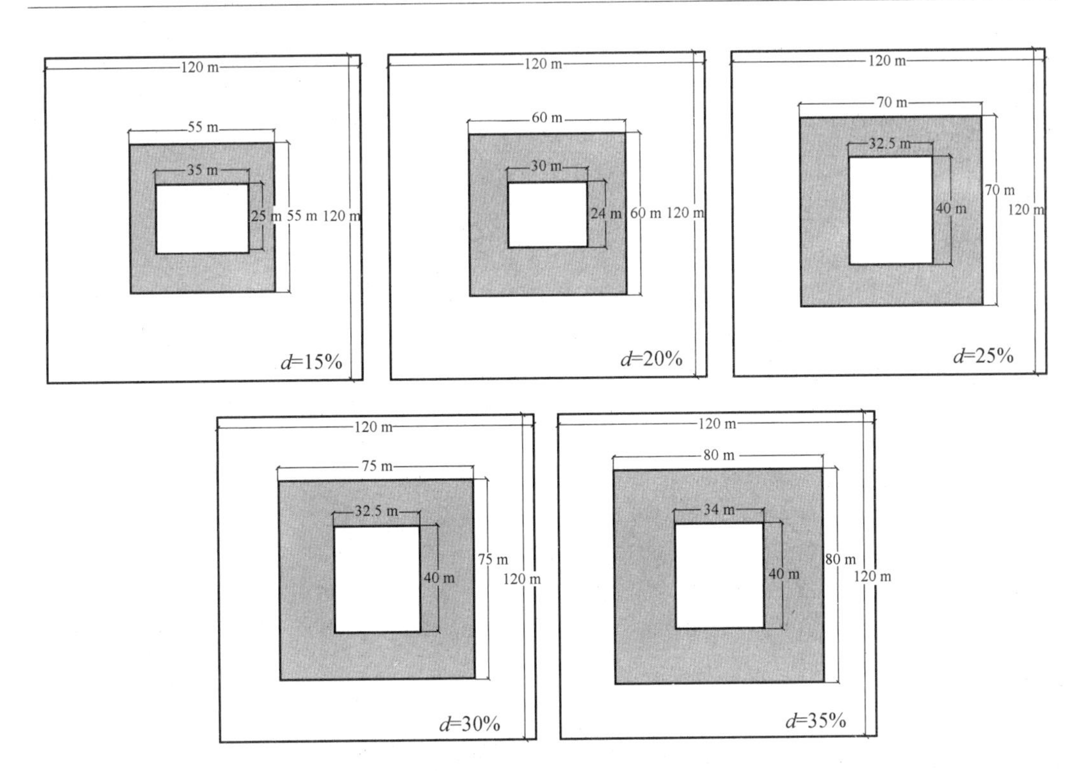

图 2－16　不同建筑密度下围合式空间布局模型

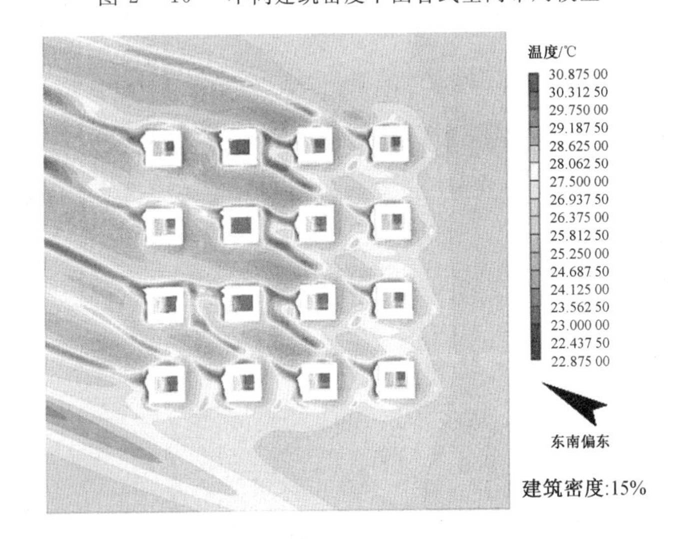

图 2－17　温度场云图(围合式温度场模拟结果)(彩图见附录)

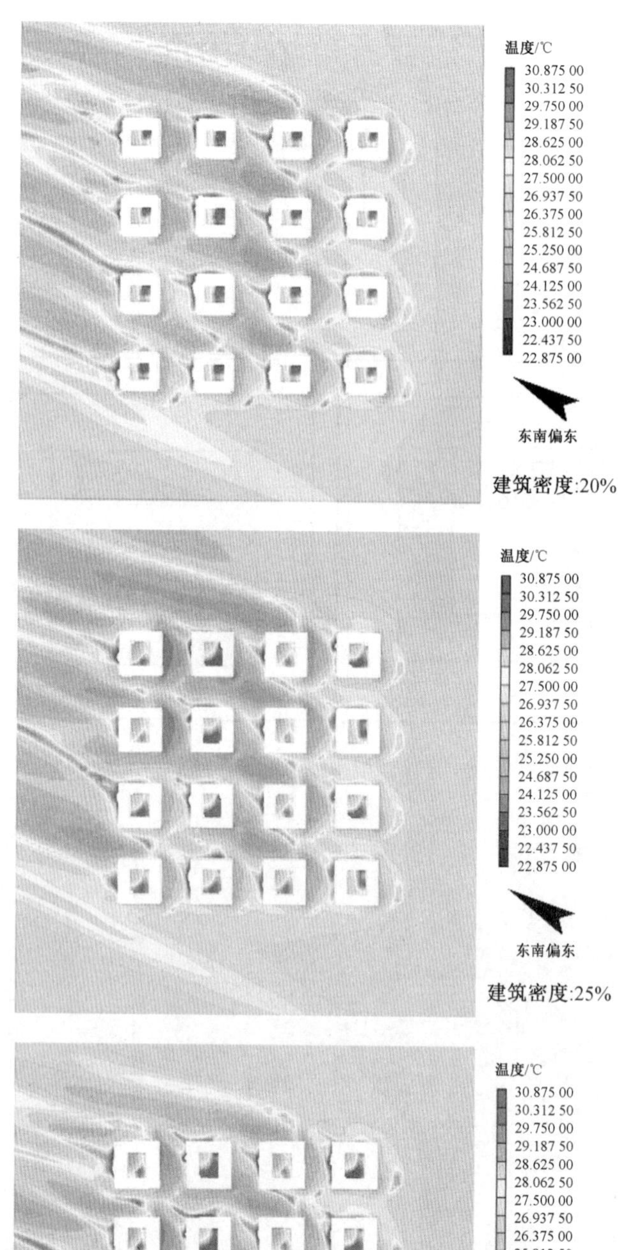
温度/℃
30.875 00
30.312 50
29.750 00
29.187 50
28.625 00
28.062 50
27.500 00
26.937 50
26.375 00
25.812 50
25.250 00
24.687 50
24.125 00
23.562 50
23.000 00
22.437 50
22.875 00
东南偏东
建筑密度:20%
温度/℃
30.875 00
30.312 50
29.750 00
29.187 50
28.625 00
28.062 50
27.500 00
26.937 50
26.375 00
25.812 50
25.250 00
24.687 50
24.125 00
23.562 50
23.000 00
22.437 50
22.875 00
东南偏东
建筑密度:25%

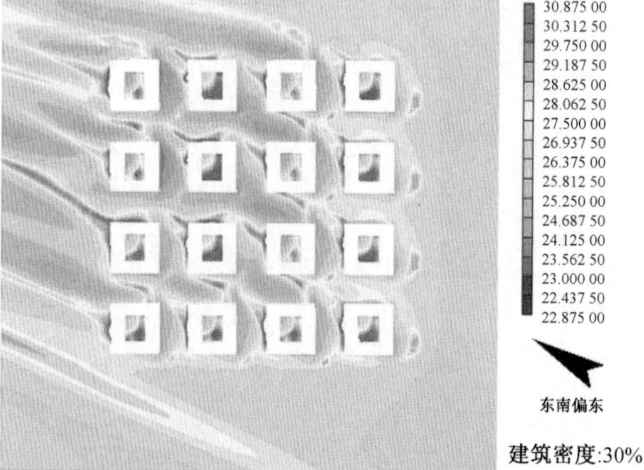
温度/℃
30.875 00
30.312 50
29.750 00
29.187 50
28.625 00
28.062 50
27.500 00
26.937 50
26.375 00
25.812 50
25.250 00
24.687 50
24.125 00
23.562 50
23.000 00
22.437 50
22.875 00
东南偏东
建筑密度:30%

续图 2－17

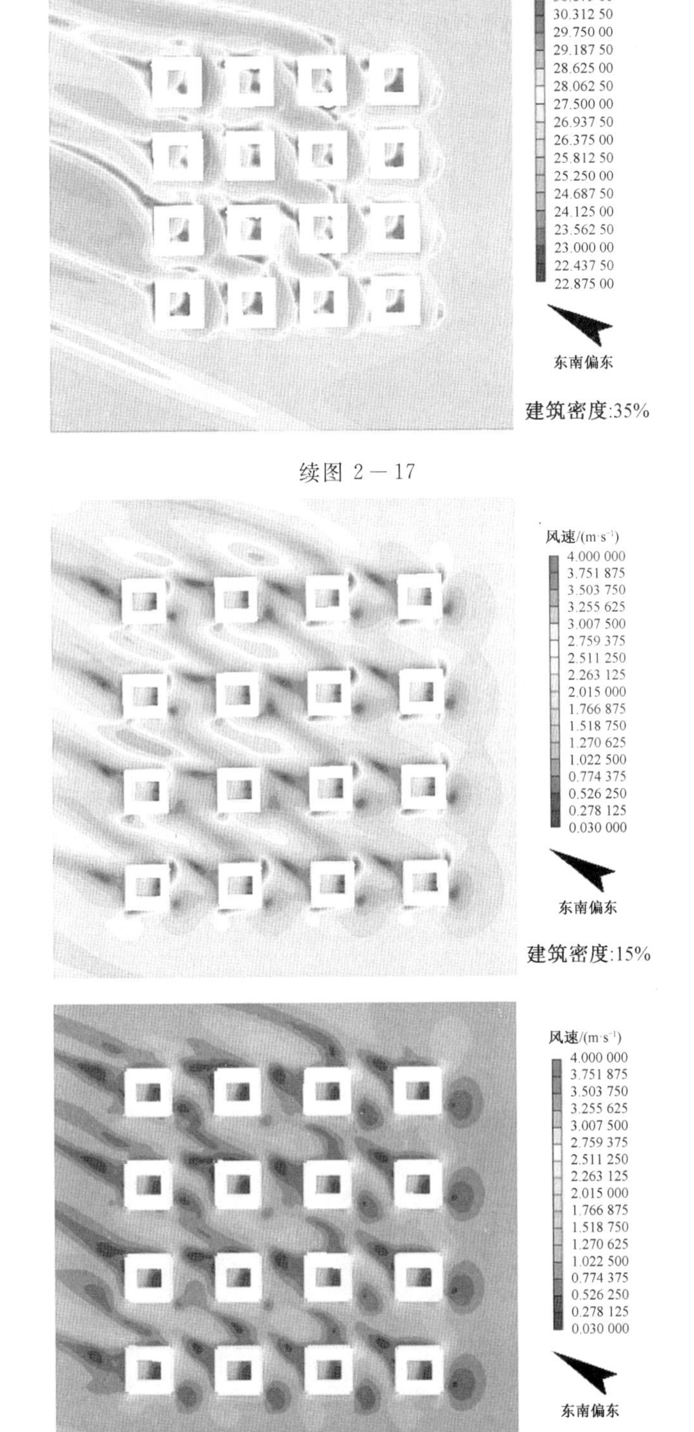

续图 2－17

图 2－18　风场云图(围合式风场模拟结果)(彩图见附录)

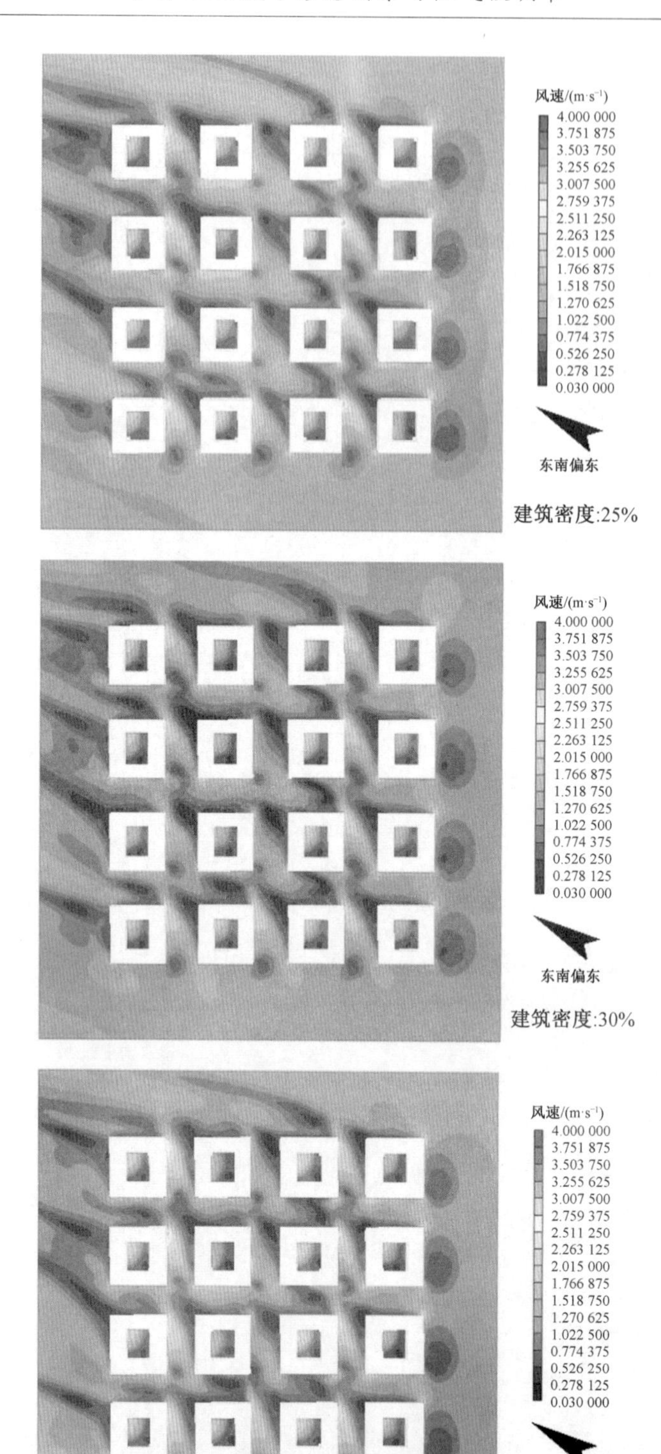
风速/(m·s⁻¹)
4.000 000
3.751 875
3.503 750
3.255 625
3.007 500
2.759 375
2.511 250
2.263 125
2.015 000
1.766 875
1.518 750
1.270 625
1.022 500
0.774 375
0.526 250
0.278 125
0.030 000
东南偏东
建筑密度:25%
风速/(m·s⁻¹)
4.000 000
3.751 875
3.503 750
3.255 625
3.007 500
2.759 375
2.511 250
2.263 125
2.015 000
1.766 875
1.518 750
1.270 625
1.022 500
0.774 375
0.526 250
0.278 125
0.030 000
东南偏东
建筑密度:30%
风速/(m·s⁻¹)
4.000 000
3.751 875
3.503 750
3.255 625
3.007 500
2.759 375
2.511 250
2.263 125
2.015 000
1.766 875
1.518 750
1.270 625
1.022 500
0.774 375
0.526 250
0.278 125
0.030 000
东南偏东
建筑密度:35%

续图 2－18

2.3　容积率对城市微气候的影响

随着经济的快速发展，城市空间不仅由中心向四周逐渐蔓延，也在垂直方向上发展，逐渐产生高强度区，例如城市新区往往高楼林立，高层和超高层随处可见。高强度区的发展对城市微气候的变化产生巨大影响，城市问题也日益凸显。在建筑密度的研究基础上，选取 5 个案例进行对比分析，以量化方法研究容积率的变化对城市中心区域微气候的影响，分别从空气温度、风速等方面阐述容积率对微气候影响的程度，并分析城区中心区域容积率的增长对微气候产生的影响。

2.3.1　建筑容积率与城市微气候概述

在城市空间布局研究中，Vicky、Chen 等学者在对香港高密度城市热环境模拟时，通过控制容积率来调控研究区域建筑密度，模拟高密度城市发展对城市气候的影响。研究中选取 9 个布局较为规整的布局，与实际中随机抽样得到的布局比较区域开敞程度、建筑立面所受到太阳辐射、空间整体对太阳辐射的吸收等指标的差异性，结果显示出容积率的差异影响空间对能量的吸收。香港中文大学吴恩荣教授以香港为研究对象，通过实际案例分析高密度发展模式对香港气候的影响，从建筑平均高度、容积率等方面研究高密度、高强度的城市布局对城市微气候的影响，分析不同空间中城市通风效果及城市热岛效应，最终得到香港地区的城市气候地图。周雪帆选取武汉市作为研究对象，研究城市空间布局对微气候的影响，发现在夏热冬冷地区，容积率的变化对城市热岛、城市气候有一定的影响，当容积率增长时，温度反而下降，但部分案例表现温度小幅增长。

通过文献梳理发现，在针对中尺度城市的空间布局研究中，研究者往往会控制容积率作为城市布局的一个指标来研究城市空间强度变化对城市微气候的影响。所以选取容积率作为表达城市空间布局强度的影响因素之一，来反映城市空间的利用强度，进而研究城市高强度发展对城市空间微气候的影响。

通过对哈尔滨实际情况的调研，选择符合实际情况的 5 组案例进行模拟，以改变平均高度来调节模拟区域的建筑容积率。研究对象以建筑密度中最适宜严寒气候的建筑密度 $d=25\%$ 的空间布局作为基础布局方案。

根据前期调研，总结哈尔滨城市建筑特点，综合考虑多层建筑小区、高层建筑小区及中华巴洛克特色建筑群等，同时结合现行的城市规划法，针对不同高度建筑的定义以及编制的不同居住用地的控制性详细规划，选出容积率 1、1.5、2.5、3.5、4.5 共 5 组案例进行研究，见表 2－14。

表 2－14　容积率控制指标表

指标	多层	小高层	高层	超高层
层数	6 层以下	7 ～ 11 层	12 ～ 18 层	19 层以上
容积率范围	0.8 ～ 1.2	1.5 ～ 2.0	1.8 ～ 2.5	2.4 ～ 4.5

2.3.2 容积率与微气候的关联性

1. 容积率与风环境的关系

对上述5种容积率案例进行模拟分析，得到人行高度处的 z 平面(平行于地表)的风场分布图。通过图2－19可以看出，风速分布规律基本与单变量因子时相同。研究结果表明，容积率与风速之间呈负相关关系，随着容积率上升，空间风速逐渐减小，模拟中心区微风区的面积逐渐增大。通过对比切片1和切片2，当容积率从1变化到1.5时，风速减小较为明显，风速 $v \leqslant 2$ m/s区域面积增多，区域通风能力下降。对比切片2和切片3可以发现，容积率从1.5增加到2.5时，风速变化较大，递减速率较快，急速风区风速 $v \geqslant 5$ m/s的区域面积增大，微风区风速 $v \leqslant 2$ m/s区域面积逐渐缩小，但分布逐渐增多。对比切片4和切片5得到，容积率从3.5增加到4.5时，风速变化不明显，减小较少，风速 $v \leqslant 2$ m/s区域面积相应增多，但风速 $v \geqslant 5$ m/s区域面积变化不大。

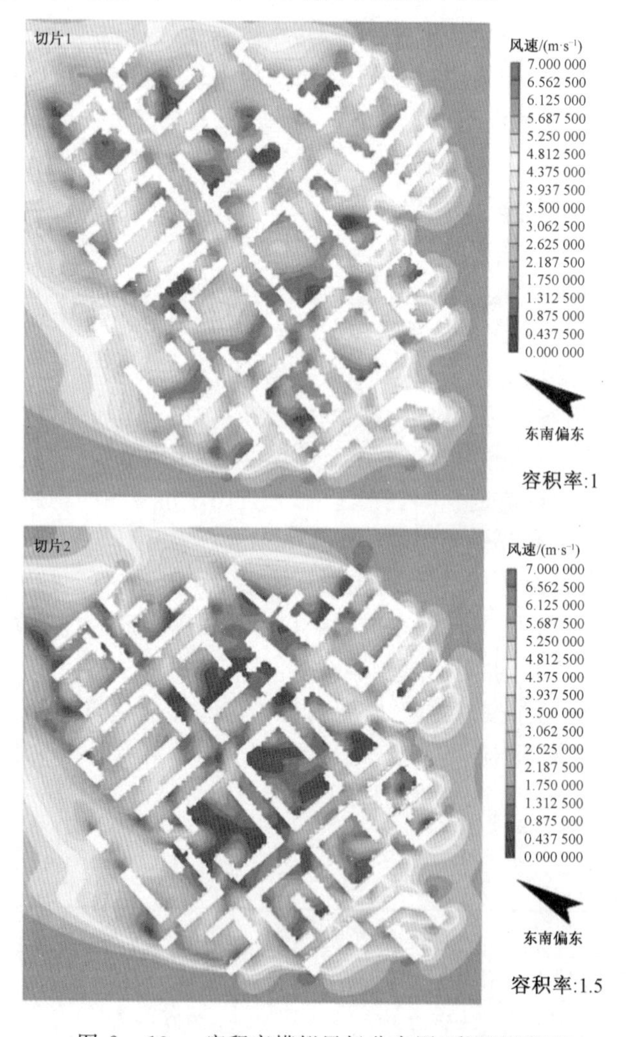

图2－19　容积率模拟风场分布图(彩图见附录)

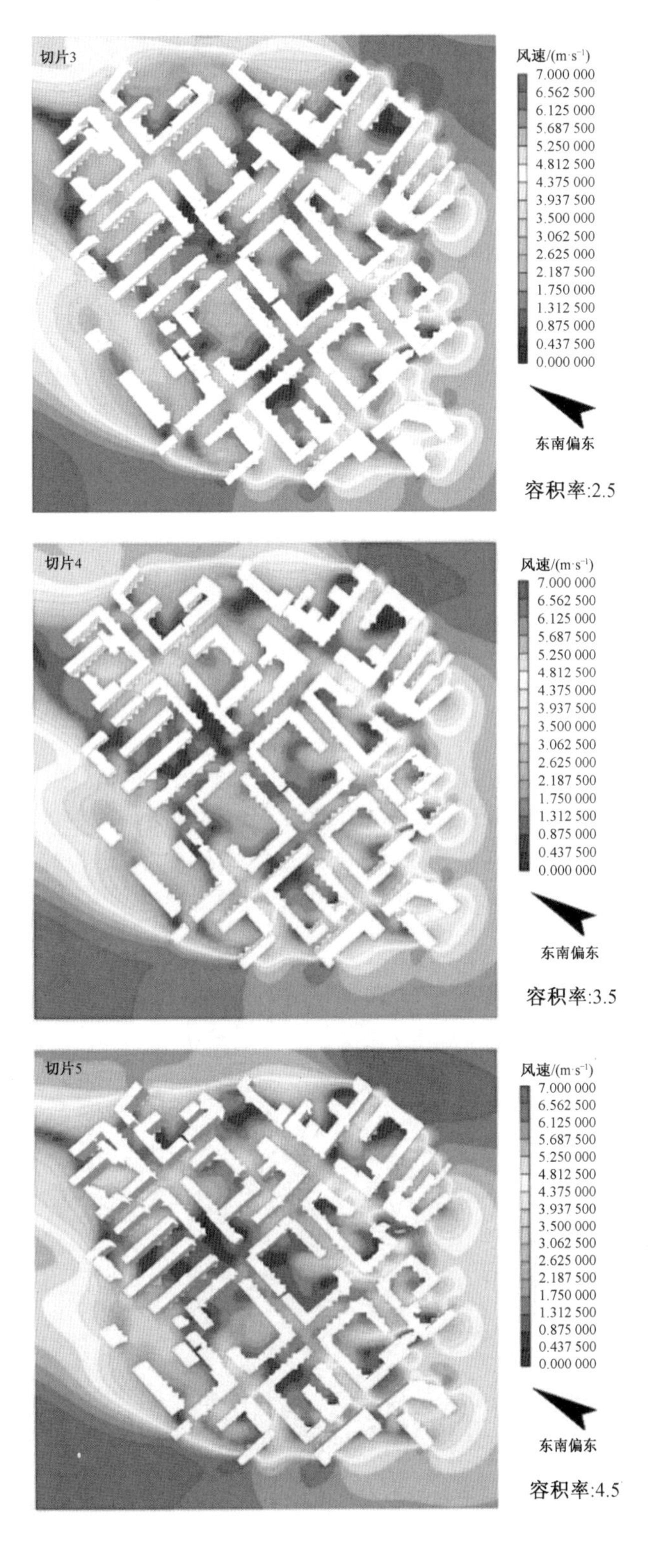
切片3
风速/(m·s⁻¹)
7.000 000
6.562 500
6.125 000
5.687 500
5.250 000
4.812 500
4.375 000
3.937 500
3.500 000
3.062 500
2.625 000
2.187 500
1.750 000
1.312 500
0.875 000
0.437 500
0.000 000
东南偏东
容积率:2.5
切片4
风速/(m·s⁻¹)
7.000 000
6.562 500
6.125 000
5.687 500
5.250 000
4.812 500
4.375 000
3.937 500
3.500 000
3.062 500
2.625 000
2.187 500
1.750 000
1.312 500
0.875 000
0.437 500
0.000 000
东南偏东
容积率:3.5
切片5
风速/(m·s⁻¹)
7.000 000
6.562 500
6.125 000
5.687 500
5.250 000
4.812 500
4.375 000
3.937 500
3.500 000
3.062 500
2.625 000
2.187 500
1.750 000
1.312 500
0.875 000
0.437 500
0.000 000
东南偏东
容积率:4.5

续图 2－19

因此，建筑容积率的变化影响着建筑风环境，随着容积率增大，风速逐渐减小，但局部出现风速较快的急风区。容积率在 1 ～ 2.5 增大过程中对风速影响较为强烈，风速下降迅速。当容积率大于 3.5 时，容积率继续增大则风速变化不大，逐渐趋于稳定。

通过对比风速面积占比(表2－15)可以看出，风速 $v < 2$ m/s的面积占比中容积率为 1.5 占比为 26.78%，占比最大；而容积率为 4.5 时，$v > 5$ m/s 的面积占比为 17.07%，占比最小。2 m/s $< v \leqslant$ 5 m/s 的面积占比中，容积率为 1.5、3.5 和 4.5 时占比相似。综合比较看出，容积率为 1.5 时，风速多为 $v < 2$ m/s，人行空间风环境最为适宜。

表 2－15　容积率与风速面积占比

容积率	1	1.5	2.5	3.5	4.5
$v < 2$ m/s 的面积占比 /%	18.86	26.78	22.47	23.65	19.99
2 m/s $< v \leqslant$ 5 m/s 的面积占比 /%	71.02	61.67	66.74	62.69	62.94
$v > 5$ m/s 的面积占比 /%	10.12	11.55	10.79	13.66	17.07

2. 容积率与热环境的关系

为了考察容积率的改变对中心城区热环境的影响，需要研究的是容积率对气温的影响，通过研究几个不同容积率案例的温度场，如图 2－20 所示，结果显示容积率与温度之间呈正相关关系，即随着容积率增大，区域温度逐渐升高，高温区逐渐增多。通过对比切片 1 和切片 2，当容积率从 1 变化到 1.5 时，温度升高较为明显，温度 $T \geqslant 30$ ℃ 区域面积增多。对比切片 2 和切片 3 可以发现，容积率从 1.5 增加到 2.5 时，温度变化较小，温度上升速率较慢，$T \geqslant 30$ ℃ 的区域面积增大，分布逐渐增多，但最高温度下降。对比切片 3 和切片 4 得到，容积率从 2.5 增加到 3.5 时，温度出现明显的变化，高温区域面积增多，出现 $T \geqslant 35$ ℃ 的区域。对比切片 4 和切片 5 结果显示，当容积率大于 4.5 时，高温面积减少且最高温度下降。

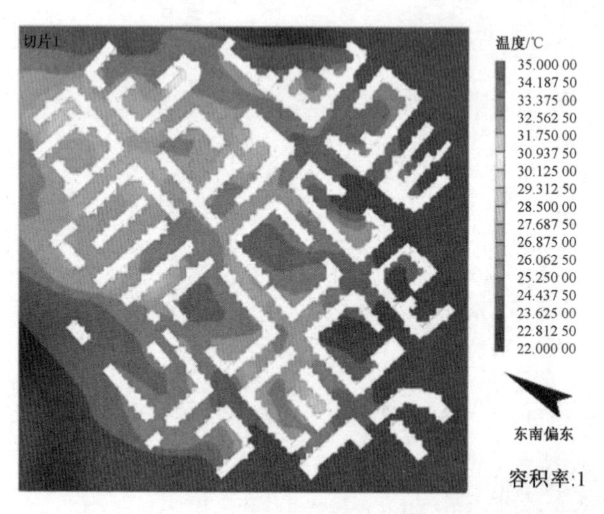

图 2－20　容积率模拟温度场分布图(彩图见附录)

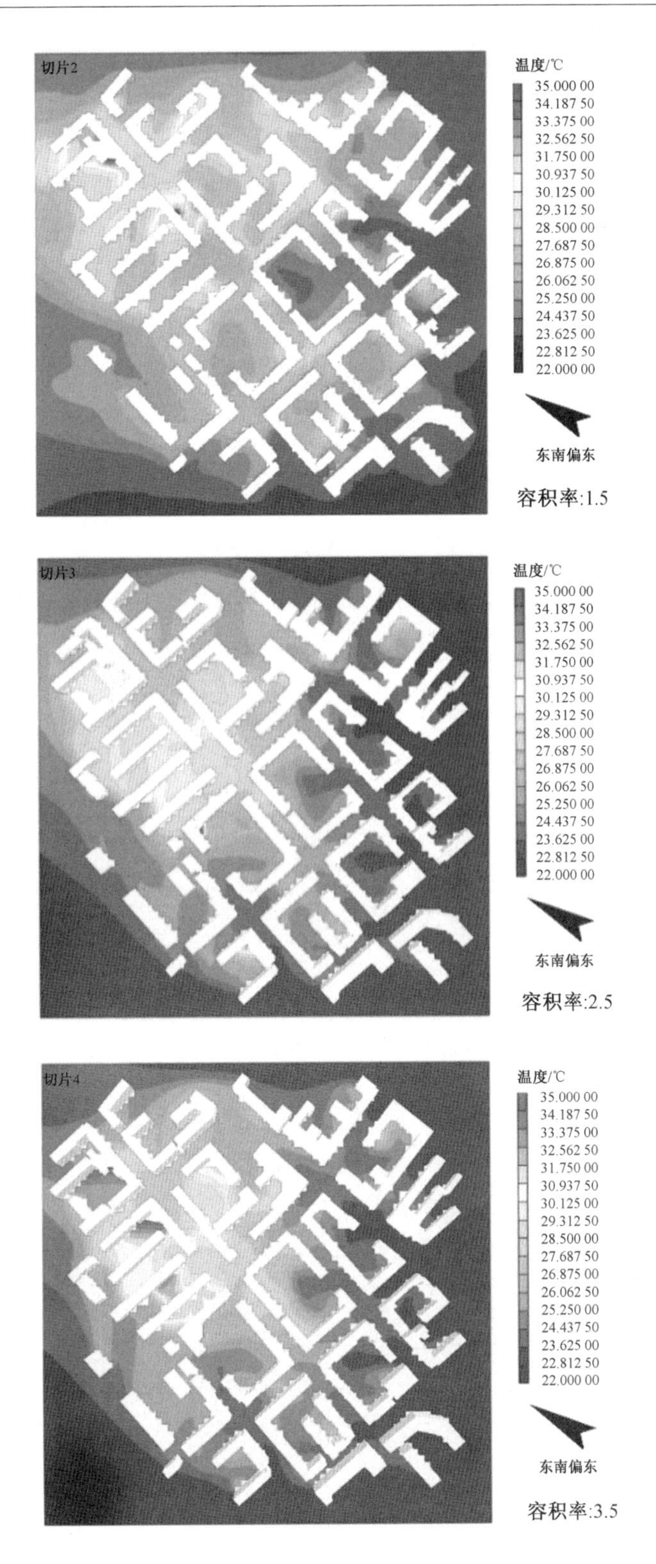
切片2
温度/℃
35.000 00
34.187 50
33.375 00
32.562 50
31.750 00
30.937 50
30.125 00
29.312 50
28.500 00
27.687 50
26.875 00
26.062 50
25.250 00
24.437 50
23.625 00
22.812 50
22.000 00
东南偏东
容积率:1.5
切片3
温度/℃
35.000 00
34.187 50
33.375 00
32.562 50
31.750 00
30.937 50
30.125 00
29.312 50
28.500 00
27.687 50
26.875 00
26.062 50
25.250 00
24.437 50
23.625 00
22.812 50
22.000 00
东南偏东
容积率:2.5
切片4
温度/℃
35.000 00
34.187 50
33.375 00
32.562 50
31.750 00
30.937 50
30.125 00
29.312 50
28.500 00
27.687 50
26.875 00
26.062 50
25.250 00
24.437 50
23.625 00
22.812 50
22.000 00
东南偏东
容积率:3.5

续图 2—20

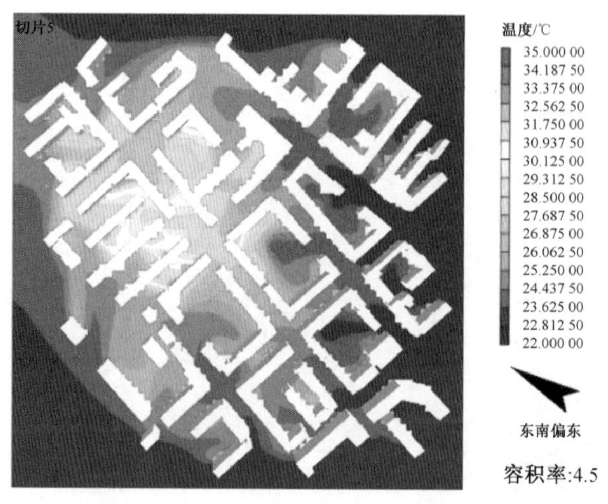

续图 2－20

因此，建筑容积率的变化影响建筑周围环境温度，随着容积率增大，温度先升高后下降；当容积率从 3.5 增大到 4.5 时，由于空间中阴影基本覆盖地面层，如图 2－21 所示，同时建筑之间的遮挡较严重，因此温度出现下降趋势，空间最高温度降低。容积率从 1 增大到 3.5 的过程中对温度影响较为强烈，温度上升迅速。当容积率大于 3.5 时，容积率继续增大则温度出现下降趋势。

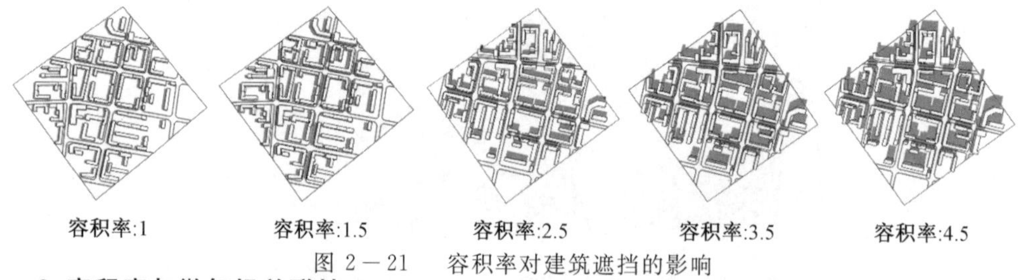

图 2－21　容积率对建筑遮挡的影响

3. 容积率与微气候关联性

通过对比容积率与平均温度和风速的关系，如图 2－22 所示，发现容积率在 1 ～ 2.5 之间时，温度上升较快；当容积率达到 2.5 后，温度变化较为缓慢；当容积率达到 3.5 后，温度出现下降。而容积率与风速之间呈负相关关系，随容积率增大，风速逐渐减小，容积率为 1 ～ 2.5 时，风速下降明显。

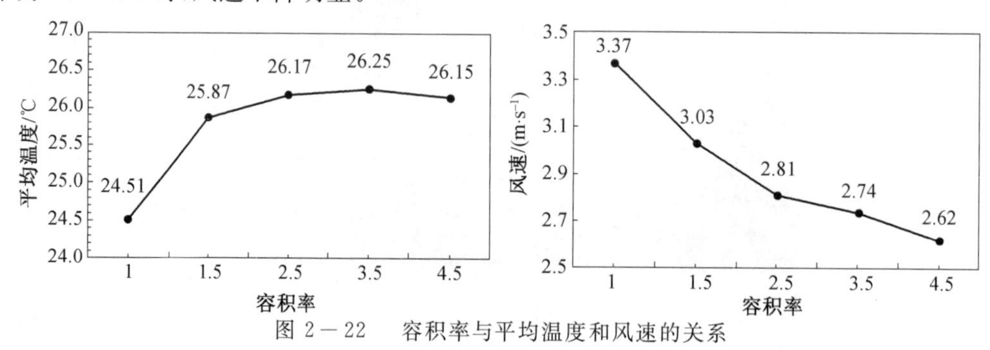

图 2－22　容积率与平均温度和风速的关系

2.4　哈尔滨城市微气候分析

2.4.1　模拟背景介绍

以哈尔滨典型高温、晴朗气象日作为气象背景，夏季选择北京时间 2017 年 7 月 29 日 00:00 至 7 月 31 日 00:00 共计 48 h 作为模拟时间段；冬季选择北京时间 2018 年 1 月 13 日 00:00 至 2018 年 1 月 15 日 00:00。去除模型调试时间，选取模拟稳定后即模拟时间段后 24 h 作为研究时间，背景气象数据见表 2－16。本书采用 WRFV3.9 版本，耦合单层城市冠层模型，使用美国气象环境预报中心(NCEP)和美国国家大气研究中心(NCAR)提供的 NCEP/NCAR 逐日再分析气象资料，空间分辨率为 1°×1°，时间分辨率为 6 h，作为气象边界条件。下垫面数据为清华大学 Landcover 数据，使用 GIS 再分类后，使用了 ASCII 代码转换、再处理，作为下垫面材料，模拟结果每隔 30 min 输出一次。

表 2－16　模拟背景气象数据

日期	最高温度 /℃	平均温度 /℃	风速 /($m \cdot s^{-1}$)	风向	平均气压 /hPa
2017－7－29	26	20.4	1～3	S	997.9
2017－7－30	28.2	22.8	1～2	SE	995.9
2018－1－13	－16.8	－23.3	1～3	SW	1 012.4
2018－1－14	－16.3	－22.9	1～2	SW	1 013.6

注：数据来源于中国气象数据网。

2.4.2　实验方案设计及参数选取

本章选择多层次区域嵌套可以提高模拟分辨率的稳定性和模拟结果的准确性。模拟以哈尔滨主城区经纬坐标 126.65°E，45.75°N 为中心，进行四重网格嵌套，分辨率依次为 27 km，9 km，3 km，1 km。网格格点数为：第一层 100×100，第二层 106×106，第三层 94×94，第四层 112×112，模拟垂直网格划分采用 35 层。1 km 网格分辨率在城市热岛的研究中不仅保证了模拟研究结果的精准度，同时也能囊括主要城市主城区的研究范围，时间步长选取 180 s，投影方式为 Lambert 投影，最内层嵌套包括哈尔滨主城区、郊区及部分山区，最内层嵌套 d04 为研究区域。

在热岛研究中，采用 WRF/UCM 模型，通过调整城市下垫面边界条件，提高模拟结果的准确性。UCM 作为单层城市物理模型，简化了复杂的城市几何结构，但构建城市模型时考虑了复杂的物理环境，包括建筑物遮蔽、短波和长波辐射的反射过程，城市冠层中风轮廓线及城市中建筑屋顶、墙壁，城市路面等多层传热方式。本节针对哈尔滨城市特征，设置相关参数及用地类型，采用的模型参数见表 2－17。

表 2－17　UCM 城市物理模型参数

参数	低密度区	高密度区	工业 / 商业区
建筑平均高度 /m	5	20	30
平均屋顶宽度 /m	9	12.4	20
道路宽度 /m	8.3	12.4	15
人工产热 /($W \cdot m^{-2}$)(夏 / 冬)	8.35/25	8.35/25	8.35/25
屋顶热容 /($J \cdot m^{-3} \cdot K^{-1}$)	2.3×10^6	2.3×10^6	2.3×10^6
墙面热容 /($J \cdot m^{-3} \cdot K^{-1}$)	1.25×10^6	1.93×10^6	1.25×10^6
道路热容 /($J \cdot m^{-3} \cdot K^{-1}$)	1.93×10^6	1.93×10^6	1.93×10^6
屋顶导热系数 /($J \cdot m^{-1} \cdot s^{-1} \cdot K^{-1}$)	0.158	0.158	0.158
墙面导热系数 /($J \cdot m^{-1} \cdot s^{-1} \cdot K^{-1}$)	0.21	0.21	0.21
道路导热系数 /($J \cdot m^{-1} \cdot s^{-1} \cdot K^{-1}$)	0.7	0.7	0.7

在哈尔滨工业大学(黄河路校区)固定设置小型气象站，如图 2－23 所示，利用获取的气象站数据与 WRF 模拟数据对比分析，使用 24 h 模拟时间段进行对比验证，如图 2－24 所示，两者间变化趋势基本吻合，夏季模拟误差平均值为 1.08 ℃，冬季模拟误差平均值为1.52 ℃，对于大尺度研究而言准确性较高。

图 2－23　固定观测点布置图

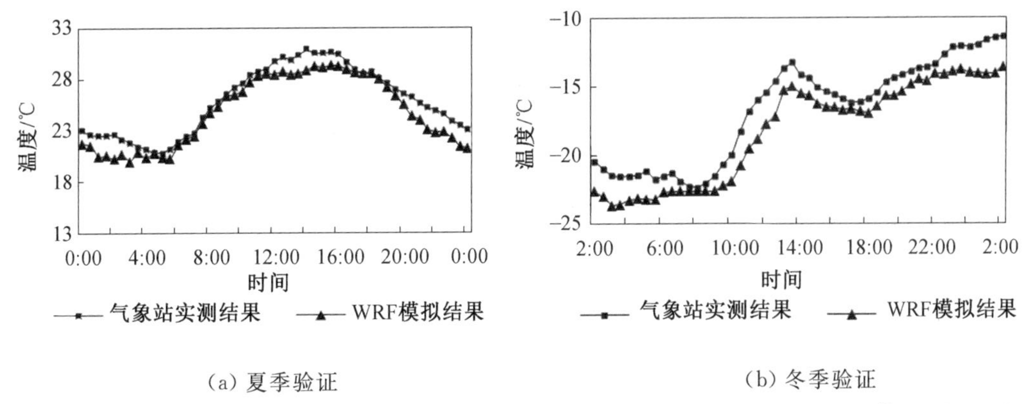

(a) 夏季验证
(2017 年 7 月 29 日 0:00 至 7 月 30 日 0:00)

(b) 冬季验证
(2018 年 1 月 13 日 2:00 至 1 月 14 日 2:00)

图 2－24　哈工大气象站固定观测和 WRF 模拟结果

2.4.3　夏季城市微气候分析

1. 温度场分析

如图 2－25 所示，通过将城区与郊区的温度场进行对比发现，从 7:00 至 16:00，城、郊气温持续上升，在 16:00 温度到达最大值，温度稳定 2 h 后，在 18:00 逐渐下降。郊区空气温度下降迅速，而城区下降平稳，主要原因：① 城市下垫面较为复杂，主要以不透水面为主，蒸发耗热量低；② 城区中建筑阻止长波辐射向外散失，导致城区比郊区下垫面温度下降缓慢。从 9:00 至 17:00，城区温度大于 25 ℃ 持续时间长达 8 h，持续时间较长，而郊区持续时间较短。从 23:00 至 4:00 城区温度处于稳定状态，郊区温度出现波动。主要由于夜间城区建筑物、不透水面、地表等热惰性大，当夜间降温时，开始释放白天储存的热量，而郊区自然下垫面热容小，热量释放较快，因此城、郊温差增大。当太阳升起时，受太阳辐射影响，城郊温度逐渐上升。

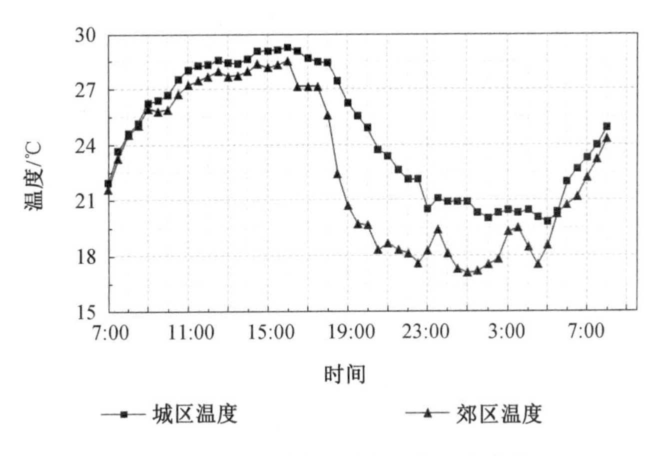

图 2－25　夏季市区及郊区温度变化图
(2017 年 7 月 29 日 —2017 年 7 月 30 日)

夏季各时次都有热岛现象存在，但不同时次热岛空间分布差异性较大，如图 2－26 所示。7月29日14:00温度较高但分布均匀，未出现明显的热岛中心，而由于松花江水体储热能力强，比其他下垫面温度低2.8℃，可作为城区冷源。7月29日20:00城区出现明显的热岛中心，主要集中在南岗区、道里区。由于水体热容较大，因此水体上部气温高于其他下垫面，此时水体成为城市热源。呼兰区由于处于水体下风向，城区温度较高且分布均匀。7月29日22:00水体作为热源分布布局清晰，对城区温度起到调节作用。7月30日2:00在南岗区和阿城区形成两个明显的热岛中心。

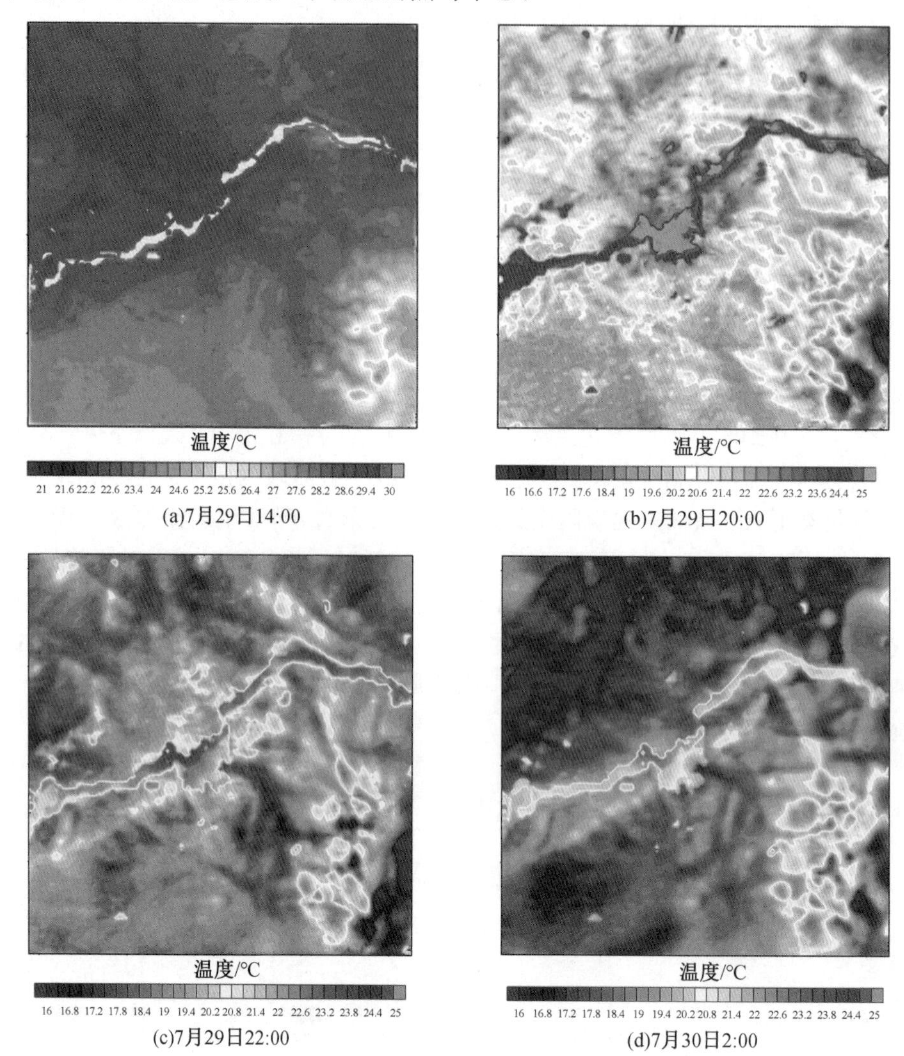

图2—26　夏季第四层嵌套温度场分布图(彩图见附录)

2.风场分析

如图2—27(a)所示，7月29日13:00城区风速明显小于郊区，由于城区建筑物对风起到阻碍作用，因此风经过城区出现衰减。道外区及香坊区北部出现风向突变，产生气流波动。如图2—27(b)所示，7月29日19:00热岛强度达到最大值，而城区风速小于4.5 m/s，风流动能力较弱。整体来看，城市风环境较差，导致热岛效应加重。由于老城区建筑密度过大，在城区核心处产生强热流区，随着温度降低，城区温度下降较慢，如图

2－27(c)所示。主要原因为城、郊温差增大，产生风压，城市内部热气流向郊区流动。道里区、南岗区、道外区、香坊区、呼兰区风速逐渐增大，城市热岛效应得到缓解。7月30日3:00，如图2－27(d)所示，城市风环境得到改善，城区内部最大风速达6.8 m/s，城市热岛效应达到最小值，热岛强度减弱。综上，风速较低时(小于1.7 m/s)会加剧热岛效应；当风向为西南风时，可以降低中心城区气温，改善城市气候环境。

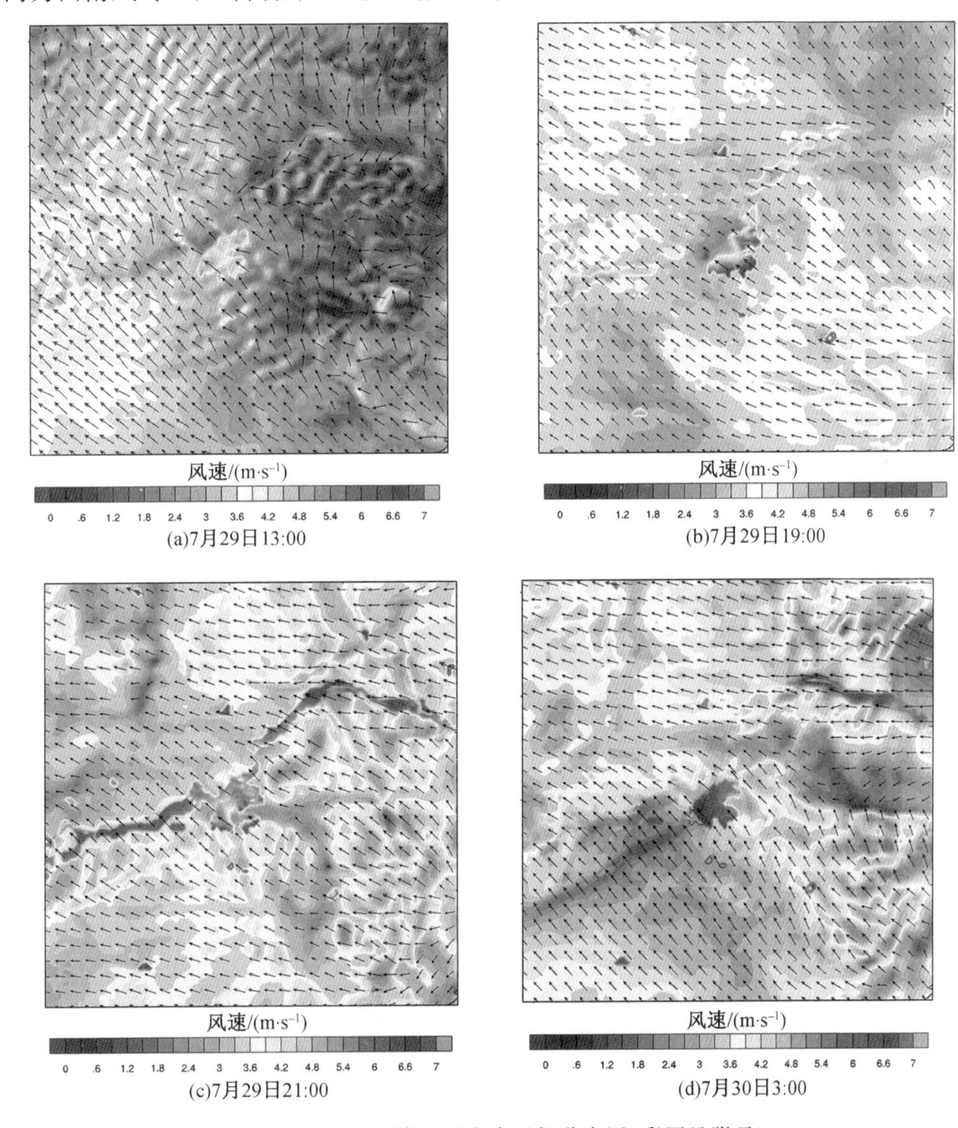

图2－27　夏季第四层嵌套风场分布图(彩图见附录)

2.4.4　冬季城市微气候分析

1.温度场分析

冬季温度场变化如图2－28所示，温度从1月13日0:00时至6:00保持稳态，从8:00到14:00，城、郊温度同幅度上升，13:00上升到最高温度－14.25 ℃，城区温度持续2 h后缓慢下降；而郊区从 14:00 开始急剧降低，16:00 达最低 −22.47 ℃。主要因为冬季城区白天受太阳辐射、持续供暖、交通排热等因素产生大量人为热，减缓城区温度下降幅度；16:00 至 0:00，由于下垫面差异，因此城区温度保持稳定状态而同时段郊区温度产生明显波动。

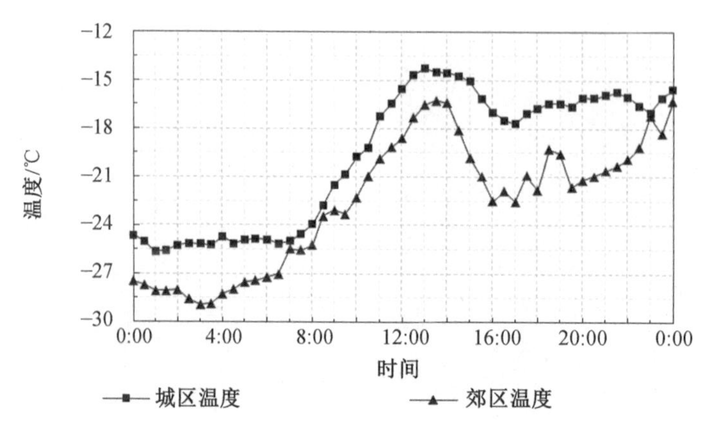

图 2－28　冬季城区及郊区温度变化图

（2018 年 1 月 13 日 —2018 年 1 月 14 日）

如图 2－29 所示，冬季热岛空间分布差异性较大。1 月 13 日 3:00 水体温度较高，江水北岸城区温度高于南岸，水体对北岸城区的温度提高起到促进作用。8:00 由于太阳辐射作用，城、郊温度升高，阿城区植被覆盖区温度有明显上升。16:00 道里区和阿城区出现 2 个明显的热岛中心。21:00 城区温度升高，道里区升高幅度最大，平均温度上升5 ℃，温度分布均匀，阿城区由于植被覆盖率较高，自然下垫面面积较大，出现 1 个热岛中心。冬季热岛效应分布较为集中，多集中在城市主城区；热岛空间分布以老城区为中心，呈现阶梯分布。

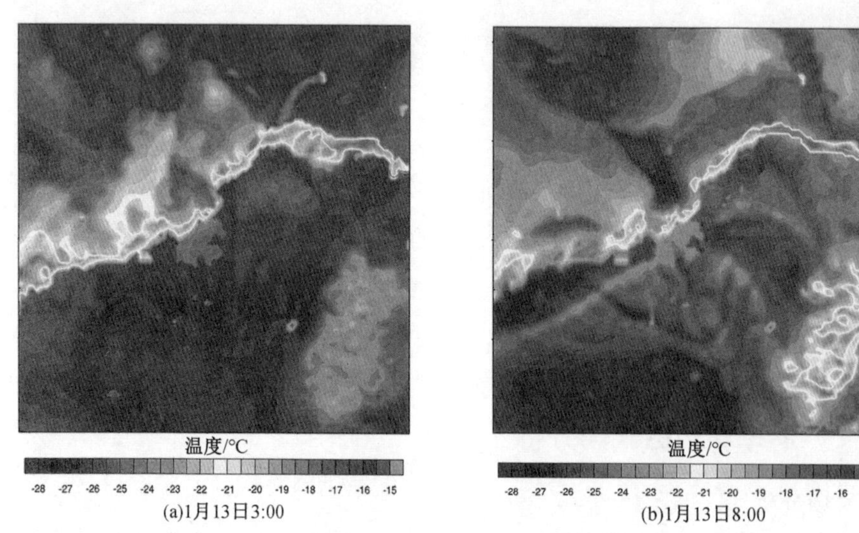

图 2－29　冬季第四层嵌套温度场分布图（彩图见附录）

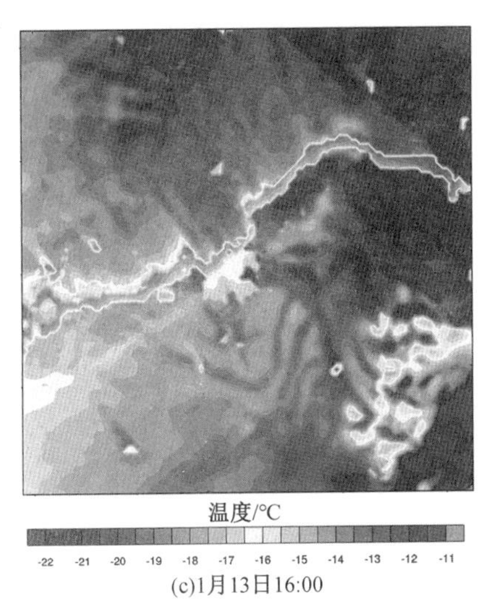

(c)1月13日16:00

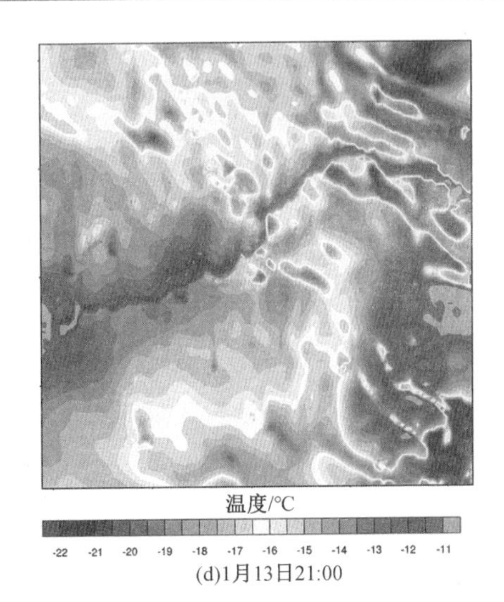

(d)1月13日21:00

续图 2－29

2. 风场分析

如图 2－30 所示，1 月 13 日 3:00 城市中心产生风对流，阻碍风快速通过城区，造成城区热岛强度(Urban Heat Island，UHI) 大于 3.5 ℃。8:00 城区形成西南风道，缓解了城市热岛，热岛强度明显下降。17:00—22:00，风向转变为东南风经过城市中心，哈尔滨东部青山山脉由于焚风效应在山的背风坡下产生干燥高温的气流，东南风将高温区清洁空气带入城市中。次日风向变为西南风，城市热岛效应得到缓解。综上所述，严寒城市在冬季建立东南风道可以提高室外温度，改善城市室外热环境。

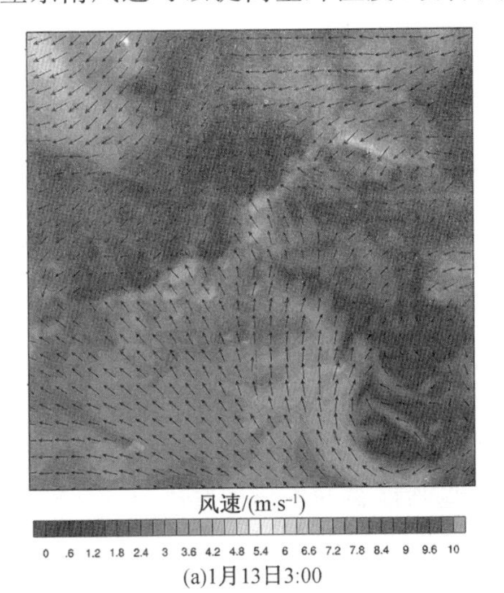

(a)1月13日3:00

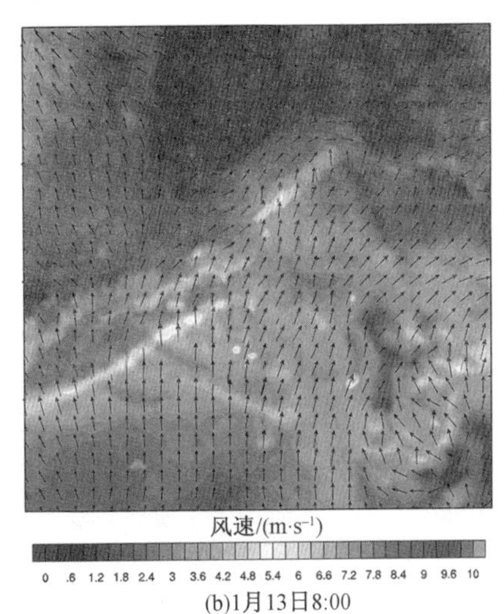

(b)1月13日8:00

图 2－30　冬季第四层嵌套风场分布图(彩图见附录)

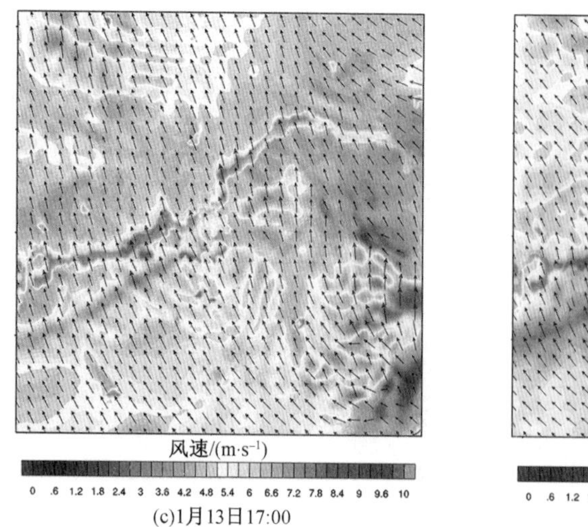

(c)1月13日17:00

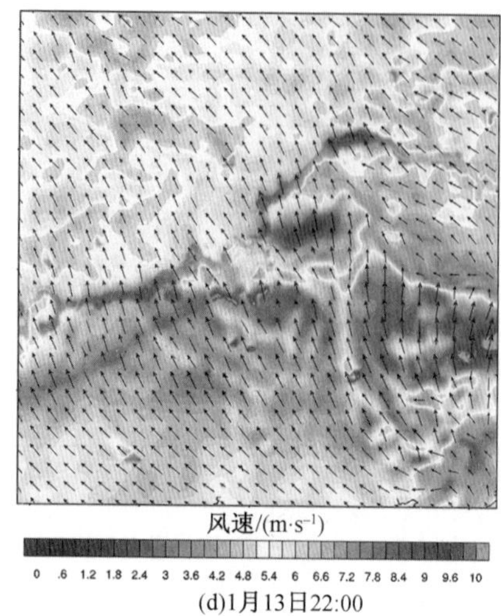

(d)1月13日22:00

续图 2－30

2.4.5 冬、夏热岛强度对比

如图 2－31(a) 所示，夏季城市热岛呈现明显的热岛峰值，2017 年 7 月 29 日 7:00—10:00 热岛现象不明显，热岛强度低于 1 ℃。热岛强度最大值出现在 19:30，最大热岛强度为 5.83 ℃，热岛强度大于 2 ℃ 的时长达 8 h，热岛强度最严重时段为 19:00—22:00。白天热岛平稳，夜间热岛出现明显的波动，整体热岛强度夜间大于白天。如图 2－31(b) 所示，冬季热岛强度变化剧烈，平均热岛强度为 2.96 ℃，最大值为 5.52 ℃，出现在 16:00。热岛强度小于 1 ℃ 的时长不足 1 h，热岛强度大于 2 ℃ 的时长达 20 h。

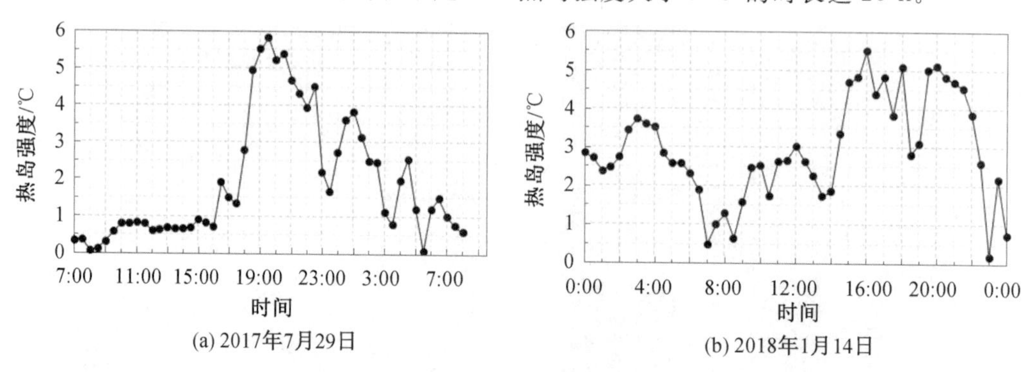

(a) 2017年7月29日

(b) 2018年1月14日

图 2－31　冬、夏季城区热岛强度变化图

对比发现，冬季热岛比夏季热岛波动性大，热岛强度最大峰值比夏季提前 2 h，平均热岛强度比夏季高出 1.03 ℃，热岛强度大于 2 ℃ 的时长比夏季长 12 h。在严寒地区，热岛效应对冬季影响比夏季大。对于严寒地区，冬季的热岛效应对城市微气候的改善起到促进作用。

2.5　本章小结

本章从温度、风速等几个方面探讨城市布局参数，即建筑布局、建筑密度及容积率的变化对城市微气候环境的影响。在温度方面，建筑布局的变化影响着空间气温变化，夏季自由式布局和行列式布局优于围合式布局；冬季围合式布局比自由式布局温度高，热稳定性大。由于严寒城市主要受冬季影响较为严重，因此多层围合式布局是哈尔滨最适宜的建筑布局形式。基于围合式空间布局下，对建筑密度及容积率进行研究，发现建筑密度与温度有正相关关系，在 20% ～ 25% 之间温度较为稳定。容积率对温度的影响与建筑密度相似，当容积率达到 2.5 时，温度逐渐趋于稳定。当容积率超过 3.5 时，由于阴影遮挡面积过大，作用强烈，空间温度出现下降。在风速方面，随着建筑密度的增加，风速逐渐下降，密度为 25% 时，人行空间风环境最为适宜。在城市微气候研究中，热岛效应对冬季影响比夏季大，对于严寒地区而言，冬季的热岛效应对城市微气候的改善起到促进作用。

第3章　城市路网形态与风环境关联性

随着我国经济的发展，大、中型城市的规模不断扩张，城市道路建设得到迅速发展。城市路网是城市的结构骨架，不仅承担着交通运输的功能，还是城市的通风廊道，是居民日常活动的必经场所，其通风能力与内部物理环境密切影响城市居民的生活质量。本章通过对严寒地区典型城市哈尔滨城市路网与街道风环境的研究，对比分析出不同路网形态与尺度对街道风环境造成的影响，从而得出针对哈尔滨市冬季气候条件下街道风环境的优化策略。

3.1　城市路网现状调研

首先选取严寒地区典型城市哈尔滨进行城市路网特征调研。通过取样调研和统计分析，提取路网的布局尺度特点，得到哈尔滨市路网现状，为进一步的深入研究奠定基础。

3.1.1　调研范围选择

哈尔滨旧城的路网结构从中东铁路时兴建，至20世纪50年代基本成型。道路主体为方格网式路网，为了增强对角线位置的联系性，在方格的基础上建设对角线道路，从而形成了方格－放射混合式路网，虽然增加了城市路网的灵活性，但同时也形成了很多三角形街坊和畸形复杂的交通路口。随着城市的发展，哈尔滨市制定了“两轴、四环、十射”的路网规划，如图1－1所示。至此哈尔滨市基本形成了以环形路网为骨架，网格道路为次级通路的路网形式。

根据研究内容与尺度需要，研究范围选择哈尔滨城市中心区。城市中心区是整个城市的经济文化中心，是居民主要的活动场所，相比于城市边缘地带，中心区具有更大的研究价值。而且哈尔滨市的城中区路网形态多样、复杂，基本能够涵盖城市所有的路网样本种类，如图3－1所示。研究区域位于松花江以南，覆盖道里区、南岗区、道外区、香坊区，南北长10 km，东西长10 km。区域内包括一条城市快速路（二环路）、若干条主干路以及大量城市次干路和城市支路。

3.1.2　城市路网现状

研究区域内主要包括哈尔滨4个市辖区，包括道里区、道外区、南岗区和香坊区，4个市辖区内的街区路网结构见表3－1。

图 3－1　研究路网范围提取

表 3－1　哈尔滨二环内城市分区道路网

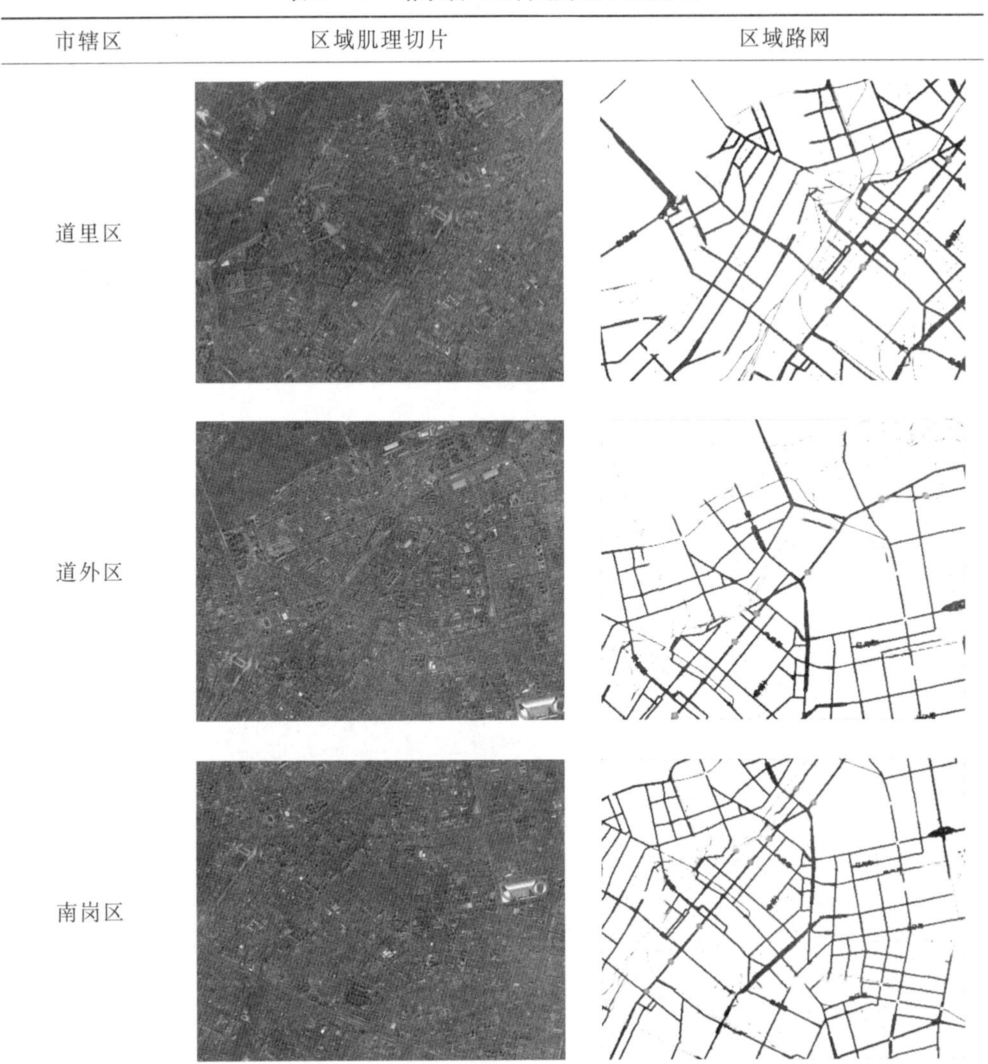

市辖区	区域肌理切片	区域路网
道里区		
道外区		
南岗区		

续表3—1

市辖区	区域肌理切片	区域路网
香坊区	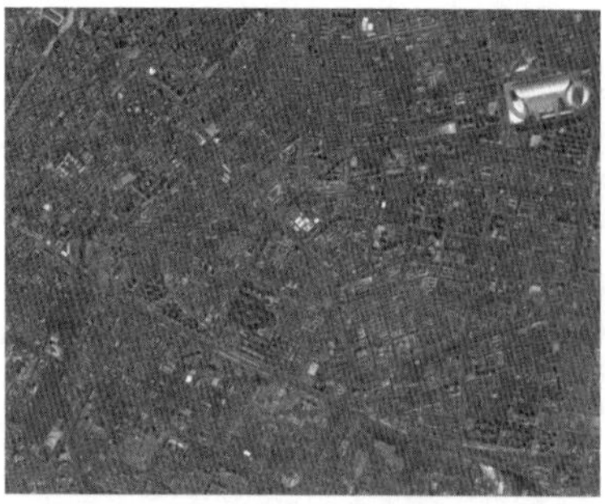	

3.1.3　城市路网结构

城市路网结构的形成受到多重因素的影响，包括历史遗留、政治发展、经济改革和交通需求。我国城市路网结构主要分为四种：方格网式、环形放射式、自由式和混合式。一般而言，环形放射式路网多以绕城快速路的形式出现，属于城市结构级别路网，覆盖范围包括整个城市，而方格网式、自由式等路网结构则属于区域级别路网。由于本章的研究范围为城市中尺度，研究路网属于区域级别，因此在路网调研中环形放射式路网部分不考虑绕城快速路及其组合模式。哈尔滨二环以内中心区以方格网式路网为主，辅以方格－放射式的混合路网，由于受到俄式规划体系和中东铁路穿城而过的影响，在局部分别出现了环形路网和自由式路网。

1. 方格网式路网

方格网式路网又称为棋盘式路网，是以矩形为单元组成的道路系统，同向道路平行，异向道路垂直。个别区域由于局部规划和地形限制原因，路网不是严格意义上的垂直和平行，但整体上呈现以上特点的路网均称为方格网式路网。方格网式路网平面规整，交通便捷，便于建筑布局和交通组织；但由于道路方向单一化，因此角部区域之间联系性较弱，实际行驶距离大于直线距离，降低点到点的交通效率。

方格网式路网在哈尔滨整体道路体系中占主要份额，达到60%以上，见表3－2。从街区的分布情况来看，由于城市主干路以上级别的道路布局多为直线，道路宽阔，因此城市主要干道附近区域的网格结构基本为方格网式结构，布局方正，有利于城市主要交通的组织规划。

表3－2　哈尔滨二环内方格网式路网分布

市辖区	道里区	道外区	南岗区	香坊区
路网分布情况	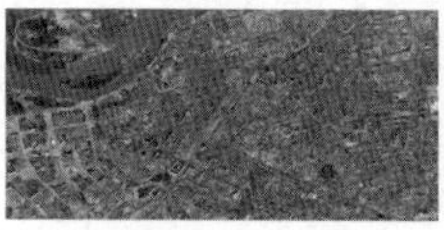			
占地面积比例	62%	82%	80%	98%

2. 环形放射式路网

环形放射式路网主要的组成元素有中心点、环线和射线，其中中心点起到统领区域、协调资源的作用。这种路网结构整体性较强，但一方面道路形状不规则，交叉口结构复杂，交通组织难度较大，另一方面路网单元布局不规整，街道布局不完整，见表 3－3。环形放射式路网在哈尔滨市非常稀少，仅有的两处分别是南岗区的大直街－教化广场片区和道里区的爱建路片区附近。两者环形路网整体尺度均在 1 500 m 以下，辐射片区均较小，但形式差别较大。前者为开放式住区，是标准的环形放射式路网的四分之一圆布局，共有五条环路和四条放射道路，网格分布较密集，与周边路网的结合较好；而后者为封闭住区，整体呈现椭圆布局，没有明确的放射道路，只有两条主要环路和二分之一圆的次级环路，内环为小广场，内外环之间为住区。

表 3－3　哈尔滨二环内环形放射式路网分布

市辖区	南岗区	道里区
路网分布情况	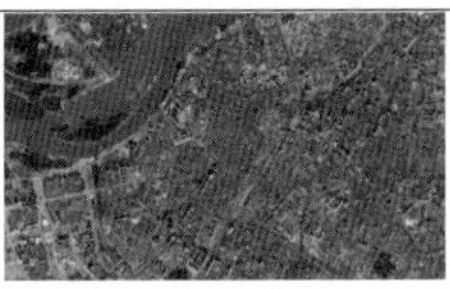	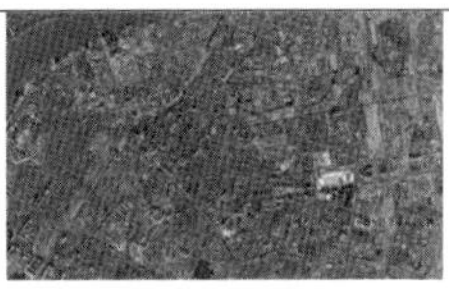
占地面积比例	1.8%	1.8%
典型街区名称	大直街－教化街片区	爱建路片区
区域肌理切片		
路网形态		

3. 自由式路网

自由式路网多出现于山地或沿海等地形较复杂的城市，道路根据地形走势建设，没有固定的形状模式。自由式路网能够充分结合自然地形，但是路网线路不规则，会造成建筑用地分散、交通组织困难的情况，见表 3－4。哈尔滨城市内的自由式路网多于其他城市，道里区的自由式路网达到总路网的 26% 以上。由于市内旧城区有铁路线和城市内河穿城而过，铁路和内河附近的区域路网形式均较不规则，因此哈尔滨市几乎所有的自由式路网均分布于此。表格中列举的是三个区域内的典型自由式路网，前两个位于铁路线附近，最后一个选取马家沟河河水线转弯区域。可以看到三处路网辐射范围均超过 1 km，且没有明显的几何分布规律，道路形式自由且路网密度相对于其他规则区域较小。

表 3－4　哈尔滨二环内自由式路网分布

市辖区	道里区	道外区	南岗区
路网分布情况			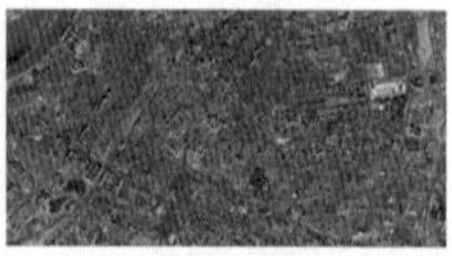
占地面积比例	26%	16%	11%
典型街区名称	哈尔滨站片区	松浦大道－东直路片区	宣化街－宽桥街片区
区域肌理切片			
路网形态			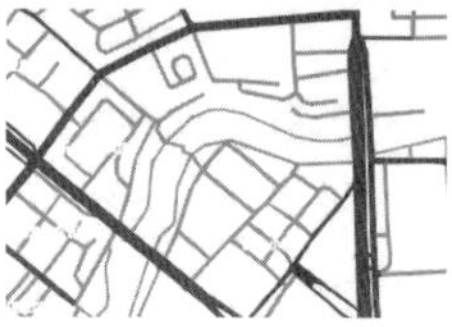

4. 混合式路网

混合式路网综合了环形放射式、方格网式、自由式几种路网的特点，能够较灵活地应对不同的城市功能结构。混合式结构多起源于网格式结构，由于城市的扩张与发展需要，在网格的基础上加入城市环路，以加强城市的整体性。混合式路网结构灵活，道路可达性较好，非直线系数小，是目前中国城市使用最普遍的路网模式。由于哈尔滨市内所有混合式路网均为方格网与放射线的混合，因此混合式的路网就等同于方格－放射式路网，见表 3－5。由于方格－放射式路网是方格与射线的结合，难以与纯粹的方格路网分开，因此其辐射范围难以界定。故在本节中只提取方格－放射式路网中呈现三角形或者梯形的路网区域，这些区域在布局上即可与方格网式区分开来。由分布区域和面积占比可知，方格－放射式路网多出现于立体交通或主干路交叉口附近，交通组织复杂，交通流量大，普通的十字路口难以负荷起庞大的交通量，因此加入放射线起到缓解局部交通的作用。同时可以看出，虽然城市内部放射道路较多，但放射路的影响范围并不大，路网结构还是以方格网式为主，只有在放射线与普通道路交叉口的附近才出现了异形路网。

分析各区域内的典型方格－放射式路网片区，发现成因各自不同。道里区域的经纬街－高谊街片区路网由于紧邻中央大街，规划受到俄式风格影响，出现小范围放射区域。道外区的东大直街－一曼街片区由于受到地铁线路转角的影响，道路也随地铁布局发生转折，因此形成了局部方格－放射式路网。道里区、道外区的典型放射区域路网成因均是历史遗留或者铁路线转角等特殊情况，因此放射道路数目少，道路辐射范围较小，交通流量也较小；而南岗区和香坊区的方格－放射式路网均围绕着主干路交叉口的立体交通，放射路数量多，辐射范围广，交通流量极大。

表 3－5　哈尔滨二环内混合式路网分布

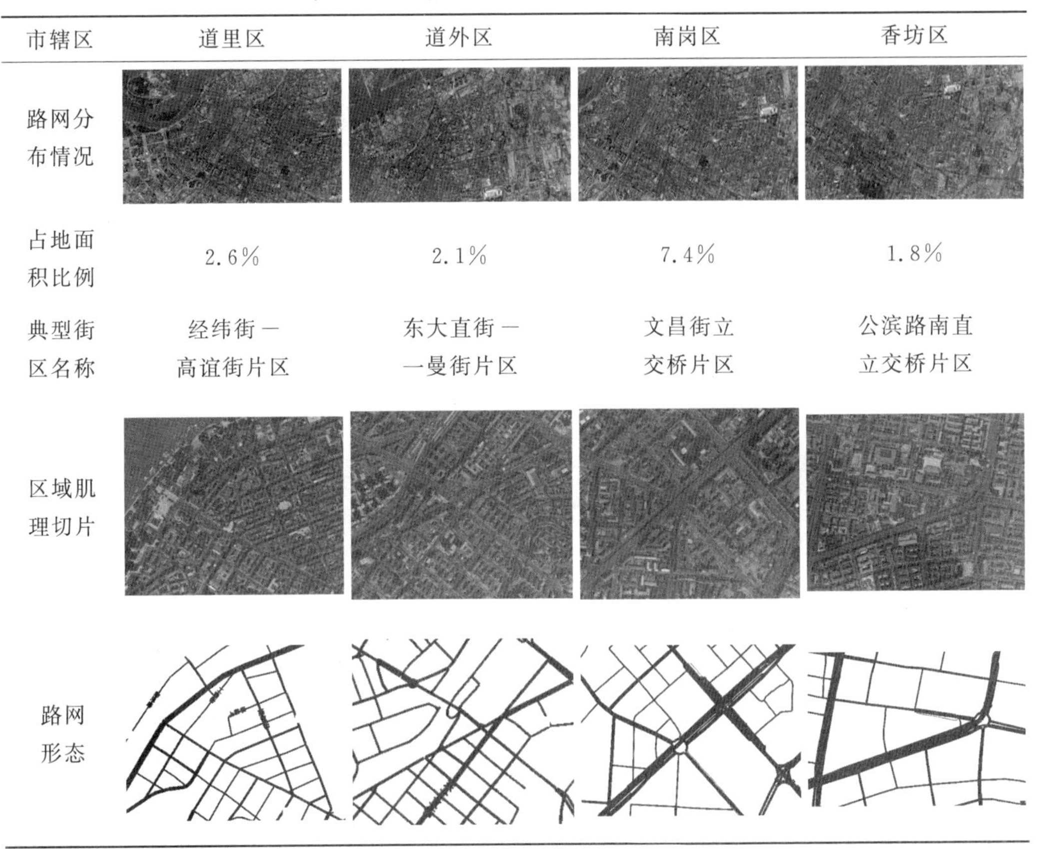

市辖区	道里区	道外区	南岗区	香坊区
路网分布情况				
占地面积比例	2.6%	2.1%	7.4%	1.8%
典型街区名称	经纬街－高谊街片区	东大直街－一曼街片区	文昌街立交桥片区	公滨路南直立交桥片区
区域肌理切片				
路网形态				

图 3－2 为各区域路网结构的比例，整体而言，旧城区的路网结构比新城区要复杂。方格网式路网占比最大，所有区域均到达 2/3 以上，其中以香坊区方格网式路网最多，道里区相对较少；自由式路网整体占比较多，多集中在旧城区，且多分布于铁路、内河附近，分布集中，辐射区域广。方格－放射式路网主要依托于立体交通存在，在四个区域均有少量分布。而环形路网最少，在哈尔滨只有两处分布。排除历史原因和自然地理因素，哈尔滨市整体路网结构配置较合理，能够满足城市的交通运输需求。

3.1.4　单元网格形态

哈尔滨市路网主要以方格网式路网和方格－放射式路网为主，网格单元形态主要为矩形。矩形的平面布局的区别主要在于矩形的长宽比，根据《城市道路交通规划设计规范》(GB 50220—95)，城市路网单元网格的长宽比宜为 1.5 ～ 2，而哈尔滨单元网格比例最大为 3.89，因此对长宽比为 4 以下的单元网格进行分类，分别为 1 ～ 1.5，1.5 ～ 2.5，2.5 ～ 3.5，3.5 ～ 4。

根据统计可知，哈尔滨市路网的单元网格长宽比以 1 ～ 1.5 范围最多，占到研究范围的 60%。单元网格长宽比大于 1.5 的区域主要集中于道里、道外和南岗区的北侧，说明哈尔滨的老城区单元网格形态多为扁平，而新城区由于单元网格尺度变大，建筑高层增加，

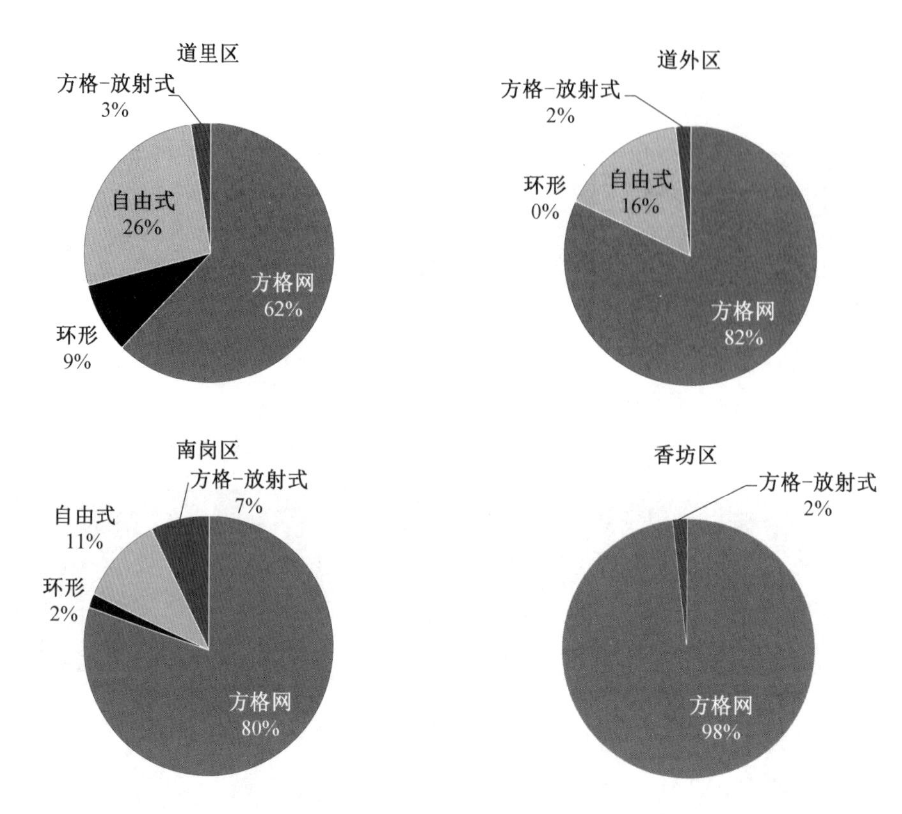

图 3－2　各区域路网结构比例

因此网格形态多为方正。同时可以看到，城市铁路与城市内河的存在使得其周边区域容易出现狭长的网格形态，因此网格长宽比大于 3.5 的区域主要出现在马家沟河和铁路线附近。

表 3－6 和图 3－3 显示的是各区域内单元网格的分布情况。整体而言各区域都呈现出单元网格长宽比越小，网格所占比例越大的形态，由于道里区和道外区内有铁路线穿行，狭长网格数目较多，因此网格长宽比 3.5 ～ 4 的数目大于长宽比为 2.5 ～ 3.5 的网格数目，而南岗区和香坊区则完全遵循该规则。道里区内网格单元形态最为多样且扁平状网格数目较多，香坊区内部单元网格长宽比大于 2.5 的只占 2%，大于 3.5 的则为 0。

表 3－6　哈尔滨二环内单元网格分布

市辖区	道里区	道外区	南岗区	香坊区
单元网格分布情况	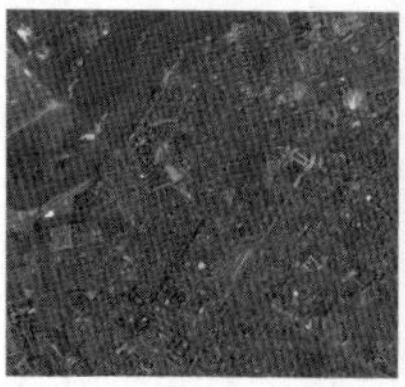	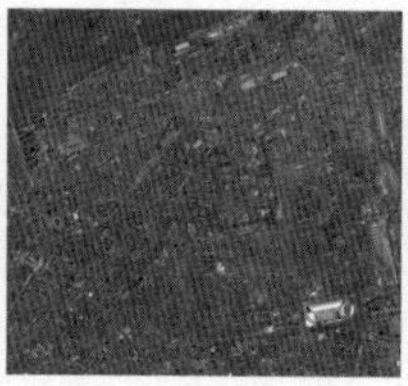	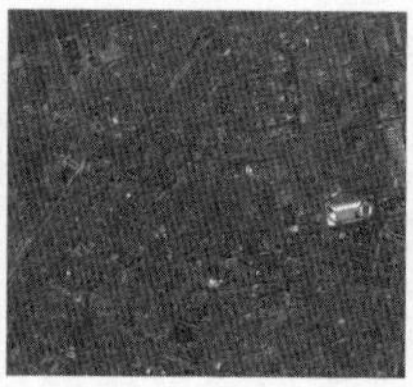	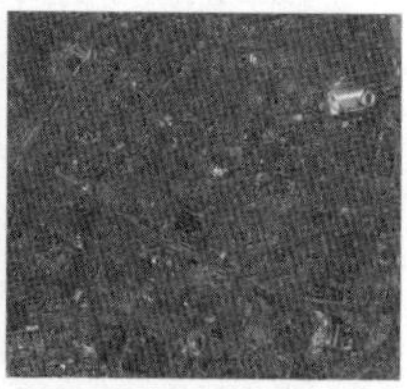

续表3—6

市辖区		道里区	道外区	南岗区	香坊区
占地面积/km^2	1 ～ 1.5	3.91	10.2	13.45	7.82
	1.5 ～ 2.5	2.67	2.66	5.34	1.3
	2.5 ～ 3.5	0.84	0.44	1.92	0
	3.5 ～ 4	1.86	1.48	0.64	0.18

道里区

42%
29%
9%
20%

1~1.5　1.5~2.5　2.5~3.5　3.5~4

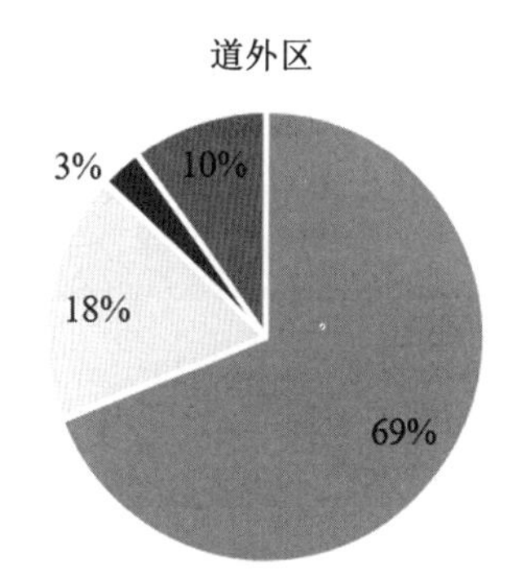

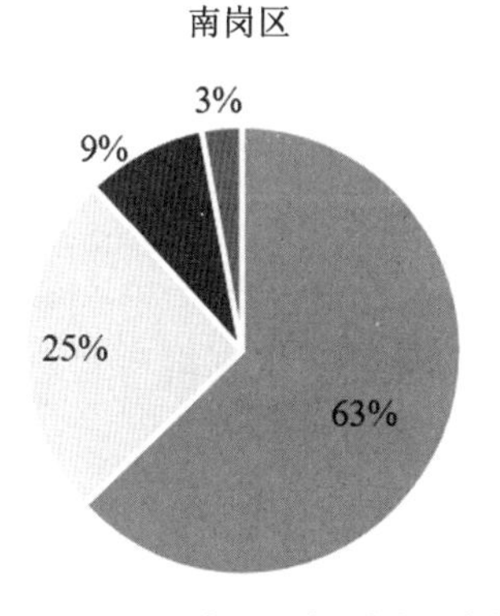

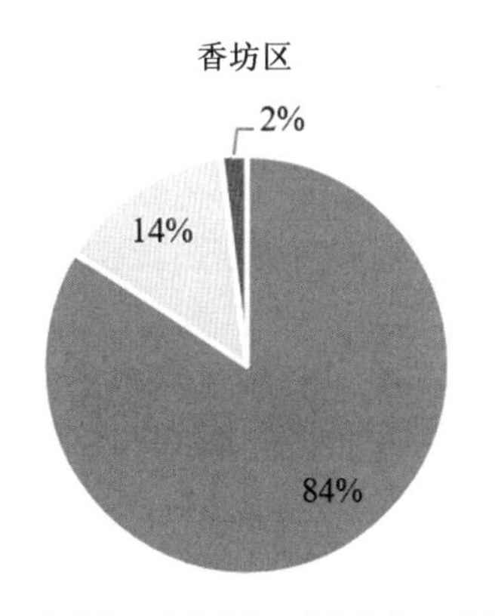

图 3－3　不同单元网格形态分区比例统计图

3.1.5　单元网格尺度

道路网格尺度以图底关系对应到城市规划中即为街区尺度，考虑规范和城市实际情况，将网格尺度研究范围规定在 0 ～ 500 m 之间，划分为 5 个尺度区间，即分别研究网格尺度在 0 ～ 100 m、100 ～ 200 m、200 ～ 300 m、300 ～ 400 m 和 400 ～ 500 m 的网格尺度，当网格长宽边长度不同时，以长短边的平均长度计算。

统计可知，哈尔滨市以 400 ～ 500 m 网格尺度占地面积最大，占到 37% 左右，其次为 100 ～ 200 m 网格，0 ～ 100 m、200 ～ 300 m 和 300 ～ 400 m 占地面积基本相同。整体而言，较小尺度的网格分布于二环以内区域的西北侧和东南侧，也就是研究区域内的老城区位置，街区建筑年代较久，路网分布密集；而较大尺度的网格分布于二环以内区域的西南侧和东北侧，街区建筑建成时间不长，路网密度较小。统计各个区域的网格分布，见表3－7。

表 3－7　路网尺度分布

		道里区	道外区	南岗区	香坊区
单元网格尺度					
占地面积/km^2	0～100 m	2.05	2.66	2.34	0.65
	100～200 m	3.16	1.77	4.7	1.3
	200～300 m	1.86	1.62	3.2	0.93
	300～400 m	1.95	1.03	3	1.77
	400～500 m	0.28	7.68	8.11	4.65

注：0~100 m　100~200 m　200~300 m　300~400 m　400~500 m

由图 3－4 可知，在道外、南岗和香坊区三个片区 400 m 以上网格均占有最大面积，但在道里区基本没有 400 m 以上的网格单元。另外所有片区内的 200～300 m 和 300～400 m 网格占地面积均相似，可以推测此两种网格尺度是在同一时间段形成的。道外区和南岗区小尺度网格所占比例较大，道里区 200 m 尺度以下的网格占地面积达到一半以上。香坊区和道外区大尺度网格占比近 2/3，但不同的是在香坊区基本符合网格尺度越小占地面积越少的情况，而道外区网格分布呈现两极化，即最小尺度网格和最大尺度网格面积占比最大，说明了道外区是新旧城交接、尺度变化比较明显的区域。

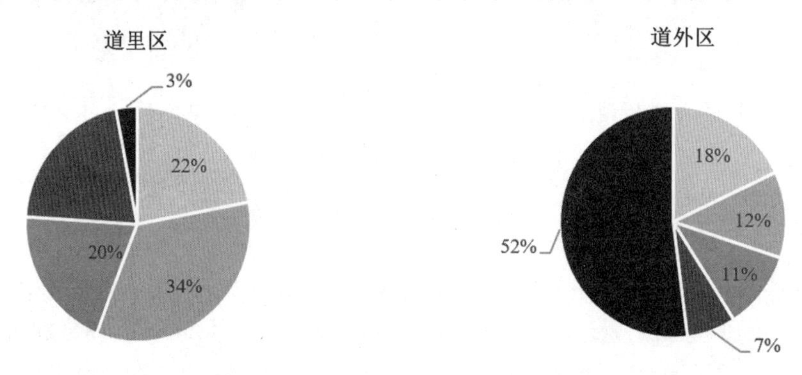

图 3－4　不同网格尺度分区比例统计图

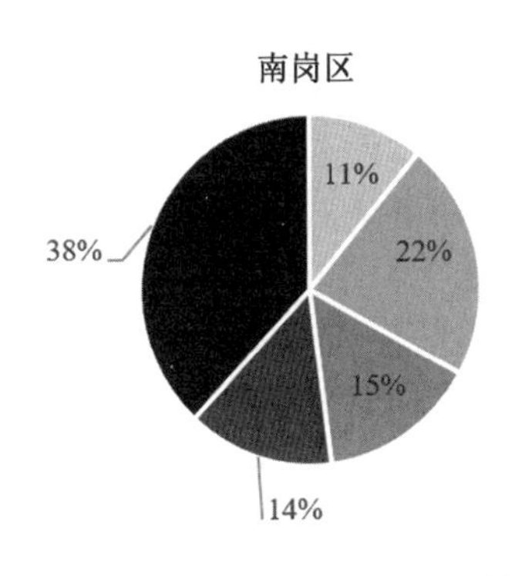

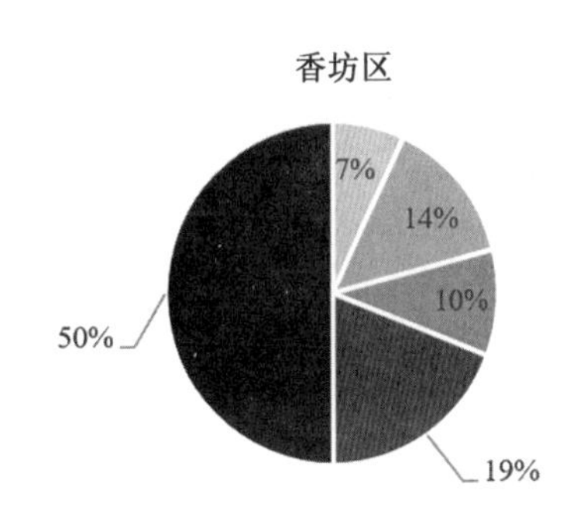

续图 3－4

3.1.6　道路宽度

根据《城市道路工程设计规范》(CJJ 37—2012)，城市道路按照使用功能和道路界面宽度分为快速路、主干路、次干路和城市支路四个等级，各级道路红线宽度控制及功能划分见表 3－8。

表 3－8　城市道路分类等级

道路级别	道路宽度 /m	设计车速 /(km・h^{-1})	道路功能
快速路	40 ～ 70	60 ～ 100	供汽车以较高速度行驶的道路，与一般道路分开，设有配套的交通案例与管理设施
主干路	30 ～ 60	40 ～ 60	连接城市各主要部分，以交通功能为主。为城市道路系统骨架，交通量大
次干路	20 ～ 40	30 ～ 50	与主干路结合组成干路网，以集散交通功能为主，兼具服务功能
城市支路	12 ～ 25	20 ～ 40	与次干路和居住区、工业区、交通设施等内部道路相连接，解决局部地区交通，以交通服务功能为主

城市的道路等级受到城市区位、经济发展、自然资源、历史沿革等多重因素影响。相应地，城市道路的等级配置可以反映出城市的发展结构。比如城市对外的输入输出主要取决于城市快速路和主干路的选位和结构，而城市次干路和城市支路则更多影响着城市内部发展与空间布局，同时直接决定了城市交通的可达性。

城市道路宽度不仅关系到城市交通通达性，更影响到城市的街道风环境。前文中总结了哈尔滨城市道路网现状，可知城市道路分为快速路、主干路、次干路和城市支路四大类，哈尔滨市此四类道路总长度分别是 19.55 km、138.21 km、157.24 km 和 883.43 km，总长 1 263 km，四类道路各占总长的 2％、11％、13％ 和 74％。在研究区域内部提取各四类道路长度，提取道路如图 3－5 所示。

图 3－5　道路提取位置示意图

如图 3－6 所示，对所有调研道路宽度按道路分级求取平均值可以发现，除快速路之外，哈尔滨城市道路宽度整体不足，主干路、次干路和支路刚好达到规范要求的最低指标。

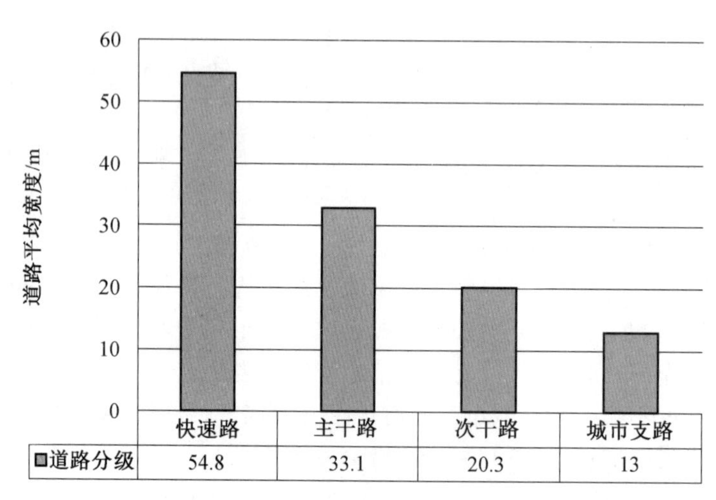

图 3－6　道路平均宽度

3.2　路网结构对城市风环境的影响

以严寒城市哈尔滨作为研究对象对城市路网结构进行研究。通过调研分析发现，哈尔滨环形路网较少，而自由式路网多跟随内河和铁路形成，布局无规律，因此本节研究具有普适性的路网 —— 方格网式和方格 - 放射式路网。结构样本从哈尔滨市实际地区提取，选择南岗区西大直街与教化街交叉口附近片区。该片区内占地面积不足 5 km^2，却是一个典型的方格 - 放射式路网，且路网结构规则整齐，道路宽度基本不变，故选择此片区提取路网样本。图 3-7 和图 3-8 表示的是模型提取流程。

图 3-7　路网结构模拟样本选取

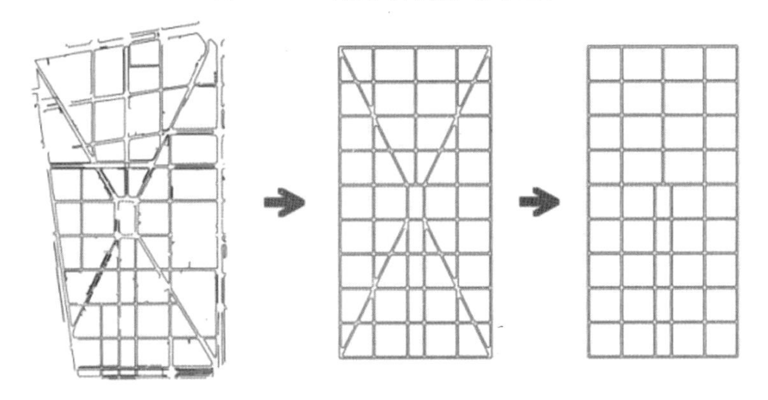

图 3-8　路网结构模拟样本演变流程图

如图 3-7 和图 3-8 所示，从研究片区内分别提取方格 - 放射式路网，统计其几何数据，并将网格进行整理，得到：单元网格尺度为 150 m × 150 m，中间矩形网格单元为 75 m ×150 m；组合后整体网格为 675 m × 1 350 m；放射线角度分别为 26.6°、153.4°、206.6°、333.4°；所有道路宽均为 8 m；道路转弯半径为 8 m。整合以上条件后得到方格 - 放射式路网，去掉方格 - 放射式路网的四条放射线，保留网格线即得到网格式路网。

由于两种路网迎背风区域的道路结构不同，为防止对模拟结果造成影响，因此将路网设计为中心对称的几何布局。同时为保证二者的道路宽度、道路总长度、道路总交通面积以及网格数目不对结果造成干扰，因此在统一道路宽度的前提下调和其他影响因子，最后确定模型平面图，如图 3－9 所示。由表 3－9 可知，虽然几项变量参数不同，但误差最高不超过 5%，基本可以排除其他因素的影响。

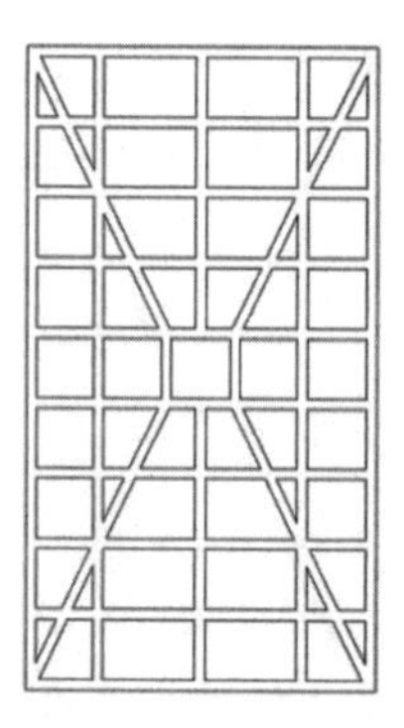 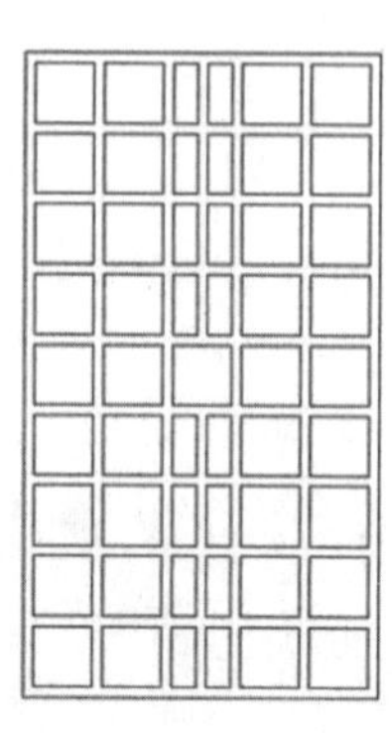

图 3－9　不同路网结构模拟平面

表 3－9　不同路网结构模型参数设置

路网结构	方格网	方格－放射
道路宽度 /m	10	10
道路总长度 /km	17.233	16.95
网格数目	53	53
交通面积 /m^2	1 012 500	1 012 500
建筑道路退线 /m	6	6
风向	S	S
风速 /($m \cdot s^{-1}$)	2.9	2.9

3.2.1　方格网式路网结构对风环境的影响

方格网式路网结构是现今城市道路规划最常使用的路网模式，大城市中常与环形路网结合使用，中小型城市可单独采取该模式进行规划。对方格网式路网进行模拟分析，得到人行高度处的 z 平面（平行于地表）的风速云图，如图 3－10 所示。

从图 3－10 中可以看到，迎风面建筑南侧区域在来流风的冲击下形成多个半圆状并以同心圆方式向外放射的风速等值线，最内圈速度约为 2 m/s，向外部扩散风速减少至 0.5 m/s 左右，多个同心半圆连接，整体形成一道波浪形的风影区，风速降至最低后逐渐变大，100 m 后逐渐与周围风速一致。建筑北侧的背风面也形成较大风影区，以同心圆方式向外放射，风速逐渐变大。方格网布局规则，道路可分为横风街道和纵风街道。纵风街道呈南北向分布，平行于来流方向，气流在道路内部流动畅通，是场地内的主要通风廊道，风速基本可以保持在 1.5 m/s 以上，但场地中部的两条丁字路口由于受到建筑遮挡风速较低；横风街道垂直于来流方向，受到建筑的遮挡，道路内部形成大面积风影区，街道内气

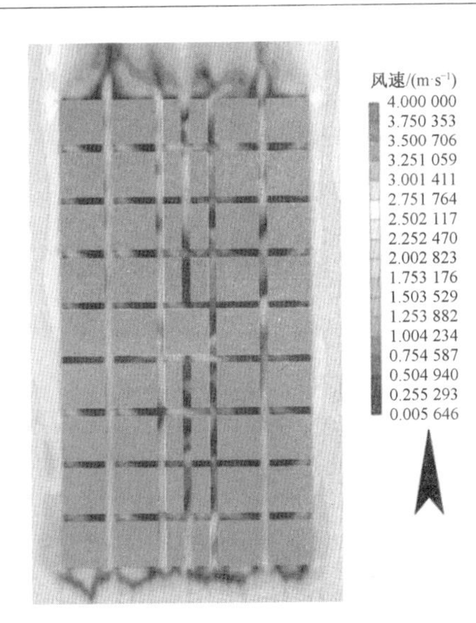

图 3－10　方格网式路网风环境模拟结果(彩图见附录)

流主要来自纵风街道十字路口的分流,因此道路靠近十字路口的区域易形成角隅风,与道路中部相比风速较高。在方格网式路网内部,气流运行尤其受到街道长度与道路结构的影响,场地东西两侧单条街道长度为 150 m,道路分布规整,横纵风街道均未出现较大涡流;而在场地街道最小长度为 150 m、十字路口较多且有丁字路口的区域内气流运行较紊乱,路口附近出现涡流。整理场地风速数据,见表 3－10。

表 3－10　方格网式路网场地及周边风速

场地区域位置	场地外部				场地内部		
	场地南侧	场地北侧	场地东侧	场地西侧	横风街道	纵风街道	总场地
街道平均风速 /($m \cdot s^{-1}$)	1.342 7	1.091 5	2.119 9	2.087 6	0.691 3	1.024 1	0.938 2

由表中数据可知,由于来流风在南侧迎风向受阻,分流汇入场地东西两侧,因此场地东西两侧风速较大,均保持在 2 m/s 以上;迎风区域风影面积较小,平均风速大于场地背风区域,但总体均在 1 m/s 以上,大于场地内部风速。场地内部纵风街道风速比横风街道平均高出 0.3 m/s,对场地整体风速影响更大。各条街道中以靠近中部小网格区域的街道平均风速最小,横风街道平均风速仅为 0.5 m/s 左右,纵风街道风速也低至 0.8～0.9 m/s,行人舒适度较低。

3.2.2　方格－放射式路网结构对风环境的影响

方格－放射式路网为混合式路网的一种,一般出现在环形放射与棋盘式路网混合使用的城市道路局部。当城市规模较大时,需要通过环线来加强城市整体联系,通过射线来加强城市对角线的关系,交通更加灵活。通风方面,由于放射式路网网格划分整体性较差,网格大小差异较大,易出现三角布局,因此通风稳定性与流畅性均不及方格网式路网。对方格－放射式路网进行模拟分析,得到人行高度处的 z 平面(平行于地表)的风速云图，如图 3－11 所示。

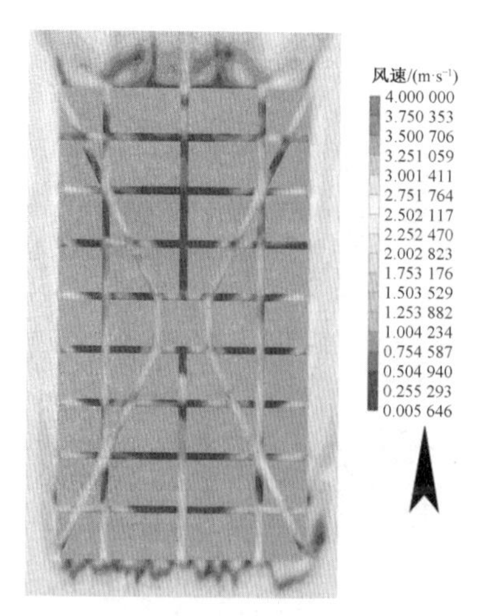

图 3－11　方格－放射式风环境模拟结果(彩图见附录)

从图 3－11 中可以看到，场地迎风面区域风环境与方格网类似，均形成了放射状的风速等值线，整体形成一道波浪形的风影区。但方格网在迎风立面上有五个洞口，而放射式将其中两个移至角部，因此放射式路网角部风速较大而正向面风区域风速相对较小。同理场地北侧风影区由于面积较大且分布集中，平均风速也相对较小。相比环形和方格路网，方格－放射式路网网格形态规整度最差，场地内易出现极大和极小的道路网格，风速分布差异较大。如在场地迎风和背风区域的中部，放射线未经过此区域，道路长度达 300 m，此时在横风街道形成大面积静风区域，尤其在丁字路口以北，风速保持在 0.2 m/s 以下，舒适度极差。而在射线与纵横峰街道相交区域，网格较小，网格形态不规整，易形成局部涡流。且由于角隅风作用，场地转角处风压增大，因此射线道路的风速更大，这种高压高速的气流阻碍了纵风街道来流风，从而在迎风区域纵风街道形成低速涡流。总体而言，方格－放射式路网内部整体风速分布差异较大。整理场地风速数据见表 3－11。

表 3－11　方格－放射式路网场地及周边风速

场地区域位置	场地外部				场地内部		
	场地南侧	场地北侧	场地东侧	场地西侧	横风街道	纵风街道	总场地
街道平均风速 /($m \cdot s^{-1}$)	1.342 7	1.091 5	2.119 9	2.087 6	0.691 3	1.024 1	0.938 2

由表中数据可知，场地周边风速整体趋势与方格网相同，但由于入风口移至场地角部，因此场地南北侧区域平均风速略小于方格网；而场地东西侧仍为风速较高区域，平均风速达到 2 m/s 以上。整体而言，对比方格网和方格－放射式路网可知：场地内部局部道路调整对场地周边风速分布影响较小。场地街道平均风速为 1 m/s，大于方格网式路网平均风速。通过比对各条街道风速可知，在方格网式路网中，纵风街道是主要通风廊道，而在方格－放射式路网中，放射线成为场地内的主要风道，平均风速为所有模拟道路中风速最高，同时也影响了场地内其他的横纵风街道，其分流和阻碍作用，分别导致横风街

道风速变大而纵风街道风速变小。总体上比较两种路网内部街道风速，放射式路网风速最大，纵风街道次之，横风街道最小；方格－放射式路网的纵风街道小于方格网式路网，而横风街道风速大于方格网式路网。

3.2.3　路网结构对风环境的影响

综合比较方格网式与方格－放射式路网结构，发现二者街道平均风速大小关系为：方格－放射 > 方格网，与场地内部主要通风廊道的风速成正相关，而与内部风速分布均质度则成负相关。由于在方格－放射式和方格网式场地内部均有主要风道，风速大，风压高，进入场地的大部分气流流入其中，因此其他街道风速相对较小，场地内部风速分布均质度较差。而主要风道对街道平均风速的影响作用更大，表现为主风道风速变大，其他街道风速变小，街道平均风速变大。

从行人舒适度角度来说，方格网式路网更适宜于冬季微气候，一方面方格网式路网场地整体风速均维持在较低水平，另一方面路网内各道路流场相近，风速差较小。而方格－放射式路网道路结构较不规则，易出现大面积风影区和高风速区域，局域气候舒适度较差。因此次干路和城市支路级道路不宜采用方格－放射式路网。由于放射道路内部风速极大，因此在城市中应承担城市通风廊道的作用，规划设计时要提高射线的道路等级和作用面积，密度不宜过大，应作为城市主干道进行规划。

3.3　路网方向与宽度对城市风环境的影响

探讨路网方向对不同结构路网的微气候影响时，通常以风向作为固定向，即当风向一定时，路网自身不同布局方向会与来风向形成不同的夹角，从而使得街道风环境产生改变。为保证结论不受单元网格形态影响，将基本单元定位为正方形街区。选取哈尔滨市沙曼小区作为参照对象，提取其街区尺度在 150 ～ 250 m，因此模拟街区尺度近似取整为 200 m×200 m。由于方格网与方格－放射式路网为中心对称平面，因此两种路网结构模拟夹角范围为 0° ～ 45°，夹角以 15° 为一个单元。模拟的变量、定量因子见表 3－12、表 3－13，模拟对象平面图如图 3－12、图 3－13 所示。

表 3－12　路网方向模拟变量因子

路网结构	路网与主导风向夹角 /(°)			
方格网 / 方格－放射	0	15	30	45

表 3－13　路网方向模拟定量因子

道路宽度 /m	建筑道路退线 /m	风向	风速 /($m \cdot s^{-1}$)
10	6	S	2.9

图 3－12　哈尔滨市沙曼小区

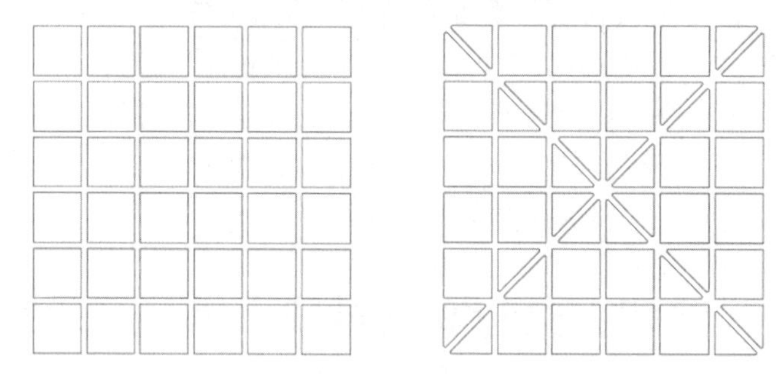

图 3－13　不同路网方向模拟平面

3.3.1　方格网式路网方向对风环境的影响

对方格网式路网进行模拟分析，得到不同角度时人行高度处的 z 平面（平行于地表）的风速云图，如图 3－14 所示。

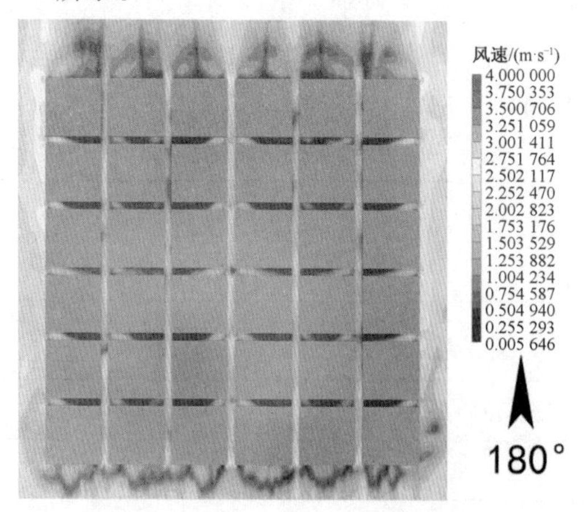

图 3－14　方格网式路网不同角度风环境模拟结果（彩图见附录）

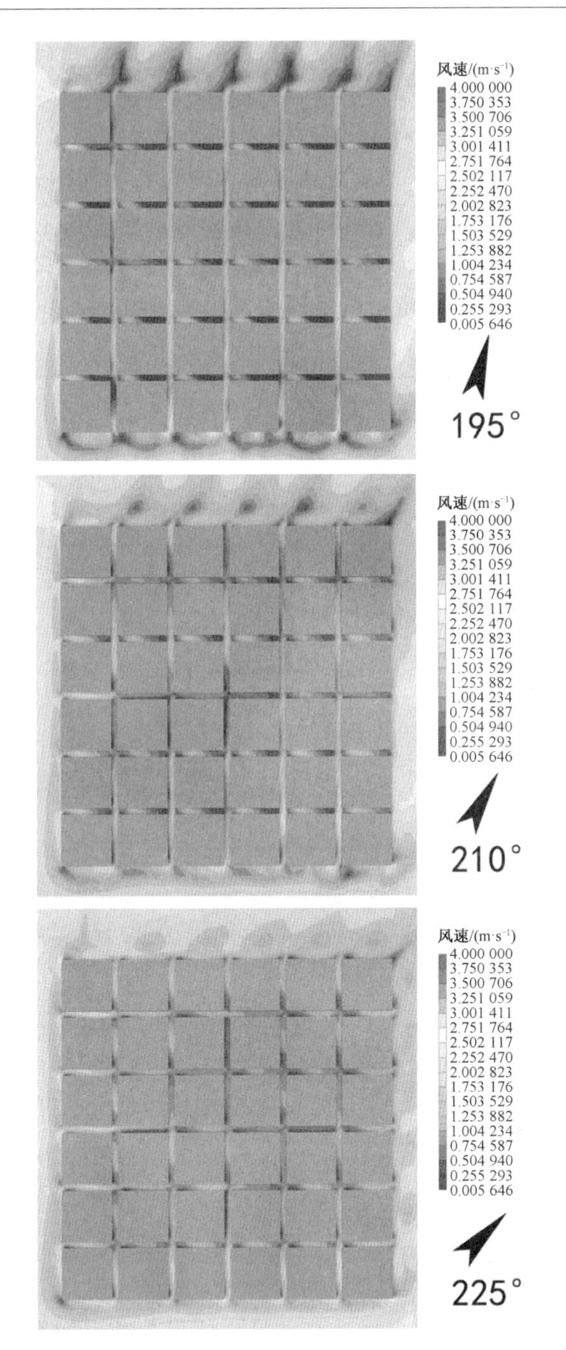

续图 3－14

从风速云图中比较场地周边风场，可以看出随着来流风向与路网夹角不断变化，迎、背风区域风环境也随之改变。当夹角为 0° 时，来流风平行路网流入，场地迎、背风区域风影区面积最大，风速值最低，风速等值线呈波浪状均匀向外扩散；随着夹角增大，风影区面积逐渐减小，风速变大，至夹角为 45° 时周边区域风速基本可达到 1.2 m/s 以上。当不平行时，风影区域形状较自由。比较场地内部风速可以发现，当来流风平行于路网流入时，场地内部风速分布差异明显，纵风街道风速极高，除了局部道路中段风速较低，整体可达到 1.5 m/s，而横风街道则形成大面积静风区域，场地整体内部迎、背风区域差异较小。横风街道在夹角较小时由于街区遮挡，道路中段风速较小，但十字路口处风速极大，形成局部风不利节点；当夹角为 30° 和 40° 时，道路整体风速趋于一致，但在迎风区域的第一个街区范围内的街道风速较高。纵风街道风环境则表现为与夹角明显的线性关系，即角度越小风速越大。随夹角变大，场地内横纵风街道风速差逐渐减小，但开始出现明显迎风区域和背风区域，至夹角 45° 时场地西、北外侧道路形成高风速区域，而东南侧风速相对较低。图 3－15 和图 3－16 分别表示街道平均风速和场地周边风速与夹角的关系。

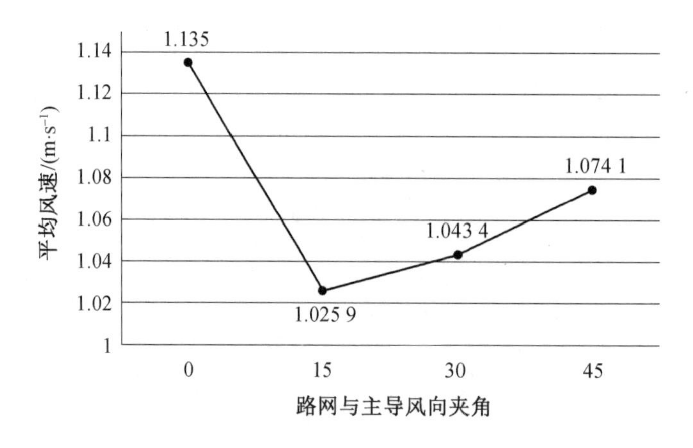

图 3－15　不同角度路网街道平均风速

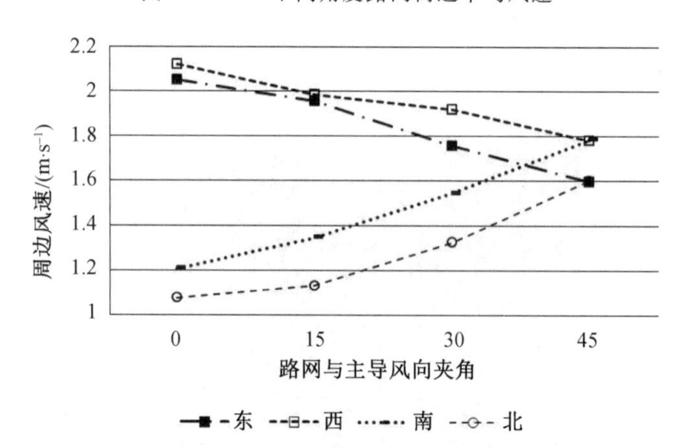

图 3－16　不同角度路网场地周边风速

由图可知，场地内部平均风速与路网和来流风所成夹角有明显相关性，当夹角为 0° 时风速最大，此时路网与主导风向平行，夹角为 45° 时次之，夹角为 15° 时平均风速最小。当夹角小于 45° 时，场地东西两侧风速大于南北侧，且角度越小差值越大；当夹角为 45° 时，场地迎风区域风速大于背风区域风速。图 3－17 中分别表示各场地内部横风和纵风街道的平均风速，其中各编号的街道位置如图 3－18 所示。

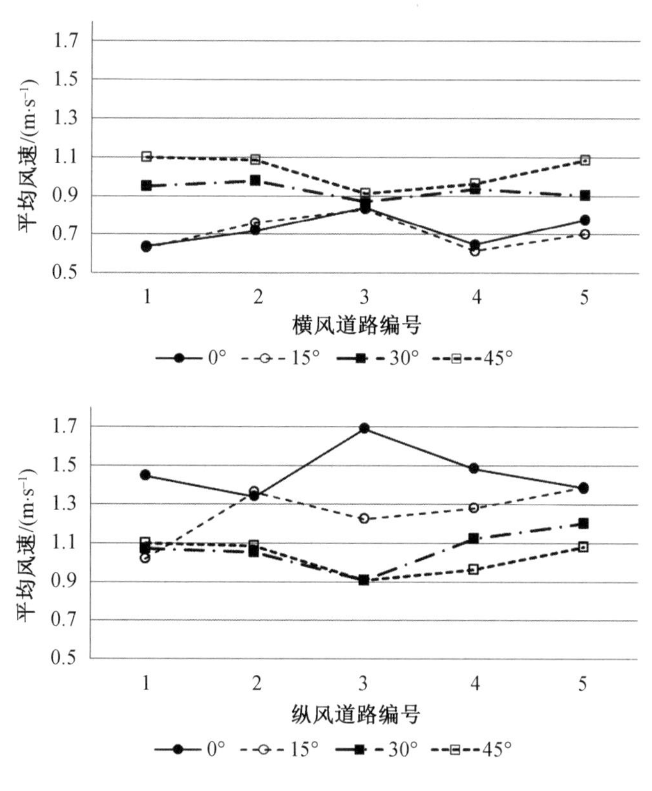

图 3－17　不同角度方格网式路网各街道风速

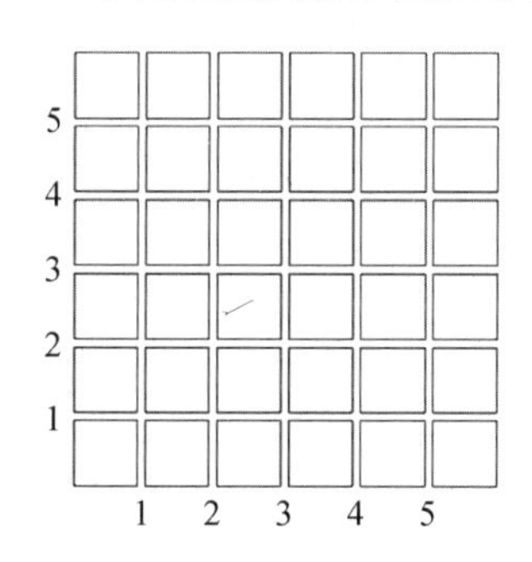

图 3－18　方格路网街道编号示意图

整体而言，路网夹角对横风街道影响小于对纵风街道风环境影响，不同角度下横风街道风速差最大为 0.4 m/s，而纵风街道可达 0.8 m/s；相比于其他角度，30°和 45°整体风环境相近，且横纵风街道风速基本相同，均在 3 号道路，即场地中央位置风速为最低值；风速在 0°时，横纵风街道风速差值最大。

3.3.2　方格－放射式路网方向对风环境的影响

对方格－放射式路网进行模拟分析，得到不同角度时人行高度处的 z 平面（平行于地表）的风速云图如图 3－19 所示。

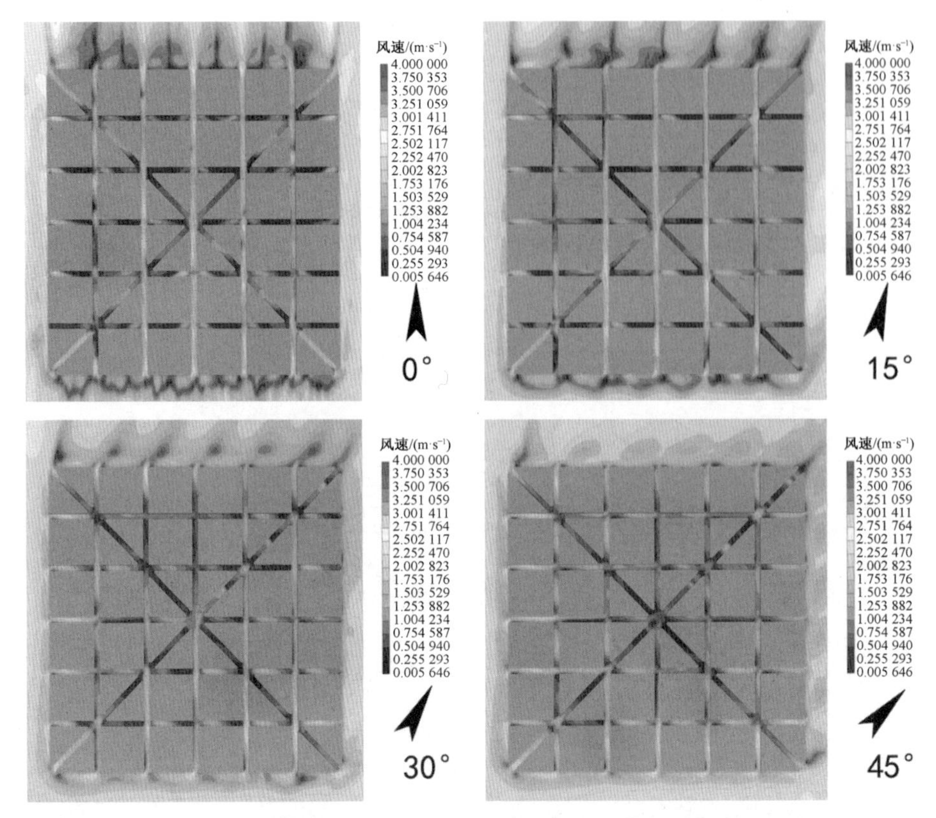

图 3－19　方格－放射式路网不同角度风环境模拟结果(彩图见附录)

从图 3－19 中可以看出，在夹角为 0° 时，街区南侧正向迎风，在南北侧形成涡流面积最大，风速较低；随着夹角逐渐增大，街区建筑对于来流的阻挡作用减弱，因此涡流面积减小，至夹角 45° 时，风影区面积基本能达到 1 m/s 以上。比较模拟对象道路内部风速发现，所有对象射线街道风速均较低，但在夹角 0°～15° 之内，射线对于场地风速影响更大。由 3.2.2 节对于方格网的模拟中可知，夹角较小时场地内部纵风街道风速较大，横风街道则较小，两者风速差可达 1 m/s；但场地内部加设射线道路以后，来流风在经过射线与横纵风街道的交叉口时会形成涡流，阻碍来流风穿越纵风街道，因此射线道路会造成其后背风区域风速较低。随着夹角变大，场地迎风区域由矩形变为场地西南侧 L 型区域，此时放射路网与方格路网差异较小，说明夹角在 30°～45° 时射线道路对于场地影响较小。在此范围内，场地一条射线道路会与来流风向平行，但此射线道路并没有出现与其他纵风街道相同的高风速现象，说明射线与横纵风街道的交叉口会对来流风有较大的阻碍作用。

由图 3－20 和图 3－21 可知，路网与主导风向夹角对场地内部平均风速的总体影响相对较小，最大差值仅为 0.05 m/s，其中 0° 和 45° 时风速较大，15° 和 30° 时风速较小。比较场地东西和南北区域风速，当夹角较小时，场地东西侧气流不受阻碍自由流动，风速较大，场地南北侧行程涡流风速较低。随着夹角变大，街区对来流风阻碍减小，场地周围风速趋于相同。总体而言，场地内部平均道路风速均在 1 m/s 左右，场地周边风速普遍大于场地内部风速。

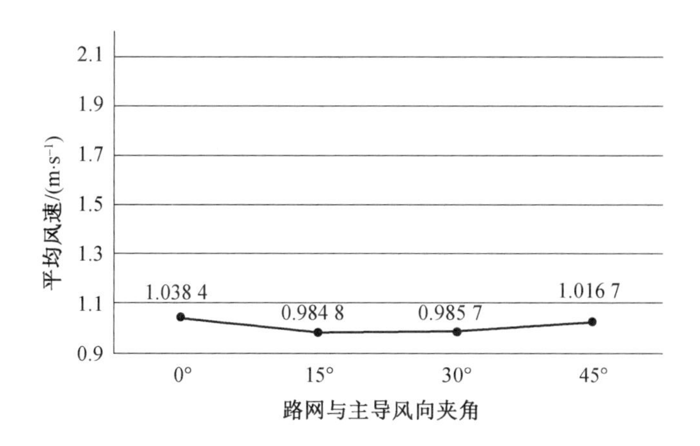

图 3－20　不同角度方格－放射式路网街道平均风速

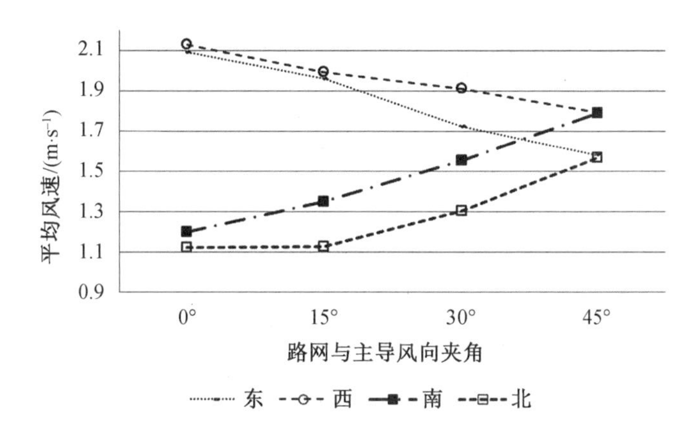

图 3－21　不同角度方格－放射式路网周边风速

由图 3－22 可以明显看到，各类型道路中风速较高的是纵风街道，同时也是不同角度下风速变化最大的道路类型，这一点与方格网相同，即角度变化对纵风街道的影响更大。三者中风速较小的是放射街道，同时也是风速变化最小的类型，不同角度变化时，放射街道基本稳定在 1 m/s 左右，30° ～ 45° 时，变化幅度基本相同，说明角度变化对放射街道影响最小。四个模拟对象中由于 30° 和 45° 场地内各街道与来流风夹角差别较小，因此其横纵风街道风速以及变化趋势基本相同，场地内部风速分布均质；而 0° 和 15° 横纵风街道风速分布呈现两极化，纵风街道远大于横风街道，夹角越小，场地内部风速差异越大。同时四条横纵街道风速随位置变化趋势完全相反：0° 和 15° 时中间街道风速高，周边街道风速较低，而 30° 和 45° 则呈现出场地外围街道风速大于内部风速的现象。

图 3－23 是提取场地内部 5 个射线道路与横纵风街道的交叉口位置的风速值，其中各编号的街道位置如图 3－24 所示。与其他街道风速分布规律相似，0° 时场地中部节点风速高于外侧节点风速；45° 时场地外侧节点高于中部风速；15° 和 30° 节点总体变化趋势相同，均在节点 2 位置达到风速最大值。总体而言，在 4 个模拟对象中 15° 十字路口风速最高，这点与场地总体风速变化趋势正相反。

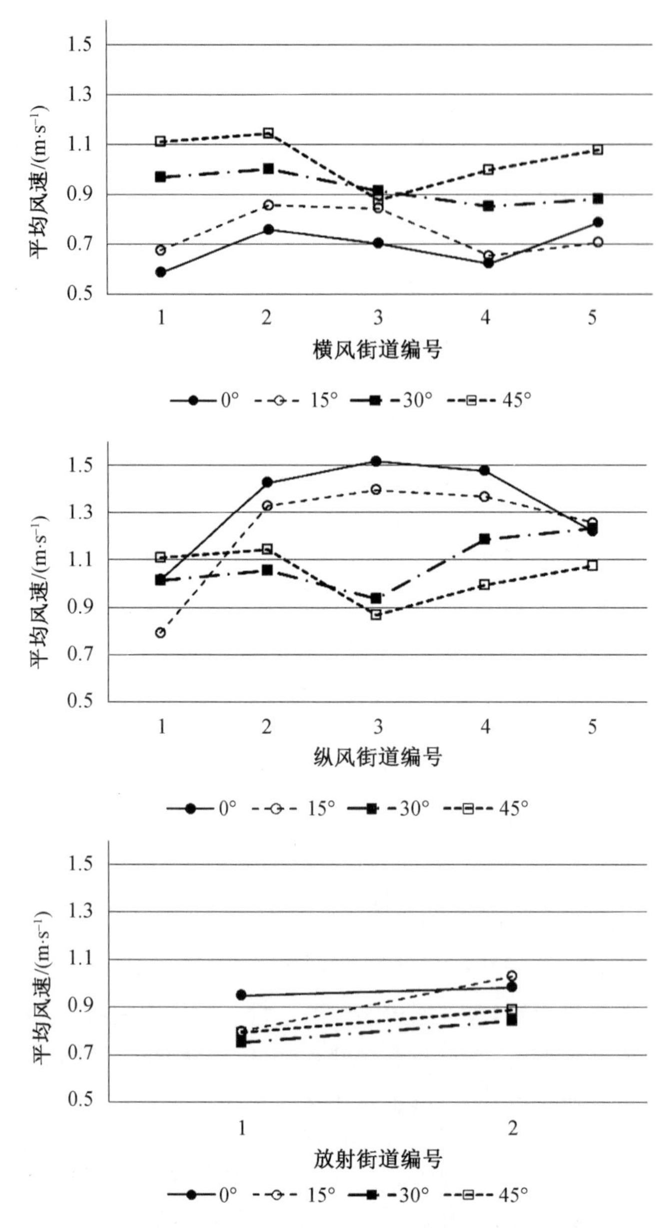

图 3－22　不同角度方格－放射式路网各街道风速

总体而言，路网与主导风向夹角的改变对场地周边风环境的影响较大，但对场地内部风环境的影响则较小，其中对方格－放射式路网内部风速的影响最小，在既定模拟条件下仅为 0.05 m/s。通过对不同角度模拟对象的比较，得到：对于方格单元的路网，夹角为 15° 时场地整体风速最小，但 15° 时表现为纵风街道以及十字路口处风速偏高，横风街道风速偏低，风速分布差异大，局部出现风不利点，因此城市路网与主导风向宜选择 30° 夹角，此时场地风速仅次于 15°，但横纵风街道风速差异小。对于方格－放射式路网，角度为 15° 和 30° 时风速最小，但 0° ～ 15° 时，场地内横纵风街道风速分布两极化，且十字路口处风速偏高，因此相比之下 30° 更加适宜，从场地整体风速至场地内部节点风速均处于较低

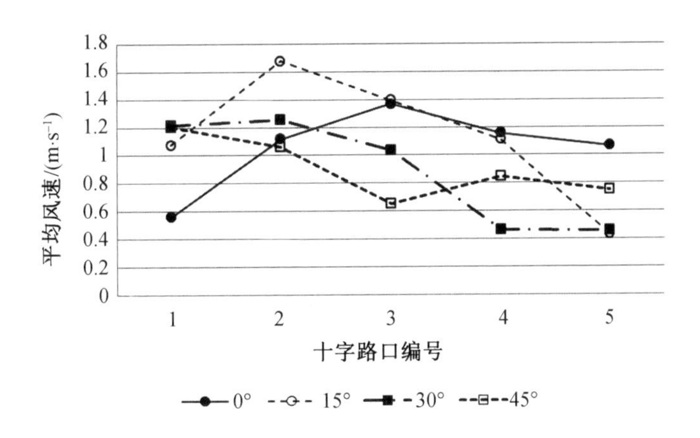

图 3－23　不同角度方格－放射式路网十字路口风速

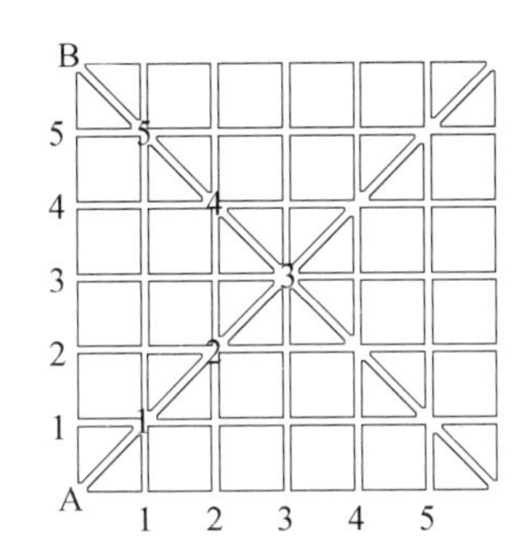

图 3－24　方格－放射式路网街道编号示意图

水平。同时通过对比各街道发现，夹角在 0°～45° 之间变化时，纵风街道受到的影响更大，更容易出现高风速区域，因此道路等级较高、夹角较小的纵风街道宜进行防风设计。

3.3.3　单一道路宽度对风环境的影响

在保证网格尺度不变的前提下，在相同的研究区域内，通过改变道路宽度来分析其对街道风环境的影响。在前面对于哈尔滨市路网现状分析中可以得到，哈尔滨市典型路网宽度为 10 m、20 m、30 m 和 40 m。一般城市路网规划均为大型街区配置干路，小型街区配置支路，由于 100 m 网格过小，而 400 m 和 500 m 网格尺度过大，与 40 m 和 10 m 的道路宽度结合时不符合实际情况，故认为 200 m 和 300 m 网格尺度较为合理，且通过前面分析可知 200 m 尺度网格数目最多，因此本节选择 200 m 网格进行模拟。模拟区域定为 1 200 m×1 200 m，网格数目为 6×6，研究变量因子及其他参数设定见表 3－14，模型平面如图 3－25 所示。

表 3－14　研究变量因子

道路宽度 /m	模拟区域 /(m×m)	风向	网格形状	网格尺度 /m	建筑退线 /m
10/20/30/40	1 200×1 200	南	正方形	200	6

图 3－26 中显示的是不同道路宽度 1.5 m 高度处 z 平面(平行于地表)的风速云图，从图中可以看出街区南侧迎风，在来流风的冲击下，南侧区域产生一片波浪形低风速区。

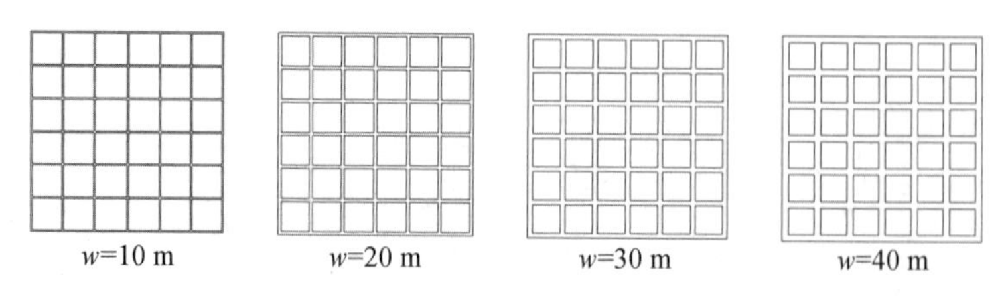

图 3－25　不同道路宽度模拟平面

风在绕过建筑群后，由于流动的分离与再附现象，在每个街区背风侧基本能形成两个较大的低速涡流，风速等值线呈环状均匀向外扩散。比较四个对象可以发现，道路宽度对街道风环境产生较大影响，尤其在横风街道，风速随着道路宽度变大而显著增加，风影区变小。道路宽度为 10 m 时，横风街道风速基本在 0.5 m/s 以下，形成静风空间，纵风街道的风速相对其他对象也较小。而路宽为 40 m 的研究对象在场地南侧形成三角形高风速区，出风口区域横风街道风速可达 2.5 m/s 左右，接近于纵风街道风速。每段横风道路的两侧来风在道路端头形成了两个高风速区域，由于反向气流对撞，在道路中间形成线状风影区。整体而言，除了 40 m 宽度道路在出风口点状区域的风速较高外，其他各模拟对象的风速均在3 m/s 以下，无危险区域。各纵风街道风的流动相对平稳流畅，但 10 m 道路宽度的横风街道基本无风，为风不利区域。

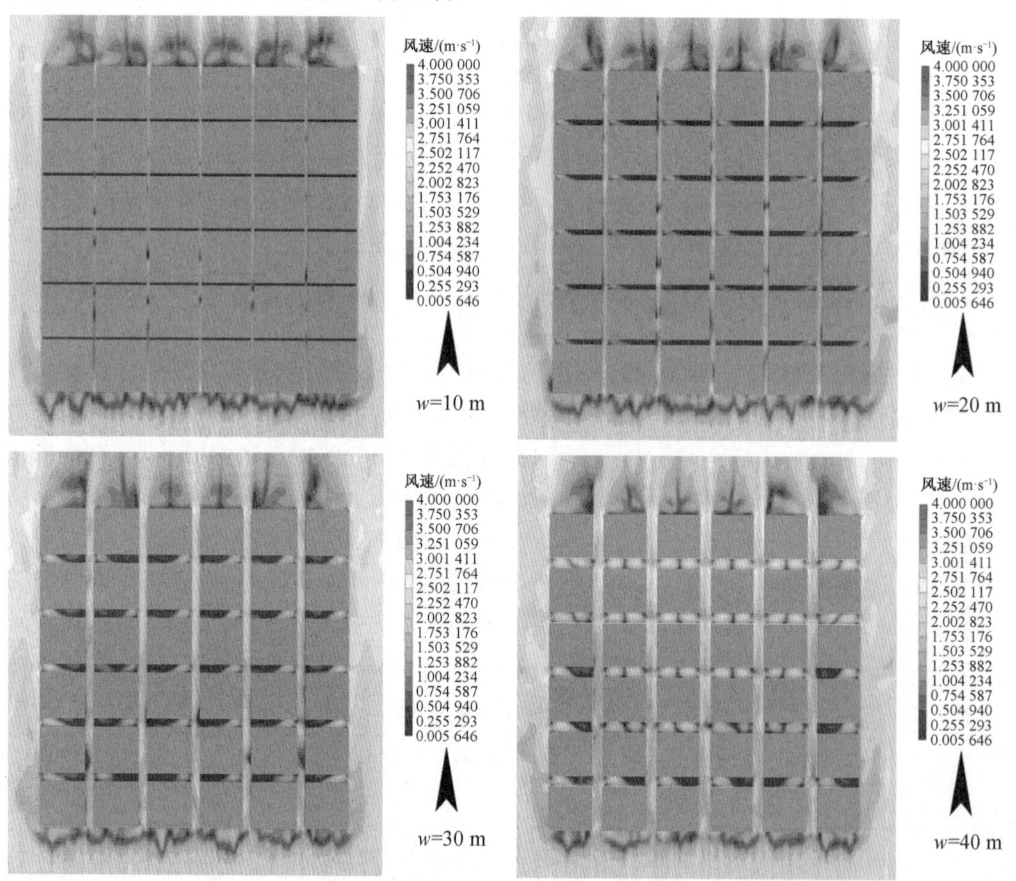

图 3－26　不同道路宽度下的风环境模拟结果(彩图见附录)

由图 3－27 可知，场地内部平均风速与道路宽度有明显的线性相关性，平均风速随着道路宽度的增大而增加，道路宽度每增大 10 m，风速平均增加 0.19 m/s。由图 3－28 可知，由于受到建筑阻挡，场地东西两侧风速大于场地南北两侧风速，四种工况的东西侧风速基本均大于 2 m/s，而迎风向和背风向风速均在 1 m/s 左右。同时可以发现，当道路宽度小于30 m 时，场地周边风速随道路宽度增大而增大，且东西侧与南北侧风速差保持不变。当宽度等于 40 m 时，场地周边风速差变小。为对场地内部道路具体分析，整理所有街道风速进行对比研究。

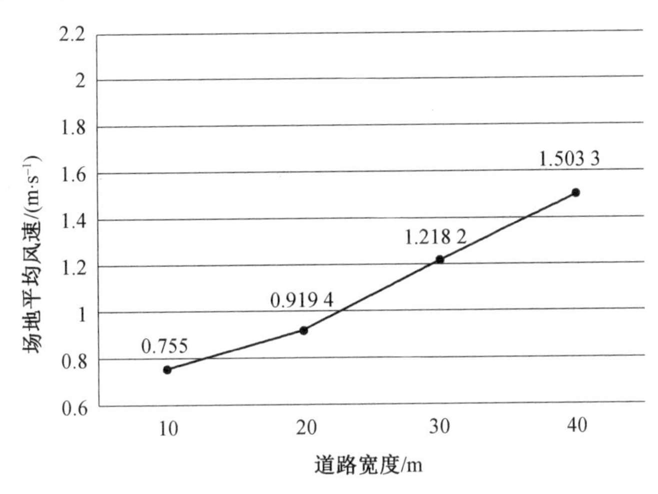

图 3－27　不同宽度街道平均风速

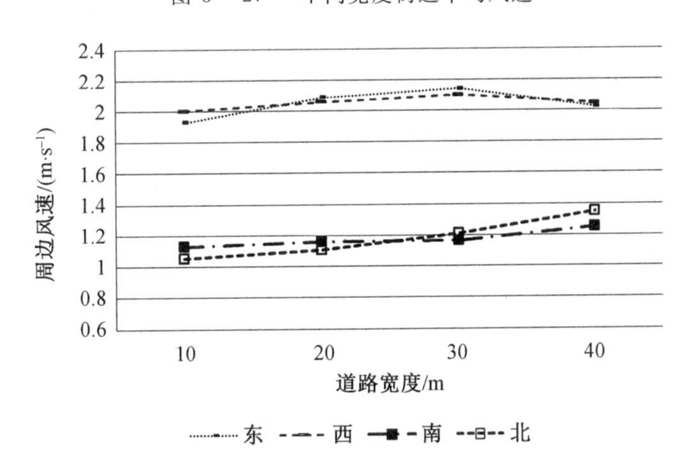

图 3－28　不同道路宽度场地周边风速

由图 3－29 可以明显看到，各对象之间横风街道风速差别较小，不足 0.6 m/s；而纵风街道之间风速差异较大，风速差可达1.5 m/s(其中各编号的街道如图 3－30 所示)。由此可知，道路宽度对于纵风街道的影响更大。整体而言，纵风街道风速要显著大于横风街道风速，基本能够达到1 m/s 以上，40 m 道路局部风速可达到 2 m/s 以上。横风街道除 40 m 宽度道路整体风速较高，其余平均风速则基本在 1 m/s 以下，整条街道风速分布呈现点线式分布。风速道路中央风速在0.5 m/s 以下，十字路口风速则超过 1 m/s，行走其中会明显感受到风环境随着道路十字交叉口的出现而发生较大变化。且当道路宽度大于 30 m 时，道路内部气流会开始对垂直空间产生影响，街区上方 20 m 以内空间出现涡流，风速降低。比较四种路网横风街道和纵风街道的平均风速，可以发现它们与道路宽度有明显的线性关系。随着道路宽度变大，横风街道的平均风速从 0.15 m/s 增加到 1.27 m/s，而纵风街道的平均风速从1.21 m/s 递增到 1.73 m/s。道路宽度平均每增加 10 m，横风街道风速增大约 0.4 m/s，纵风街道风速增大约 0.13 m/s。由于横风街道气流来自纵风街道气流耗散，当道路宽度较小时，纵风街道风速本身较小，流入横风街道的气流相对更少，因此造成道路宽度变大，纵横风街道平均风速均增加，而横风街道风速增加幅度大于纵风街道。且随着宽度变大，纵风和横风街道风速差在逐渐变小，整体风速分布更均匀，因此道路宽度过小不利于营造街道行人高度的微气候。

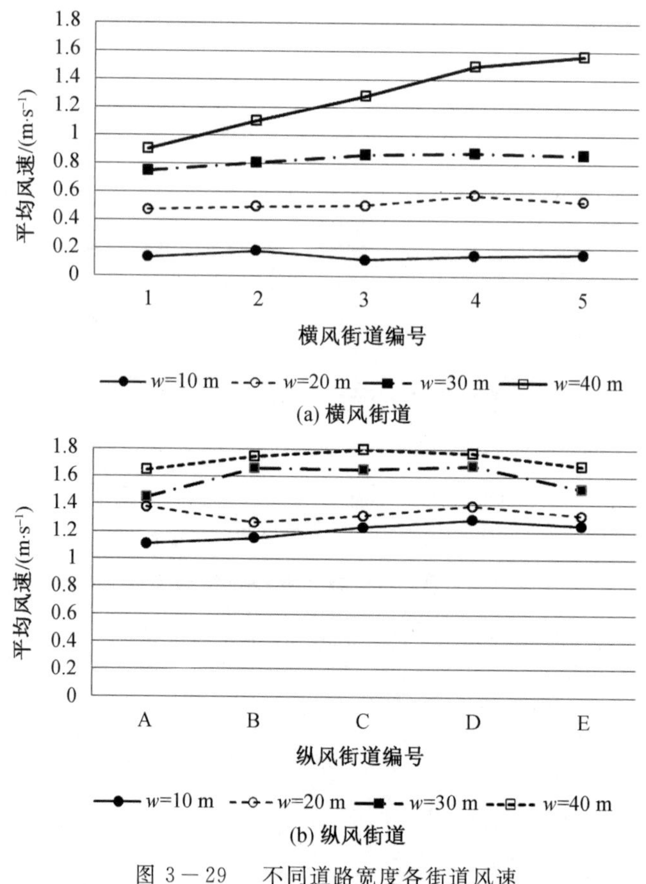

图 3－29　不同道路宽度各街道风速

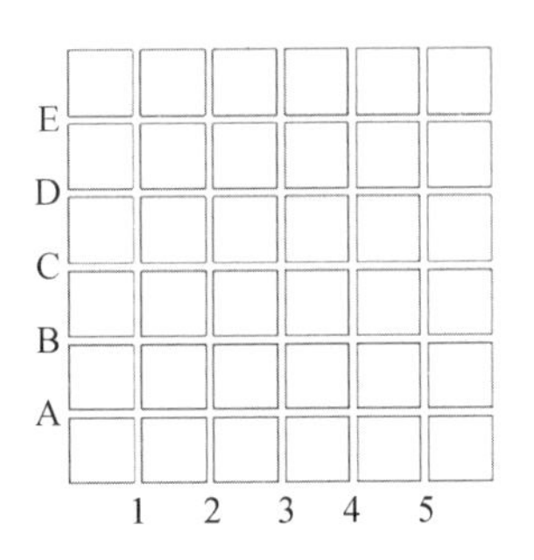

图 3－30　街道编号示意图

3.3.4　混合式道路宽度对风环境的影响

本节研究不同宽度的道路组合在一起时对风环境的影响。城市道路规划中有时会出现某一片区道路宽度分布不均衡的现象，例如某一走向道路等级大于另一走向道路等级等，这是由用地性质分布不同造成的。哈尔滨市整体交通分布为西南－东北向道路等级大于西北－东南向道路等级，以新阳路为例，新阳路是连接了中央大街商业区与西部住区的交通干线，且道路西北侧就是松花江，因此整个片区西北－东南向交通需求量较少。片区内三条主要西南－东北向道路宽度均大于 25 m，高于场地内全部西北－东南向道路，如图 3－31 所示。本节研究场地内不同等级道路以不同方式组合时对风环境带来的影响。为防止交通占地面积因素对模拟结果造成干扰，保证所有模拟对象交通面积相同。

图 3－31　新阳路片区地图

本节以 20 m 宽道路作为对照体，研究 10 m 宽和 30 m 宽道路以不同方式组合时带来的改变。组合模式分别为：横风街道宽 30 m，纵风街道宽 10 m；横风街道宽 10 m，纵风街道宽 30 m；30 m 宽道路位于背风区域，10 m 宽道路位于迎风区域；30 m 道路位于迎风区域，10 m 宽道路位于背风区域。以上四种研究工况的网格形态与 20 m 宽道路均相同。网格大小依然沿用 200 m 尺度的网格，模拟区域定为 1 200 m×1 200 m，网格数目为 6×6，研究变量因子见表 3－15，模拟平面如图 3－32 所示。

表 3－15　研究变量因子

组合模式	模拟区域 /(m×m)	风向	网格形状	网格尺度 /m	建筑退线 /m
对照组 /A/B/C/D	1 200×1 200	南	正方形	200	6

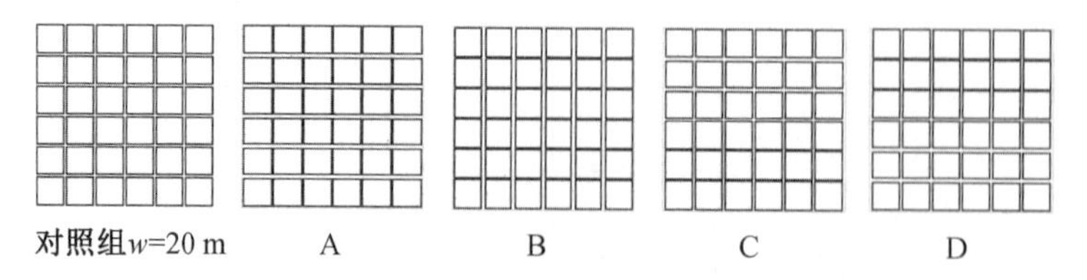

图 3－32　不同道路宽度组合模拟平面

图 3－33 显示的是各个模拟对象 1.5 m 高度处 z 平面(平行于地表) 的风速云图,所有对象道路总面积相同,其中 A 和 B 一组,比较宽窄路分别作为横纵风街道时风环境异同,C 和 D 一组,比较宽窄路分别位于南侧迎风区域和北面背风区域时风环境的区别。比较对象 A、B 和对照对象可以再次验证道路越宽风环境越好。对象 A 的纵风街道等级过低,除进出风口局部风速较高外,道路内部整体气流运行并不顺畅,虽然其横风街道较宽,但对整体风环境影响较小;对象 B 正相反,纵风街道风速基本能保持在 1.5 m/s 以上,而横风街道则几乎形成静风区,横纵风街道之间差异极大。其对照组风环境则基本处于两者之间。由图 3－34 也可以说明,三者纵风街道的通风能力为 B＞对照组＞A,场地街道平均风速的大小关系与其相同(图 3－35),尤其当纵风街道宽度由 20 m 变为 30 m 时,场地内部风速变化尤为明显。场地周边区域中,东西两侧区域受场地内部道路结构影响较小,三者的平均风速基本无差别,均保持在 2 m/s 以上;而场地南北两侧风环境则受到道路宽度影响,出入风口越宽,风速越大,风影区越小,因此可以看到在迎风区和背风区对象 B 的平均风速最大,对象 A 最小。

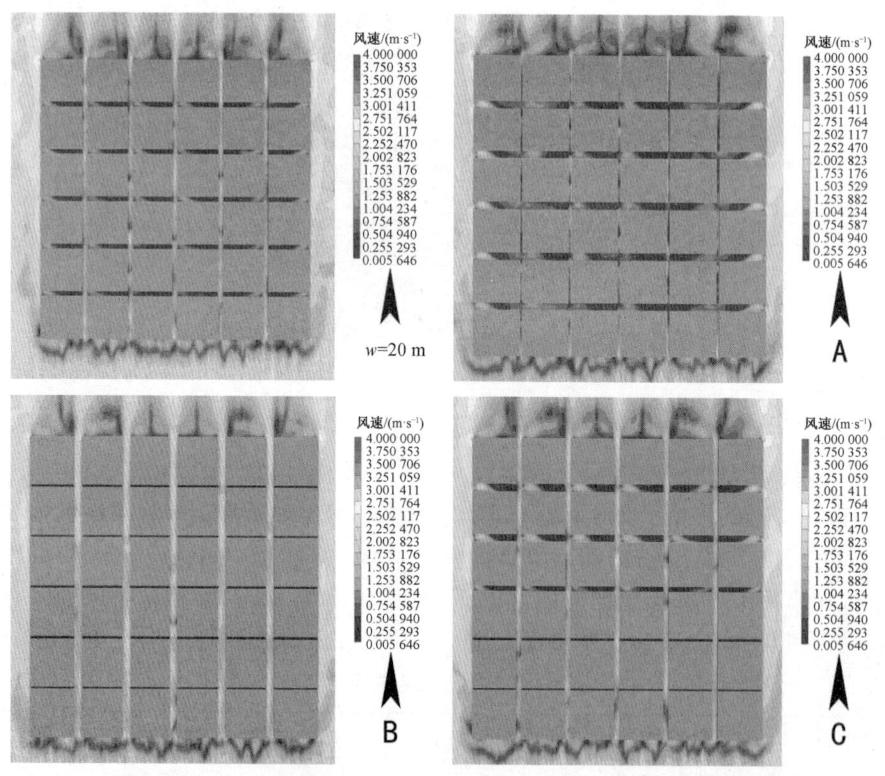

图 3－33　不同道路宽度组合下的风环境模拟结果(彩图见附录)

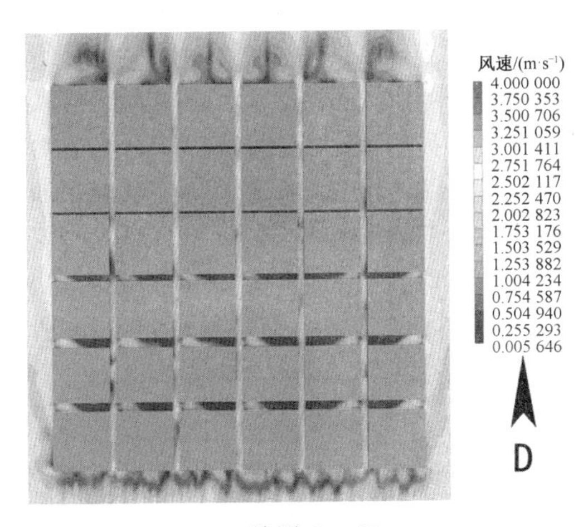

续图 3－33

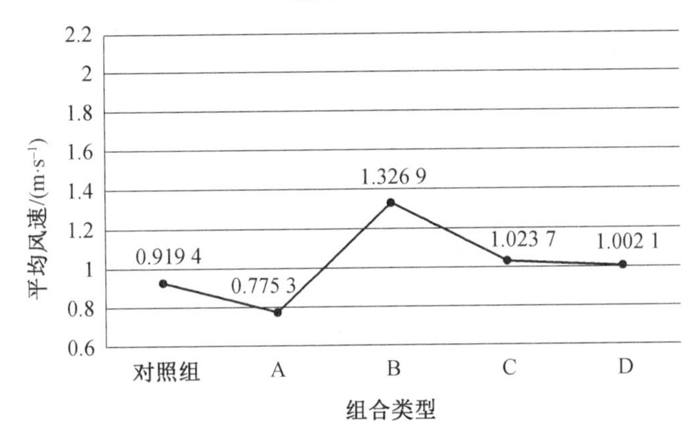

图 3－34　不同宽度组合街道平均风速

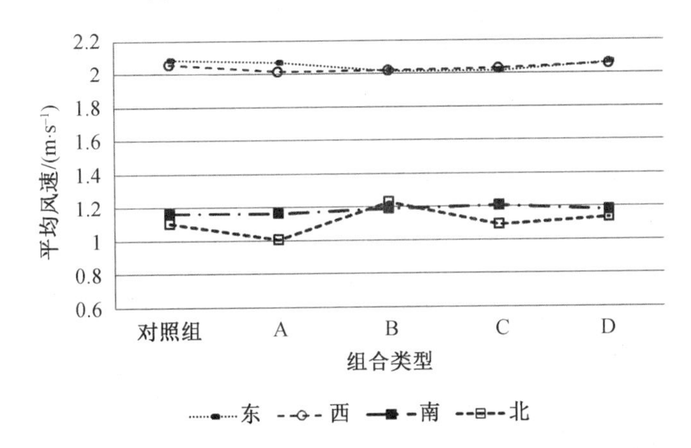

图 3－35　不同道路宽度组合下的场地街道平均风速

对比 C、D 及对照对象可以发现，风环境十分类似，场地的整体平均风速中，对象 D 也仅比对象 C 高出 0.02 m/s，可知横风街道宽度的变化组合对于整体风速影响较小。但两者的平均风速均高于对照组，即纵风街道宽度相同时，30 m 与 10 m 道路的组合布局大于

20 m道路宽度风速，可知道路宽度对于场地的影响较大。对象C、D的纵风街道风环境基本相同，可知纵风街道只受到其本身尺度影响，与横风街道尺度无关；而C和D的横风街道风环境则几乎完全相同，说明横风街道主要受本身道路宽度与纵风街道风速影响，与区域位置无关。场地周边区域中，东西两侧区域受场地内部道路结构影响较小，三者的平均风速基本无差别，均保持在2 m/s以上；而场地南北两侧风环境则受到道路宽度组合影响，可以看到，当横风街道窄道路位于迎风侧时，场地周围迎风区域风速较大，当窄道路位于背风侧时，场地周围背风区域风速较大。当横风街道等级较高、宽度较大时，纵风街道气流分流较大，导致纵风街道风速偏小，造成场地进出风口区域风速较小；同理横风街道宽度较小时，场地进出风口区域风速增大。

图3－36表示场地内部各横纵风街道风速(其中各编号的街道位置如图3－37所示)，可以明显看到，纵风街道的风速要显著大于横风街道风速，除对象B道路宽度较小，其余所有纵风街道风速均大于1.2 m/s，且风速分布均匀。而横风街道风速较小，且由于道路中段风速明显小于十字路口处，风速分布呈点线式。对比A、B和对照组，可以明显看到道路宽度与风速的关系，三者的风速大小与道路宽度呈线性关系。道路宽度每增加10 m，横风街道风速平均增加0.15 m/s，纵风街道平均增加0.4 m/s。对比C、D和对照组可以发现，三者的横纵风街道平均风速基本相同，得出纵风街道对于场地街道平均风速影响更大，横风街道相对较小。而在两者的互相作用关系中，由于横风街道气流被纵风分流，因此纵风街道直接决定了横风街道风速。

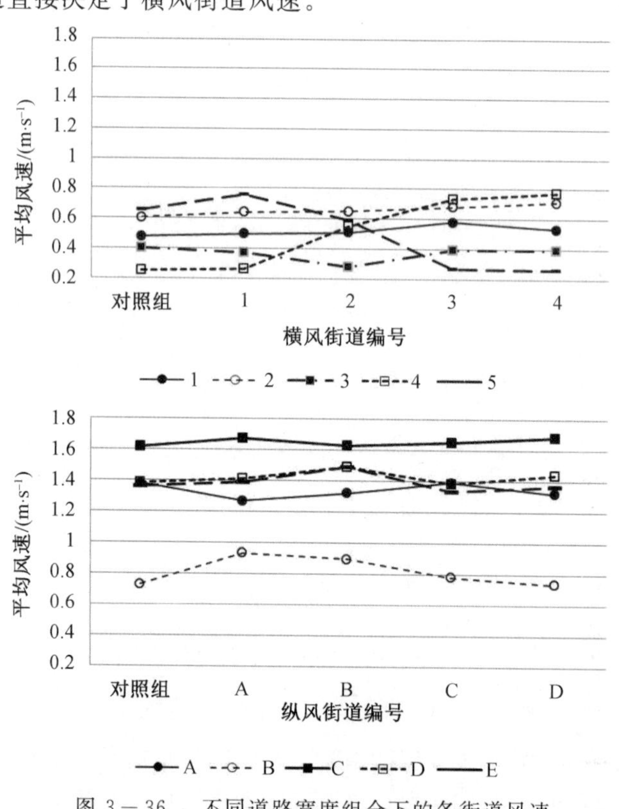

图3－36　不同道路宽度组合下的各街道风速

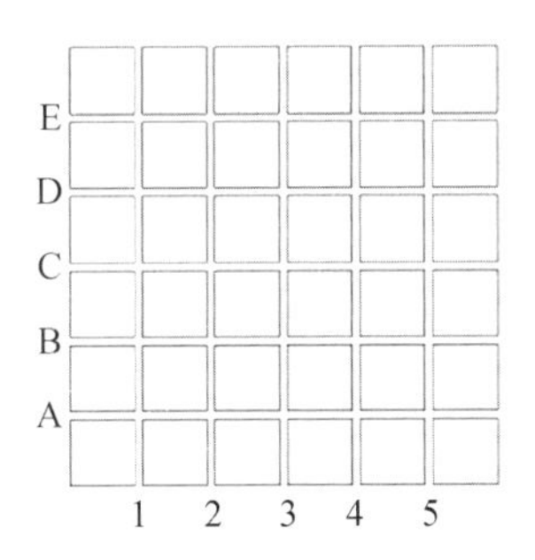

图 3－37　街道编号示意图

通过本节的分析可知，由于街道风速随道路宽度增大而增大，在既有边界条件下，道路宽度每增大 10 m，街道平均风速增大 0.19 m/s，纵风街道风速增大 0.13 m/s，横风街道风速增大 0.4 m/s，因此居住区内部城市支路级道路宽度不宜大于 20 m。相同的交通面积情况下，改变纵风街道风速对场地风环境影响更大，分配给纵风街道更大面积，更容易获得高风速，同时会造成场地横纵风街道差异过大的情况，因此建议横风街道承担更多道路功能，居住区入口宜开设在横风街道，底层商铺、商业步行街宜沿横风街道分布。尤其纵风街道风速只受到自身宽度影响，宽度从 20 m 增至 30 m 时会出现较大涨幅，在严寒地区城市会形成不利的冬季道路微气候，因此场地内部整体纵风街道宽度不宜超过 20 m。如纵风街道交通流量不足，可每隔若干街区设置一条干路作为主要车辆通行道路，其余支路级纵风街道限制道路宽度，并进行绿化防风设计，方便行人冬季出行。横风街道风环境与宽度分布位置无关，因此道路设计时可不考虑位置影响。工业区道路主要道路宽度宜大于 20 m，内部有居住建筑时，不宜布置在背风区域高风速的三角地带。

3.4　路网尺度对城市风环境的影响

3.4.1　单一网格尺度对风环境的影响

本节在保证道路宽度不变的前提下，在相同的研究区域内通过改变网格的大小来分析其对街道风环境的影响。通过前面的统计分析得到，哈尔滨市典型网格大小为100 m、200 m、300 m、400 m 和500 m。为保证在相同模拟区域下出现整数网格数，故将模拟区域定为 1 200 m × 1 200 m，选择 100 m、200 m、300 m 和 400 m 作为模拟变量。由于 500 m 尺度的大型网格单元在哈尔滨数目较少，且在该模拟区域下无法得到整数网格，故排除 500 m 网格单元。研究变量因子及其他参数设定见表 3－16，模拟平面如图 3－38 所示。

表 3－16　研究变量因子

网格大小 /m	模拟区域 /m^2	风向	网格形状	道路宽度 /m	建筑退线 /m
100/200/300/400	1 200 × 1 200	南	正方形	10	6

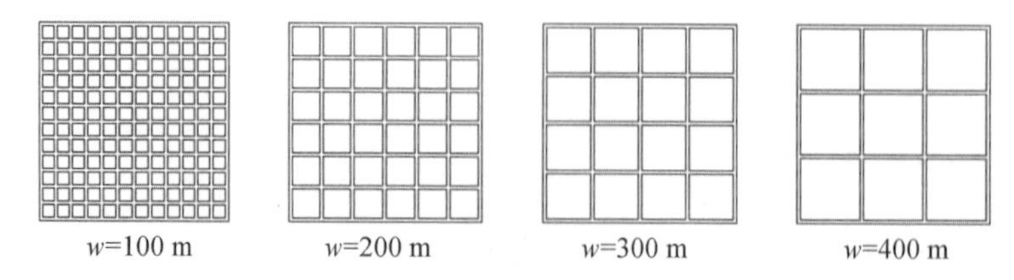

图 3－38　不同网格尺度模拟平面

图 3－39～3－41 显示的是不同网格尺度 1.5 m 高度处 z 平面（平行于地表）的风速云图与场地风速情况，由图可知，场地内部平均风速与网格尺度有明显的线性相关性，平均风速随着网格变大而增加，网格尺度每增大 10 m，风速平均增加 0.04 m/s。当网格尺度约为 100 m 时，场地内部风速呈现较自由分布状态，当网格大于 100 m 时，风速开始两极化分布，纵风街道风速显著大于横风街道风速。场地周边区域中，由于受到建筑的阻挡，东西两侧的平均风速要大于场地南北两侧的平均风速，四种工况的东西侧风速均大于 2 m/s，且当网格较大或较小时，东西侧与南北侧风速差偏大，而 200 m 和 300 m 网格风速差则较小。

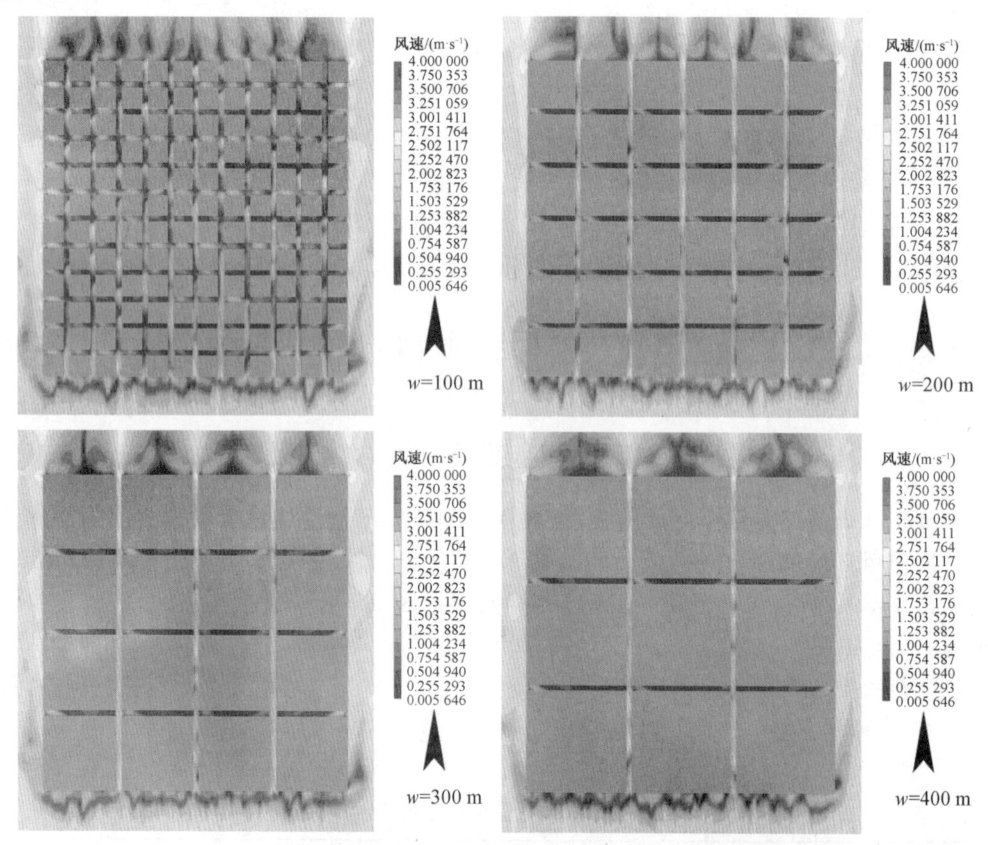

图 3－39　不同网格尺度下的风环境模拟结果（彩图见附录）

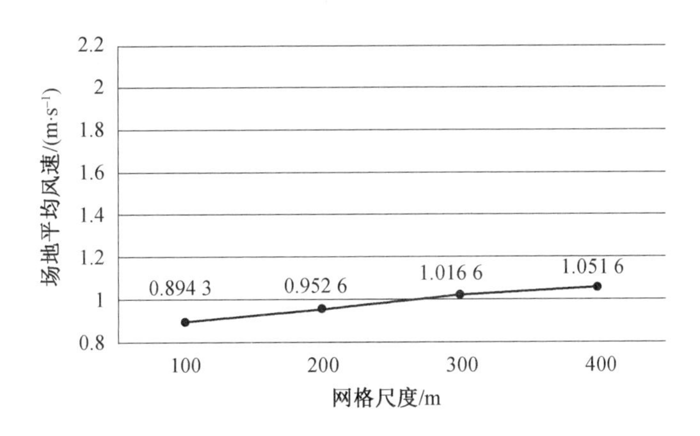

图 3－40　不同网格尺度下的街道平均风速

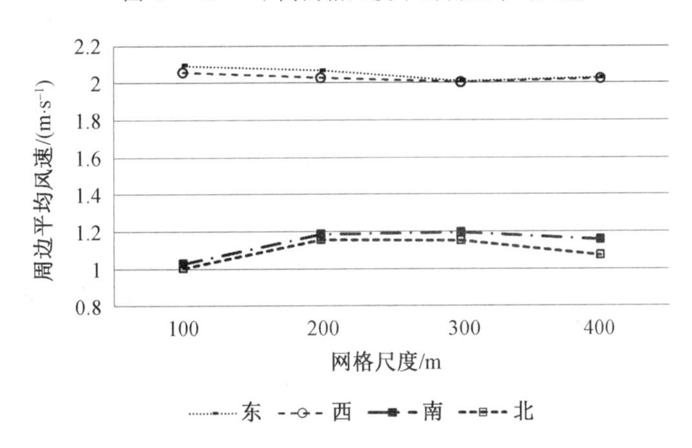

图 3－41　不同网格尺度下的场地周边平均风速

由图3－42可以明显看到，纵风街道的风速要显著大于横风街道的风速，基本能够达到1 m/s，在道路中央和十字路口处风速相差较小(其中各编号的街道位置如图 3－43 所示)。横风街道总体平均风速基本在 1 m/s 以下，风速道路中央风速在 0.5 m/s 以下，十字路口风速则超过 1 m/s，整条街道风速分布呈现点线式分布，行走其中会明显感受到风环境随着道路十字交叉口的出现而发生较大变化。比较四种路网横风街道和纵风街道的平均风速，可以发现它们与网格大小有明显的线性关系。随着网格尺度变大，横风街道风速变大，纵风街道风速减小，变化幅度也随之减小。横纵风街道风速随网格尺度的变化趋势分别呈两条趋于平缓的抛物线，网格尺度每增大 100 m，横风街道变化幅度从 0.55 m/s 降到 0.1 m/s，纵风街道由0.45 m/s 下降到 0.05 m/s。由于道路网格较小时单条街道长度也较小，十字路口数量较多，气流经过十字路口时，部分气流进入横风街道，导致纵风街道风速变小，横风街道风速变大，因此内部风速分布较均匀，横风街道和纵风街道风速相差较小。而相反，道路网格较大时，单条道路长度变大，十字路口数量骤减，纵风街道的气流耗散减少，平均风速增大；进入横风街道的气流减少，且高风速区域——十字路口数量减少，平均风速变小。由于整体平均风速随网格大小的变化趋势与纵风街道的变化趋势相同，说明纵风街道对街道风环境的影响更大。

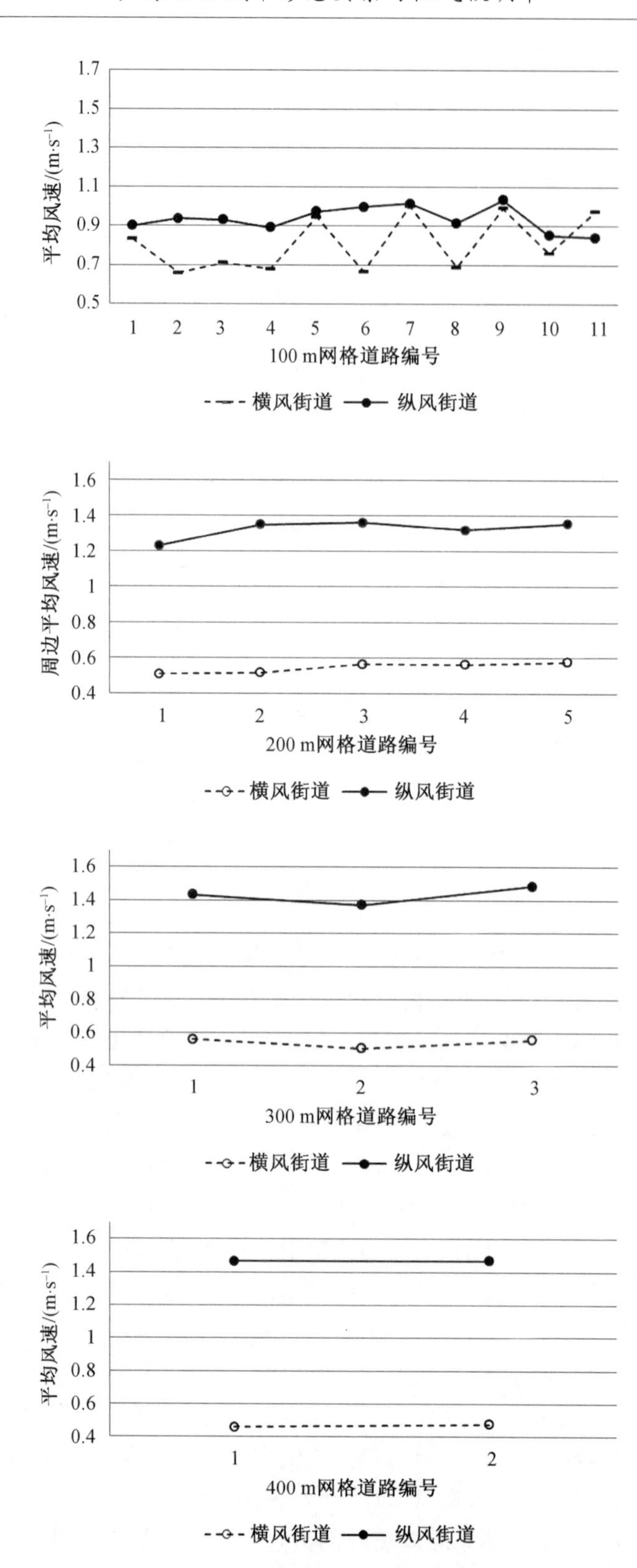

图 3－42　不同网格尺度下的各街道风速

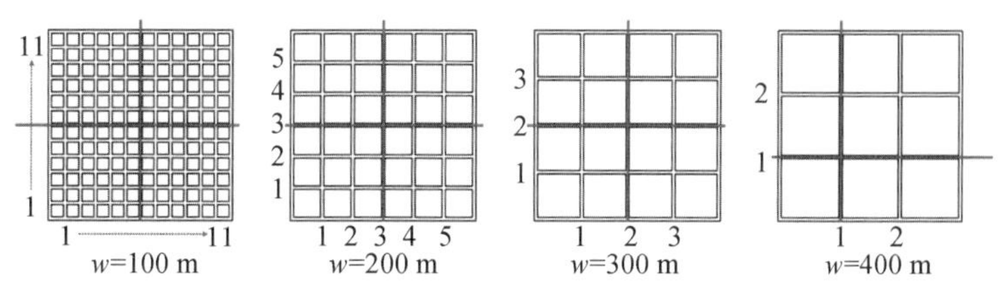

图 3－43　街道编号示意图

3.4.2　混合式网格尺度对风环境的影响

城市路网由大小网格共同组成，一般来讲旧城区网格尺度相对较小，新城区网格尺度较大，哈尔滨市宣化街东西两侧片区是一个大小网格相邻的典型案例，宣化街西侧分部街片区网格尺度多集中在 230 m × 90 m 左右，而其东部住区网格尺度则可达到 700 m × 500 m 左右，网格尺度差异极大，如图 3－44 所示。

图 3－44　宣化街分割新旧城尺度对比

本节将研究不同尺度的网格以不同方式组合时对风环境带来的影响。为了组合的多样化，模拟选择较小尺度的网格，即 100 m 和 200 m 网格进行组合，分别为：小网格处于背风向，大网格位于迎风向；小网格处于迎风向，大网格位于背风向；小网格在外部，大网格在内部；小网格在内部，大网格在外部。其中对象 A、B 大小网格面积相同，对象 C、D 为满足网格单元的完整，大小网格面积比为 5∶4 和 4∶5，面积较相近。4 个研究对象的平面图如图 3－45 所示，风速云图如图 3－46 所示。

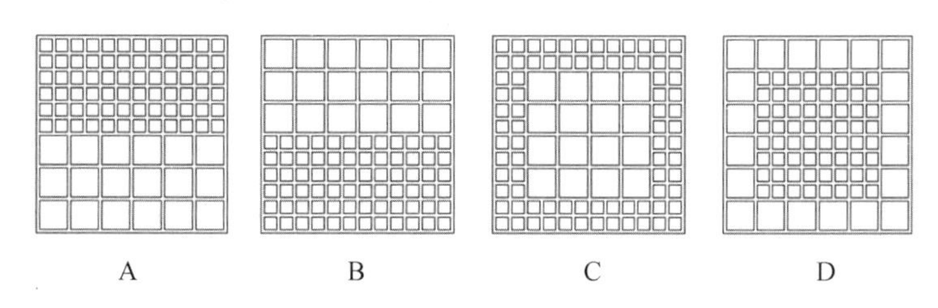

图 3－45　不同网格尺度组合模拟平面

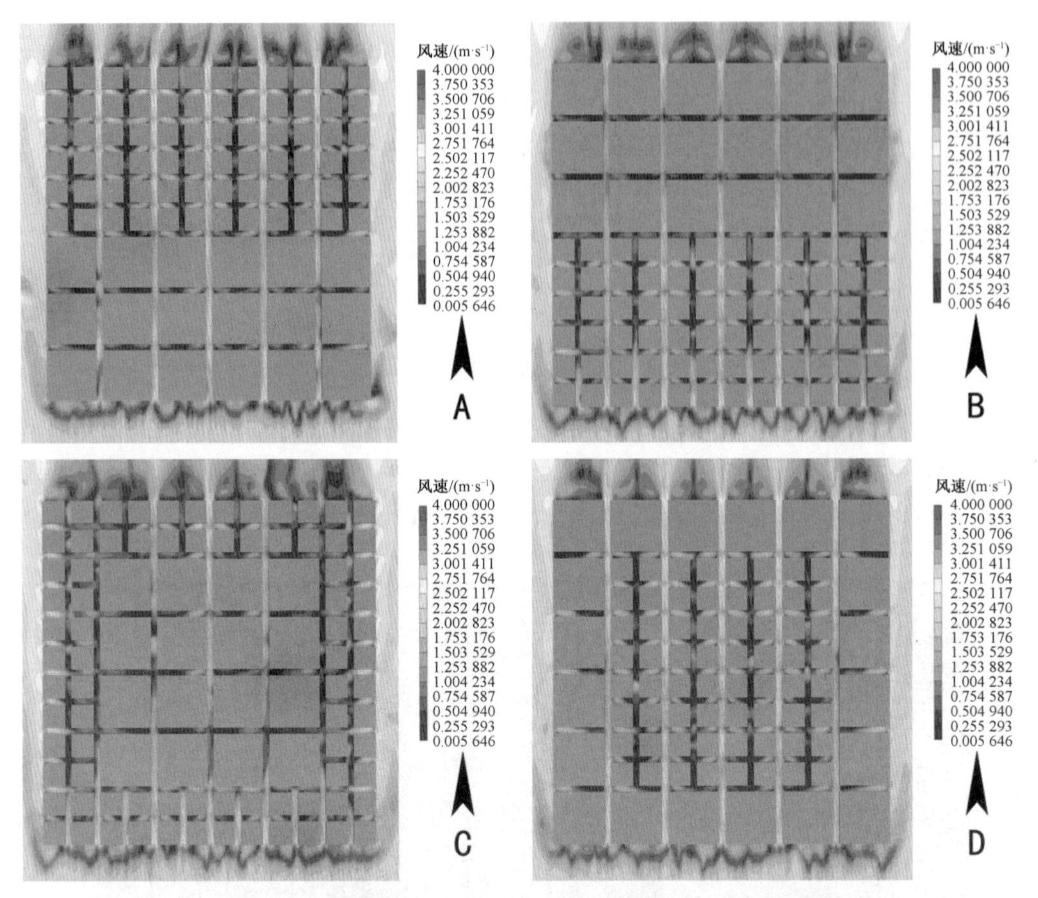

图 3－46　不同网格尺度下的风环境模拟结果(彩图见附录)

由云图 3－46 可知，当不同大小的网格组合时，风速分布的基本规律与单一网格时相同，即小网格处横风街道与纵风街道风速差较小，风速分布较均质；大网格横风街道和纵风街道风速则呈现两极化，横风街道风速明显小于纵风街道。将 4 种不同组合进行对比可以发现，其横风街道之间差异较小，基本满足小网格处风速大的规律，但是纵风街道随网格排布方式不同而发生变化。当大网格处于迎风侧或位于外圈时，迎风侧入风口个数较少，内部风速分布呈现两极化，与入风口相连的街道风速明显大于不与入风口相通的道路；当小网格位于迎风侧时，迎风侧开口增加，入风口风压变小，与入风口相连的街道风速变小，内部风速差变小，风速分布趋向均质。不同网格尺度组合下的平均风速如图 3－47 所示。

由图 3－47 可知，随着网格变大，场地内平均风速增大。本节场地内整体平均风速大小为 D ＞ A ＞ B ＞ C，可以发现，平均风速与大网格分布位置有关，当大网格位于场地外围，即分布在进风口和出风口时，会形成 5 条畅通的主通风道，道路内风压大，风速高，从而整体提高了平均风速。各研究对象中，对象 D 在进风和出风位置均为大网格，风速最高，这与哈尔滨市整体网格形态类似，大网格位于城市外环，小网格位于城市内环，这种情况下易形成高风速城市通风廊道。与之相反的是对象 C，大网格位于场地中心，场地内风速分布较均质，未形成高风速通风道，风速为各工况中的最低值。大网格分布于进出风一

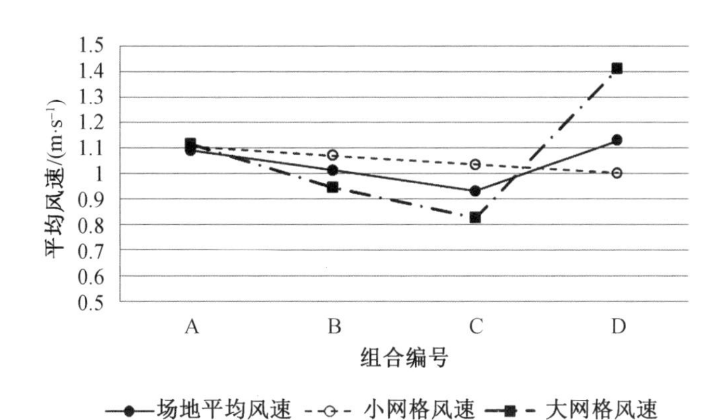

图 3－47　不同网格尺度组合下的平均风速

侧的对象 A 和 B 平均风速相近，居于中间。由此可见，场地街道平均风速主要取决于主要风道的数目和畅通性，数目越少，道路越畅通，主导风道风速越大，场地街道平均风速越高。对比对象 A 和对象 B，发现迎风区域的风速大于背风区域，当大网格位于迎风侧时效果更显著，易形成高风速风道，导致整体风速 A ＞ B。同理对比对象 C 和对象 D，发现场地外围风速大于场地内圈，当大网格位于有利位置时，更易形成高风速通道，从而提高平均风速。

图 3－48 表示场地内部各横纵风街道平均风速(其中各编号的街道位置如图 3－49 所示)。前文分析道路畅通性关系为 D ＞ A ＞ B ＞ C，与其平均纵风风速的大小关系 D ＞ A ＞ B ＞ C 相同，与整体平均风速的大小关系基本一致，验证了关于主通风道风速更能影响整体风速的结论。同时可以发现主要道路内部纵风风速越大，整体风速越大，但次级道路的平均风速越小，场地内部街道风速分布呈现两极化，故对象 D、A 道路整体风速更大，同时行人的舒适度也较差。

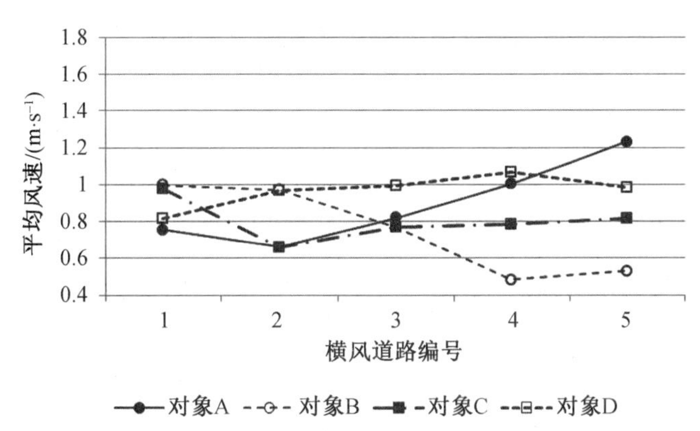

图 3－48　不同网格尺度组合下的各街道风速

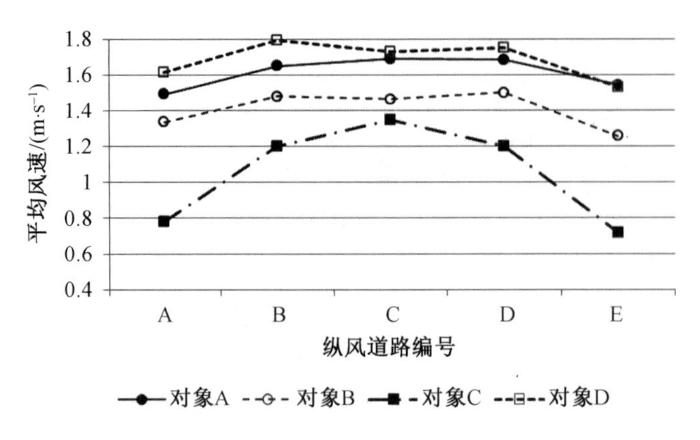

续图 3.48

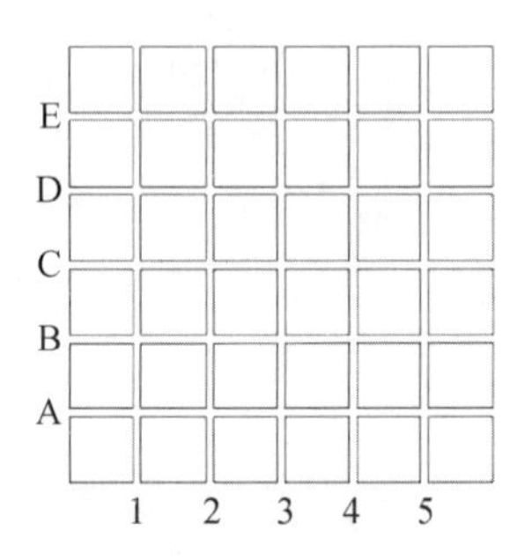

图 3－49　街道编号示意图

通过分析可知，随着网格尺度变大，纵风街道风速变大，横风街道风速变小，场地内部横纵风街道风速差值变大。由于纵风街道涨幅较大，整体平均风速变大。无论从风速分布均质度还是从整体风速而言，居住区和商业区网格尺度宜偏小，网格尺度应小于 300 m。同时当大网格位于外围或迎风位置，小网格位于中部或背风位置时，会沿大网格形成高速风道，因此从城市规划角度宜采用此种模式。城市中部区域网格划分较小，主要分布多层住区和小型商业区；城市高层住区、大学城和高新科技园等区域位于城市迎风侧外围，网格可选择 300 m 以上尺度，形成大型街区。结合城市交通干线组团布置，在城市迎风侧每隔 2 km 左右形成大型入风口；而城市重工业区域位于城市背风侧外围。这样可以沿城市平行于主导风向一侧形成主要城市通风廊道，方便城市污染物扩散。

3.4.3　路网尺度与道路宽度对风环境的综合影响

路网尺度研究中，主要的两大要素 —— 道路宽度和网格尺度对街道风环境的影响较大，前面研究得到随着道路宽度变大和网格尺度变大，街道平均风速均变大的结论。此节将针对实际情况综合讨论。

以哈尔滨市为例，图 3－50 为哈尔滨道外老城区，网格单元尺度为 100 ～ 150 m，除北新街外，其余道路宽度为 15 ～ 25 m。图 3－51 为红旗小区片区，网格尺度为 500 m × 300 m，包括红旗大街、淮河路、辽河路等大部分干路宽度均超过 40 m。

图 3－50　道外老城区城市肌理

图 3－51　红旗小区片区城市肌理

根据前面的研究结论可推知，随着网格变大，道路变宽，区域整体平均风速将变大，本节除验证此结论，还要从行人舒适度的角度比较几种路网模式的优劣。因此本节研究中不变量因子为交通面积，变量分别为道路宽度和网格大小，具体参数设置见表 3－17 和表3－18。

表 3－17　研究定量因子

研究对象	模拟区域 /(m × m)	交通面积 /m^2	交通面积率 /%	风向	网格形状	建筑退线 /m
A/B/C/D	1 200 × 1 200	238 784	16.58	S	正方形	6

表 3－18　研究变量因子

研究对象	道路宽度 /m	网格尺度 /m	网格数目	道路总长度	道路密度
A	9.45	100	144	172 800	0.12
B	20.8	200	36	43 200	0.03
C	34.67	300	16	19 200	0.013
D	52	400	9	10 800	0.007 5

对上述几种路网模式进行模拟分析，平面图如图 3－52 所示，得到人行高度处的 z 平面(平行于地表) 的风速云图，如图 3－53 所示。通过图 3－53 ～ 3－55 可以看出，风速分布规律基本与单变量因子时相同，大网格宽道路的风影区更少，横纵风街道风速差值更小，在十字路口处形成强风旋涡。由场地街道平均风速可知，当总交通面积相同时，随着网格变大、道路变宽，场地内部平均风速也随之增大，其影响关系与单变量因子时相同。4 个对象的周边风速基本保持在 1 ～ 2 m/s 之间，各场地迎风侧风影区面积更小，因此场地南侧平均风速略大于场地北侧。其中网格大小为 200 m、300 m 和 400 m 时，三者的迎风区域和背风区域基本持平；而当网格大小为 100 m 时，由于入风口较窄，气流难以进入而滞留在南侧，风压较大，因而其南侧区域风速最大，行人舒适度相对较差。

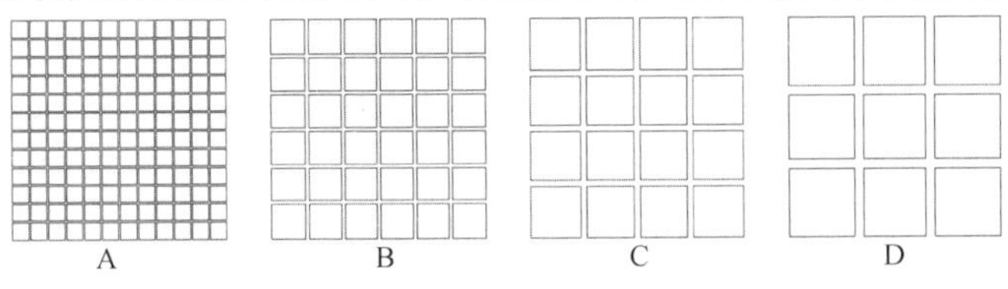

图 3－52　不同网格尺度模拟平面

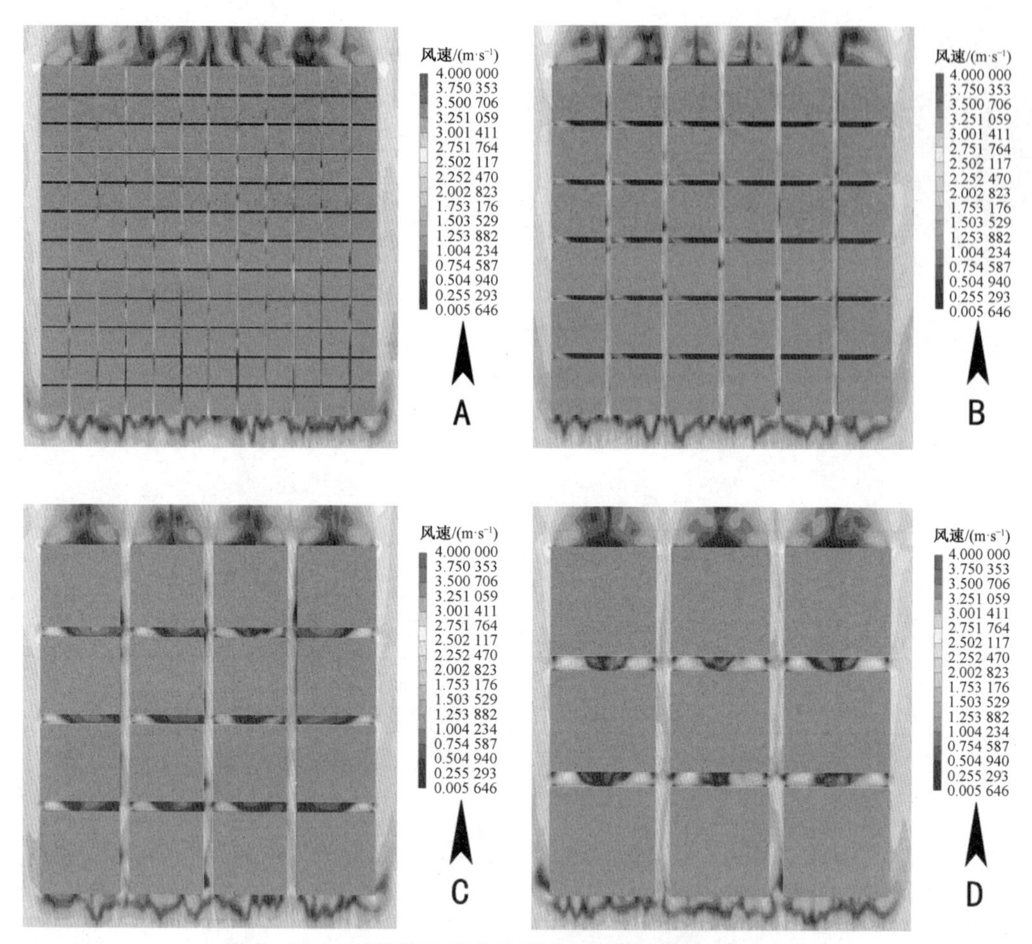

图 3－53　不同路网尺度下的风环境模拟结果(彩图见附录)

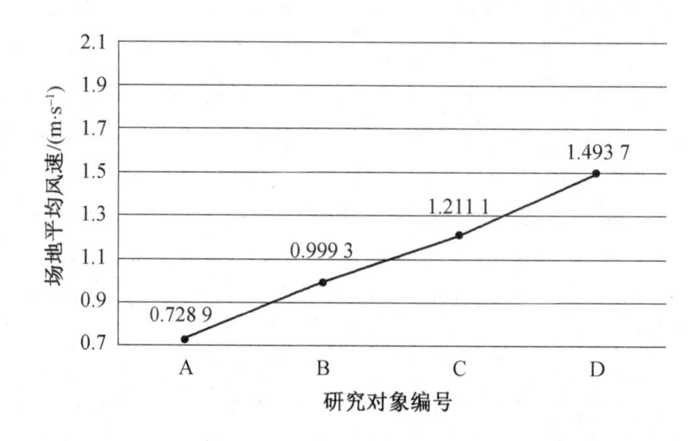

图 3－54　不同路网尺度街道平均风速

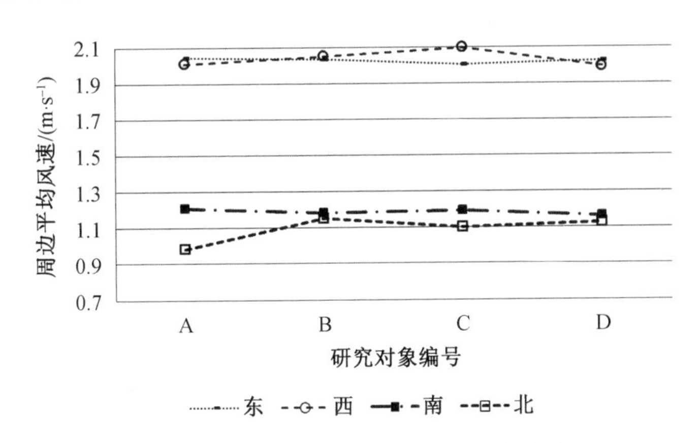

图 3－55　不同路网尺度场地周边风速

综合比对几种研究结论可以发现，在研究区域内，即道路宽度 10 ～ 40 m，网格尺度 100 ～ 400 m 范围内，道路宽度的改变对于风环境造成的影响更大，变量因子从最低值到最高值变化时风速改变量为 0.75 m/s；相对而言，网格大小对风环境造成的影响则较小，风速改变量为 0.16 m/s。在双变量因子共同作用的情况下，平均风速值与道路宽度的平均值类似，说明两因素共同作用的情况下道路宽度起主要作用。

如图 3－56 所示，在横风街道，小型路网尺度形成的风影区明显大于大尺度路网，道路中段和十字路口附近存在明显风速差，行人行走时，可以明显感受到风环境随着路网形态发生的改变；随着路网尺度变大，道路畅通性增强，十字路口处气流的分流作用加强，横风街道风速变大，路网尺度每加大一级，风速平均增加 0.3 m/s。纵风街道的影响关系与横风街道类似，但风速递增幅度小于横风街道（其中各编号的街道位置如图 3－57 所示）。通过综合对比路网尺度对于街道风环境平均风速、街道风速及周边环境的风速可以得到，路网尺度对场地风环境有较大影响，尺度的大小与场地街道平均风速呈线性关系，研究范围内风速变化值可达 0.7 m/s。路网尺度较大，即网格较大且道路较宽时，平均风速较高，场地横纵风街道风速分布相对均匀，但十字路口处由于建筑几何布局的改变易出现高速角旋涡，局部风环境较差；路网尺度较小时，平均风速较低，横纵风街道气流平稳，旋涡较少，横风街道风影区面积较大，风速呈点线式分布，整体风速较低。

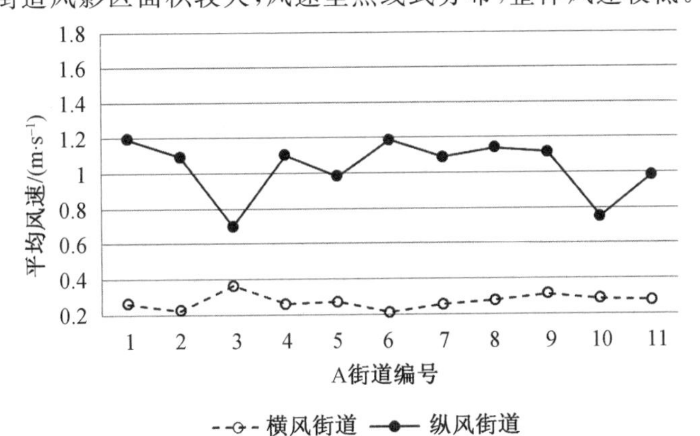

图 3－56　不同路网尺度各街道风速

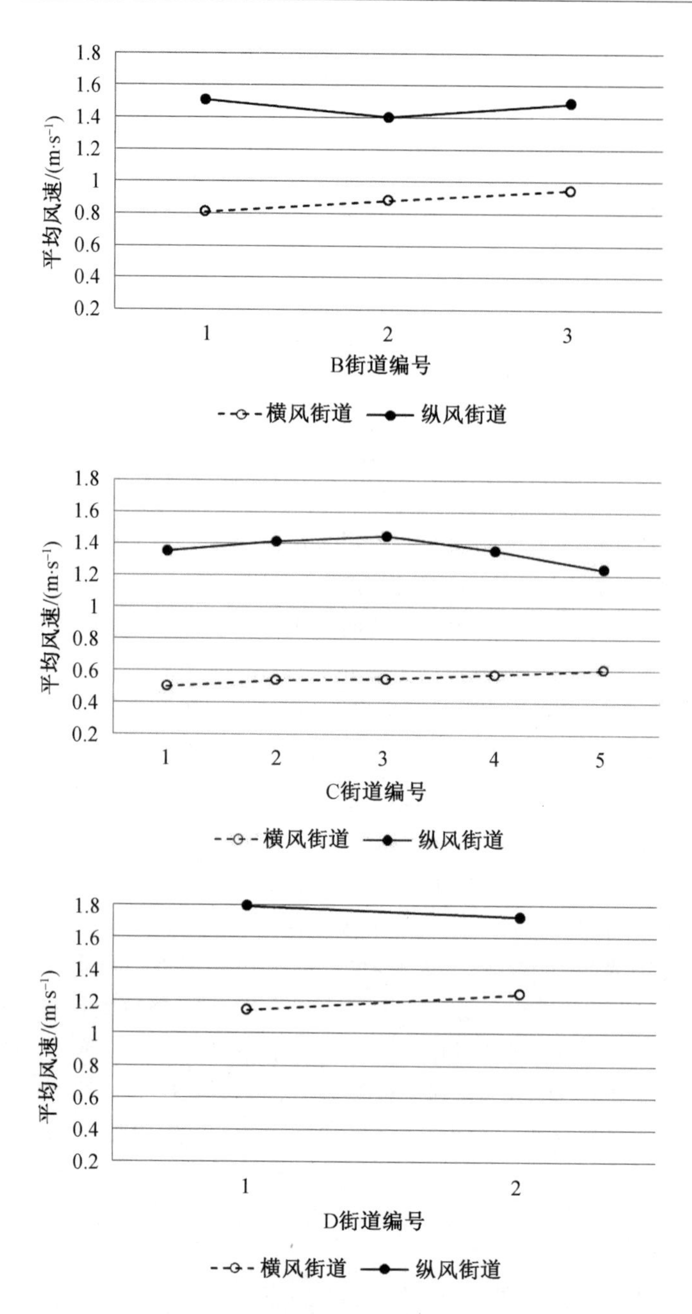

续图 3－56

综合来看,大网格、宽道路下的城市街道风速较高,既有边界条件下 400 m 和 500 m 网格尺度下街道风速可达 1.5 m/s 以上,造成较不利的严寒地区冬季道路微气候。因此对于城市中心宜选择小网格、窄道路进行路网设计,主要居住区和商业区建议选择 300 m 以下网格尺度,道路以城市支路和次干路为主。在路网尺度的两个影响因子(道路宽度、网格尺度)中,道路宽度对区域风环境的影响更大,因此进行道路设计时应优先满足城市道路宽度需求。

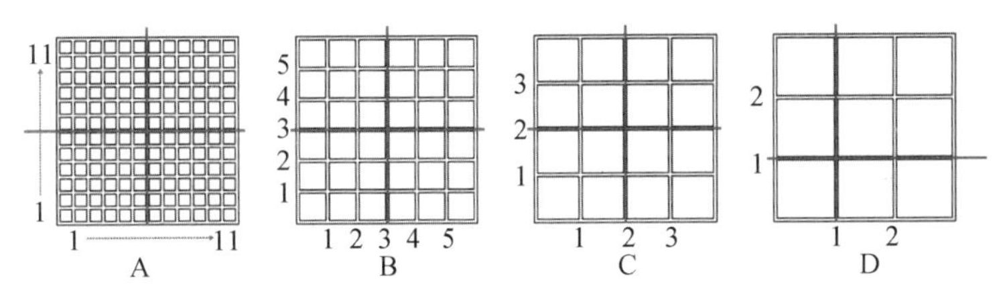

图 3－57　街道编号示意图

3.5　网格单元形态对城市风环境的影响

3.5.1　网格单元形态对风环境的影响

方格和放射式路网的单元布局为矩形，但矩形布局之间又呈现出较大的区别，如哈尔滨人和街、革新街片区内部均为矩形网格，但矩形长宽比在 1∶1 到 1∶4 之间大幅变化，本节即研究不同长宽比的矩形网格形态对街道风环境的影响。

根据分析可知，网格长宽比大于 2.5 的在研究区域只占 20％，且包括铁路、内河周边的自由式路网，因此本节只研究单元网格长宽比小于 2.5 的情况。为了在相同的计算区域内出现完整网格，选择长宽比为 1 和 2 的布局进行模拟，为了考虑长短边迎风的不同情况，因此对于长宽比为 2 的网格，根据方向进一步划分为 2 和 0.5。因此最终分别选择长宽比为 2、1、0.5 三种不同形状的矩形组成的路网模式。研究因子设定见表 3－19 及表3－20。

表 3－19　研究定量因子

单元网格长宽比	道路宽度 /m	模拟区域 /(m×m)	风向	风速 /(m·s^{-1})	建筑退线 /m
2/1/0.5	20	1 400×1 400	S	2.9	6

表 3－20　研究变量因子

单元网格长宽比	道路总长度 /m	交通面积 /m^2	网格数目
2	26 182	538 252	98
1	24 804	506 484	100
0.5	26 182	538 252	98

图 3－58 中显示的是矩形网格不同长宽比风环境的风速云图(其中各编号的街道位置如图 3－59 所示)，图 3－60 和 3－61 分别表示场地街道平均风速和场地周边 100 m 内风环境情况。可以发现，与扇形网格相同的是两者均在长宽比为 2 时达到风速最低值，得出迎风面密度越大，场地气流入口数量越少，场地街道平均风速越小的结论。方形网格在长宽比为 1 时达到最大，可见当入口数量过多时，单条纵风街道气流量减少，造成整体风速下降。比较三者周边区域风速，由于街区对气流的阻挡，迎背风区域会形成涡流，导致整体趋势为东西侧风速大于南北侧风速，南侧迎风区域风速稍大于北侧背风区域风速。

三者的周边区域风速差为 2 ＞ 0.5 ＞ 1，与场地整体风速大小关系正相反。可以得出结论：流入场地的气流越多，场地内部风速越大，迎背风区域风速越大，场地两侧分流量越少，东西两侧的风速就越低，导致周边区域风速差变小。

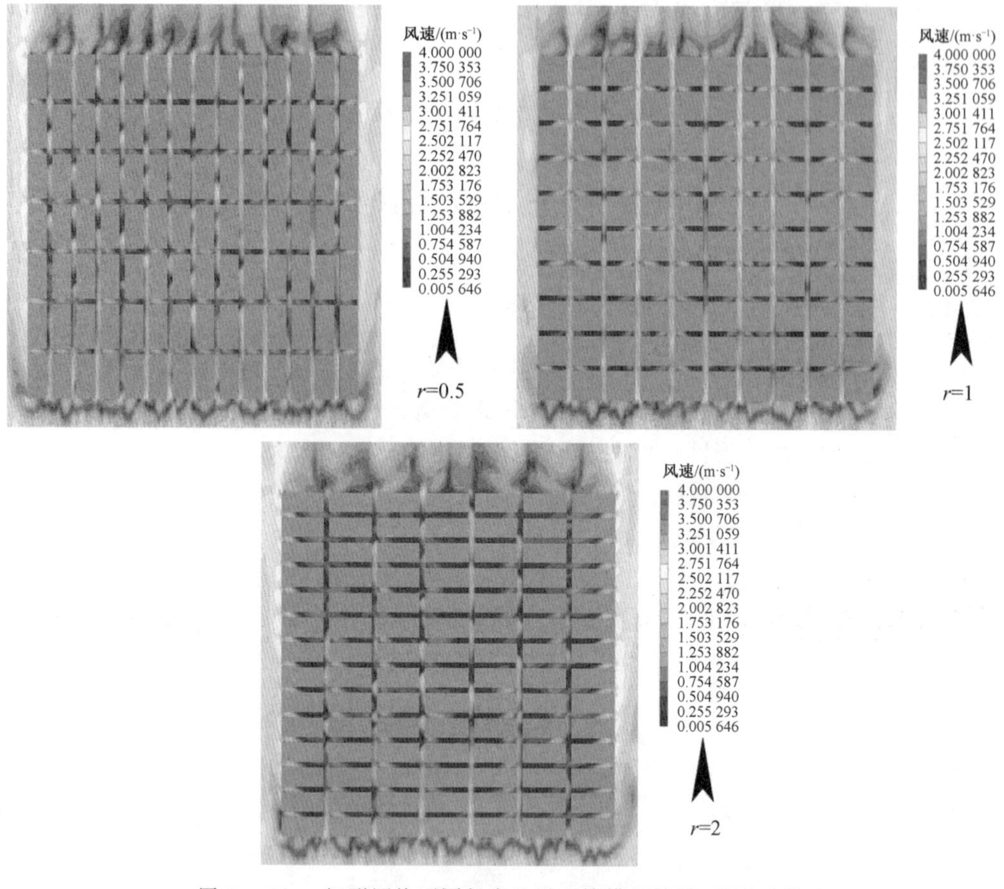

图 3－58　矩形网格不同长宽比风环境模拟结果(彩图见附录)

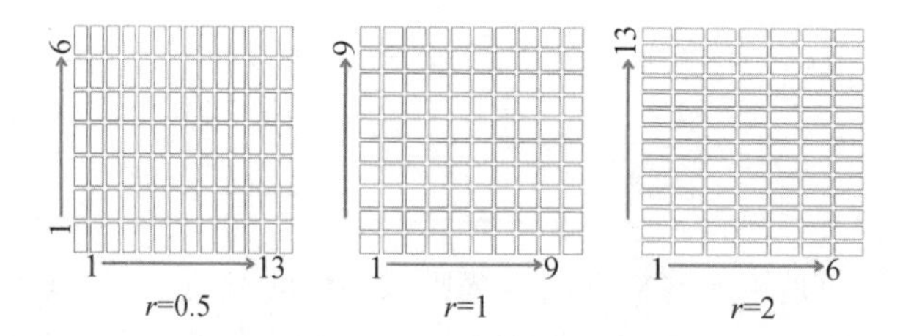

图 3－59　方格路网不同单元网格长宽比(r)模拟平面

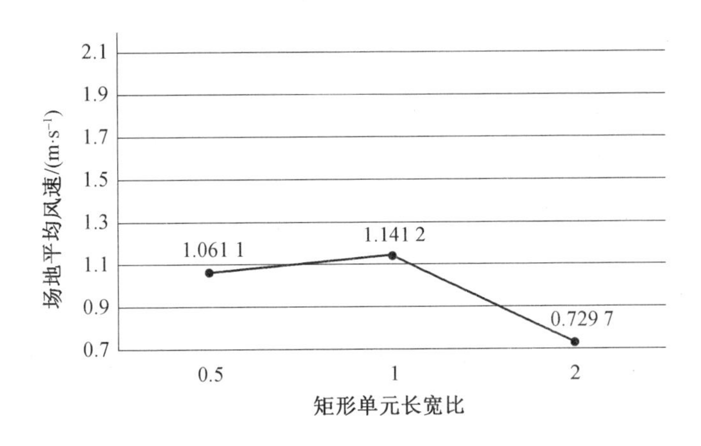

图 3－60　不同网格长宽比街道平均风速

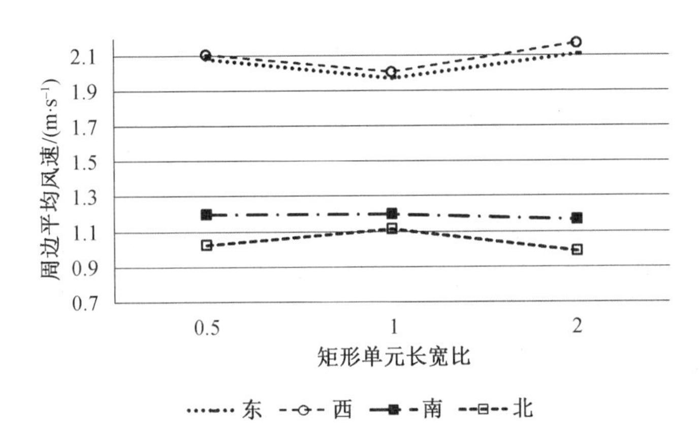

图 3－61　不同网格长宽比场地周边平均风速

图 3－62 和图 3－63 表示场地内部横纵风街道的平均风速，可以发现整体上纵风街道风速大于横风街道风速，各街道间风速波动也更大。三者中纵风街道大小关系为 1 > 0.5 > 2，与场地整体平均风速相同，说明纵风街道主要决定了场地整体风速。横风街道整体风速普遍小于 1 m/s，其中长宽比为 2 时风速较小，另两者风速值基本相同。但值得注意的是，长宽比为 0.5 时，横风街道表现为迎风区域风速大于背风区域，而长宽比为 2 时变化趋势正相反。当长宽比为 1 时，气流进入街道后由于受到挤压风压变大，风速得到加强，但 0.5 长宽比时，气流进入后由于横风街道分流反而被削弱，此时场地内部纵风街道数目为 13 条，密度较大。

综合比较长宽比不同的三个模拟对象，由于纵风街道决定了整体风速，当长宽比为 1 时，纵风街道风速最大，因此整体风速最大，同时导致横纵风街道风速差较大，且纵风街道本身各街道间风速值波动较大，容易出现局部高风速区域，风舒适度较差，对冬季行人出行较不利。相对而言当长宽比为 2 时迎风面积最大，对来流风的阻碍也最大，导致场地内部各街道风速值都较低。

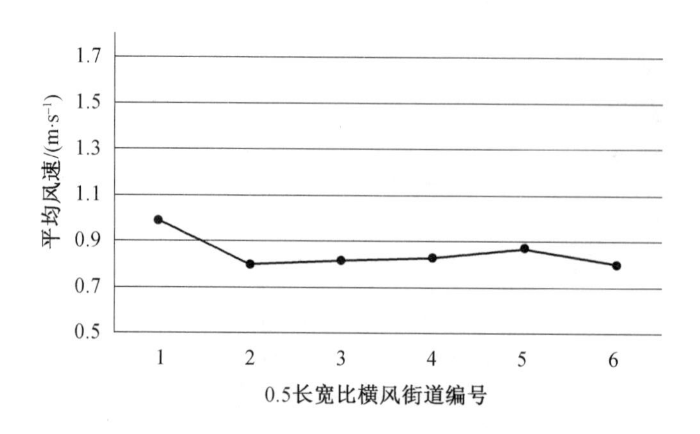

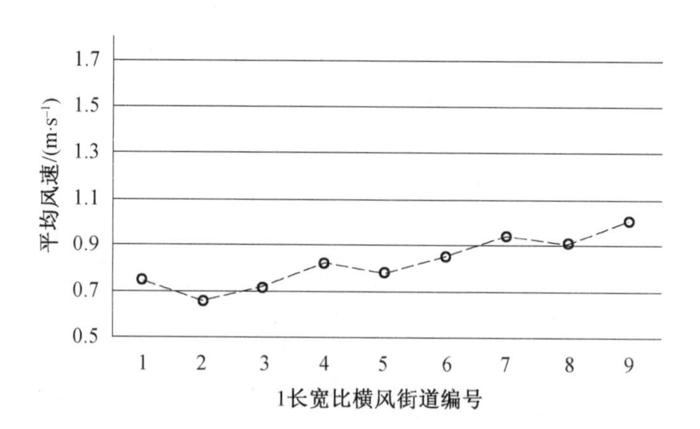

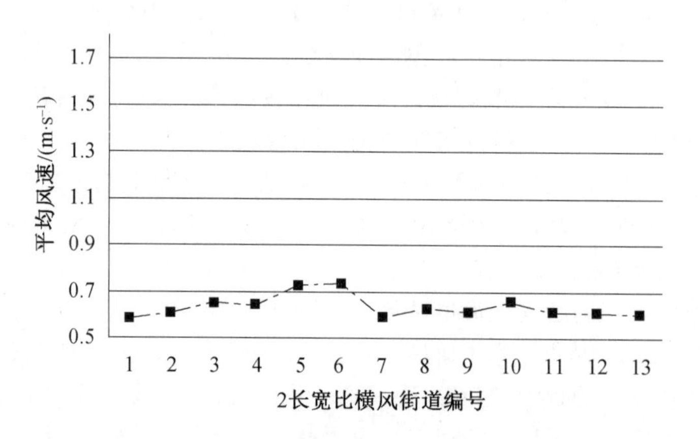

图 3－62　不同网格长宽比各横风街道风速

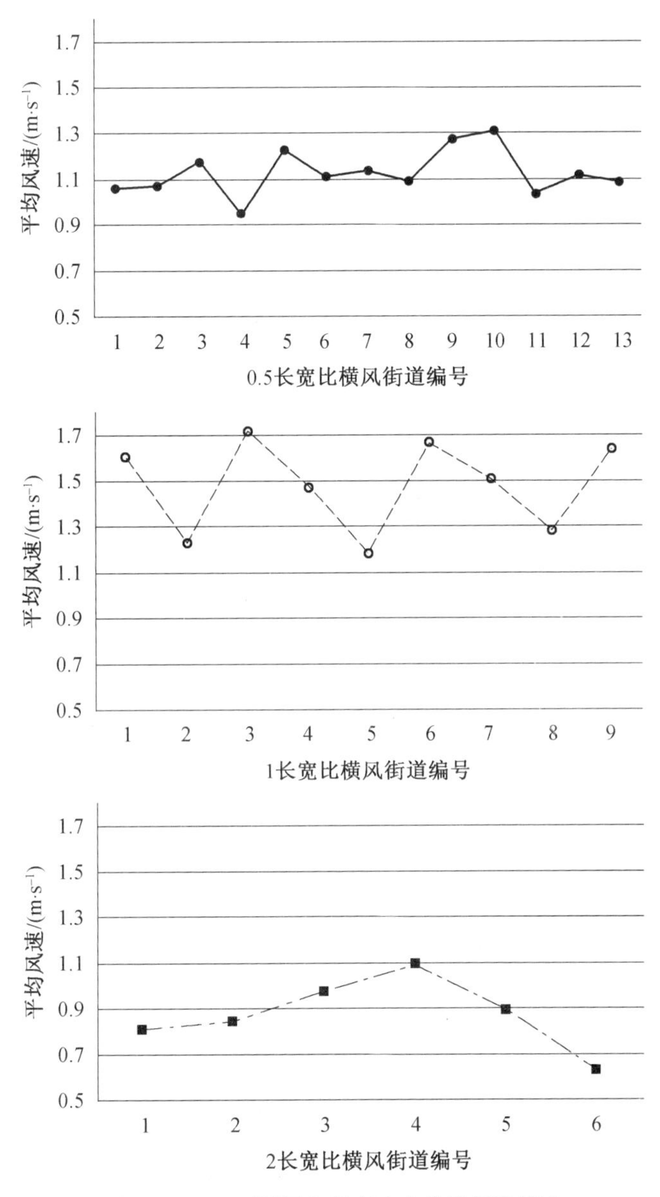

图 3－63　不同网格长宽比各纵风街道风速

3.5.2　应对严寒气候的城市网格单元形态设计策略

对矩形网格进行不同长宽比的模拟，得到在长宽比较大即迎风面积较大、来流风入口较少的情况下达到风速最低值的结论，因此总体规划建议为尽量选择迎风面长度大于纵风面长度的网格形状，以降低街道冬季风速。针对方格网式路网，居住区尽可能不要将网格单元设计为正方形，以避免纵风街道风速过高。但需要注意的是非正方形单元组成的路网对于入流风的阻碍过大，会导致场地东西侧分流过多，尤其在靠近背风区域的角部风速可达到 3 m/s 以上，因此在此位置不宜开设街区主要路口，公共交通站点也尽量避免该区域。同时由于场地内风速较小，应注意与高等级道路结合布置，以便场地内部污染物扩散。

3.6 本章小结

本章分别对路网发展及现状、路网结构以及单元网格形态等进行了调研，通过对哈尔滨市路网进行的大量调研统计，总结出路网中可能改变风环境的影响因子，并提取出影响因子的取值范围，建立出路网模型。并对具有不同布局和尺度的路网模型进行数值模拟，得到不同因子对街道风环境产生的影响作用。研究发现，路网形态因子与尺度因子对街道风环境均存在显著影响，但尺度因子对风环境的改变作用更明显、更直接。在布局因子中路网结构对风环境影响更大，而在尺度因子中道路宽度的影响更大。路网结构影响下的风速大小关系为：方格－放射 ＞ 方格网，与场地主要通风廊道成正相关，而与场地风速分布均质度成负相关。由于方格－放射式路网风速高于方格网式路网，放射线内部风速可达 2 m/s 以上，因此城市规划中应以方格网式路网为主，提高放射道路等级和作用面积，以少量低密形式成为城市的通风廊道，起到扩散污染物的作用。路网角度的改变对于风速影响很小，尤其对于方格－放射式路网影响最小，风速变化量不超过 0.05 m/s。对于方格网式路网和方格－放射式路网，宜采用 30° 角。网格尺度与场地内部街道平均风速、纵风街道风速和横纵风街道风速差成正相关，与横风街道风速成负相关，因此居住区和商业区网格尺度宜小于 300 m，避免街道风速过大。当大网格位于外围或迎风位置，小网格位于中部或背风位置时，会沿大网格形成高速风道，有助于城市污染物扩散。

第4章　城市不透水面形态与微气候调节

在快速城镇化进程中，大量自然状态的下垫面被改造成人工建成环境，不透水面占比逐年增加，改变了原有的生态环境。城市不透水面影响和改变了局地微气候，合理设置不透水面对于改善城市微气候具有重要的作用。

本章首先确定了研究区域与地表反演，分析了哈尔滨近十年不透水面随时间和空间的变化规律，继而从城市不透水面形态的四项要素(面积大小、形状复杂度、斑块破碎度和空间聚集度)出发，探求不透水面与地表温度的关联性，解析不透水面的热环境效应，从而揭示城市不透水面与城市微气候之间的关联度和相互影响的变化规律。

4.1　研究区域选取与地表温度反演

依据哈尔滨城市卫星图像，下载预处理数据集，进行了地表温度反演与校准，以作为研究的基础数据；对土地信息整理、分类，归纳覆被信息，建立研究的数据范围模型。

4.1.1　数据处理

1. 数据来源

本章研究使用的是 Landsat 4－5 TM 和 Landsat 8 OLI /TIRS 卫星图像，选择了2007 年、2011 年和 2017 年冬夏季的预处理数据集(美国地质勘探局 http://earthexplorer. usgs. gov/ 下载获取)，轨道号为 118/028，研究区域无风且少云，除 2011 年夏季影像质量较差，其他各年份数据云量均控制在 15% 以下，研究区域影像质量较好，满足研究需要，数据及影像特征见表 4－1。

表 4－1　研究采用的遥感数据及影像特征

(a)2007、2011、2017 年研究区地面数据

年份	数据标示	获取日期和时间(GMT)	季节
2007	LT51180282007177IKR00	2007 年 6 月 26 日;02:14:52.85	夏
	LT51170282007058BJC00	2007 年 2 月 27 日;02:09:50.39	冬
2011	LT51180282011220IKR00	2011 年 8 月 8 日;02:09:56.13	夏
	LT51180282011044IKR01	2011 年 2 月 13 日;02:10:59.57	冬
2017	LC81160502014038LGN00	2017 年 7 月 7 日;02:20:49.30	夏
	LC81180282017044LGN00	2017 年 2 月 13 日;02:21:12.05	冬

续表4—1

(b)Landsat8 OLI /TIRS 影像特征			
名称	波段	波长 /μm	空间分辨率 /m
气溶胶	1	0.43 ~ 0.45	30
蓝	2	0.45 ~ 0.51	30
绿	3	0.53 ~ 0.59	30
红	4	0.64 ~ 0.67	30
近红外(NIR)	5	0.85 ~ 0.88	30
短波红外(SWIR)1	6	1.57 ~ 1.65	30
短波红外(SWIR)2	7	2.11 ~ 2.29	30
全色	8	0.50 ~ 0.68	15
Cirrus	9	1.36 ~ 1.38	30
TIRS 热红外传感器 1	10	10.60 ~ 11.19	100* (30)
TIRS 热红外传感器 2	11	11.5 ~ 12.51	100* (30)

注 *：TIRS 波段获取的原始空间分辨率为 100 m，但在最终获得的数据产品中被重新采样为 30 m 的分辨率。数据来源：http://landsat.usgs.gov。

2. 数据预处理

采用数据为预处理 L1T 数据，通过系统辐射校正和地面控制点的几何校正，并经过高程图 DEM 进行了地形校正，其校正精度取决于地面控制点与 DEM(Landsat7Handbook) 的精度。因为数据来源于不同型号的卫星，为了便于比较影像数据，消除由于卫星设备造成的数据差异，需要使用 Archgis 10.2 进行地理配准。以 2017 年的遥感影像为基准，选取道路交叉点、建筑边界、河流弯曲分叉处等特征明显点为控制点，全图共均匀选取 30 个控制点，对其余 5 期影像进行几何配准。坐标转换采用二阶多项式拟合，配准后，影像均采用 UTM－WGS84 投影坐标系，灰度重采样用三次立方卷积，空间分辨率为 30 m。

根据百度地图，描绘哈尔滨四条环路，绘制矢量文件，将火星坐标系转换为 UTM－WGS84 投影坐标系，并与 2017 年卫星影像进行几何配准。为了减少系统运算量，对各期影像进行裁剪，获得 2007 年、2011 年、2017 年哈尔滨四环以内的研究区域影像。

首先，进行辐射定标，将卫星无量纲 DN 数值转换为辐射亮度值 L_λ，即

$$L_\lambda = \text{Gain} \times \text{DN} + \text{Offset} \qquad (4-1)$$

式中 Gain—— 该波段增益值($W \cdot m^{-2} \cdot \mu m^{-1} \cdot sr^{-1}$)；

Offset—— 该波段偏移值($W \cdot m^{-2} \cdot \mu m^{-1} \cdot sr^{-1}$)；

L_λ—— 辐射亮度($W \cdot m^{-2} \cdot \mu m^{-1} \cdot sr^{-1}$)；

DN—— 该点处像元灰度值。

然后，通过 ENVI 5.3 的 FLAASH 模块采用的 MODTRAN5 辐射传输模型进行大气校正，将辐射亮度 L_λ 转化为地表反射率。其目的是消除大气层中水蒸气、氧气、二氧化碳、甲烷、臭氧和光照等因素对地物反射的影响，减少对遥感传感器成像的干扰；经校正后的波谱

曲线更接近真实地物的波谱分布情况，以保证温度反演的准确性。其中，对于热红外波段仅需进行辐射定标即可，因为后续计算公式考虑并剔除了大气因素对红外波段的影响。

4.1.2　地表温度反演

反演方法主要有：大气校正法、单窗算法和分裂窗法。针对不同卫星来源数据采用不同的算法，对于 Landsat 系列数据主要采用前两种方法。由于实际研究中难以获得实时大气剖面数据，单窗算法推导方程综合考虑了大气的影响，具有算法简单、适用性强的特点，同时，该算法精度高，在估计参数中等误差情况下，反演误差在 1.5 ℃ 内，可满足大多应用的要求，因此，单窗算法是本研究最合适的温度反演方法，其表达式为

$$T_S = [a \times (1 - C - D) + (b \times (1 - C - D) + C + D) \times T_6 - D \times T_a] \div C \tag{4-2}$$

式中　T_S—— 地表温度(K)；

a、b—— 经验系数($a = -67.355\ 35$，$b = 0.458\ 608$)；

C、D—— 中间变量，$C = \varepsilon\tau$，$D = (1 - \varepsilon)[1 + (1 - \varepsilon)\tau]$，$\varepsilon$ 为地表比辐射率，τ 为大气透射率；

T_6—— 卫星高度传感器探测的亮度温度(K)；

T_a—— 大气平均作用温度(K)，针对哈尔滨所处地理位置，采用中纬度冬夏季平均大气关系式进行计算。

其中，由于归一化植被指数(NDVI) 与地表比辐射率存在相关性，可根据 Sobrino 的 NDVI 阈值法求取不同地表覆被类型的比辐射率值 ε，即

$$\varepsilon = 0.004P_V + 0.986 \tag{4-3}$$

式中　P_V—— 植被覆盖度。

$$P_V = \begin{cases} 0, & \text{NDVI} < 0.05 \\ \dfrac{\text{NDVI} - \text{NDVI}_{\text{Soil}}}{\text{NDVI}_{\text{Veg}} - \text{NDVI}_{\text{Soil}}}, & 0.5 \leqslant \text{NDVI} \leqslant 0.7 \\ 1, & \text{NDVI} > 0.7 \end{cases} \tag{4-4}$$

按照经验值，当 NDVI＜0 时，地表为水体覆被；当 0≤NDVI≤0.7 时，地面较少或无植被覆盖，地表为城市建设用地；NDVI ＞ 0.7 时，地表则为纯植被像元。因此，可根据土地覆被情况，进一步精确地表比辐射率值的计算，计算公式为

$$\varepsilon = \begin{cases} 0.995, & \text{NDVI} < 0.05 \\ 0.958\ 9 + 0.086P_V - 0.067\ 1P_V^2, & 0.5 \leqslant \text{NDVI} \leqslant 0.7 \\ 0.962\ 5 + 0.061\ 4P_V - 0.046\ 1P_V^2, & \text{NDVI} > 0.7 \end{cases} \tag{4-5}$$

式中　$\text{NDVI}_{\text{Soil}}$—— 裸土覆盖或无植被覆盖区域的像元的 NDVI 值；

NDVI_{Veg}—— 完全被植被所覆盖区域的像元的 NDVI 值；

NDVI—— 该点处归一化植被指数值。

通常取裸土归一化植被指数($\text{NDVI}_{\text{Soil}}$) 为 0.05，植被归一化植被指数($\text{NDVI}_{\text{Veg}}$) 为 0.7。大气透射率根据大气水汽含量计算而来，可通过 NASA 网站查询(http://atmcorr.gsfc.nasa.gov，见表 4－2)。

表 4－2　单窗算法反演地表温度所需参数

年份	季节	大气向上辐射亮度 $L\uparrow$	大气向下辐射亮度 $L\downarrow$	大气透射率 τ
2007	夏	1.96	3.19	0.74
	冬	0.14	0.25	0.97
2011	夏	4.14	6.24	0.45
	冬	0.12	0.21	0.97
2017	夏	2.42	3.91	0.72
	冬	0.05	0.10	0.98

注：数据来源为 http://atmcorr.gsfc.nasa.gov。

由于实验条件所限，无法取得同步测量结果以验证反演结果，但已有大量研究证实并广泛采用此方法进行科学研究。以 2017 年 7 月 7 日数据为例，中国气象数据网(http://data.cma.cn/)显示哈尔滨气象站全天最低气温为 23.40 ℃，最高气温为 33.00 ℃，接近卫星过境时间温度为 32.00 ℃，经统计 80% 研究区域的温度集中在 26.80 ～ 36.90 ℃ 之间，整体平均温度为 32.45 ℃，大小基本与气象站温度相同。且研究区反演温度为城市中心地表温度，气象站测量温度为郊区空气温度，因此地表平均反演温度略大，反演结果具有一定的参考价值。

4.1.3　土地信息提取

通过分析已有研究发现，基于阈值法的光谱指数提取不透水面是便捷、高效的土地分类方法。因此，参考我国土地利用分类体系及本章研究需求，本章基于光谱指数建立分类规则，采用决策树的方法将研究区域的遥感影像分为五个地表覆被类别，即不透水面(人造建筑物和构筑物覆盖的城市用地，如公建用地、居住区、交通用地及工矿用地等)、绿地(由草、灌、乔等植被覆盖的各类土地)、水体(天然河流及城市内河，其中冬季结冰期河道归为水体类)、冰雪覆被(非常年积雪土地，本章仅指获取数据源时刻的冬季冰雪覆被土地)和未利用地(低植被覆被的裸地等)。

1. 光谱指数选取

相关研究表明，MNDWI 为修正归一化水体指数，可以有效反映水体、土壤及植物中的水分特征及水体中悬浮沉积物的分布、水质的变化，可有效解决水体提取中的阴影问题，适用于城镇范围内的水体提取：

$$MNDWI=\frac{\rho_{Green}-\rho_{SWIR1}}{\rho_{Green}+\rho_{SWIR1}} \tag{4-6}$$

式中　ρ_{Green}——Landsat8 影像的绿光波段的地表反射率；

ρ_{SWIR1}——Landsat OLI/TIRS 影像的中红外波段的地表反射率值。

NDVI 为归一化植被指数，对土地变化十分敏感，特别是在反映植被空间分布方面，对于植物冠层背景影响，如枝叶的枯萎程度、植被含水量的变化都能得到反馈，故引入 NDVI 对土地覆被与城市热环境进行定量分析：

$$\mathrm{NDVI}=\frac{\rho_{\mathrm{NIR}}-\rho_{\mathrm{Red}}}{\rho_{\mathrm{NIR}}+\rho_{\mathrm{Red}}} \tag{4-7}$$

式中　ρ_{Red}——Landsat8 影像的红光波段的地表反射率；

ρ_{NIR}——Landsat OLI/TIRS 影像的近红外波段的地表反射率值。

NDISI 为归一化不透水面指数，由于以水泥、砂土等建筑材料为主的不透水面的热辐射能力很高，但植被等生物量在热红外波段的反射率很低，采用该指数可以有效提取城市不透水面，降低裸土对不透水面信息的干扰：

$$\mathrm{NDISI}=\frac{\rho_{\mathrm{TIR}}-[(\mathrm{MNDWI}+\rho_{\mathrm{NIR}}+\rho_{\mathrm{SWIR1}})/3]}{\rho_{\mathrm{TIR}}+[(\mathrm{MNDWI}+\rho_{\mathrm{NIR}}+\rho_{\mathrm{SWIR1}})/3]} \tag{4-8}$$

式中　ρ_{TIR}、ρ_{NIR}、ρ_{MIR1}——分别为 Landsat OLI/TIRS 影像的热红外波段、近红外波段和短波红外 1 的地表反射率。

2. 土地覆被分类

首先，本节采用改进归一化差异水体指数(MNDWI) 从影像中提取水体(表 4－3 和式(4－6))，MNDWI 可有效剔除建筑噪声，比 NDWI(归一化水体指数) 更适于城市水体信息的提取。冬季水体多为冰雪覆盖，但计算公式中第六波段无法区分水体和冰雪。通过对哈尔滨城市规划资料查阅发现，城市中无大型水利调整规划，仅有部分城市内河治理工程；且因城市特殊的气候原因，哈尔滨冬季为非施工期。因此，本研究在提取水体时，以夏季水体信息为标准，冬夏季水体分类信息相同。结合原始遥感影像和谷歌地球(Google Erath) 高分辨率图像进行全面视觉评估，经多次手动分类尝试，将水体阈值确定为 0，大于 0 即为水体，从而将水体与非水区域分开。查阅文献发现，Landsat OLI/TIRS 影像的第二波段和第六波段也可用于识别冰雪覆被，通常取阈值 0.4 用来区分冰雪和地表反射率较高的土壤和岩石。将夏季提取水体掩膜遥感影像的剩余研究区域中 MNDWI 指数大于阈值的区域作为冬季遥感影像中的冰雪覆被区域，并将其提取出来。

其次，采用归一化植被指数(NDVI) 提取绿色空间影像，见表4－3 和式(4－7)。哈尔滨一、二环内绿化主要以城市公园为主，二环至三、四环之间为农田绿地区，呈大片集中分布。NDVI 数值在 －1 ～ 1 之间，根据 NDVI 指数分布情况，因历年影像获取时间存在差异，植被丰度不同，通过多次实验，确定夏季研究区绿地提取阈值在 2007 年为 0.58，2011 年和 2017 年为 0.7，将健康且致密的绿色植被覆被空间确定为绿地。冬季阈值为 0.15，这与一般植被像元地表判别经验阈值不符，原因是冬季大部分地面被冰雪覆盖，严寒地区多数植被已枯萎，仅针叶林仍有其背景作用。因此，需要降低阈值，凸显植被覆被，以此来满足实际研究需求。

表 4－3　土地覆被分类标准

类别	描述	光谱指数	阈值法
水体	所有水体(如江河、城市内河等)	MNDWI(式(4－6))	MNDWI ≥ 0
绿地	夏季有健康植被覆盖的区域(如森林、草地和农田等)	NDVI(式(4－7))	NDVI ≥ 0.70(除 2007 年外，NDVI ≥ 0.58)

续表4—3

类别	描述	光谱指数	阈值法
不透水面	人造建筑物、构筑物，交通用地和其他不透水表面（如停车场、机场和硬质铺地广场等）	NDISI（式（4－8））	NDISI ≥ 0.15
冰雪	冬季冰雪覆被土地	MNDWI（式（4－6））	MNDWI ≥ 0.4（掩膜夏季水体区域后）
未利用地	包括未归类为绿地、不透水面和水体的所有土地	NDISI（式（4－8））	NDISI ＜ 0.15（不包括水体和植被）

第三，基于可见光和红外光波段特性，采用归一化不透水面指数（NDISI）从图像中提取不透水面（表 4－3 和式（4－8））。与基于可见光和近红外波段建立的建筑指数（VrNIR－BI）、基于中红外和近红外波段建立的城市指数（UI）、归一化差异积分指数（NDBI）等建成区覆被类型提取指数相比，NDISI的构建结构可以更准确地将不透水表面与植被、水体等分开，尤其是旱地（干旱农田和干草地）和裸土等，增强了不透水面信息。当水体地表反射率小于不透水面时，引入归一化水体指数代替可见光波段，可扩大水体与不透水面反差，抑制背景地物的信息，因此 NDISI 优于其余指标。

将前面步骤获得的水体和不透水面进行掩膜，计算剩余区域的 NDISI 值，水体、植被覆盖区的 NDISI 值较小，基本为零或负值，三、四环郊区在 0.15 左右，中心城区一、二环道路以内区域可高达 0.4 左右，符合一般规律。根据 NDISI 指数分布图，在测试不同阈值后，手动校准设定 0.15 的阈值以提取不透水面。首先分析冬季地表数据，将冬季数据与夏季数据逐像元遍历比较分析，如果该像元在冬季的分类数据中为不透水面，则将夏季该像元赋值为不透水面，取冬夏两季地表分类数据的并集作为夏季不透水面分类结果，NDISI 值低于阈值的其余像元被归类为未利用用地。最后，将提取的五类土地覆被（水、冰雪、不透水面、绿地和未利用用地）组合起来，形成每个研究区域的土地覆被图，如图 4－1 和图 4－2 所示。

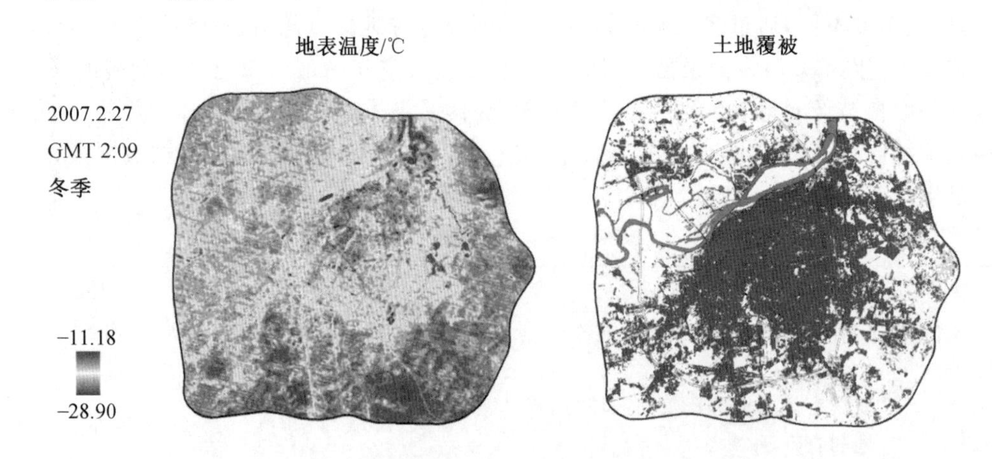

图 4－1　冬季地表温度和土地覆被分类图（彩图见附录）

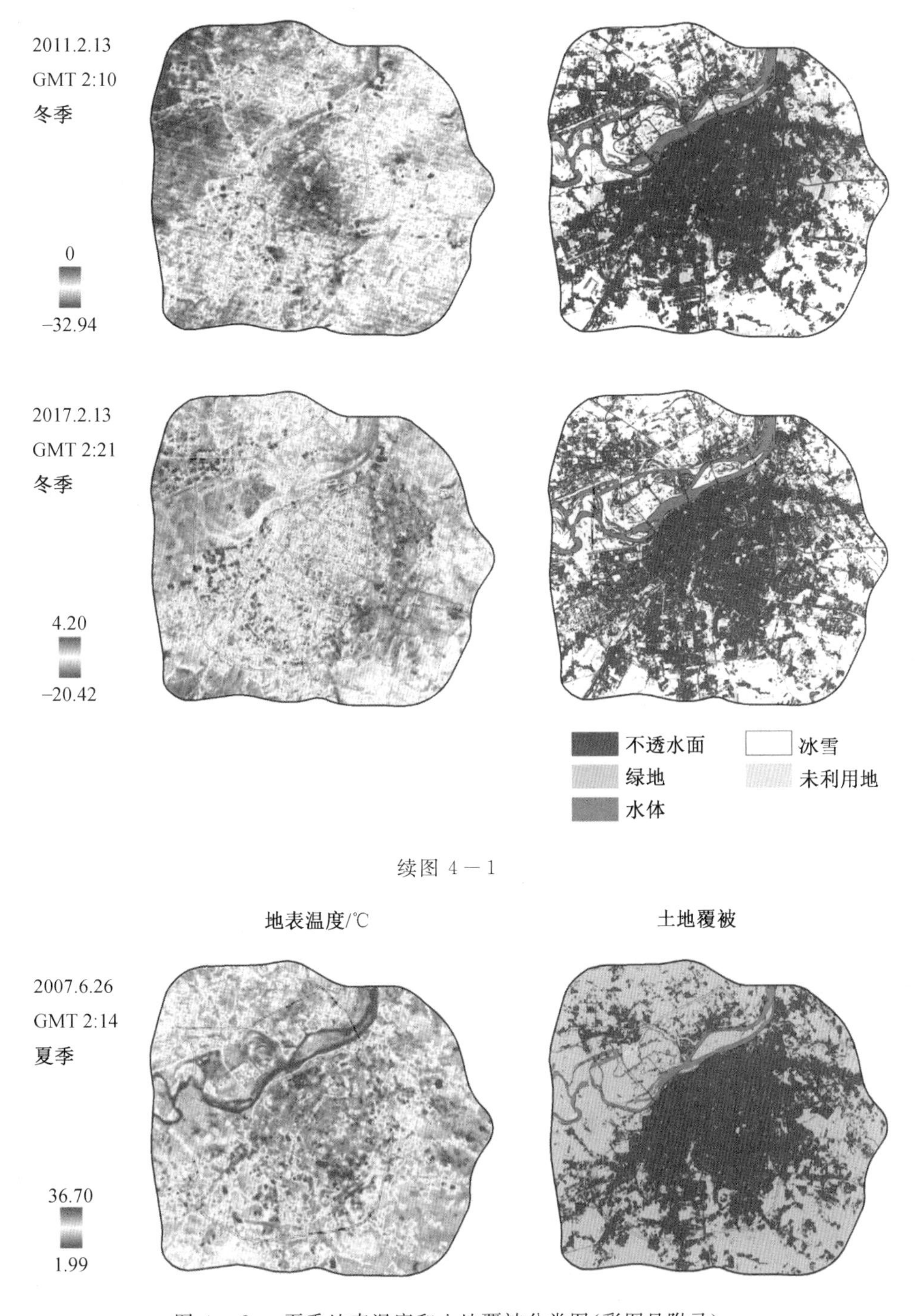

续图 4－1

图 4－2　夏季地表温度和土地覆被分类图(彩图见附录)

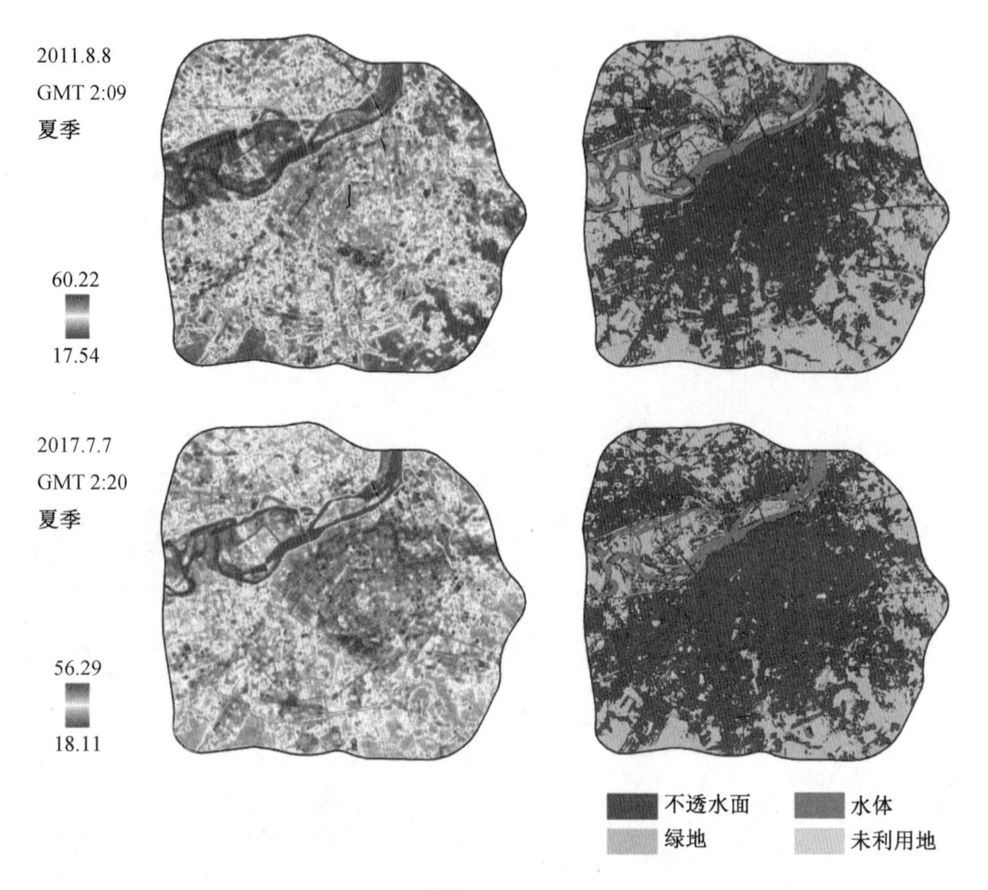

续图 4－2

3. 分类后处理及检验

由于采用决策树分类，不可避免地会产生脉冲噪声，对后续分析产生影响，因此，在实际研究中必须将其剔除或重新分类。目前常用的方法有 Majority/Minority 分析、聚类处理(Clump) 和过滤处理(Sieve) 等方法。本研究采用主成分分析法，即采用 3 × 3 的基准单元(变换核) 检查分类结果，以变换核中像素最多、占据主要地位的像元类别代替其他像元类别，以此获得一个平滑的土地覆被分类图。

在研究区随机选取 200 个样本点，逐个进行目视判读，比较样本点的土地覆被分类与哈尔滨市近期建设规划图(2011—2015 年)、谷歌地图用地属性的一致性，确定每个样本点的真实地类，从而确定土地覆被分类的准确性。经检验 2007 年、2011 年、2017 年各年分类结果总体精度均大于 85%，满足分类精度要求，分类结果可信。

4.2 不透水面分布的时空格局演变

城市化进程引发土地覆被类型转变，不透水面面积的扩张改变了城市热环境，加剧了城市热岛效应。因此，本节对哈尔滨市四环范围内遥感影像进行地物分类，分析哈尔滨市十年来土地覆被类型的空间变化。

研究表明，地表温度分布与土地覆被间有明显的关系，土地覆被类型及分布是形成城市热岛空间格局的重要因素。在城市建成区内，土地覆被类型主要是绿地、水体与不透水面，这三种生态要素与气象因子、人为热作用等共同影响着城市热环境。本章从城市尺度出发，重在从宏观角度讨论城市肌理元素对其地表热环境的影响，即不透水面与透水面的分布规律及其与地表温度的关系。

4.2.1　不透水面空间分布变化

本节对 2007 年、2011 年、2017 年遥感影像进行辐射定标、大气校正及几何校正，因夏季植被茂密，更有利于地物分类，故采用决策树分类法按不透水面、透水面（绿地、水体）及未利用地进行分类，获取三年的遥感影像的土地覆被分类图。分别提取各类土地覆被类型边界并进行面积统计，按照城市环路结构定量分析研究区内不透水面与透水面的空间分布，结果见表 4－4～4－6。其中特别要说明的是，由于哈尔滨城市的建设规划，三环路目前正在修建之中，东北段尚未形成闭合环路，为了便于统计及研究比较，参考现有道路及相关道路规划，通过东北部滨北线松花江公路铁桥将中源大道与化工路相连，构成完整分析区域。

从表 4－4 可看出，城市下垫面土地覆被类型以不透水面为主，不透水面的面积随着环路外推而上升，但因各环路面积大小不同，为了便于数据统计比较，从各环路占比来看，其中，一、二环不透水面比重较大，高达 90% 左右，三、四环不透水面面积仅占一、二环路的一半左右。2007 年至 2017 年一环路不透水面占比减少了 4%，二环基本无变化，中心城区密度降低；而三、四环面积持续增加，从 2007 年至 2011 年分别增加了 11%、9%，到 2017 年分别增加了 7%、13%，三环增长略有回落，四环建设幅度进一步加强。

表 4－4　各年份不透水面面积及环路占比统计

年份	一环		二环		三环		四环	
	面积 /hm^2	环路占比	面积 /hm^2	环路占比	面积 /hm^2	环路占比	面积 /hm^2	环路占比
2007	1 007.19	0.96	4 467.06	0.94	9 257.22	0.45	8 422.2	0.25
2011	976.5	0.93	4 346.19	0.92	11 413.17	0.56	11 383.2	0.34
2017	964.26	0.92	4 420.98	0.94	12 946.95	0.63	15 576.57	0.47

从表 4－5 中看出，同一年度哈尔滨夏季绿地总体分布规律为绿地面积及其环路占比随环路外推而增大。从 2007 年至 2017 年，夏季绿地总面积在持续减小，但一环、二环绿地面积在 2011 年略有增加，其中一环涨幅为一倍，但到 2017 年极度锐减，一环绿地面积仅为 2007 年面积的 1/3；而二环绿地面积也由 222.66 hm^2 减至 74.43 hm^2；三、四环绿地面积逐年减少，随着群力新区与哈西新区的建设，绿地面积的减少幅度日益扩大。

表 4－5　各年份绿地面积及环路占比统计

年份	一环		二环		三环		四环	
	面积 /hm²	环路占比	面积 /hm²	环路占比	面积 /hm²	环路占比	面积 /hm²	环路占比
2007	28.35	0.03	222.66	0.05	9 485.91	0.47	23 266.35	0.70
2011	64.35	0.06	346.77	0.07	6 911.73	0.34	19 992.51	0.61
2017	12.78	0.01	74.43	0.02	3 612.06	0.18	12 900.60	0.39

从表 4－6 中看出，水体空间分布总体上呈现出外环水体面积及占比远大于内环的情况，其中，三环水体面积最大，这是因为哈市中心城区内松花江主要集中分布于三、四环，而一、二环内仅有马家沟等城市内河。随着时间推移，从 2007 年至 2011 年，一环、二环水体面积减少 1/3 左右，三、四环水体面积增加了一倍之多。近年来人们环保的意识有所提高，政府各项治水工程相继出台，到 2017 年，各环路水体面积均有增长，但三、四环较之前涨幅有所减小。

表 4－6　各年份水体面积及环路占比统计

年份	一环		二环		三环		四环	
	面积 /hm²	环路占比	面积 /hm²	环路占比	面积 /hm²	环路占比	面积 /hm²	环路占比
2007	12.3	0.012	26.46	0.006	948.06	0.047	777.69	0.013
2011	7.2	0.007	18.72	0.004	1 857.05	0.091	1 244.16	0.038
2017	33.66	0.032	121.77	0.026	2 535.39	0.124	2 001.69	0.061

4.2.2　不透水面时间分布变化

由表 4－7 可知，总体上来说哈尔滨市 2007 年至 2017 年不透水面面积呈上升态势，到 2011 年上涨了 8.38%，到 2017 年上涨了 13.11%；绿地面积由 2007 年占研究区的 55.76% 减小到 2011 年的 46.15%，到 2017 年则仅占 28.27%，呈逐年减少的趋势；水体比重连年上升，从 2007 年的 3.67% 到 2017 年达到 6.54%，这可能与近年来南岗区马家沟、香坊区曹家沟等城市内河水体整治工程有关，也不排除因影像资料获取困难，统计数据月份不完全一致，受河流汛期影响等原因；未利用地 2007 年至 2011 年变化不大，略有减少，2017 年占比为 2007 年的 3 倍左右，达 4.57%。

表 4－7　土地覆被面积分类统计表

年份	不透水面		绿地		水体		裸地	
	面积 /hm²	占比 /%	面积 /hm²	占比 /%	面积 /hm²	占比 /%	面积 /hm²	占比 /%
2007	23 153.58	39.12	33 003.27	55.76	2 169.81	3.67	856.53	1.45
2011	28 118.97	47.51	27 315.36	46.15	3 128.13	5.29	620.73	1.05
2017	35 877.24	60.62	16 733.43	28.27	3 873.69	6.54	2 704.23	4.57

如图4—3所示，逐一对比历年土地覆被图发现，2007年至2017年不透水面变为绿地面积为739.08 hm^2，其他土地类型分别转变为不透水面13 929.66 hm^2、216.54 hm^2、648.9 hm^2，总体绿地面积减少16 285.95 hm^2，不透水面增加12 748.23 hm^2。由于城市透水面转化为不透水面，土地覆被形式变化导致城市整体地表温度上升，热岛效应进一步加剧，弱冷岛向中强热岛转化，平均地表温度由18.77 ℃上升为35.24 ℃，不透水面、未利用地分别升温16.37 ℃、18.44 ℃。这是由于城市扩张时城市用地侵占了城市绿地，降低了绿地的蒸腾作用。建筑物与街道主要由砖石、沥青、混凝土等不透水材质构成，反射率、比热容低，蓄热性强，改变了下垫面的热力性质，积攒了大量的热量释放到大气中，且城市街谷风速小，热量不易散失；同时，随着哈西、群力新区的建设，人口数量上升，哈尔滨冬季供暖压力增大，化石燃料增加，人为排热增多，释放了大量的温室气体，最终导致城市表面温度升高。

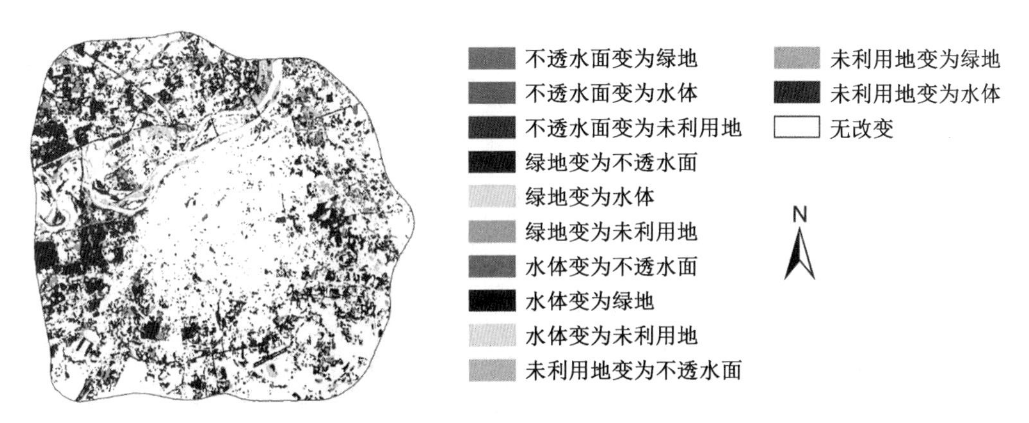

(a) 2007—2017年土地覆被类型变化图示(彩图见附录)

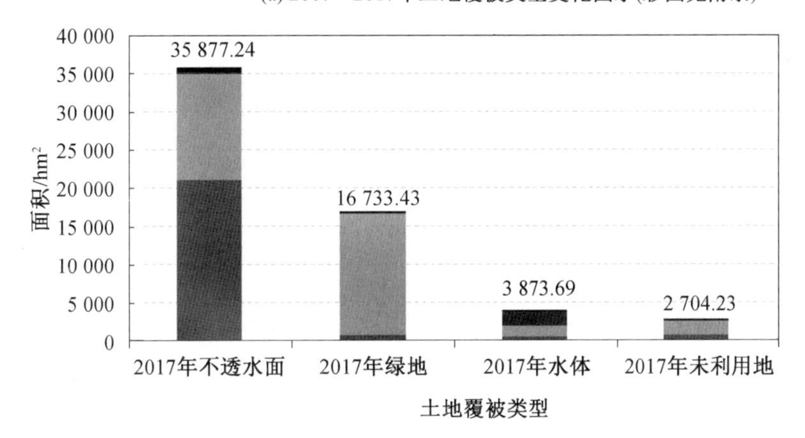

(b) 2007—2017年土地覆被类型面积变化情况

图4—3 2007—2017年土地覆被类型转化

4.3 不透水面分布与地表温度的关系

不透水面直接影响地表温度，其分布与地表温度存在一定的正向相关性。不透水面的地表温度变化受城市空间扩张、季节变化的影响，伴随着城乡梯度形成了地表温度梯度，在高密度建设区影响尤为显著。本章研究的地表温度包括：平均水体温度、平均绿地温度、平均不透水面温度及缓冲区整体平均温度。

4.3.1 不透水面与地表温度的空间变化

1. 缓冲区地表温度及地物提取

如图4－4所示，以哈尔滨市一环路的几何中心，即红博广场（红军街和大直街交叉口处）为研究区域原点（城市中心），在该点周围创建共计40级环形缓冲区，其距离间隔为0.3 km。分别统计每个缓冲区域的平均地表温度和不透水面、绿地、水体的覆盖度，以分析哈尔滨市沿城乡梯度方向的不透水面、透水面与地表温度空间分布的相关性。

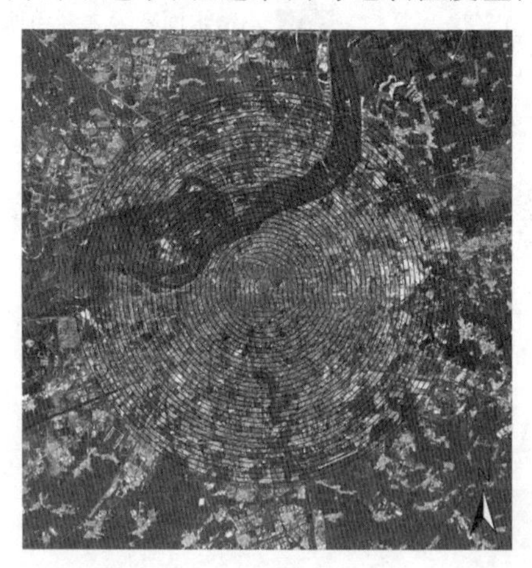

图4－4　缓冲区提取

2. 不透水面与透水面的地表温度变化

通过历年土地覆被分类图及其地表温度反演图对比发现，历年的各土地覆被类型对应的温度分布情况基本一致，即不透水面区域的温度最高，裸地等未利用地的地表温度与不透水面接近，植被等绿地空间次之，水体区域温度最低。为了进一步明确各类地物温度变化关系，以2017年遥感影像数据为例，分别统计距离市中心不同距离的各级缓冲区的平均水体温度、平均绿地温度、平均不透水面温度及缓冲区整体平均温度，结果如图4－5所示。

沿城乡梯度方向的平均地表温度的分布模式反映了城市热岛的典型特征，随着远离城市中心、靠近城郊，不透水面、绿地、水体等各土地覆被类型的平均温度总体呈下降趋势，不同土地覆被类型的平均温度保持了高度的一致性。不透水面、其他未利用地导致城市地表出现高温，这是因为相较于自然地表的透水性表面，不透水面的比热容小，吸收大量太阳辐射；同时，城市高大建筑群落形成了热量的二次反射并且阻止了空气流通，降低

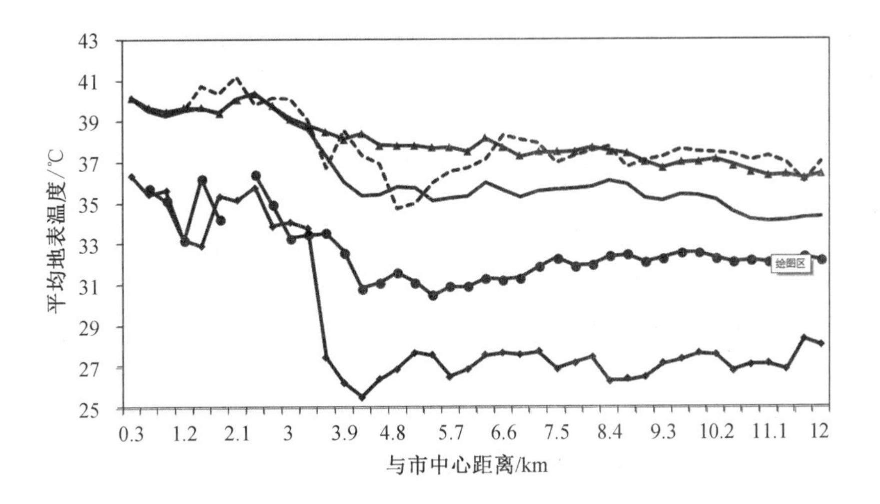

图 4－5　各级缓冲区透水面与不透水面平均温度统计

了风速，导致积蓄的热量不易散失，促使温度进一步升高。未利用地与不透水面具有相似的光谱特征，未利用地材质多为砂石裸土，不透水面多为混凝土、沥青等，相似的光谱特征决定地表比辐射率相近，其热辐射性能类似，故二者均比缓冲区平均温度要高。未利用地在 3.9 ～ 6.6 km 范围内表现出的异常波动，是因为该区域范围内多为松花江江岸沙地，沙地虽然比热容小，升温快，但受江水影响，其平均温度相较于不透水面覆盖区附近的未利用地要低。绿地与水体表现为低温性，因为二者均具有较大的比热容，可以利用蒸腾作用吸热，使地表升温缓慢。

为了进一步量化不透水面的升温作用，以该缓冲区总体平均地表温度为参考值，求各类透水面、不透水面与总体地表平均温度的差值，统计各缓冲区不透水面的升温效应与透水面的降温效应，结果如图 4－6 所示。其中，1、7 缓冲区即距离市中心 0.3 km 和 2.1 km 环带内无植被信息，故该处无差值。

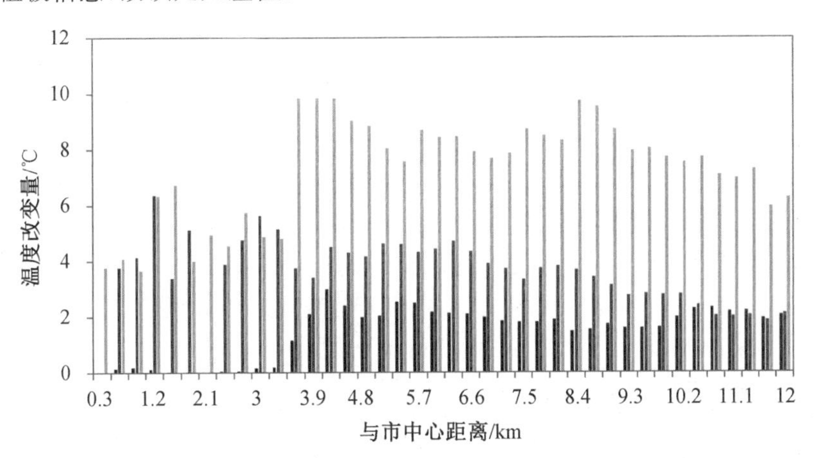

图 4－6　各级缓冲区透水面与不透水面对地表温度差值

对比透水面的降温作用可知，不同缓冲区内，绿地与水体的降温作用不一致。绿地平均降温效应为 3.74 ℃，最大温差为 6.37 ℃，最小温差为 1.89 ℃。水体平均降温效应为 7.30 ℃，最大温差为 9.84 ℃，最小温差为 3.67 ℃；同一缓冲区内，大部分区域水体的降温强度远大于绿地，最大温度差可达 6.42 ℃，平均水体降温幅度比绿地高 3.74 ℃。

不透水面平均升温幅度为 1.42 ℃，最大提升平均地表温度为 3.00 ℃，最小仅为 0.01 ℃。对比各缓冲区具体温度差值发现，距市中心 3.3 km 前后区域的不透水面对地表温度的改变作用最明显。造成这一反差的原因是，3.3 km 之前不透水面占比较大，即不透水面对该区域的地表温度起决定作用，不透水面的平均温度几乎与地表背景总体温度一致；而在距离市中心 3.3 km 之后，不透水面占比大幅下降，其对地表温度的贡献率减小，透水面对地表低温的贡献率增大。总体地表温度是由多种地物综合作用决定的，而非单一地物类型。同一缓冲区内，各处的温差较大，不透水面与平均地表温度差值在 1.48 ℃ 左右，可以认为该区域对不透水面的变化更敏感。为了进一步明晰土地覆被类型对地表温度的影响，下面对不透水面覆盖度进行统计，分析其与平均地表温度的关系。

本研究与其他地区的研究结果具有可比性。2012 年 Sun 等人采用 Landsat TM 数据对广州城市热岛研究中发现，不透水面（建成区用地）的平均地表温度比绿地（森林、草地和农田等）的平均地表温度大约高 2.8 ℃；2014 年 Song 等人采用 Landsat ETM + 和 QuickBird 数据在北京城市热岛的研究中发现，不透水面与绿地（植被和农田）平均地表温度差值为 3.4 ℃。在其他研究中，二者的差异更大，如 2004 年 Weng 等人采用 Landsat ETM + 数据对美国印第安纳州印第安纳波利斯的城市热岛研究中表明，不透水面（商业、工业和住宅用地）与绿地（森林、牧场、草地和农田）的平均温差为 5.4 ℃；2016 年 Bokaie 等人采用 Landsat TM 数据对伊朗德黑兰的研究则发现，不透水面（沥青和砖石砌面）与绿地（有植被覆盖的绿色空间）的平均地表温度之间存在 6 ℃ 的差异；而在对中国珠江三角洲城市热岛效应的一项早期研究中，Weng 采用 Landsat TM 数据发现不透水面（城市或建成地）与绿地（农田、园地栽培农场和森林）之间的平均地表温度差值高达 23.4 ℃。

通过以上分析可以发现，鉴于气候环境会随时间、空间发生较大的变化，因此不同地理位置、不同季节的地表温度可能存在很大差异。由于不同土地覆被类型的平均地表温度及其景观格局会受到多种因素的影响，卫星数据类型、数据采集的季节与时间、景观类型以及地表温度的反演算法和土地覆被分类方法等都会对研究产生影响，因此，在对不同地区的研究结果的解释和比较中，不能忽略这些因素的干扰。

3. 不透水面与透水面的覆盖度与地表温度的关系

如图 4－7 所示，对各级缓冲区的不透水面与透水面（绿地、水体覆盖区）覆盖度进行比较发现，随着远离城市中心，不透水面覆盖度折线变化趋势与缓冲区平均温度折线变化相一致，而绿地、水体的覆盖度折线波动情况与之相反。具体而言，在距离中心原点 3.3 km 前均保持了较高的平均地表温度，基本在 39 ℃ 以上；该区域范围内不透水面覆盖度最大（95.5% 以上），是城市建设的高密度核心区，也是人口密集区，绿地覆盖度极低（3% 以下）。虽然市中心有城市内河马家沟穿过，但其河流宽度大约 30 m，水量较小，相较于周围具有高辐射硬质界面的城市空间，其降温作用有限；在 3.3～4.2 km 范围内，地表平均温度由 38.96 ℃ 骤降至 35.37 ℃，下降了 3.59 ℃，虽然绿地覆盖度不仅没有提高，甚至比之前还略有减少，仅2%左右，但由于临近松花江，水域占比最高可达22%，大面积水体吸收了城市大量热量，将太阳能转化为物理能量，减慢了城市温度上升，缓解了城市热岛效应；在4.2～5.4 km处，绿地覆盖度由2.09%增加至18.03%，但平均地表温度并没有显著下降，而是呈小幅度波动，波动范围在0.37 ℃左右，其变化趋势与不透水面覆盖度的曲线变化一致；在5.4～9.3 km范围内，平均地表温度、绿地覆盖度、不透水面覆盖度变化幅度一致，各项曲线均保持在一个较为平稳的状态；在距离市中心大于8.7 km的范围内，即城市三、四环区域，是城市建设的低密度区，随着绿地覆盖度的增加，不透水面减少，地表温度下降，高密度植被聚集的规模作用使得降温效应开始发挥作用。

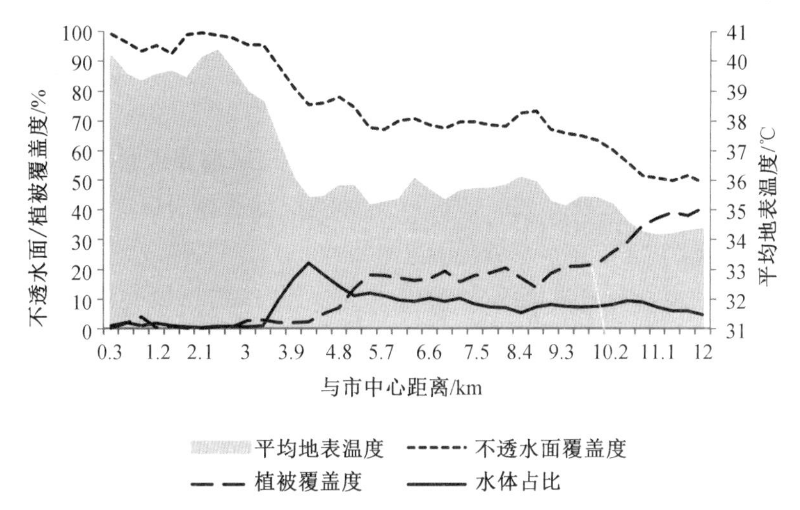

图4－7　不透水面、水体、绿地覆盖度与平均地表温度的关系

在距离城市中心5.4 km的范围内是城市高密度建设区，平均不透水面覆盖度均大于65%，该区域通常比城市其他地区温度更高，是城市高温集中区；同时，这一区域范围的绿地密度也很低，在该区域内，绿地降温作用无法发挥，对城市热岛缓解作用有限，城市地表温度主要是由不透水面决定的。大面积、大体量的水域对城市温度影响显著，对城市低温贡献率较大。我们可以认为在市中心建筑密集区域，相较于绿色植被空间，修筑大体量的水体景观，对改善城市高温效应更为有效。在城市建设中低密度区域，即沿城乡梯度方向，越靠近郊区，植被越显示出良好的调节微气候作用。应鼓励在该区域开展植被修复与建设活动，如建立绿色屋顶，种植城市花园和农业，可有效减缓城市高温的进一步加剧。

整体来看，地表温度的城乡梯度曲线与不透水面覆盖度曲线变化基本一致。平均地表温度变化存在火山口效应，类似于单中心人口密度模型——Newling模型。Newling模型解释了人口密度与城市区域建设态势的对应关系：以中央商务区(Central Business Distric，CBD)为城市的中心，城市人口在中央商务区附近形成人口密度火山口，先递增再向城市外环递减。

Newling人口模型为 $D(r)=D_0e^{br-cr^2}$，其中，$D(r)$ 表示与城市中心(通常为CBD)距离为 r 处的人口密度，D_0 为常数(或称CBD截距)，b、c 为常数。研究表明，该指数方程对大多数城市发展后期的拟合效果较好。同理，不透水面与地表温度曲线在距离市中心 1.8 km 内形成“火山口”，是曲线的极值点，之后开始衰减。我们可以认为城市不透水面覆盖度变化与城市人口空间分布规律存在相同的形式。

4.3.2 不透水面与地表温度的时间变化

不同土地覆被类型具有不同的热力学性质，从而显著影响城市热量、动量和水汽与大气的相互交换过程。如表 4－8 所示，随着时间推移，不同土地覆被类型均表现为冬季平均温度更低，夏季平均温度更高。在冬季，各土地覆被类型的平均地表温度差异较小，水或积雪覆盖的土地覆被的地表温度最低，与不透水面平均温度差值最大不超过 1.96 ℃。在夏季，2007 年不透水面平均温度分别高于水体和绿地 7.07 ℃、3.53 ℃ 左右，这是由于水体、绿地具有较大的热容，故透水面温度波动小；而不透水面和未利用地热容较低，同年二者的平均地表温度差别较小。此外，同一土地覆被类型的地表温度在同一时期差异显著，如图 4－8 所示，2017 年夏季不透水面温差高达 38.18 ℃，标准差为 3.09 ℃，波动较大。由此可见，土地覆被类型及其分布的时空异质特性影响了地表温度的分布。

表 4－8 不同季节土地覆被的地表温度 ℃

时间	土地覆被	最低温度	最高温度	平均温度	温差	标准差
2007 年 2 月冬季	不透水面	－15.81	0.68	－7.34	16.48	1.15
	绿地	－14.24	－2.90	－7.53	11.34	1.28
	水体	－12.13	－1.82	－9.30	10.31	1.03
	雪	－14.50	－1.63	－7.54	12.87	1.15
	未利用地	－12.64	－4.84	－9.09	7.79	0.83
2007 年 6 月夏季	不透水面	1.99	36.70	21.03	34.71	2.71
	绿地	1.99	30.53	17.50	28.54	1.82
	水体	9.11	27.35	13.96	18.24	1.84
	未利用地	3.11	29.17	18.94	26.06	2.52
2017 年 2 月冬季	不透水面	－20.42	4.20	－11.48	24.62	1.85
	绿地	－18.38	0.44	－12.34	18.82	1.58
	水体	－19.35	3.70	－11.90	23.05	1.85
	雪	－20.21	－4.68	－12.60	15.53	1.90
	未利用地	－19.44	1.97	－11.67	21.41	1.88
2017 年 7 月夏季	不透水面	18.11	56.29	37.40	38.18	3.09
	绿地	23.87	44.06	32.10	20.20	2.39
	水体	22.51	46.32	27.31	23.82	3.05
	未利用地	26.92	45.45	37.38	18.52	2.41

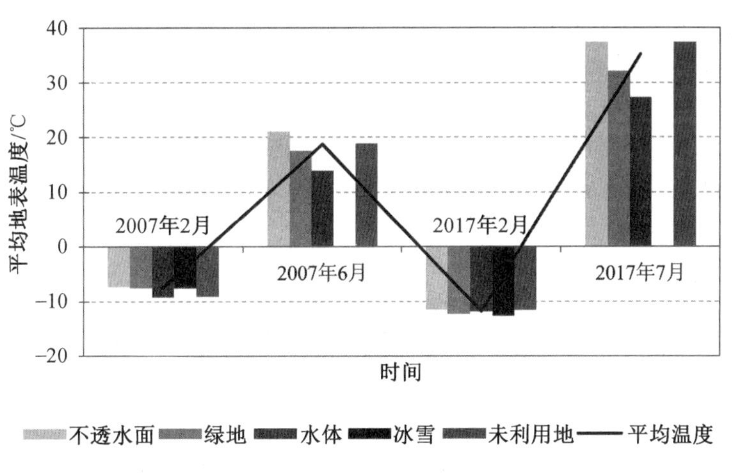

图 4－8　土地覆被地表温度随时间变化趋势图

4.3.3　不透水面与地表温度的相关性

通过上文对不透水面及透水面的相关分析可知，不透水面对热环境具有增温作用，透水面具有降温作用。不透水面和透水面覆盖度与平均地表温度有很强的相关性，上文中地表温度的城乡梯度分析佐证了该现象，不透水面和绿地地表占地比率有助于解释为什么越接近市中心的地区平均地表温度越高。沿城乡梯度，不透水面覆盖度和绿地覆盖度与平均地表温度分别为正、负相关，而同一土地覆被类型内部仍存在温度差，仅用离散型的土地覆被类型数据无法反映地表温度分布的时空差异性。文献研究表明，土地覆被具有不同的光谱特征，为了对各类地物与地表温度的作用进行关系量化，我们引入 NDVI、MNDWI、NDISI 值来分析三种下垫面对地表温度的影响情况。由于水体的 NDVI 值与地表温度具有正相关关系，故在研究 NDVI 与地表温度的关系时需将水体掩膜，剔除水体景观的负值干扰。

1. 光谱指数提取

本节的研究对象主要为城市区域，故回归分析采样范围为四环以内区域，利用 Arcgis 10.2 软件分别在 LST、NDVI、MNDWI 、NDISI 光谱指数图上随机取样，共取样本点数为 600 个，样本量保证了回归分析的可靠性。遥感数据影像的单位像元尺度为 30 m×30 m，每一点值为 900 m^2 的正方形区域的平均值；各光谱指数值均为无量纲，取值区间均在 －1 ～ 1，数量级一致，可以直接进行比较，无须正规化处理。研究采用 SPSS 绘制地表温度与各类土地覆被类型的光谱指数关系分布散点图并进行回归分析，获得最佳拟合方程。

2. NDVI 与 LST

NDVI 是用于绘制土地利用 / 覆被图的最常见的光谱指数，对于城市建成区，地面覆被为水体时，NDVI 为负值；地面覆被为不透水面和未利用地时，其 NIR 和 R 近似相等，NDVI 约为 0.2 左右；地面覆被为绿地时，NDVI 为正值，且随植被覆盖度的增大而增大，哈尔滨绿地平均植被指数为 0.53 左右，如图 4－9 所示。

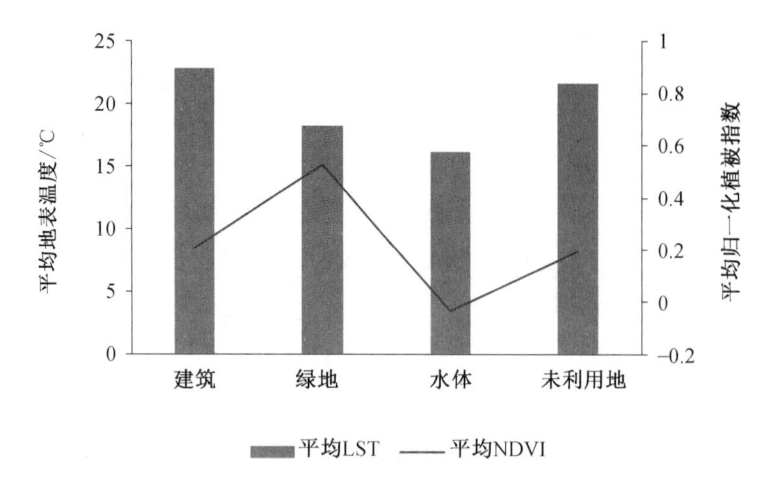

图 4－9　夏季土地覆被单元的地表温度(LST)与植被指数(NDVI)

从图 4－10 可看出，城市透水面中绿地空间对城市地表温度的降温作用及热岛效应的缓解效果受季节性影响很大。在夏季，当植被覆盖程度较高时，除水体区域外，NDVI 与 LST 为线性负相关关系，决定系数 R^2(用于评估预测值和实际值的符合程度)为 0.491 5($p < 0.01$)，NDVI 可以表征地表温度情况，植被指数每增加 0.1 个单位，地表温度下降 0.95 ℃左右；而在冬季，NDVI－LST 方程置信区间为 $p=0.087 > 0.05$，NDVI 对 LST 的解释性不足，二者整体的拟合效果很差。受降雪影响(NDVI < 0)的区域，地表温度改变与植被无关，取决于冰雪含水率，NDVI 与 LST 呈正相关关系($R^2=0.178\ 1$，$p < 0.01$)；而冰雪覆盖度低或无覆盖时(NDVI > 0)，严寒地区冬季植物覆盖度低，NDVI 值仅在 0～0.1 范围内，由于置信区间为 $p < 0.01$，植物冠层的背景对地表温度仍有一定程度的解释性($|r|=0.218$)。

受季节性影响，NDVI 与 LST 的关系呈现出不稳定性及非线性的特点，表明其在定量描述城市地表热环境方面有一定缺陷，需要寻找其他指标。

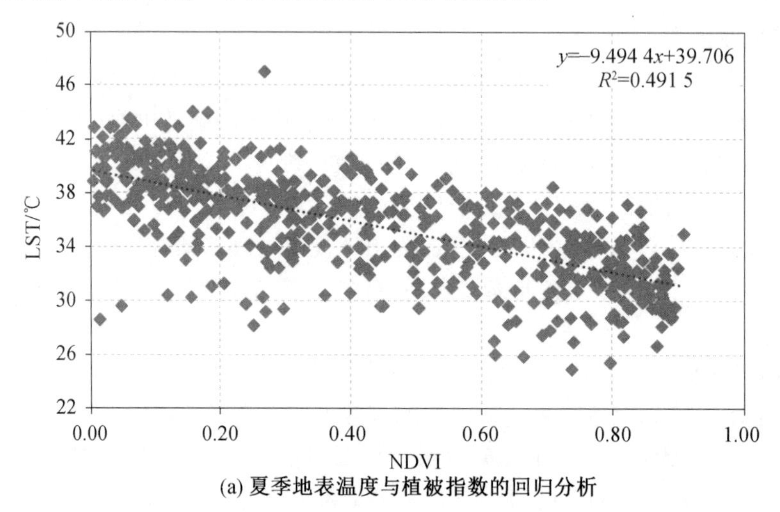

(a) 夏季地表温度与植被指数的回归分析

图 4－10　地表温度(LST)与植被指数(NDVI)的回归分析

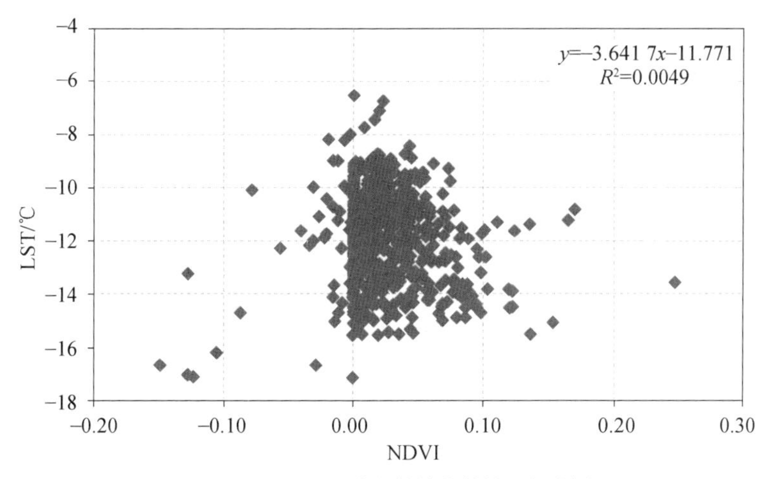

(b) 冬季地表温度与植被指数的回归分析

续图 4－10

3. MNDWI 与 LST

从图 4－11 可看出，城市水体空间对地表温度的影响受季节性影响较小，不同季节 MNDWI 与 LST 均为线性负相关，其决定系数 R^2 在夏冬分别为 0.140 5、0.049 9($p <$ 0.01)。夏季拟合效果弱于 NDVI，但冬季拟合效果优于 NDVI。已有研究表明，MNDWI 在描绘湿地边界时比 NDVI 更准确，因为前者可以消除湖泊等湿地环境下出现的城市景观的噪声像素。城市河流、湖泊等含水量较大的区域存在丰水期、枯水期的变化，其汛期与时令息息相关，MNDWI 比 NDVI 对水体变化更为敏感。Hesham M. El－Asmar 等人用水体指数法绘制尼罗河三角洲 Burullus 泻湖面积变化图时也证明了这一点。

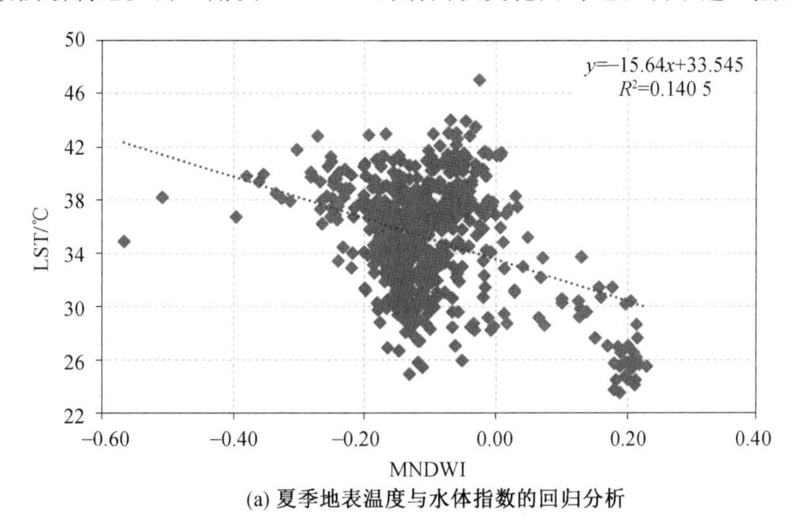

(a) 夏季地表温度与水体指数的回归分析

图 4－11　地表温度(LST) 与水体指数(MNDWI) 的回归分析

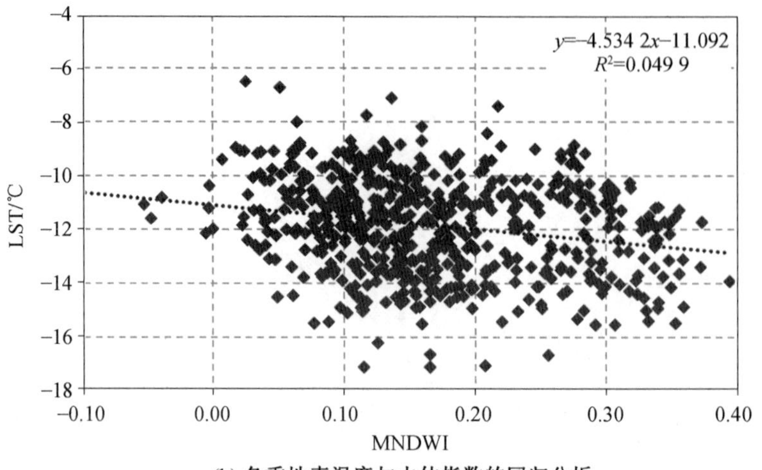

(b) 冬季地表温度与水体指数的回归分析

续图 4－11

方程的斜率在一定程度上反映了土地覆被对地表温度的改变程度。冬夏季水体方程的斜率绝对值均大于绿地，对地表温度差值大，这与前文统计结果相一致，在距离城市中心 3.3～5.4 km 的二、三环区域，城市地表温度的改变对水体更敏感。在夏季，归一化水体指数每增加 0.1 个单位，地表温度下降约 1.56 ℃；而在冬季 MNDWI 每增加 0.1 个单位，可使地表温度下降约 4.53 ℃，由于水体具有较大的热容来存储大量的潜在能量，因此水体径流对城市地表热环境的调节十分重要。

4. NDISI 与 LST

Amiri 等人在对伊朗大不里士地区的土地覆被与地表温度的时空动态研究时发现，在温度与植被指数的空间像元时间变化轨迹中，城市化导致了从低温高密度植被向高温稀疏植被的变化趋势。城市建成区土地覆被变化趋势提示我们不仅要关注透水面，更要关注不透水面对城市热岛的升温作用。如图 4－12 所示，在夏季 NDISI 与 LST 呈正相关关系，不透水面百分比越高，地表温度越高，温度随不透水面比重的增大呈递增趋势，高温区域分布于不透水面占比高的地方。从回归方程可看出，在 NDISI 小于 0 的范围内，每增大 0.1 个单位，LST 升高 2.41 ℃ 左右；在 0～0.2 范围内，NDISI 每增大 0.1 个单位，LST 升高 3.17 ℃ 左右；在 0.2～0.4 范围内，NDISI 每增大 0.1 个单位，LST 升高 3.81 ℃ 左右。NDISI 对 LST 的影响呈指数增长，其增速即对地表温度的改变量远大于绿地、水体等透水面的线性增长作用。

回归方程的决定系数 R^2 反映了城市不透水面与地表温度的关联性。其冬夏季的拟合优度分别为 0.963 9、0.111 5，明显高于 LST 与 NDVI、MNDWI 之间回归方程的拟合优度，这表明城市不透水面与地表温度联系的紧密程度及拟合性要明显高于城市绿地、水体与地温之间的关系。由于城市温度定点测量成本高，大规模测量无法开展，因此，探求城市温度变化规律可以从分析城市不透水面的时空格局变化入手。

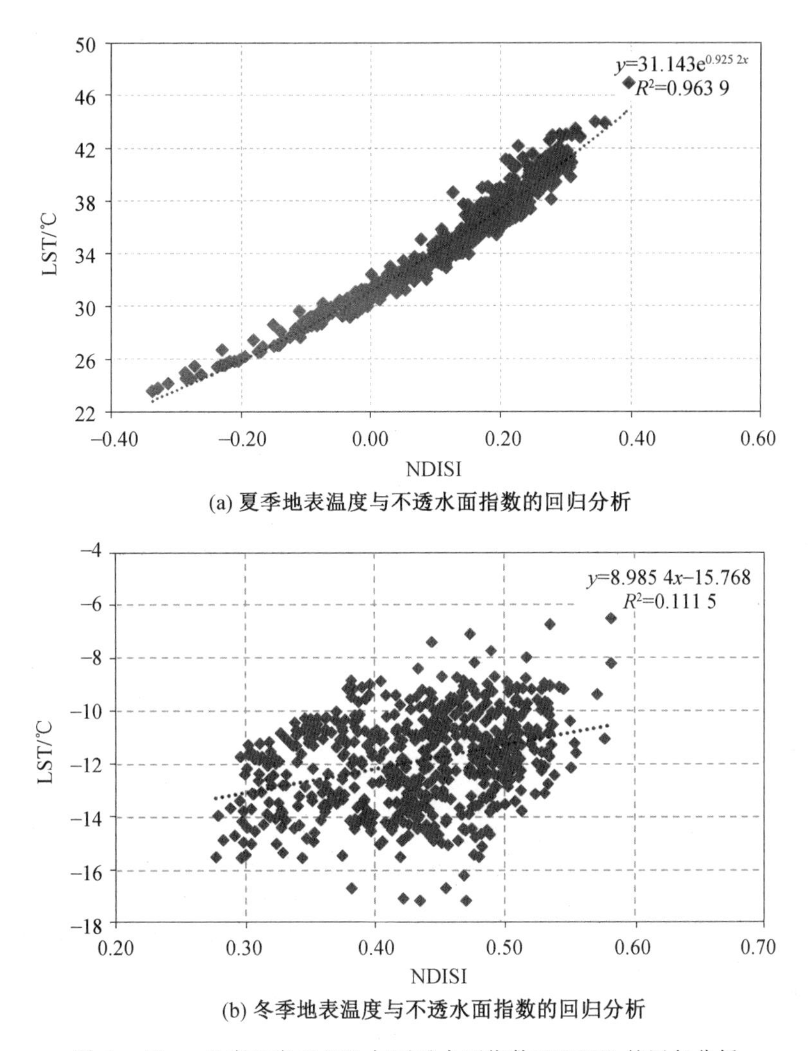

图 4－12　地表温度(LST)与不透水面指数(NDISI)的回归分析

4.4　城市不透水面形态要素的热环境效应

城市不透水面形态要素具有多种划分方式，具有复杂性和层级性。依据研究需求和重点排序，确定以下四项要素作为重点研究对象，即：面积大小、形状复杂度、斑块破碎度和空间聚集度。

4.4.1　不透水面形态要素提取

1. 不透水面研究网格尺度确定

已有研究表明，城市扩张的驱动因素在国家和地区层面之间存在差异。Xu 等人以广州为例评估了不同尺度下城市发展的时空变化特征，研究发现中尺度下不透水面在扩张方向上存在不确定性，而与之相反，不透水面扩张在局地尺度研究中具有明显的取向及方向性。由于不透水面在不同尺度的研究范围内表现出不同的时空变化轨迹及空间变化特征，因此，选择合理的空间尺度进行不透水面的研究分析是必要的。城市布局具有分形特征，各景观类型对尺度效应的响应不同，呈现出多样的变化趋势。景观多样性及景观格局的空间异质性具有明显的尺度依赖性，且空间尺度接近临界值时，景观指数对其变化非常敏感。因此，要更合理地研究不透水面形态特征要素对地表温度的影响，首先要选取合适的不透水面研究网格尺度。

按照不同的空间幅度标准，使用不同大小的正方形网格，即 100 m×100 m、500 m×500 m、1 000 m×1 000 m、2 000 m×2 000 m、3 000 m×3 000 m、4 000 m×4 000 m，将哈尔滨四环以内区域分割为若干子区域，统计每个子区域的平均地表温度及平均不透水面指数，每个网格即为该空间幅度下的一个分析单元样本。

如图 4－13 所示，无论网格大小如何，不透水面指数 NDISI 与平均地表温度 LST 之间的相关性均具有统计学上的显著性($p < 0.01$)，均为线性正相关关系。随着单位网格尺寸的增加，不透水面指数与平均地表温度之间的决定系数呈现出先增大后减小的变化趋势，当网格尺度为 2 000 m×2 000 m 时，二者的决定系数达到最大($R^2 = 0.991\,7$)，即当研究单元尺度为 2 000 m 时，不透水面对空间粒度变化最敏感，在该空间幅度下，不透水面对地表温度空间异质性的影响变得最为强烈。

在其他研究中也存在类似的结果，Xiao 等人在对北京城市热岛效应的研究中发现，随着网格大小从 30 m 增加到 960 m，不透水面密度与平均地表温度的相关性也在增加($p < 0.05$)。2010 年 Mynit 等人通过分析气象站点温度对美国亚利桑那州凤凰城的城市热岛进行研究，结果表明不透水面与最大空气温度变化具有相关性，在网格尺度达到 210 m×210 m 后，相关性则开始下降。不同区域对不透水面与地表温度研究的最佳网格尺度大小不同，这是由所处区域的气候背景不同造成的，如北京属于温带季风气候，而凤凰城属于热带沙漠气候，两座城市的热环境不同。此外，Mynit 等人采用的是空气温度而非地表温度，也造成了网格尺度的差异。

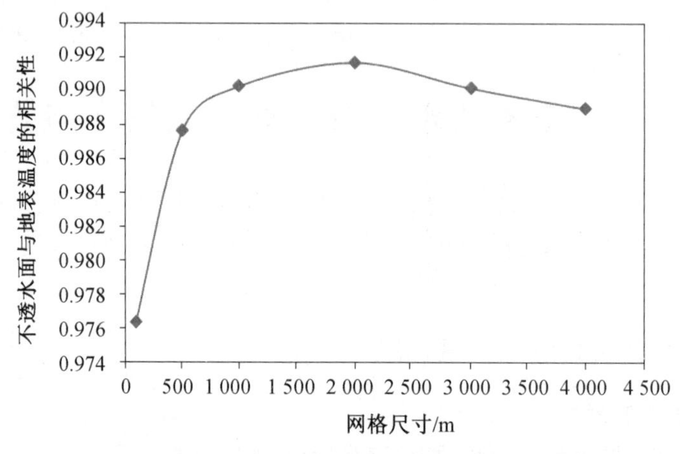

图 4－13　不同网格尺寸单元不透水面指数与平均地表温度的相关性

显而易见，2 000 m×2 000 m 的网格尺度为研究不透水面形态特征的最佳空间幅度范围，是不透水面空间格局与空间尺度响应相关性的最敏感区域。因此，在城市微气候环境的研究中，可采用数据回归统计的方法，利用地表温度与不透水面空间格局之间的关系来模拟或预测气象环境参数，从而辅助城市设计。

2. 不透水面斑块提取

通过对城乡梯度的分析发现，城市不透水面覆盖度与地表温度的变化趋势保持了高度一致性。因此可以推断出，以混凝土、水泥、沥青等不透水性物质为主的城市下垫面是造成城市温度升高的主要原因。研究比较发现，在同一时期，不同位置、不同尺度大小的不透水面的地表温度特征并不一致，最大温差可达 38.18 ℃，标准差为 3.09 ℃，温度的波动性较大。这说明城市不透水面的热岛效应及升温效果并不仅仅与其覆盖度相关，可能还受到布局复杂度、不透水面的聚集度等因素影响，不透水面对地表温度影响的内部机制是复杂的，是其自身构成特征要素综合作用的结果。

布局要素是城市空间与热环境研究的纽带。王伟武等人对杭州城西居住区建筑密度、容积率、地表反照率及植被指数等环境可控因素与热环境关系定量的研究表明，建筑高度和容积率对住区地表温度的影响最小，分别只占总体影响权重的 12.9%、5.8%；岳文泽等人在基于城市控规“热环境绩效”定量评价标准的研究表明，建筑高度与地表温度置信区间为 $p=0.054$，相关性较差；蔡智等人对山地城市、潘玥等人对鄱阳湖流域的地表布局与热环境的研究也得到类似结论，高层高密度建筑区域地表温度较为稳定。因此，本节重点关注不透水面的二维空间布局与地表温度的相互作用关系。

为了研究不透水面自身布局要素特征对地表温度变化产生的影响，以 2017 年遥感影像为例，将整个研究区域划分为长度为 2 000 m 的多边形网格，剔除边缘不完整网格，整个研究区被 119 个多边形网格覆盖。提取每个网格单元样本的不透水面斑块（与周围土地覆被类型在性质上不同，并具有一定内部均质性的空间单元视为斑块）信息作为初始输入条件（图 4－14）。参考生态学景观格局指数，采用了四种类型指标（面积指标、形状复杂度、斑块破碎度以及空间聚散度）作为不透水面自身特征要素的度量标准。利用 Fragstats 4.2 软件计算，具体提取的不透水面形态要素指标见表4－9。

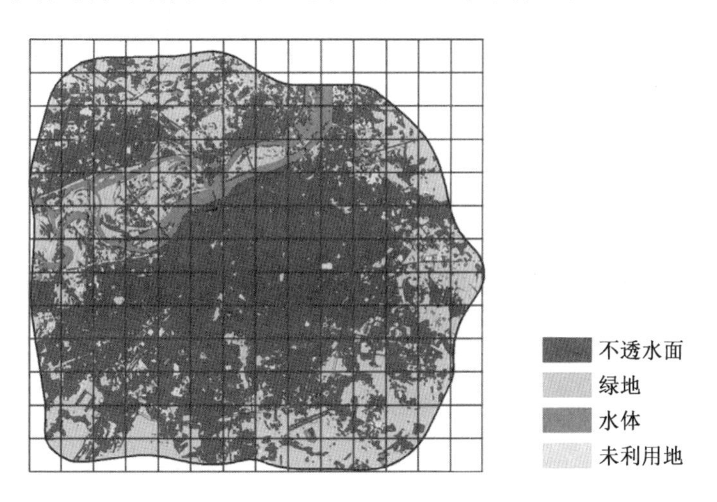

图 4－14　研究区 2 000 m×2 000 m 网格提取不透水面信息（彩图见附录）

表 4－9　不透水面形态特征研究因子

类型	度量标准(类别)	描述
面积指标	平均斑块面积(Mean Patch Area)	$\text{Area\_MN} = \frac{1}{10\ 000 \times n} \times \sum_{i=1}^{n} a_i$，$n$ 为斑块个数，a_i 为斑块面积； Area_MN 是一种斑块面积大小的度量方法
	斑块覆盖度(Percentage of Landscape, PLAND)	$\text{PLAND} = \frac{\sum_{i=1}^{n} a_i}{A} \times 100$，$A$ 为景观总面积； 量化每种土地覆被类型占比的方法，可用于不同尺度景观的比较； $0 < \text{PLAND} \leqslant 100$，当 PLAND 越接近 0，该土地覆被在景观中越少见； PLAND ＝ 100 时，整个景观由单一斑块类型组成
形状复杂度	面积加权的平均斑块分维指数(AWMPFD)	$\text{AWMPFD} = \sum_{i=1}^{n} \frac{a_i}{A} \times \frac{2\ln(0.25p_i)}{\ln a_i}$，$p_i$ 为斑块周长(m)； 运用分维理论反映整个空间范围(斑块大小)的形状复杂性； $0 \leqslant \text{AWMPFD} \leqslant 1$，AWMPFD ＝ 1 表示斑块形状为最简单的方形，AWMPFD ＝ 2 表示斑块形状变得更复杂，更不规则，通常其值的可能上限为 1.5
	平均斑块分维指数(MPFD)	$\text{MPFD} = \frac{1}{n} \sum_{i=1}^{n} \frac{2\ln(0.25p_i)}{\ln a_i}$； 阈值、含义与 AWMPFD 相同
斑块破碎度	斑块密度(Patch Density, PD)	$\text{PD} = \frac{n}{A} \times 10\ 000 \times 100$； PD 反映景观的空间格局，描述了整个景观的异质性，其值大小与景观的破碎度有很好的正相关性，一般 PD 值越大，破碎度越高
空间聚散度	聚集度指数(Aggregation Index, AI)	$\text{AI} = \left[\frac{g_i}{\max \uparrow \rightarrow g_i}\right] \times 100$，$g_i$ 为基于单点计数法斑块类型的像素之间的相似连接数，$\max \uparrow \rightarrow g_i$ 为基于单点计数法斑块类型的像素之间相似连接数的最大数量； $0 \leqslant \text{AI} \leqslant 100$，当斑块类型被最大程度分解(即不存在类似连接)时，AI ＝ 0。当研究区域内均由单一、紧凑的斑块聚集时，AI ＝ 100
	分散指数(Division)	$\text{Division} = \left[1 - \sum_{i=1}^{n} \left(\frac{a_i}{A}\right)^2\right]$； $0 \leqslant \text{Division} < 1$，Division ＝ 0 研究区由单一斑块组成，而当被研究斑块类型面积越小数目越少，Division 越接近 1

4.4.2　不透水面形态要素与地表温度的关系

1. 面积大小对地表温度的影响

通过统计单位网格单元中不透水面的平均斑块面积大小、占总体景观的比例(覆盖度)及样本单元的平均地表温度，来分析不透水面面积指标因子对地表温度的影响。由图 4－15 可知，在夏季，不透水面覆盖度与地表温度在 0.01 水平（双尾）显著正相关，决定系数 R^2 为 0.770 8。分别采用线性、指数、对数、幂函数等多种关系拟合二者的关系，经比较，线性函数的决定系数最大，拟合效果最好，拟合方程为：$y=0.107\,5x+28.598(R^2=0.770\,8, p<0.01)$。城市不透水面覆盖度与地表温度为线性正相关关系，随着不透水面覆盖度每增加 10%，城市地表温度上升 1.08 ℃。当不透水面覆盖度增长至趋近于 100% 时，地表温度理论值为 39.35 ℃；而在冬季 PLAND－LST 拟合方程为 $y=0.017\,9x-12.545(R^2=0.099\,2, p<0.01)$，不透水面覆盖度与地表温度相关性很小，对地表温度的影响极其微弱，单位面积每增加 10%，地表温度仅提高 0.18 ℃，人体无法明显感知这一温度差异。

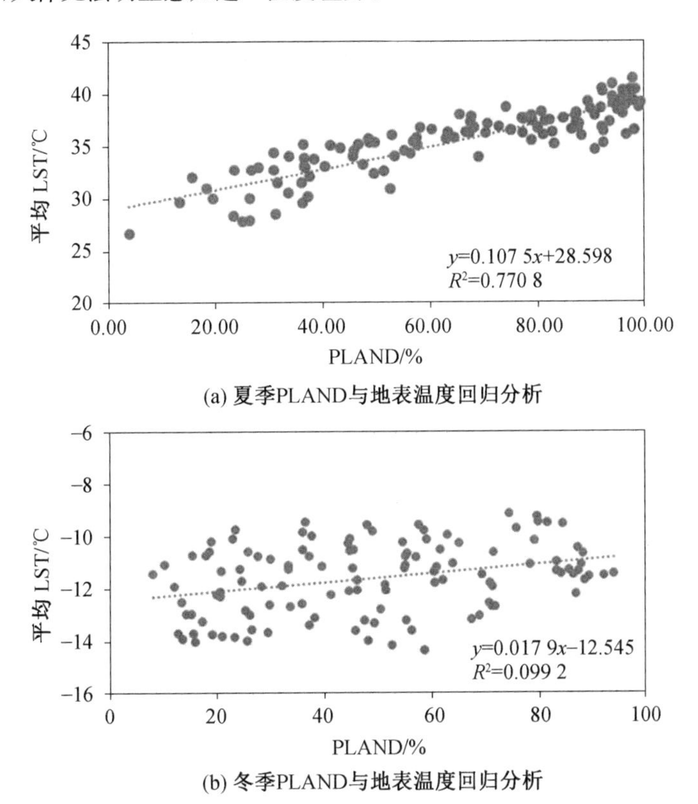

(a) 夏季PLAND与地表温度回归分析

(b) 冬季PLAND与地表温度回归分析

图 4－15　不透水面覆盖度与地表温度的回归分析

虽然哈尔滨处于严寒气候区，但随着近年来夏季高温现象的日益严重，应考虑控制城市热岛效应。基于多年来对北京、上海、深圳等地夏季气温状况测试结果的平均值，设定居住区室外日平均热岛强度不得高于 1.5 ℃，以城市四环的平均地表温度 34.63 ℃ 作为郊区温度参考值，计算得出城市总体地表不透水面覆盖度宜控制在 56% 以下。

由于城市开发建设强度不同，不透水面覆盖度不同，为了统一变量，进一步分析不透水面形态特征要素的影响，下面按照不透水面覆盖程度（Impervious Surface Area，ISA）进行分级比较说明，分级标准见表 4－10。

表 4－10　不透水面覆盖度分级

编号	范围	建设强度(等级)
1	ISA＜25％	低密度建设区
2	25％≤ISA＜50％	中密度建设区
3	50％≤ISA＜75％	中高密度建设区
4	75％≤ISA＜100％	高密度建设区

由图 4－16 可知，夏季城市各级建设区的不透水面覆盖度与地表温度的拟合度均较高，决定系数 R^2 分别为 0.477 0、0.445 8、0.492 3 和 0.300 3，方程均通过 0.01 水平验证。总体上看，各区不透水面覆盖度与地表温度为对数相关关系，即在一定范围内，地表温度随不透水面覆盖度的增大而上升，且增加幅度越来越小，无限趋近于某一固定值。从中密度建设区到高密度建设区，单位 PLAND 平均温度差值越来越小，从 0.17 ℃ 降为 0.12 ℃。不透水面增温效应存在边际效益，其改变量将趋近于固定值，在高密度建设区，二者的相关性最弱。因此，在城市建设规划中，控制不透水面的面积是有效控制城市地表热环境的手段之一。

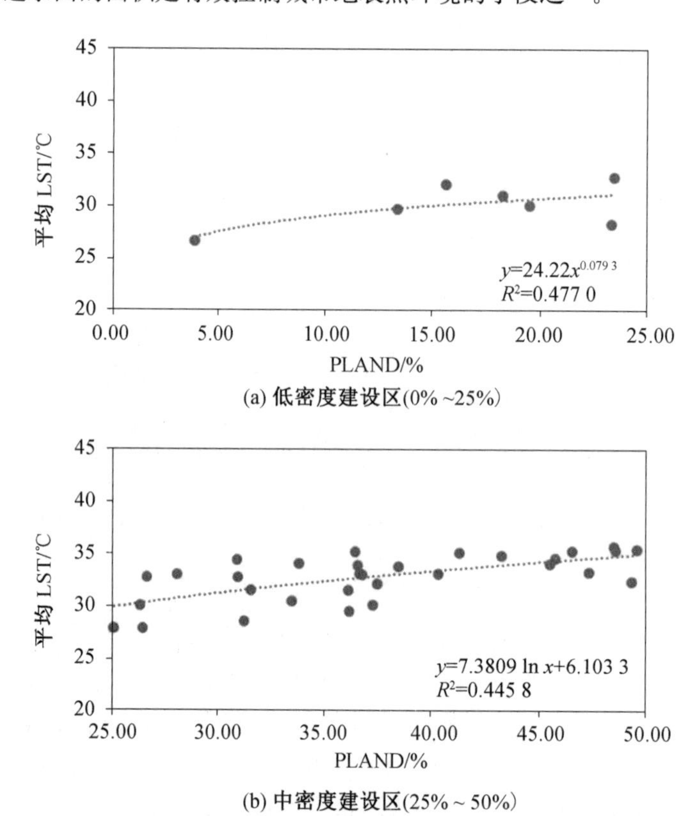

(a) 低密度建设区(0%～25%)

(b) 中密度建设区(25%～50%)

图 4－16　夏季不同覆盖度下不透水面覆盖度与地表温度的回归分析

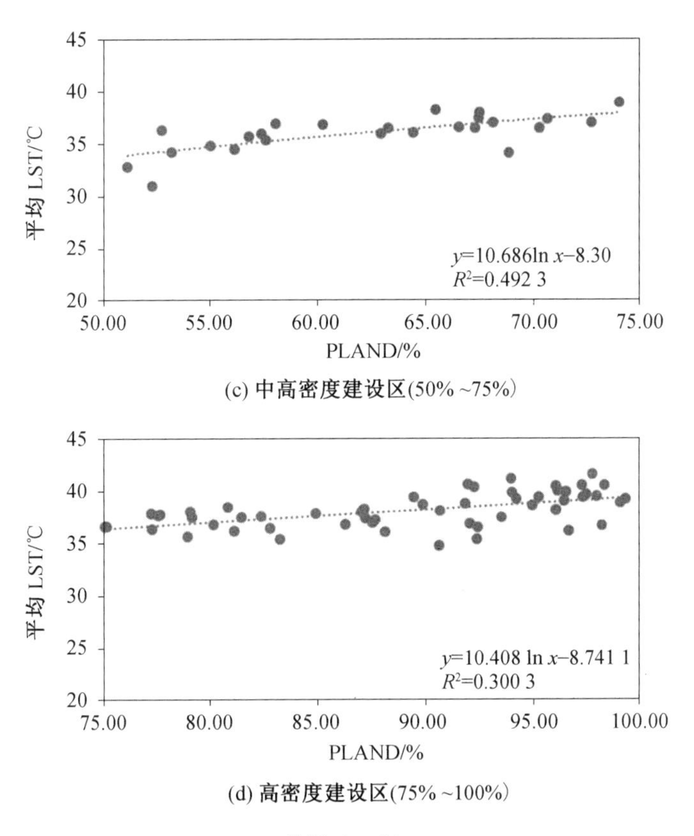

(c) **中高密度建设区**(50% ~75%)

(d) **高密度建设区**(75% ~100%)

续图 4－16

在冬季，由于太阳高度角小，太阳辐射弱，其对地表温度影响很小。受集中供热的影响，建筑对外的长波辐射与人类活动排热是城市主要升温原因。因此，在城市各级建设区，不透水面覆盖度与地表温度之间无明显相关性，在高密度建成区甚至表现出负相关的异常现象。哈尔滨高密度建成区主要集中在一、二环和三环东侧的香坊区、道外区，一方面可能是因为三环东侧的香坊区、道外区为工业区，一、二环为住宅区，住宅平均高度大于厂房，冬季太阳高度角低，住宅区建筑投下较长的阴影，从而影响地表太阳辐射能量的获取；另一方面可能是受风环境影响，由于哈尔滨冬季主导风向为西南风，住宅区建筑普遍高密度，为工业区形成风屏障，降低了风速，减少了工业区热量流失(图 4－17)。

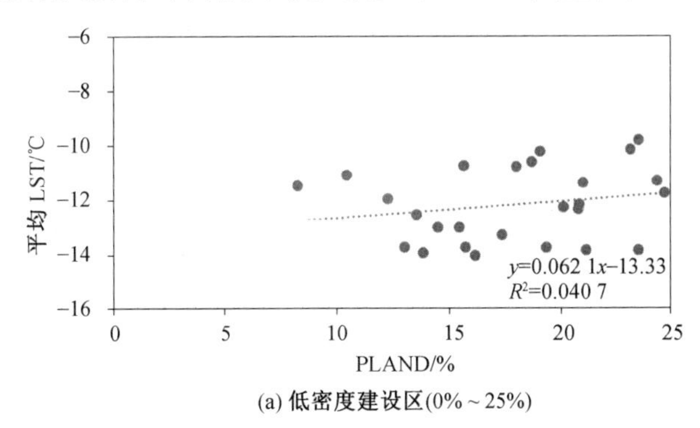

(a) **低密度建设区**(0% ~ 25%)

图 4－17　冬季不同覆盖度下不透水面覆盖度与地表温度的回归分析

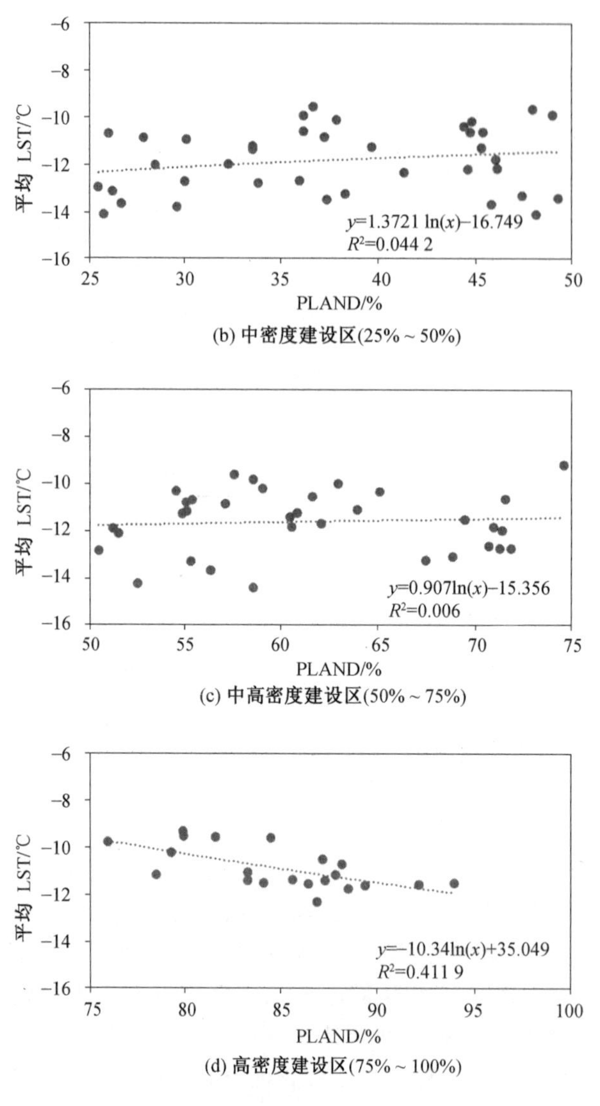

(b) 中密度建设区(25% ~ 50%)

(c) 中高密度建设区(50% ~ 75%)

(d) 高密度建设区(75% ~ 100%)

续图 4－17

对不透水面的平均斑块面积大小与地表温度之间进行回归分析，由图 4－18 可知，夏季不透水面平均斑块面积大小与地表温度呈对数函数相关关系，即在一定范围内，平均地表温度随着网格单元内不透水面平均斑块面积的增大而上升，且上升的幅度越来越小，也就是边际效益在减小并无限趋于稳定，温度将无限趋近固定值 39.37 ℃(当整个网格单元均为不透水面且仅为一个斑块)。拟合其相关方程为 $y=1.632\ln x+29.507$，决定系数 R^2 为 0.706 9，且回归方程通过了 0.01(双尾) 水平的检验，说明不透水面平均斑块面积大小与地表温度有较高的相关性。但在有限范围内，城市不透水面平均面积的增长是有限的，其面积大小对地表温度增加速率的影响逐渐衰减，有效速率面积在 65 hm^2 内。

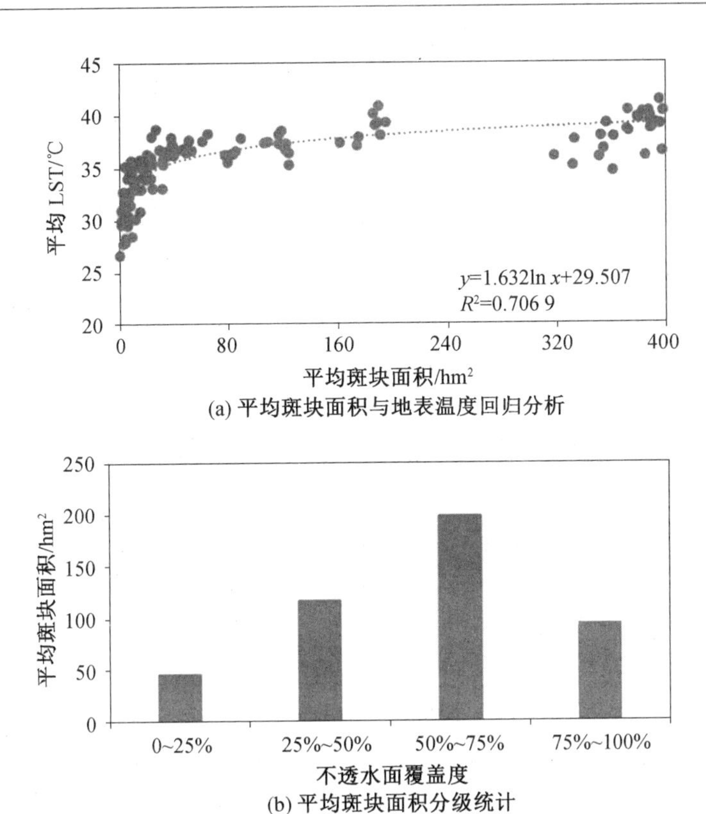

(a) 平均斑块面积与地表温度回归分析

(b) 平均斑块面积分级统计

图 4－18　夏季不透水面平均斑块面积与地表温度的回归分析

值得注意的是，在不透水面覆盖度的分级讨论中，不透水面平均斑块面积与地表温度的相关性很低，即平均斑块面积对地表温度影响很小。不透水面平均斑块面积大小主要集中在 0 ～ 80 和 320 ～ 400 的区间范围内，不透水面平均斑块面积大小分布与城市建设强度等级无一一对应关系（图 4－19）。

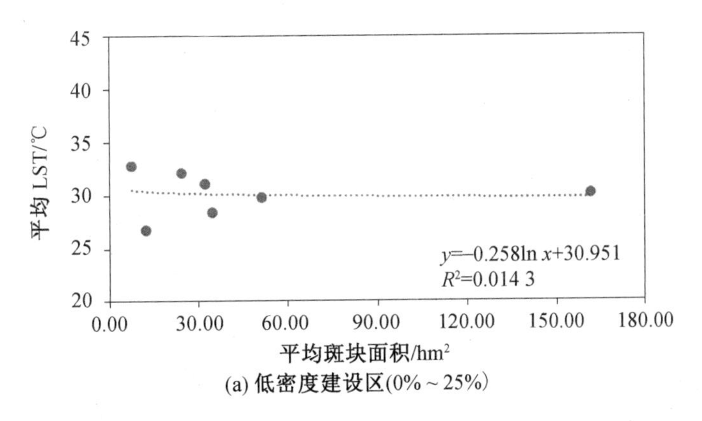

(a) 低密度建设区(0%～25%)

图 4－19　夏季不同覆盖度下不透水面平均斑块面积与地表温度的回归分析

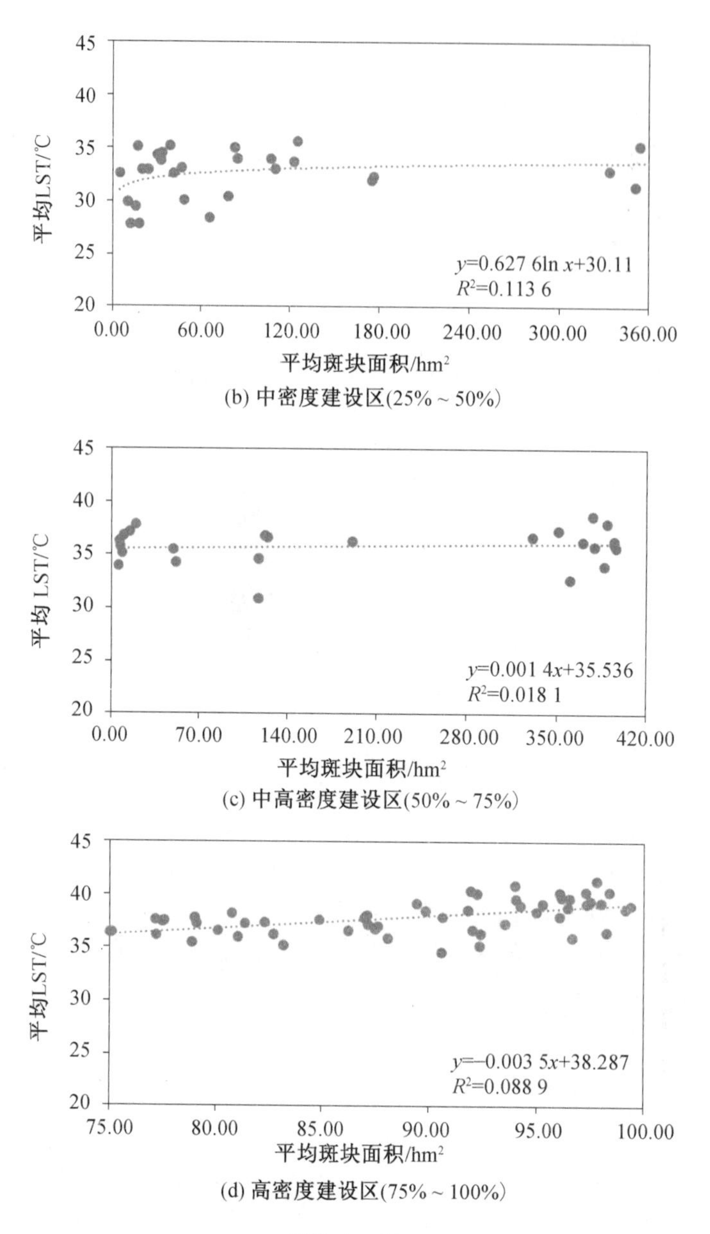

(b) 中密度建设区(25%～50%)

(c) 中高密度建设区(50%～75%)

(d) 高密度建设区(75%～100%)

续图 4－19

由于冬季部分不透水面被积雪覆盖，土地覆被类型变为冰雪，连通性被打断。总体上平均不透水面面积与地表温度呈散点分布($p>0.05$)，不具有统计学意义，即单位尺度内不透水平均面积改变不会影响地表温度。在分级统计中，仅当不透水面覆盖度在25%以下时，不透水面的平均斑块面积对地表温度存在一定影响，平均面积每增加 1 hm^2，地表温度大约上升 0.58 ℃，但随着平均面积进一步扩大，对地表温度差值逐渐缩小，低密度建设区地表温度基本维持在－12 ℃左右(图 4－20 和图 4－21)。

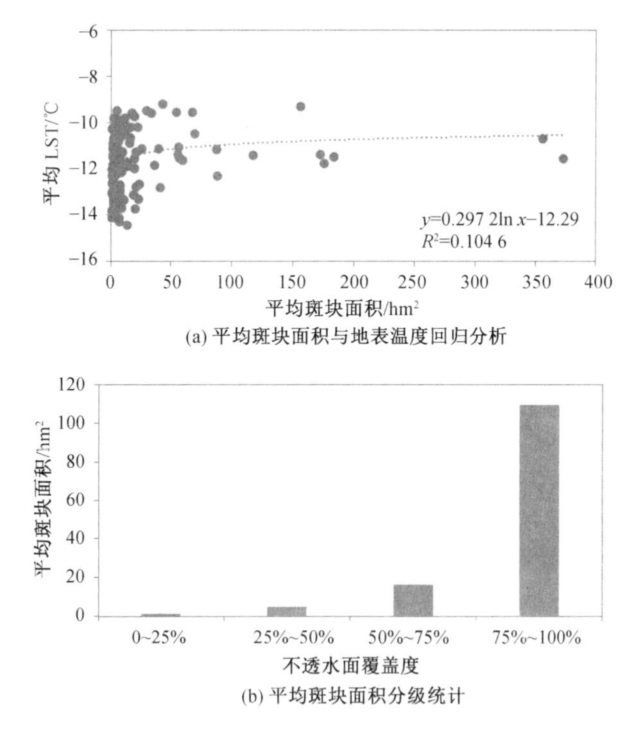

(a) 平均斑块面积与地表温度回归分析

(b) 平均斑块面积分级统计

图 4－20　冬季不透水面平均斑块面积与地表温度回归分析

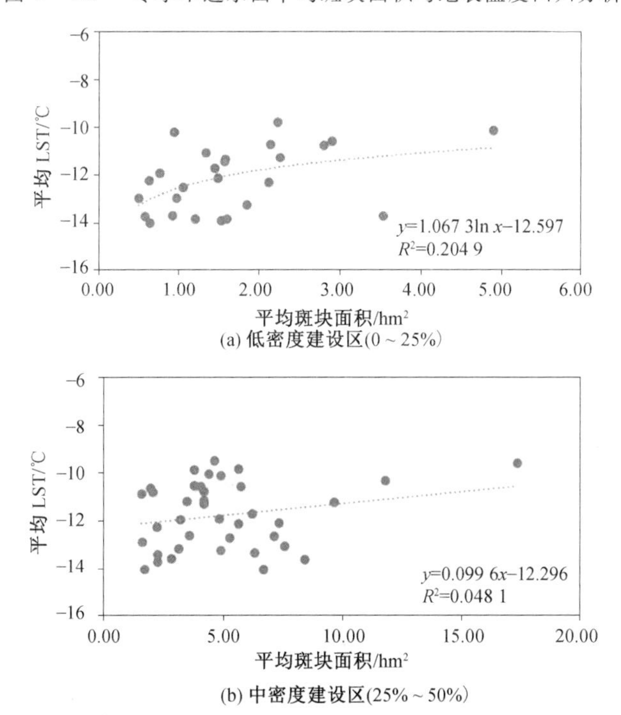

(a) 低密度建设区(0 ~ 25%)

(b) 中密度建设区(25% ~ 50%)

图 4－21　冬季不同覆盖度下不透水面平均斑块面积与地表温度的回归分析

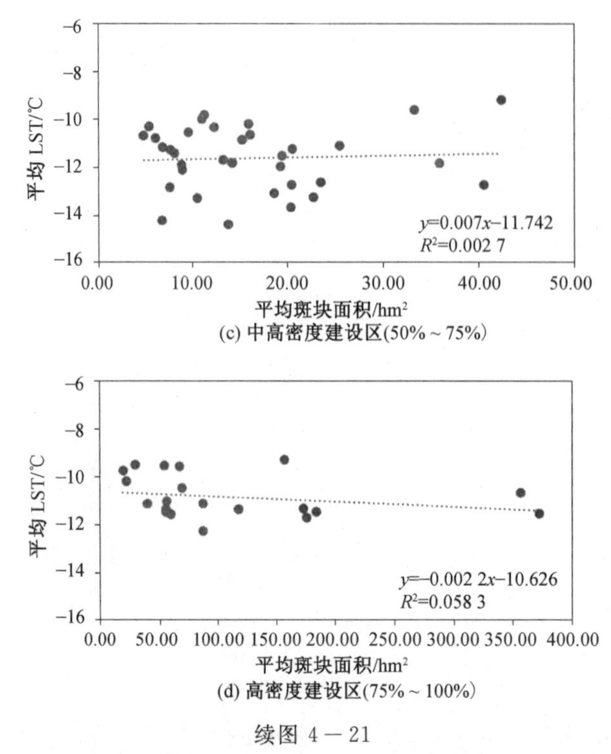

续图 4－21

综上所述，在冬夏季两个面积指标因子中，不透水面覆盖度与地表温度的拟合度优于不透水面平均斑块面积与地表温度的拟合度，即不透水面覆盖度对地表温度的影响更大，联系更为紧密。这是因为平均不透水面斑块面积大小受到了斑块数量的影响，在同等不透水面覆盖程度情况下，斑块数量不同即破碎度不同，对地表温度的影响不同，下面需要进一步讨论。

2. 形状复杂度对地表温度的影响

在对于单位网格中不透水面的形状复杂度进行研究时引入了分维理论，选取了两种权重计算形状指数，分别为面积加权的平均斑块分维指数和基于不透水面斑块个数的平均斑块分维指数。

在夏季时，二者与地表温度的最佳拟合方程分别为幂函数方程和指数函数方程。对于整体 AWMPFD－LST 拟合方程，为定义域区间的单调减函数，AWMPFD 的取值范围为 1～2。当 AWMPFD＝1 时，为最简单的几何体形状矩形；当 AWMPFD＝2 时，单元样本内斑块周长最大，即形状边缘轮廓线结构最为复杂。因此，在该气候背景与建筑环境条件下，城市整体最低温度为 28.91 ℃，最高温度为 39.39 ℃(图 4－22)。

当不透水面覆盖度在 25%～75% 时，不透水面 AWMPFD 对地表温度几乎无影响；当不透水面覆盖度大于 75% 时，地表温度随着不透水面面积加权形状分维数增大而减少。在城市高密度建设区，地表温度对不透水面形态变化较为敏感，形状复杂度每增加 0.1 个单位，地表温度下降 1.95 ℃，因此，在高密度建设区进行城市布局时，建筑用地边界轮廓应避免规整，采用发散性增扩建，增加不透水面与植被、水体的接触面积，降低城市地表温度；而在城市低密度建设区反而要控制布局，尽量简单规整，有利于植被发挥其规模效应以减缓城市热岛。根据拟合方程，AWMPFD 的值应控制在 1.21 ～ 1.41 范围内（图 4－23）。

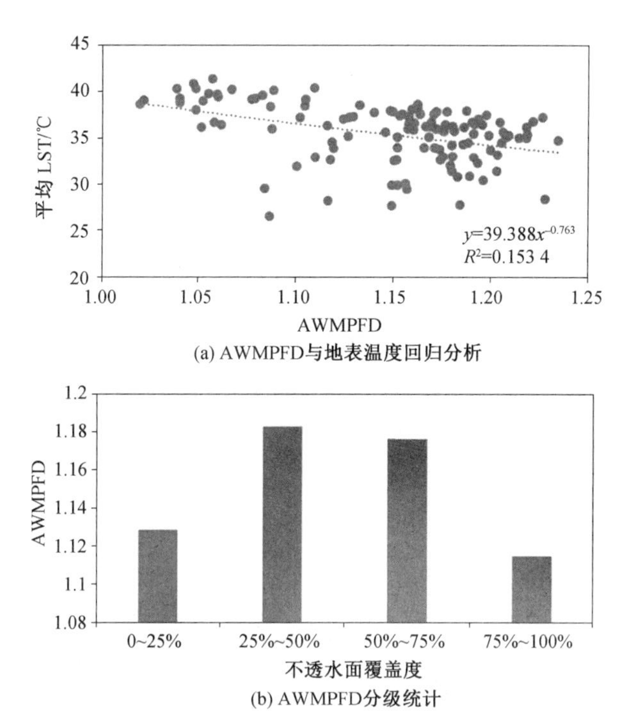

(a) AWMPFD与地表温度回归分析

(b) AWMPFD分级统计

图 4－22　夏季不透水面 AWMPFD 与地表温度的回归分析

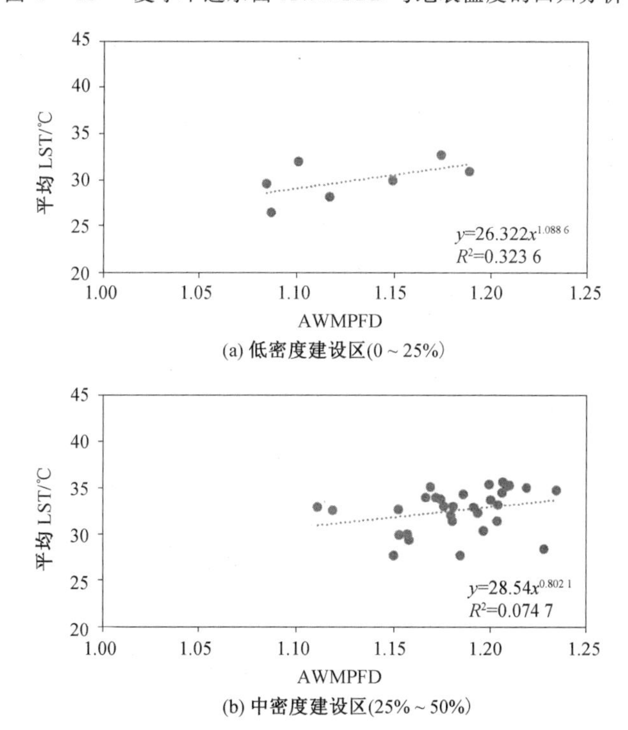

(a) 低密度建设区(0～25%)

(b) 中密度建设区(25%～50%)

图 4－23　夏季不同覆盖度下不透水面 AWMPFD 与地表温度的回归分析

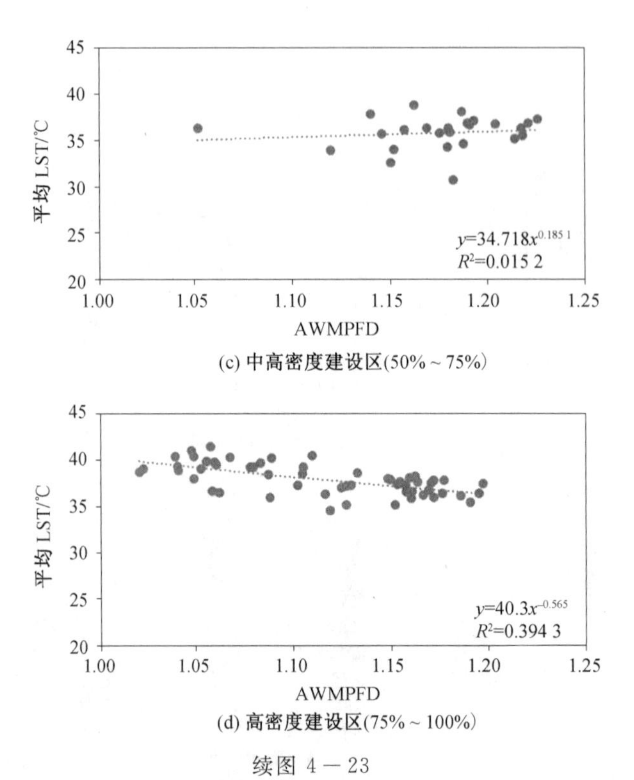

(c) 中高密度建设区(50%～75%)

(d) 高密度建设区(75%～100%)

续图 4－23

在冬季，无论进行总体还是分级讨论，面积加权的平均形状分维数与地表温度均为离散型分布($p>0.05$)，不具有统计学意义。因此，在冬季，不透水面形状复杂度对地表温度几乎没有影响。地表温度与形状复杂度仅在高密度建设区呈现弱相关，该AWMPFD－LST方程斜率与夏季相反，但和高密度建设区不透水面覆盖度与冬季地表温度的变化趋势一致。AWMPFD每增加0.1个单位，地表温度上升1.16 ℃(图4－24和图4－25)。

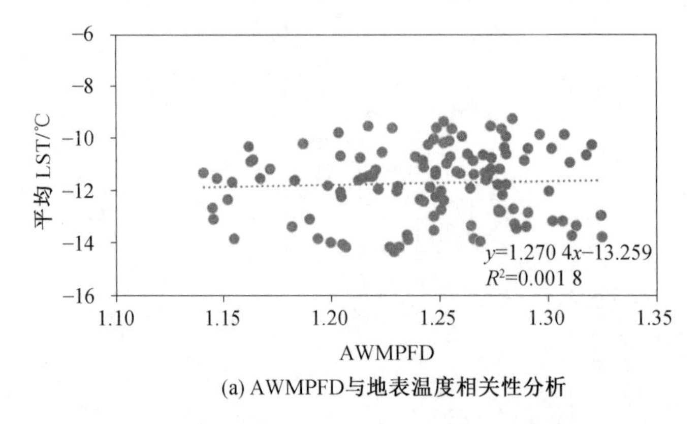

(a) AWMPFD与地表温度相关性分析

图 4－24　冬季不透水面 AWMPFD 与地表温度的回归分析

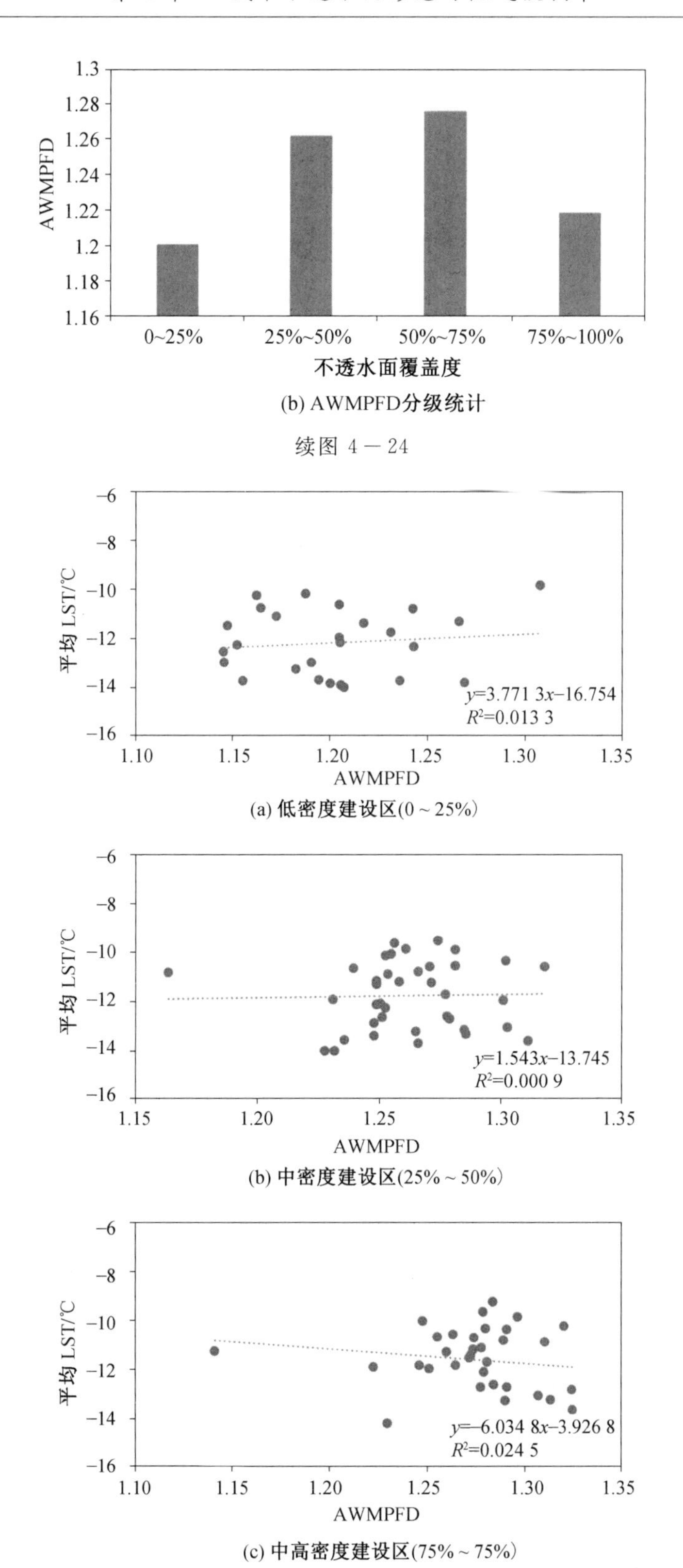

图 4－25　冬季不同覆盖度下不透水面 AWMPFD 与地表温度的回归分析

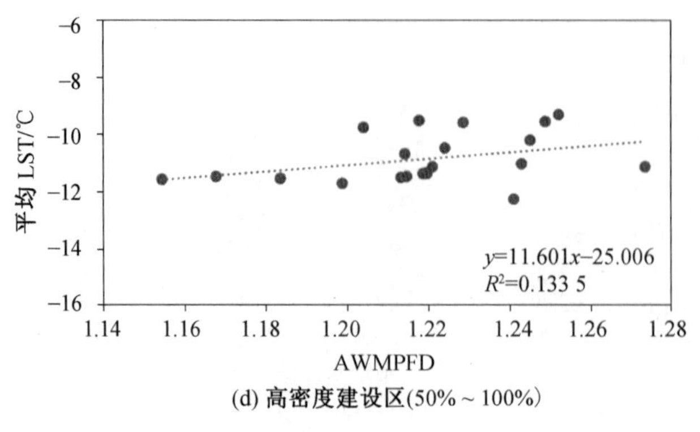

(d) 高密度建设区(50%～100%)

续图 4－25

MPFD 的取值范围与 AWMPFD 类似，只是单位样本尺度范围内计算考虑权重不一样。如图 4－26 所示，不透水面覆盖度越大，平均形状复杂度越大，但 MPFD 与 LST 的决定系数 R^2 仅为 0.018 6，二者的拟合度很差，不具有因果关系。如图 4－27 所示，在不同等级建设区比较中，夏季 MPFD－LST 拟合方程变化规律与 AWMPFD－LST 一致，低密度建设区为正相关，高密度区为负相关。

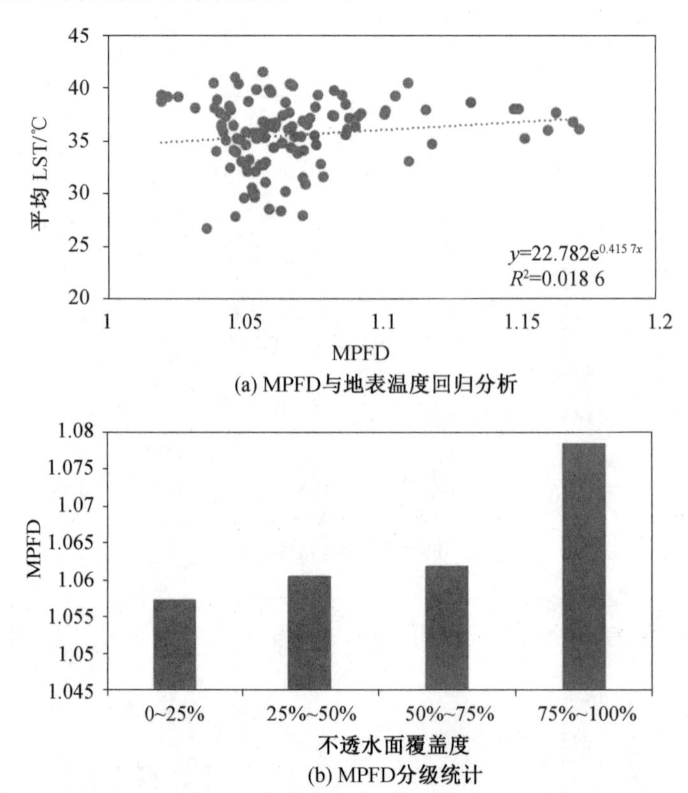

图 4－26　夏季不透水面 MPFD 与地表温度的回归分析

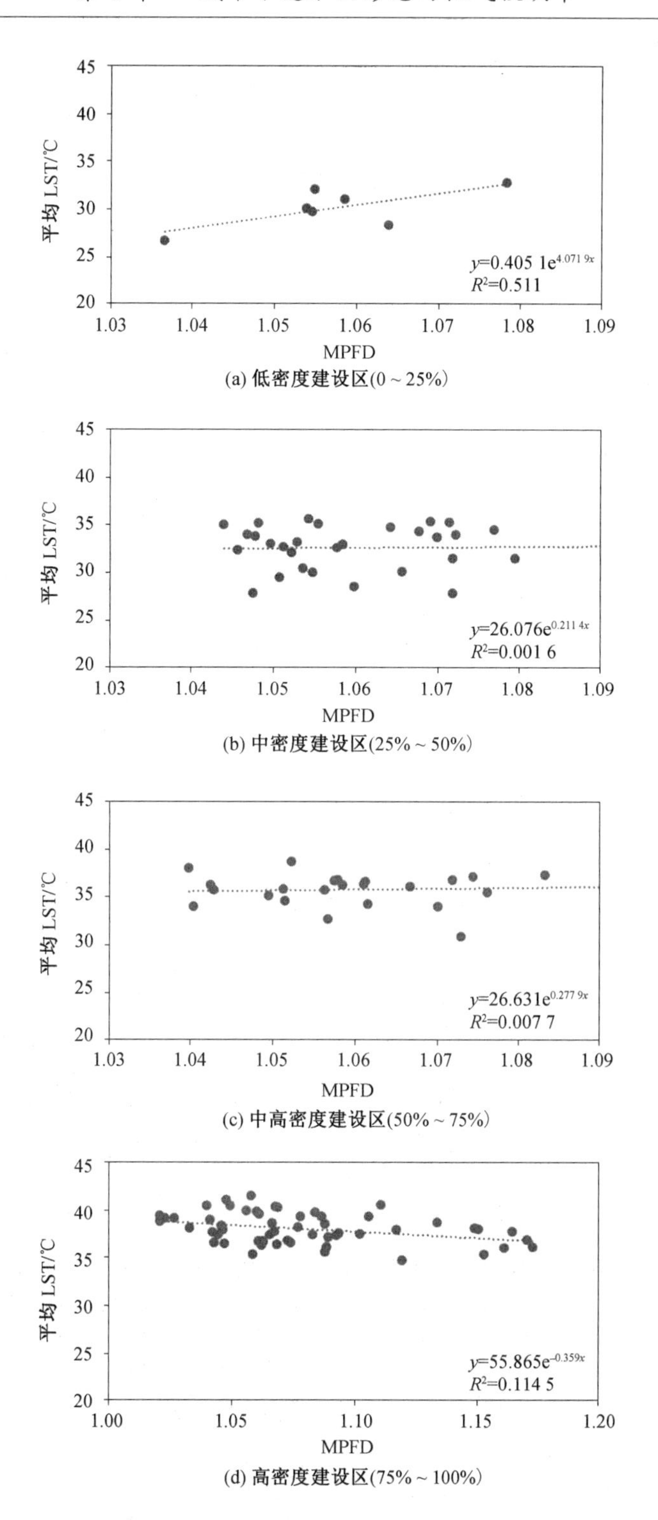

(a) 低密度建设区(0～25%)

(b) 中密度建设区(25%～50%)

(c) 中高密度建设区(50%～75%)

(d) 高密度建设区(75%～100%)

图 4－27　夏季不同覆盖度下不透水面 MPFD 与地表温度的回归分析

由图 4－28 可知,冬季形状复杂度指标 MPFD 与地表温度的置信区间为 $p=0.318>0.05$,二者之间无明显规律性。在不同等级建设区比较中,地表温度随平均形状分维数的增加在方程曲线周围零散分布，说明形状复杂度无法解释地表温度的变化。即在城市宏观尺度上，不透水面的形状复杂度对地表温度的影响有限，二者不存在必然的因果关系(图 4－29)。

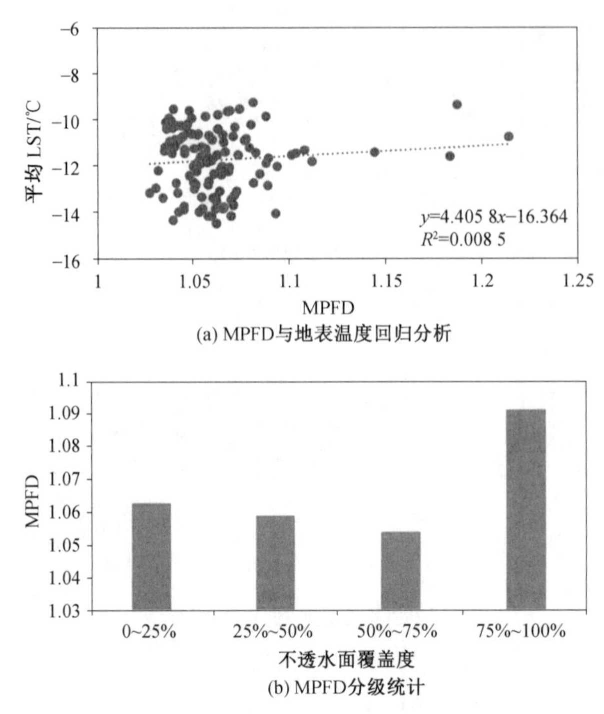

图 4－28　冬季不透水面 MPFD 与地表温度的回归分析

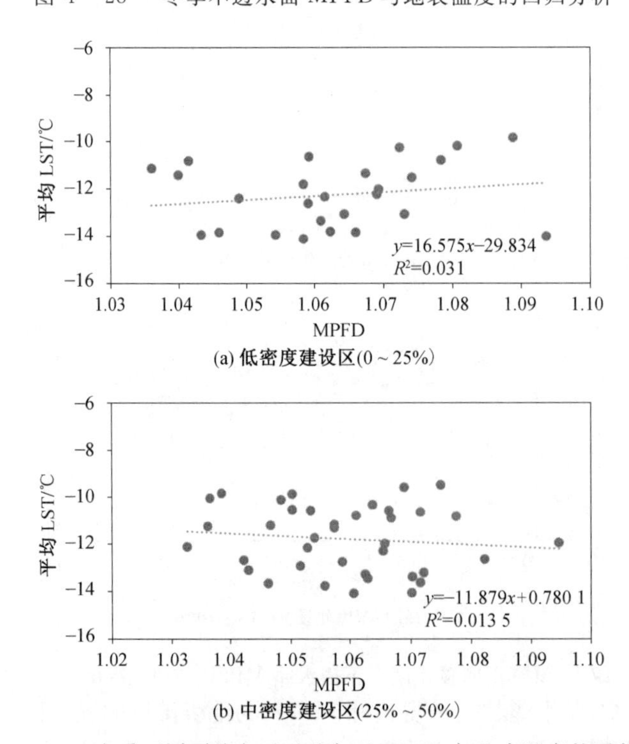

图 4－29　冬季不同覆盖度下不透水面 MPFD 与地表温度的回归分析

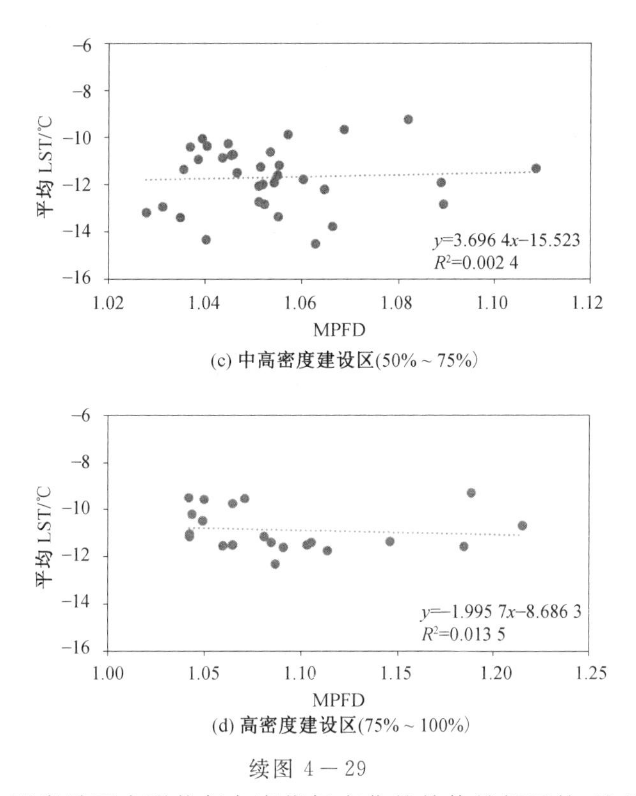

(c) 中高密度建设区(50%～75%)

(d) 高密度建设区(75%～100%)

续图 4－29

总体上，地表温度随两个形状复杂度指标变化的趋势是相反的，这是因为两种指标计算方法从不同方面考虑不透水面其他布局特征要素的干扰，保证数值的可比性。AWMPFD 考虑了各个斑块面积的影响，按照单位样本内斑块面积大小占比赋予各斑块形状复杂度权重即求得的形状分维指数是面积加权平均值。而 MPFD 则直接按斑块个数求取形状复杂度的算数平均值。由上面分析可知：单位尺度内，不透水面面积对地表温度的影响是增值性的，AWMPFD 保留了面积差异，而 MPFD 则认为面积大小无影响。二者相反的变化，证明不透水面形状复杂度对地表温度的影响是复杂的，受到其他因素的干扰。本研究主要考虑的是单位样本内不透水面整体的综合效应的影响，是从局地尺度考虑整体层次的内在关系而非单独个体的变化。形状复杂度换言之即为斑块的边缘效益，在相同范围内，形状越复杂，周长越长，边缘效益越强，不透水面与透水面两种不同属性的城市下垫面在交界处发生更多的物质、能量交互，从而影响城市热环境。

4.4.3　斑块破碎度对地表温度的影响

斑块密度是从破碎度的角度，研究不透水面单元的布局要素特征。如图 4－30 所示，单位面积斑块数量（斑块密度）与地表温度在 0.01 水平（双尾）上呈线性负相关，夏季总体回归方程为 $y=-1.0591x+38.212$（$R^2=0.6186$），与形状指数相比，斑块密度与地表温度的相关性提高很多。斑块密度对地表温度为消极影响，一般情况下，单位面积中不透水面斑块数量越多，表示不透水面的破碎度越高，边缘轮廓越复杂、越不规则；由于与周围透水面的接触面积较大，增加了与周围区域之间的能量流动和交换，因此不透水面表面温度下降。鉴于对城市热岛效应的考虑，斑块密度宜控制在大于 1.97 的范围。

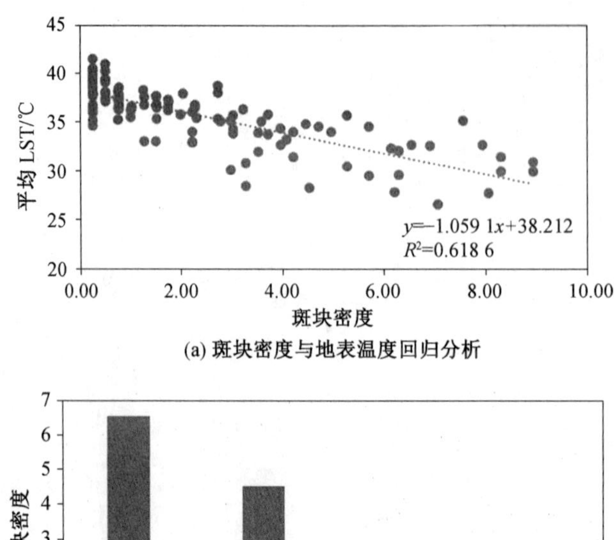

(a) 斑块密度与地表温度回归分析

7
6
5
4
3
2
1
0
斑块密度
0~25%
25%~50%
50%~75%
75%~100%
不透水面覆盖度

(b) 斑块密度分级统计

图 4－30　夏季不透水面斑块密度与地表温度的回归分析

总体上看，夏季随着不透水面覆盖度增大，斑块密度越小，不透水面连通性越大，破碎度越小。由图 4－31 可知，在城市高密度建设区，二者的因果关系最强，不透水面密度每提高一个单位，地表温度下降 0.71 ℃。在城市高密度建设区，不透水面斑块密度基本都小于 2，地表平均温度大于 35 ℃，整体高于其他等级的城市建设区平均地表温度，是城市高温区。因此，在城市规划及建筑布局时，应采取多点、分散地进行建筑组团布置、建设卫星城等策略，从而有效抑制热岛效应的进一步加剧。

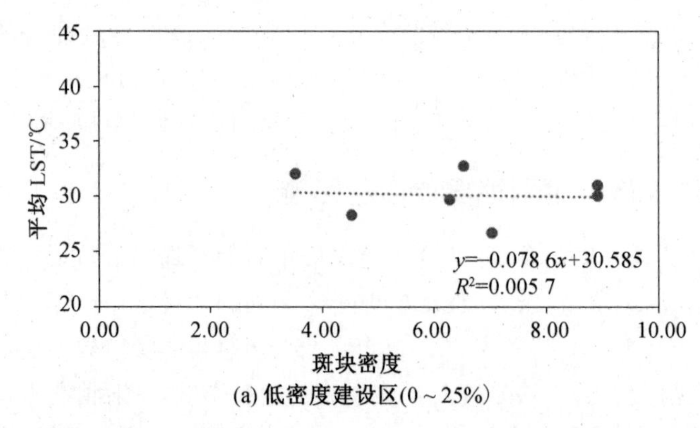

(a) 低密度建设区(0～25%)

图 4－31　夏季不同覆盖度下不透水面斑块密度与地表温度的回归分析

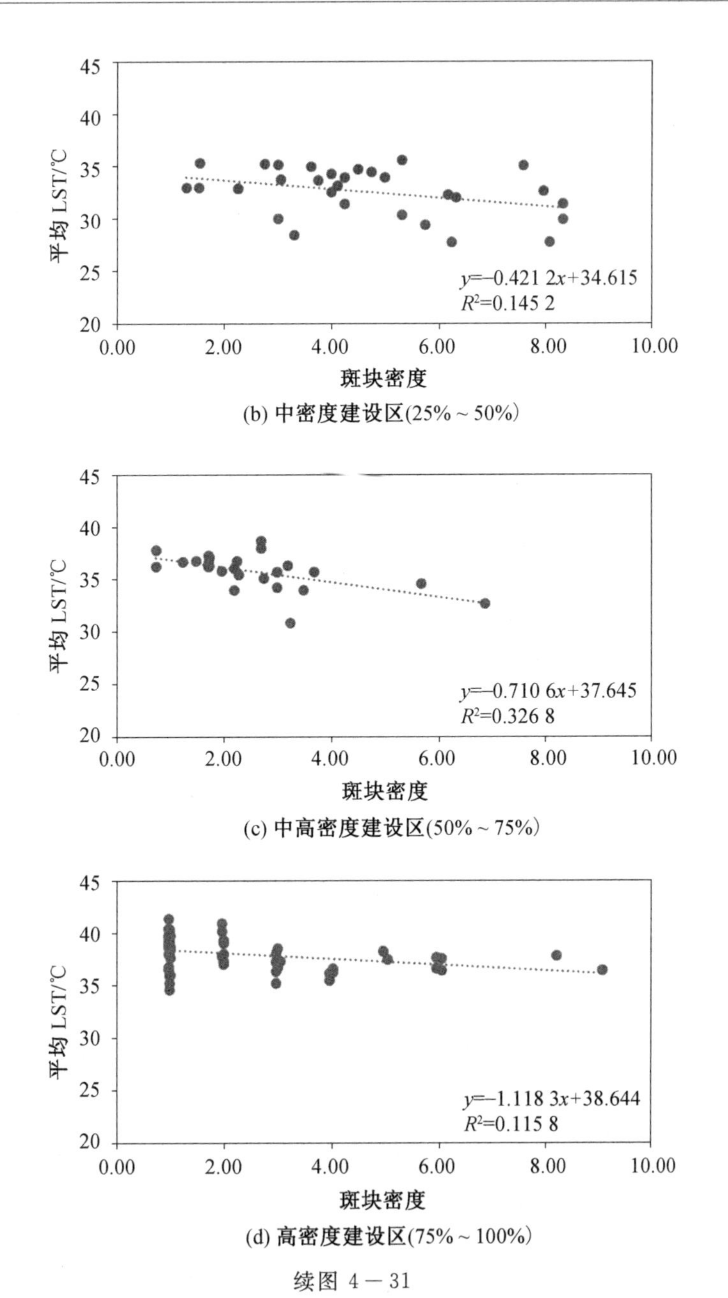

(b) 中密度建设区(25%～50%)

(c) 中高密度建设区(50%～75%)

(d) 高密度建设区(75%～100%)

续图 4－31

如图 4－32 所示，冬季总体不透水面斑块密度和地表温度的拟合方程为 $y=-0.071x-11.128$($R^2=0.105\ 1$，$p<0.01$)，二者为弱相关，斑块密度每提高一个单位，地表温度下降 0.07 ℃，温度差值很小。如图 4－33 所示，与夏季情况相同，随着不透水面覆盖度提高，斑块密度减少，破碎度下降。在城市高密度建设区，不透水面斑块密度与地表温度的方程拟合度相对最好，但破碎度每提高一个单位，地表温度差值仅为0.38 ℃，远小于人体可感范围，对冬季热环境影响很小。

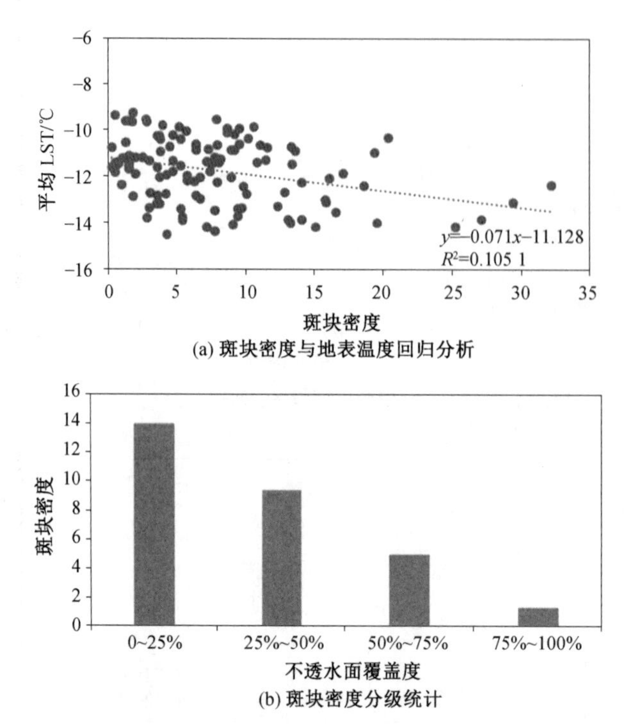

图 4－32　冬季不透水面斑块密度与地表温度的回归分析

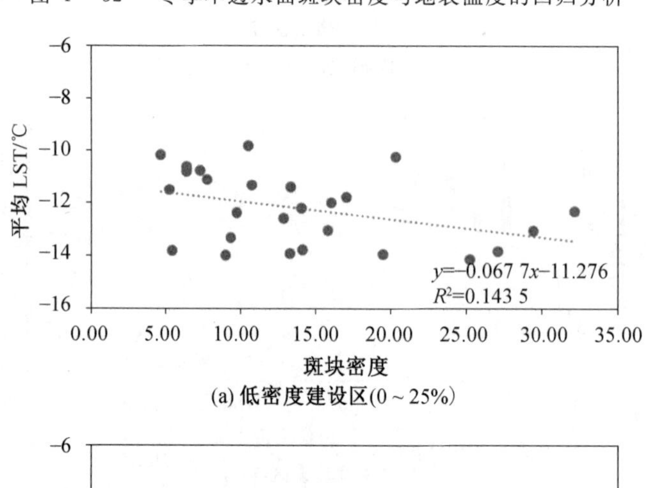

(a) 低密度建设区(0～25%)

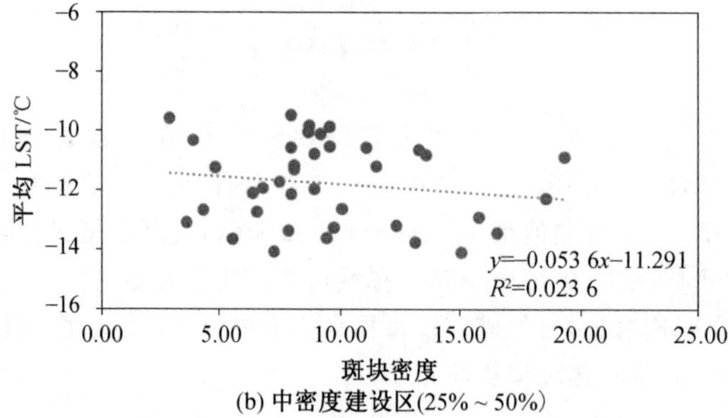

(b) 中密度建设区(25%～50%)

图 4－33　冬季不同覆盖度下不透水面斑块密度与地表温度的回归分析

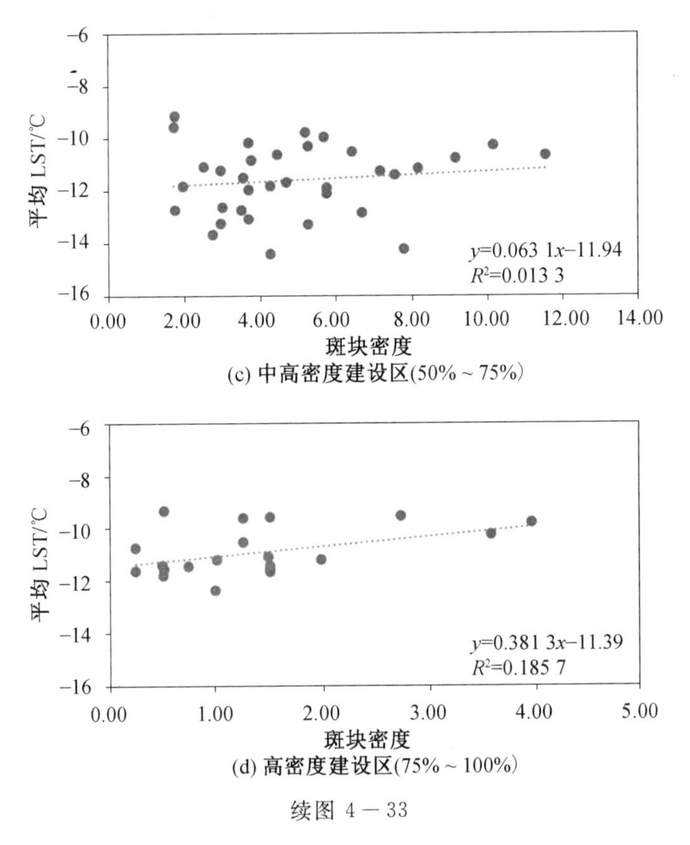

(c) 中高密度建设区(50% ~ 75%)

(d) 高密度建设区(75% ~ 100%)

续图 4－33

4.4.4　空间聚集度对地表温度的影响

在空间结构上，不透水面斑块的分布与配置是导致地表温度时空异质性的重要原因之一。因此，本节引入欧氏最邻近距离分布、邻近指数分布及聚集指数、分散指数来研究不透水面斑块的空间分布情况。

如表 4－11 所示，夏季 enn_mn、prox_mn、AI、Division 四个空间分布指数与地表温度的相关系数 R 分别－0.330、0.240、0.812、－0.837($p < 0.01$)。其中，AI、Division 与 LST 的相关系数较大，说明 AI、Division 是比较合适的研究不透水面斑块空间分布情况与地表温度的影响因子。经拟合获得的 AI－LST 回归方程为 $y = 1.059\ 1e^{0.011\ 1x}$，$R^2$ 为 0.665 6($p < 0.01$)，结果如图 4－34 所示，不透水面斑块的聚集度 AI 与地表温度存在较强的正相关性，即不透水面的聚集性对地表温度影响较大。AI 的取值范围为 0 ～ 100，在该范围内，不透水面聚集性越高，平均地表温度越高，最高可达 38.53 ℃，且增长的速度越来越快。由于聚集度每提高一个单位，平均地表温度约上升 0.38 ℃，鉴于热岛效应，AI 应控制在 95 以下。

表 4－11　夏季不透水面空间分布指数与平均地表温度的相关性

		enn_mn	prox_mn	AI	Division
平均 LST	皮尔逊相关性	－0.330**	0.240**	0.812**	－0.837*
	显著性(双尾)	0.001	0.008	0.000	0.000
	样本数	119	119	119	119

注 **:在 0.01 级别(双尾)。

注 *:在0.05级别(双尾),相关性显著。enn_mn表示平均欧氏最邻近距离指数(Euclidean Nearest Neighbor Distance Distribution),prox_mn 表示平均邻近指数(Proximity Index Distribution),AI 表示聚集度指数(Aggregation Index),Division 表示景观分散指数(Landscape Division Index)。

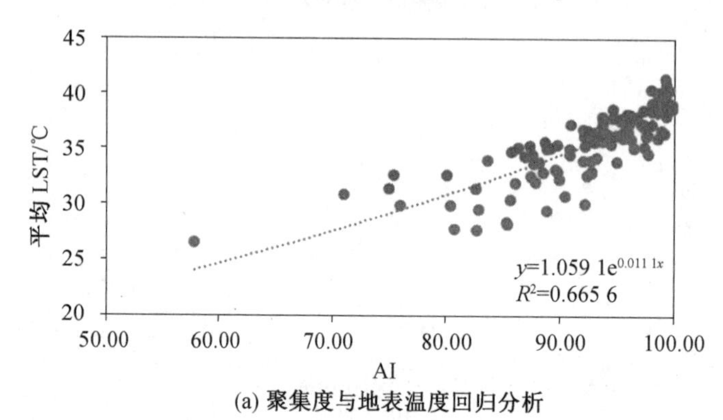

(a) 聚集度与地表温度回归分析

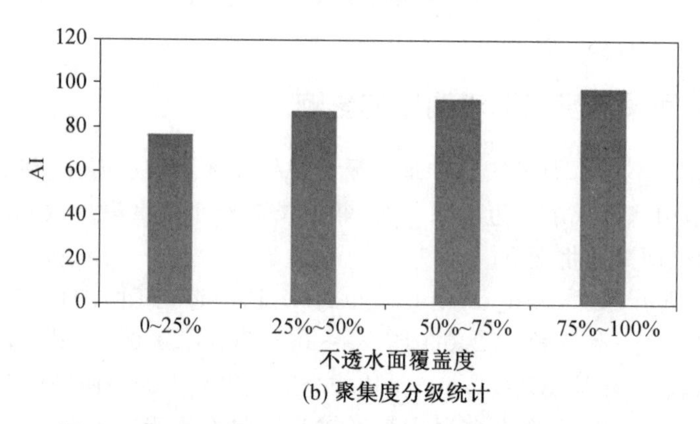

(b) 聚集度分级统计

图 4－34　夏季不透水面聚集度与地表温度的回归分析

在夏季不透水面覆盖度分级讨论中,随着不透水面覆盖度的增大,其聚集度也在增大,从低密度建设区到高密度建设区,不透水面聚集度增加了 21 个单位。与此同时,不透水面聚集度与地表温度的相关性也越来越强,且对地表温度的改变量也越来越大。不透水面聚集度每增加一个单位,各级建设区地表温度平均上升值分别为 0.10 ℃、0.21 ℃、0.42 ℃ 及 0.55 ℃。因此,在高密度建设区,应该特别注意控制不透水面的聚集度(图4－35)。

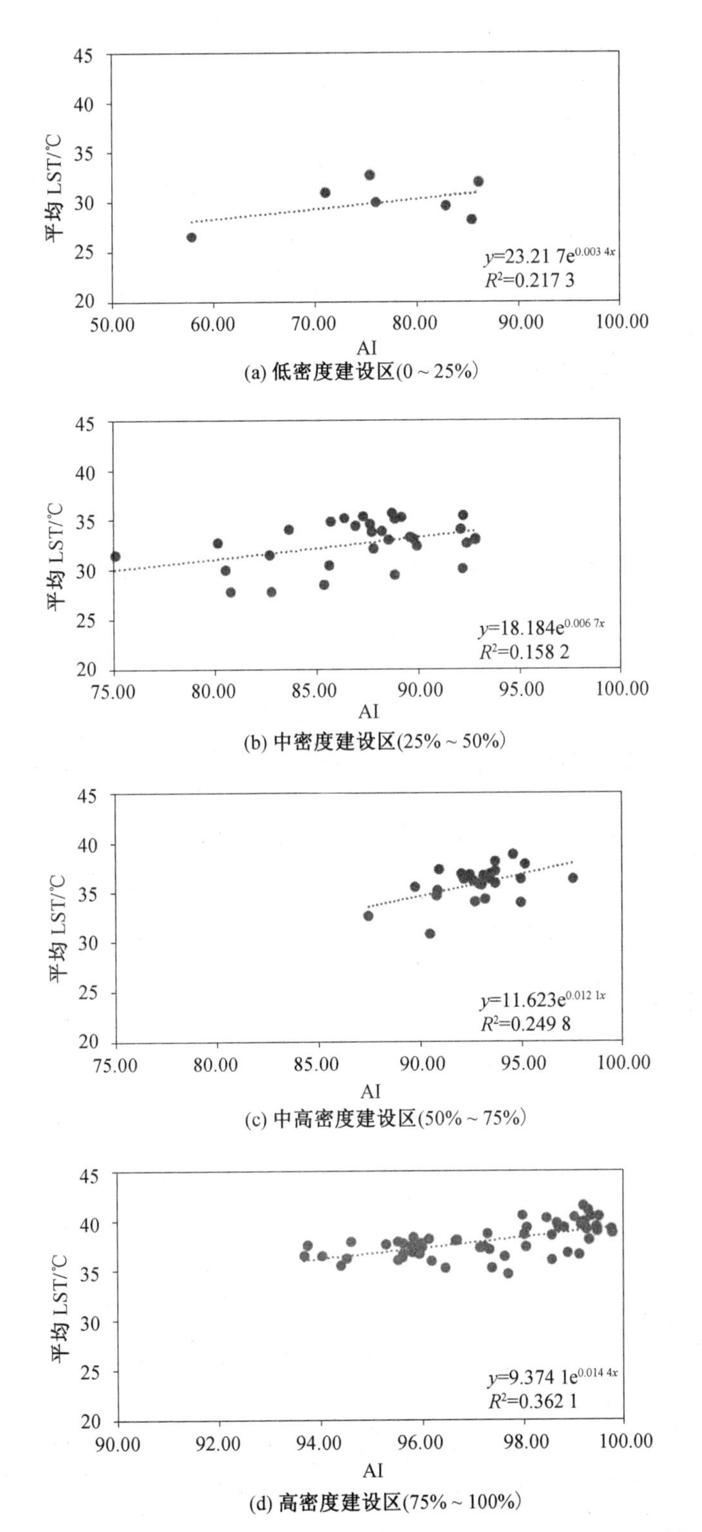

图 4－35　夏季不同覆盖度下不透水面聚集度与地表温度的回归分析

在冬季，不透水面聚集度与地表温度的关系为线性正相关($y=0.040\ 1x-14.802$，$R^2=$

0.135 8，$p<0.01$），聚集度每提高一个单位，平均地表温度上升 0.04 ℃，其增长幅度不到夏季的十分之一，增长速度平稳。总体上，相较于面积和形状指标，冬季不透水面聚集度对地表热环境的影响权重最大（图 4－36）。比较各级建设区方程的拟合度，高密度建设区决定系数 R^2 最高（$R^2=0.362\ 1$），即高不透水面覆盖度下，聚集度对地表温度的解释程度最好。不透水面聚集度每提高一个单位，平均地表温度大约下降 0.20 ℃，为其他等级建设区的 3～5 倍，对地表温度的改变相对显著，但其斜率为负值，也表现出与其他建设区相反的相关性。由于在中低密度建设区，聚集的不透水面可以吸收更多的太阳辐射，同时建筑可以阻挡热量的散失；而高密度建设区为城市中心区，建筑密度较大，过于聚集的不透水斑块及建筑反而会阻碍地表热量的获得，因而造成了高密度建设区的反常现象（图 4－37）。

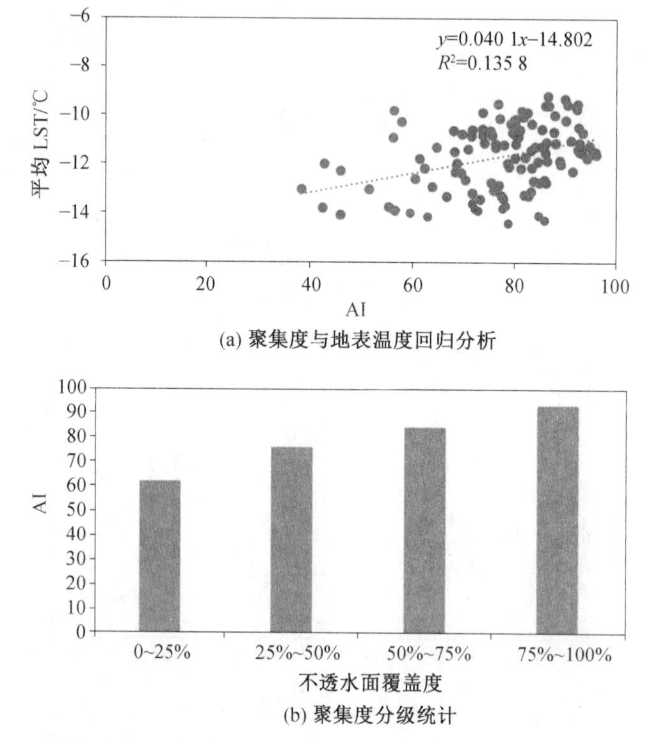

(a) 聚集度与地表温度回归分析

(b) 聚集度分级统计

图 4－36　冬季不透水面聚集度与地表温度的回归分析

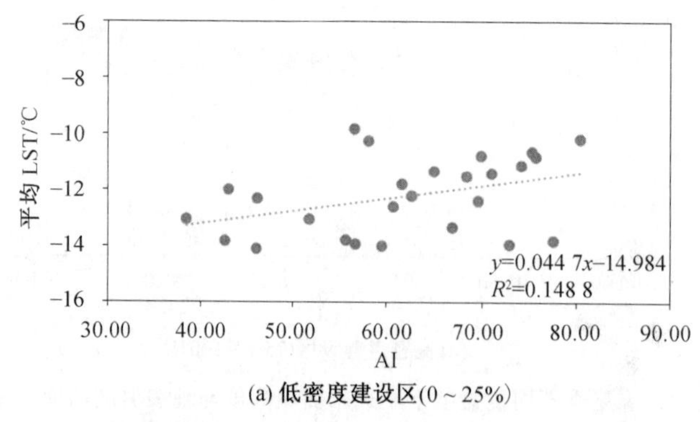

(a) 低密度建设区(0～25%)

图 4－37　冬季不同覆盖度下不透水面聚集度与地表温度的回归分析

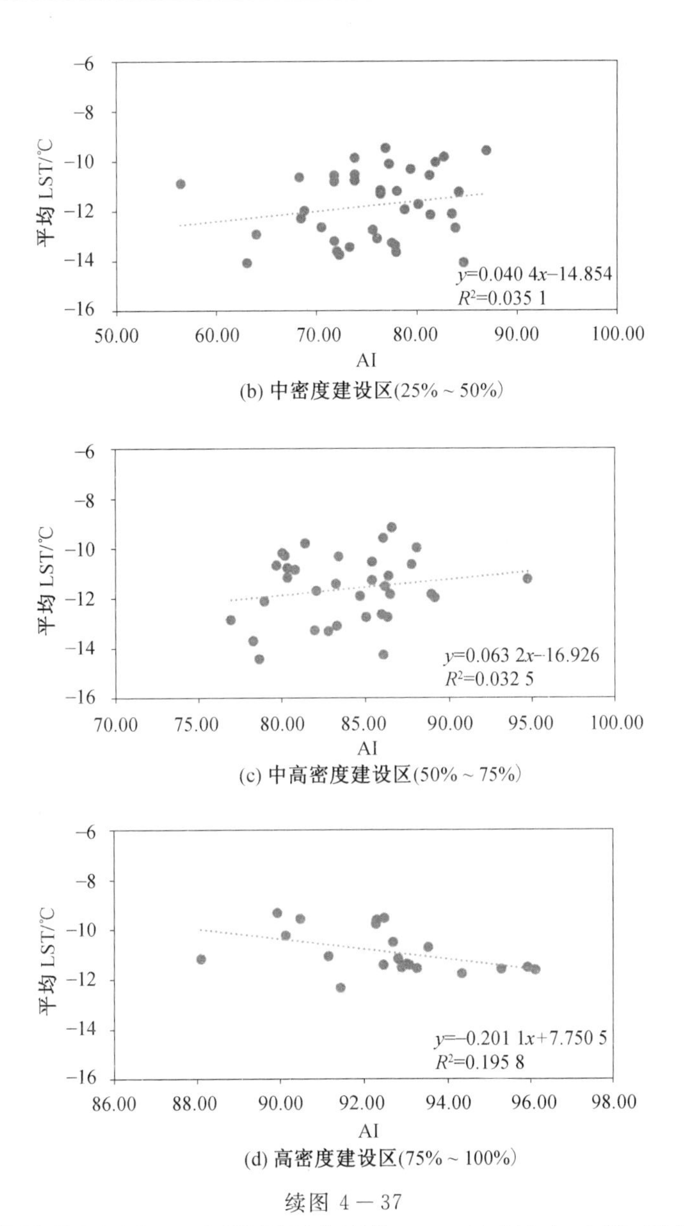

(b) 中密度建设区(25% ~ 50%)

(c) 中高密度建设区(50% ~ 75%)

(d) 高密度建设区(75% ~ 100%)

续图 4－37

经拟合获得夏季 Division－LST 回归方程为 $y=-7.818\ 4x+39.807$($R^2=0.700\ 6$，$p<0.01$)。与聚集度指数对地表温度的影响相反，不透水面分离度 Division 与地表温度存在较强的线性负相关。随着不透水面覆盖度的提高，分离度由 0.99 降至 0.21，且对地表温度的影响也在变小。在不透水面不同覆盖度下，中高密度建设区的分离度与地表温度的拟合度最好($R^2=0.529\ 2$，$p<0.01$)，分离度每增加 0.1 个单位，地表温度下降 0.11 ℃(图 4－38 和图 4－39)。

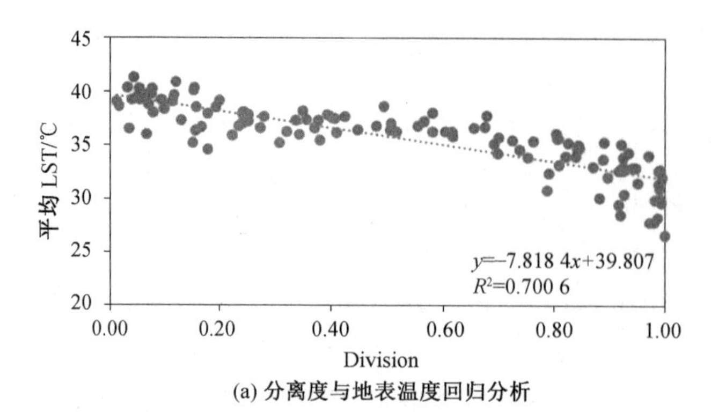

(a) 分离度与地表温度回归分析

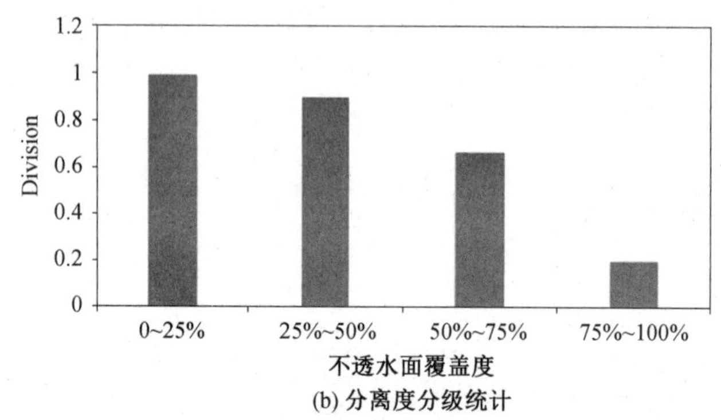

(b) 分离度分级统计

图 4－38　夏季不透水面分离度与地表温度的回归分析

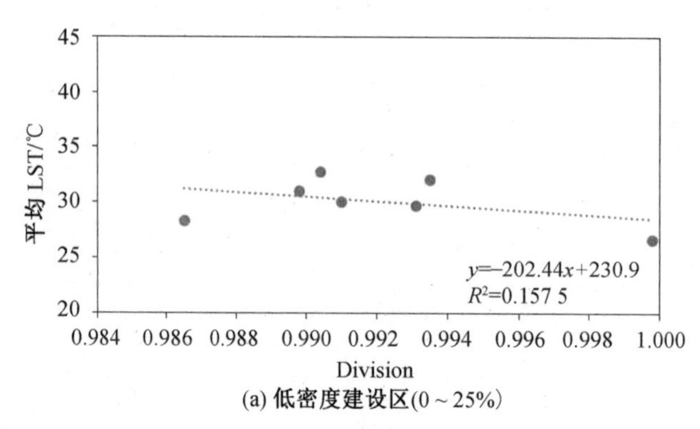

(a) 低密度建设区(0～25%)

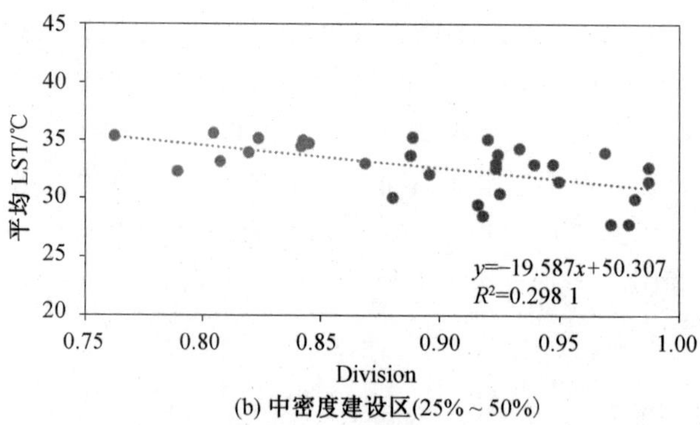

(b) 中密度建设区(25%～50%)

图 4－39　夏季不同覆盖度下不透水面分离度与地表温度的回归分析

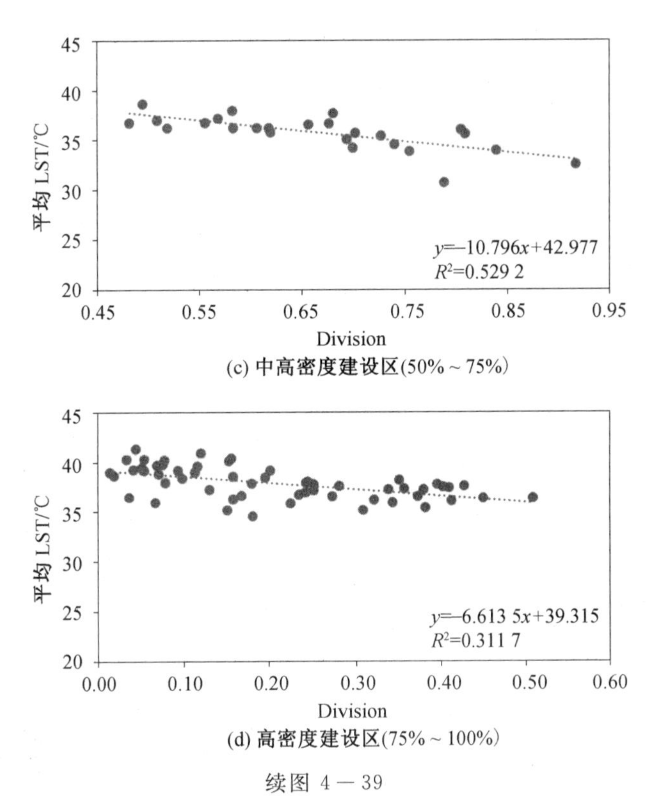

(c) 中高密度建设区(50%～75%)

(d) 高密度建设区(75%～100%)

续图 4－39

如图 4－40 和图 4－41 所示，冬季拟合方程为 $y=-1.5636x-10.522$（$R^2=0.0876$，$p<0.01$），变化趋势基本与夏季相同，随着不透水面分离度的增大，平均地表温度越来越小。分离度每提高 0.1 个单位，地表温度下降 0.16 ℃，是夏季温度差值的 1/5。总体上看，随着不透水面覆盖度的增大，除高密度建设区外，分离度对地表温度的改变量越来越小，且城市建设强度越高，不透水面的分离度越小，分离度与地表温度的拟合度越高。当不透水面覆盖度为 75%～100% 时，决定系数为 0.4，分离度每增加 0.1 个单位，地表温度上升约 0.67 ℃，但这与夏季分离度与地表温度的关系呈相反趋势。

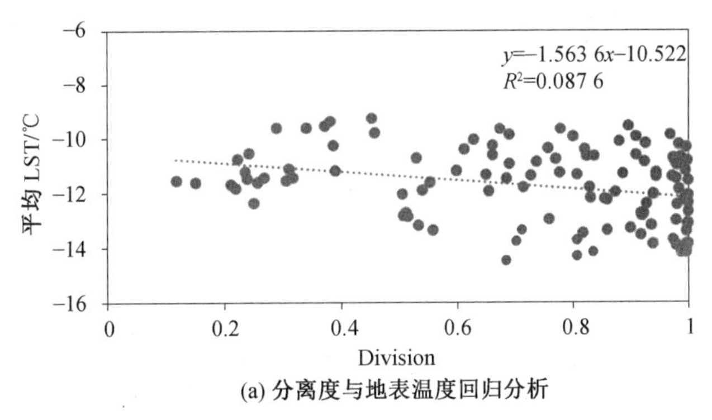

(a) 分离度与地表温度回归分析

图 4－40　冬季不透水面分离度与地表温度的回归分析

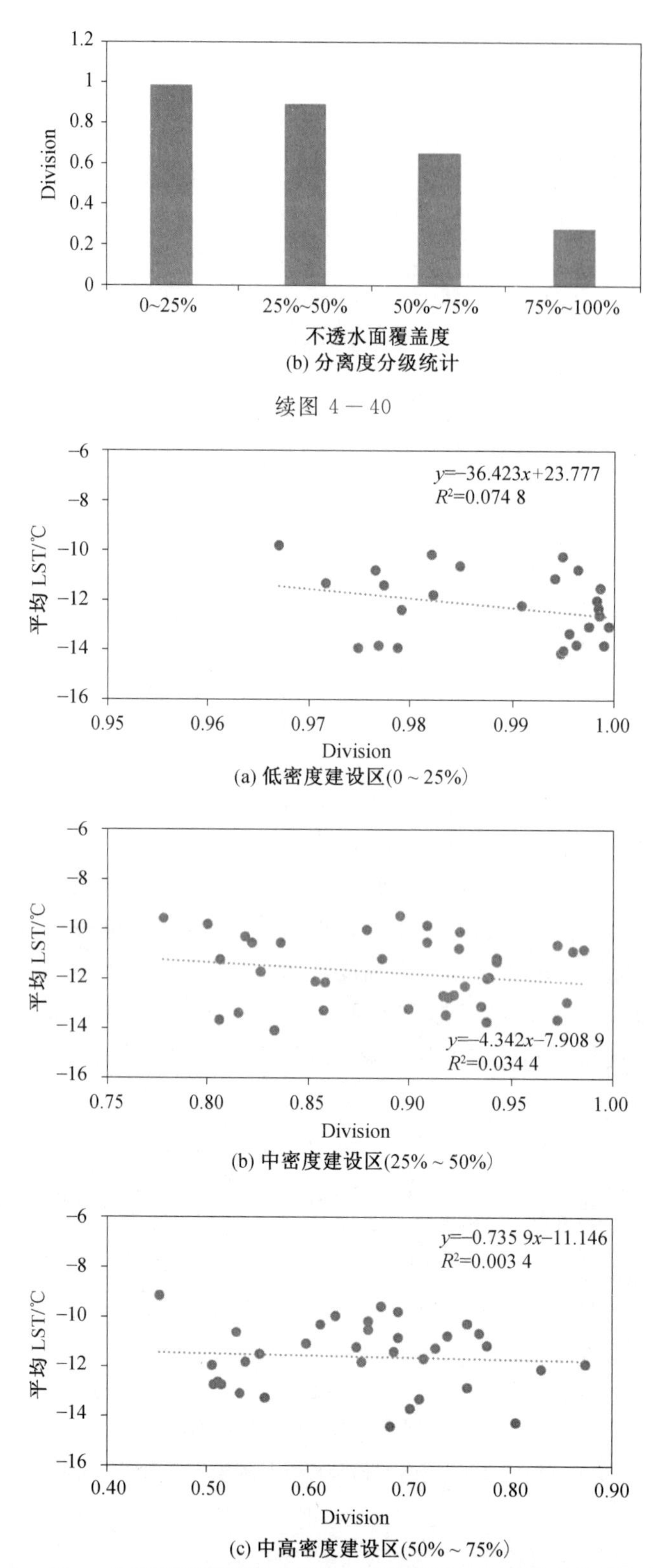

(b) 分离度分级统计

续图 4—40

(a) 低密度建设区(0～25%)

(b) 中密度建设区(25%～50%)

(c) 中高密度建设区(50%～75%)

图 4—41 冬季不同覆盖度下不透水面分离度与地表温度的回归分析

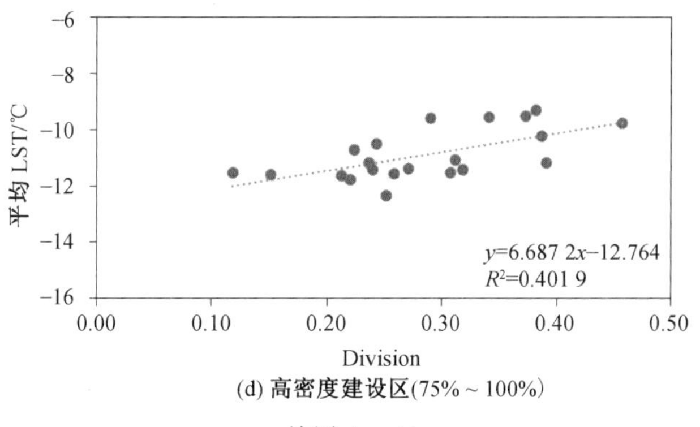

(d) 高密度建设区(75%～100%)

续图 4－41

综上所述,形状复杂度与地表温度的相关性最小,PLAND、PD、AI、Division 与地表温度显著相关。其中,PLAND、AI 与地表温度的相关性为正值,而 PD、Division 与地表温度的相关性为负值。这与以往的研究相一致。例如,2011 年 Zhou 等人对美国马里兰州格温斯瀑布流域的研究表明,平均地表温度与不透水面(正相关)和绿地(负相关)的平均斑块面积大小、平均形状指数之间存在着显著的联系性。单位尺度内,不透水面分布越广,面积越大,则地表温度越高。而 PD 则解释了不透水面的边缘特征,斑块密度越大,不透水面破碎度越大,即斑块之间分布了较多的透水面,破碎度带来不透水面与透水面边缘接触面的增大,而透水面自身的低温特点,增强了二者之间的热量交换作用,从而极大地缓解了不透水面的高温效应,降低了研究区内的平均温度。Connor 等人的研究也证实了这一点,这有助于解释地表温度的变异性,给地表温度空间分布不均匀做出合理的解释。在本节采用的四项布局要素指标中,聚集度与平均地表温度的关系最为紧密,对地温改变最为显著。聚集度越大,破碎度越小,不透水面连通性越好,地表温度越高。王耀斌等人利用 CA－Markov 模型模拟预测西安热岛效应,发现景观格局对热岛效应影响显著,其中,景观分离度与温度显著相关。此外,吴健生等人以深圳为例研究城市景观格局对内涝的影响,发现不透水面对城市内涝影响较大,其面积越大、聚集性越强、形状越复杂,越会加剧城市内涝程度。

在不透水面覆盖度分级讨论中,在夏季,不透水面覆盖度对各级建设区均有显著的影响;而对于形状复杂度,低密度建设区宜采用边缘轮廓简单的用地规划设计,这有利于城市绿地等透水面发挥其规模效应,高密度建成区对形状复杂度的变化较为敏感,需要增加与透水面的接触,从而增大直接降温与间接降温作用,缓解城市热岛效应,因此 AWMPFD 的值应控制在 1.21 ～ 1.41;对于中高密度建设区,斑块覆盖度宜小于 63.96,破碎度宜大于 2.13,分离度宜控制在 0.63 以上;对于高密度建设区,聚集度宜控制在 93.73 以下,这样各级建设区均可取得比较良好的热环境。在冬季,受气候环境变化、城市集中供热等因素影响,各布局要素因子与地表温度变化几乎无关,仅聚集度呈现弱相关性,其每提高一个单位,平均地表温度上升 0.04 ℃,增长幅度仅为夏季的十分之一。在冬季,高密度建设区不透水面覆盖度、形状复杂度、斑块破碎度以及聚散度等各指标因子均与夏季的相关性呈相反的趋势。一方面原因可能是哈尔滨冬季日照时间短,太阳高度角小,而随着城市建设强度越来越大,建筑密集程度与高度也越来越高,高密度建设区获得的太阳辐射量就越来越小，建筑群产生的阴影在起作用；另一方面，冬季无植被覆盖的寒冷干燥的土壤表面较不透水面的比热容更小，干土、沥青和干水泥的比热容分别为0.80 kJ/(kg·℃)、0.92 kJ/(kg·℃)、1.55 kJ/(kg·℃)。因此，冬季不透水表面温度往往比附近透水面上升得更慢，导致出现“降温效应”。

总体来说，在夏季，连续的、面积较大的不透水面往往会比相对零散分布的、面积较小的不透水面产生更强的热岛效应。聚集的人造地物或建筑材料大大提高了城市地表温度，因此，若要更好地调控城市热环境，城市规划者和政策制定者可以通过设计点状、发散性的布局形式来优化城市景观空间格局，避免出现大面积的裸露硬质铺地。例如可以将广场与绿植、水体进行合理配置，在有限的活动场地范围内，化整为零，分散布置。一方面可以缓解城市热岛效应；另一方面，从建筑美学来讲，增加了空间的层次感，提高了居民活动空间的趣味性与参与度，从而创造出更合理、适用、美观、舒适的城市空间。

4.4.5 多因素与地表温度相关性

面积大小、形状复杂度、斑块破碎度、空间聚集度是影响不透水面与地表温度的重要因素，为了进一步了解上述特征要素指标对城市热环境的综合影响，本节采用多元回归分析，从多因素角度分析不透水面形态要素对地表温度的影响。

由于城市热环境受到多种因素影响，包括气候、地理位置、土地覆被情况及城市开发利用强度等，因此地表温度与不透水面格局之间并不是一一对应的函数关系。本章重点关注的是不透水面二维空间布局，平面布局要素对地表温度的作用，忽略不透水面材质本身的内部差异。结合上文的分析结果，将四类布局要素自变量采样数据导入SPSS 24 软件，采用逐步回归法排除多重共线因子，分别构筑冬夏两季的哈尔滨市热环境模型。

由于地表温度获取时间不同，为消除时间背景导致的气候差异，将所得到的地表温度数据归一化处理(见下式)，并进行等级划分，结果如表 4－12 和图 4－42 所示。

$$T=\frac{T_{\mathrm{i}}-T_{\min}}{T_{\max}-T_{\min}} \tag{4-9}$$

式中　$T_{\max}$—— 研究区最高地表温度(℃)；

$T_{\min}$—— 研究区最低地表温度(℃)；

T_{i}—— 该点处地表温度(℃)；

T—— 该点处温度等级。

通过随机数学统计方法统计其相关关系，从而建立一个描述地表温度与不透水面形态特征要素的黑箱模型来进行分析。不同要素之间的干扰往往是复杂的，而非简单叠加的线性关系，基于各单一因素分析，发现不同布局要素与地表温度间的关系主要为线性函数和幂函数，因此，本节建立了一个多元幂函数的非线性方程。

在夏季，经排除共线性仅保留了三个相对独立的因子：不透水面覆盖度、斑块密度、平均斑块分维指数，并从不同角度定量解释地表温度变化(表 4－13)，即

表 4－12　研究区地表温度等级划分

归一化地表温度区间	地表温度等级
0～0.2	极低温区
0.2～0.3	低温区
0.3～0.4	次低温区
0.4～0.5	中温区
0.5～0.6	次高温区
0.6～0.7	高温区
0.7～1	极高温区

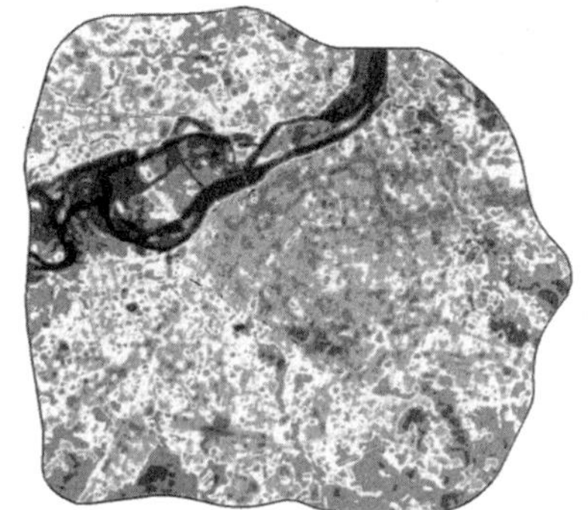

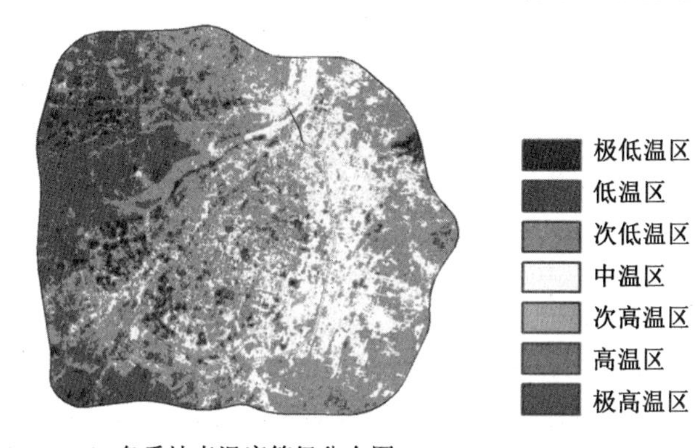

(a) 夏季地表温度等级分布图　　(b) 冬季地表温度等级分布图

图 4－42　地表温度等级分布图(彩图见附录)

表 4－13　夏季不透水面形态要素多元回归分析

(1) 系数确定

模型	未标准化系数		标准化系数	t	显著性
	B	标准误差	Beta		
ln(常量)	1.824	0.120		15.178	0.000
ln(PLAND)	0.269	0.027	0.719	9.972	0.000
ln(PD)	0.039	0.013	－0.227	2.940	0.004
ln(MPFD)	0.853	0.357	－0.118	2.389	0.019

(2) 排除的变量

模型	输入 Beta	T 检验	显著性	偏相关	共线性统计容差
ln(AWMPFD)	－0.085	1.136	0.258	0.106	0.347
ln(Division)	0.174	1.440	0.153	0.134	0.131
ln(AI)	－0.093	0.427	0.427	0.075	0.142

$$T = kP^{x_1} D^{x_2} F^{x_3} \tag{4-10}$$

式中　T—— 地表温度等级；

k—— 修正系数；

P—— 不透水面覆盖度(PLAND);

D—— 不透水面斑块密度(PD);

F—— 平均斑块分维指数(MPFD);

x_1、x_2、x_3—— 影响因子指数。

其中,k 为模型中其他不确定干扰量的影响,主要是指不透水面之外的影响因素,如卫星数据类型、当地的气候背景、地形等因素。若 $k=1$,则其他因素的影响为零,各变量的关系是唯一的,模型是固定的;x_1、x_2、x_3 为影响因子指数,解释了因变量 LST(地表温度) 与自变量 P(不透水面覆盖度)、D(斑块密度)、F(平均斑块分维指数) 之间的关系。若影响因子指数为 0,则该不透水面形态要素(自变量) 与地表温度(因变量) 的变化无关;若影响因子指数为 1,则该不透水面形态要素与地表温度为线性函数关系;若影响因子指数为分数,则该自变量与地表温度为幂函数关系。因自变量的定义域均在大于零的区间内,因此,当 $x_i > 0$ 时,地表温度与不透水面形态要素的拟合方程在定义域内单调递增;$x_i < 0$ 时,地表温度与不透水面形态要素的拟合方程在定义域内单调递减。为方便模型求解,将式(4-10) 两边取对数并将其变形为

$$\ln T = \ln k + x_1 \ln P + x_2 \ln D + x_3 \ln F \tag{4-11}$$

变形后,多元幂函数转化为多元线性回归方程,将样本数据代入方程求解,获得修正系数 k 和影响因子指数 x_i,确定不透水面各布局要素对城市热环境格局的综合作用影响,其回归方程为:$T=0.161P+0.269D-0.039F-0.853$($R^2=0.777$,$p<0.01$)。多元回归方程拟合度 R^2 大于单独每个影响因子的相关方程,这表明多因子对地表温度变化的描述更为准确。从回归方程分析可以看出:

(1) 地表温度等级与不透水面覆盖度为正相关关系,与不透水面斑块密度、平均形状分维指数为负相关关系。在单因子分析中,形状复杂度与地表温度的相关性较低,因此在进行城市广场等不透水面设计时,在控制面积的前提下,可适当考虑规划建设的布局美学因素,不会对城市微气候环境产生显著干扰。斑块密度与平均形状分维指数的乘积为单位样本研究区域内不透水面总体形状复杂度,其值越大则表示与透水面接触的比表面积越大,产生的热交换越多,因而二者的综合效应为负相关,这说明大面积聚集性的不透水面比破碎的不透水面对城市热岛的加剧作用更为显著。

(2) 在地表温度与不透水面形态要素的黑箱模型中,影响因子指数均为分数,地表温度与不透水面覆盖度、斑块密度、形状复杂度之间的关系是统计意义上的分形自相似,该指数是基于哈尔滨市四环以内区域统计的结果。由于城市生态系统是一个复杂的自适应系统,具有高度多样化、空间异质性、非线性反馈、多尺度相互作用和自我调节等特点,因此在不同城市及区域,影响因子指数不同,即自变量布局要素指标对地表温度影响程度不同,这是由于模型适用范围的有限性导致的。

(3) 不透水面各布局要素与地表温度关系存在差异,从标准化系数来看,不透水面覆盖度对地表温度的调控作用远大于斑块密度和形状分维指数的影响。因此,在调控夏季城市温度时应优先控制不透水面的单位面积。

(4) 该模型中修正系数 k 的值较大,说明除了不透水面形态特征要素之外,还有其他影响城市热环境的因素以待确定,这是模型内涵的不确定性导致的。除不透水面外,地表

温度还会受到气候背景、地理位置、人为排热、遥感卫星类型等的影响，因此在研究结果比较分析中，还需要对这些因素进行考虑。

(5) 该模型对哈尔滨市不透水面的温度布局及热岛效应具有预测性，对城市建成区设计规划具有指导意义。基于哈尔滨市现有的城市热环境格局，若要缓解城市热岛效应，一方面应该提高土地单位面积的利用率，增加绿植、水体等透水面，减少城市建设用地等不透水面覆盖度，从而降低城市地表温度；另一方面，应避免设置超大型硬质铺地城市广场，要根据城市热环境合理进行城市设计，合理搭配透水面与不透水面并加强绿化，在丰富城市形象的同时降低不透水面聚集的规模效应对城市热岛的进一步加剧。

同理，采用相同方法获得哈尔滨市冬季热环境模型，如下所示(表 4－14)：

$$T = 0.085\,5A^{0.325} \quad (4-12)$$

式中　A—— 不透水面聚集度指数(AI)。

经共线性排除，冬季城市地表热环境受不透水面面积大小、形状复杂度、斑块密度的影响较小，地表温度主要由不透水面的聚集程度决定，其相关系数 R 为 0.366。

表 4－14　冬季不透水面形态要素多元回归分析

(1) 系数确定

模型	未标准化系数		标准化系数	t	显著性
	B	标准误差	Beta		
ln(常量)	－2.459	0.332	—	－7.414	0.000
ln(AI)	0.325	0.076	0.366	4.259	0.000

(2) 排除的变量

模型	输入 Beta	T 检验	显著性	偏相关	共线性统计容差
ln(PLAND)	0.047	0.315	0.754	0.029	0.327
ln(PD)	－0.053	－0.395	0.694	－0.037	0.420
ln(MPFD)	0.053	0.611	0.542	0.057	0.989
ln(AWMPFD)	－0.070	－0.786	0.434	－0.073	0.927
ln(Division)	－0.054	－0.477	0.634	－0.044	0.580

上述模型是建立在数理统计的基础上，该统计研究受到尺度效应的影响，当尺度变化时，模型自变量与因变量的相对数理关系可能会产生变化，不透水面形态要素与城市热环境的相关性的具体数值可能会发生变化，但总体具有相关性是可以确定的，且筛选出的构筑方程的独立因子与地表温度变化息息相关。

4.5　本章小结

本章利用 Landsat－8 OLI /TIRS 等遥感影像数据，按照城市环路、城乡梯度研究了不透水面与地表温度的时空格局关系。基于景观生态学方法，将城市区域视为空间异质的多尺度斑块动态系统，以网格法分别提取了哈尔滨四环以内不透水面斑块面积、形状复杂度、斑块破碎度以及空间聚散度等指标，综合考虑不同布局要素对冬夏季平均地表温度的影响，得到以下结论：

(1) 由于土地覆被类型及布局的差异，城市热环境具有显著的时空异质性特征，地表温度随郊区向市区迁移而增加，且在同时刻同缓冲区内，不透水面与平均地表温度差值在1.48 ℃左右。同时，不透水面比重也随环路外推而减少，但从2007至2017年以来，三、四环内不透水面占比呈上升趋势，且其分布与城市热环境变化规律相同。

(2) 地表温度是多种地物综合作用的结果，通过比较不同光谱指数对地表温度的拟合度发现，城市中心区地表温度变化对不透水面更敏感，即不透水面是预测城市热环境的关键性因子。在距离市中心4.2～5.4 km处，高密度不透水面的增温作用使绿地降温作用发生延迟；在距离市中心8.7 km之外，绿地占比达13%以上，绿地聚集的规模效应带来的降温作用开始凸显。

(3) 总体来说，不透水面面积大小、斑块破碎度、空间聚集度均对城市地表温度存在显著影响，而形状复杂度的影响较小。这些不透水面形态要素的影响程度随季节、城市建设强度的不同而发生变化。这是因为夏季主要热源是太阳辐射，地表温度的差异主要是由下垫面吸收太阳辐射和释放长波辐射的能力差异造成，这一传热过程受传热系数、传热面积与传热平均温度差的影响；而在冬季，受集中供热的影响，不透水面形态要素对地表温度的改变几乎无影响，仅聚集度表现出弱相关。

(4) 城市建设强度越高，对地表温度的影响越大。夏季在高密度建设区，适当增加不透水面的形状复杂度，减小不透水面覆盖度和聚集度，可有效缓解城市热岛效应。不透水面覆盖度与地表温度为对数正相关关系，平均每增加10%，地表温度上升1.21 ℃；形状复杂度AWMPFD与地表温度为幂函数负相关关系，且形状越复杂，边缘轮廓周长越长，越容易与透水面进行热量交换以降低城市地表温度，其理想取值为1.21～1.41；空间聚集度AI与地表温度为指数正相关关系，宜将其控制在93.73以下，这样对地表温度的影响较小。因此，城市高密度建设区宜采用分散、多点的布局形式来优化城市空间格局，在兼顾城市功能的前提下，应尽可能增加不透水面的复杂度，避免边界过于规整，从而创造出更健康、更舒适的城市环境。

(5) 在冬季城市高密度建设区，各布局要素与地表温度的相关性与夏季情况相反。由于冬季太阳辐射弱，太阳高度角低，空间过于密集的城市建筑群发挥了类似乔木的作用，建筑阴影减少了地表热量的获取，且冬季缺少植被覆盖的土壤表面较不透水面的比热容更小，以上原因综合导致了这一反常现象的出现。鉴于不透水面各布局要素在冬夏季均与地表温度有紧密的相关性，但二者的相关性在冬夏季呈相反趋势，因此综合考虑，应尽可能减少夏季城市热岛，利用冬季城市热岛，从而降低冬季供暖的能耗。

第5章　城市绿地形态与微气候调节

城市绿地对于改善城市微气候、缓解城市热岛效应有重要作用。从城市宏观角度看，绿地的分布与布局直接影响城市热岛的形成与分布，影响降温缓冲区的形成与覆盖以及地表温度梯度的变化，最终直接形成城市的地表降温效应。

本章分析了2007—2015年哈尔滨城市热岛的时空转变，选取了32块绿地作为研究样本，结合样本数据，提出了绿地基于各项影响因素的变化函数公式，分析了夏冬两季温度梯度变化及缓冲区地表温度变化规律。

5.1　城市热岛效应及城市绿地的时空演变

城市热岛效应和绿地覆被变化联系紧密，存在一定规律。我们提取了哈尔滨的夏季城市绿地的分布情况，分析了哈尔滨冬季的地理物质分布情况，进行样本分类。依夏、冬两季对哈尔滨32块城市绿地样本的微气候数据进行汇总和分类，得到哈尔滨城市绿地的冬、夏季变化规律，以及冬季和夏季城市热岛效应的日变化、年变化和水平分布规律。拟合研究城市绿地在冬、夏两季对城市温度影响的大小，提取、合并了哈尔滨冬、夏两季的地面温度与城市绿地群落的相对指数。

5.1.1　哈尔滨热岛效应的时空演变

研究分别对哈尔滨冬、夏季各三期遥感影像数据与热岛效应强度等级的栅格数量进行统计与分析，总结哈尔滨热岛效应的时空变化规律。

1. 夏季热岛效应的时空演变

本节采用单窗算法对夏季三期遥感影像进行地表温度反演，并提取其结果，计算相对地表温度，如图5－1所示。

2007—2015年哈尔滨夏季极强热岛主要分布在中心城区，且主要在东北和东南方向上，特别是东北一环至二环之间。哈尔滨夏季热岛效应较为明显，且热岛效应强度及范围均有所加剧；哈尔滨强冷岛主要分布在西北方向，弱冷岛主要分布在北向和东向，尤其在东侧三环至四环之间分布最广；同时，哈尔滨强冷岛和弱冷岛的强度及范围均存在部分递减。

(1) 以环路为单位进行统计。

以环路为统计单位，分析哈尔滨2007—2015年在空间层级上区域热岛效应的变化特征。以哈尔滨现有四条交通环路为界，划分研究区："一环"即指一环以内的区域，"二环"即指一环至二环之间的区域，"三环""四环"同理指代。哈尔滨各环路面积随着环路的增大递增，一环面积最小，仅占11 653个栅格，占研究区面积的1.77%；四环面积最大，所占

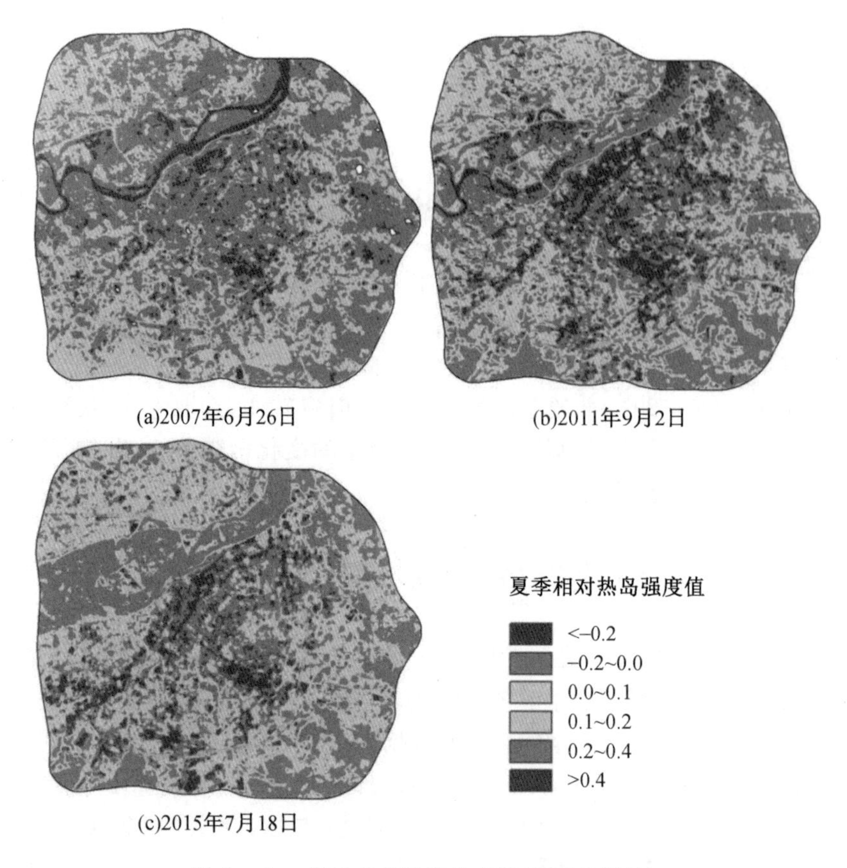

图 5－1　夏季热岛强度分布图(彩图见附录)

栅格数量为 367 033,面积约为研究区的 55.81%;二环、三环分别占研究区的 7.99% 和 34.42%。如图 5－2 和图 5－3 所示,对各环路内的各热岛强度等级的栅格数量进行统计,发现 2007 年夏季一环和二环几乎无冷岛,均以强热岛为主,一环强热岛所占比例更是达到78.41%;二环内强热岛所占比例也接近 70%,一、二环内极强热岛均占 10% 左右;三环、四环弱冷岛所占比例最高,三环其他热岛强度分布较平均,四环从弱冷岛到极强热岛的比例随着热岛强度的增加依次减小,极强热岛所占四环比例最小,仅为 0.69%。2011 年夏季研究区内一环和二环热岛强度分布情况相似,强热岛均占环路内一半的比例,分别占一环比例为 57.51% 以及占二环的 54%。极强热岛所占比例稍次于强热岛,分别占一环、二环的比例为 35.85% 和 30.16%,且一环、二环内几乎无强冷岛;三环内强热岛所占比例稍高于其他热岛强度等级所占比例,弱冷岛所占比例最小,其他热岛强度所占比例较平均;四环内冷岛效应明显增强,其中弱冷岛所占四环比例最高,为 33.98%,强冷岛所占环路比例也高于其他环路,达到 8.24%。2015 年夏季一环主要以强热岛为主,极强热岛次之,分别占一环比例为 63.06% 和 24.2%,且一环内无强冷岛,弱冷岛仅为 0.05%;二环仍以强热岛为主,无强冷岛;三环、四环弱冷岛所占比例明显上升,三环内弱冷岛比例占三环的21.41%,仅次于中等热岛的 28.24% 和强热岛的 26.4%;四环内弱冷岛比例最高,为31.81%,三环、四环极强热岛所占比例急速下降。

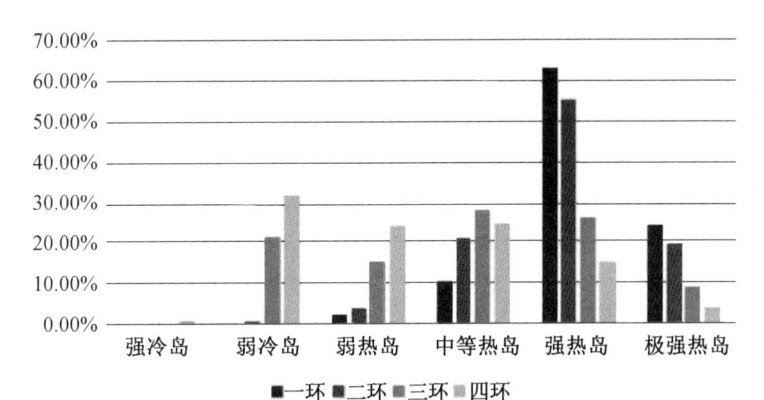

(a) 2015年夏季各环路各热岛强度等级占该环路的比例

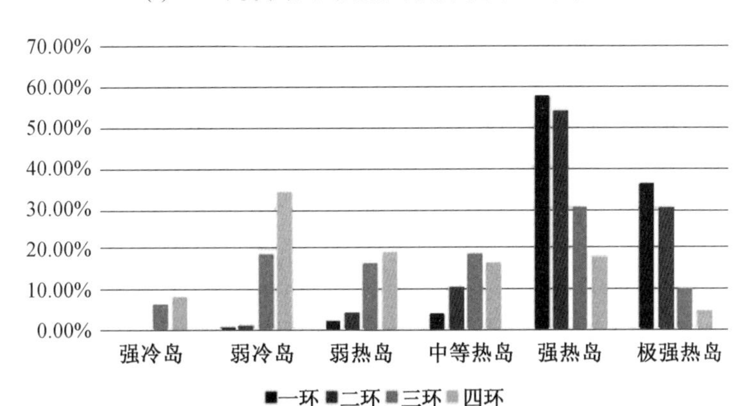

(b) 2011年夏季各环路各热岛强度等级占该环路的比例

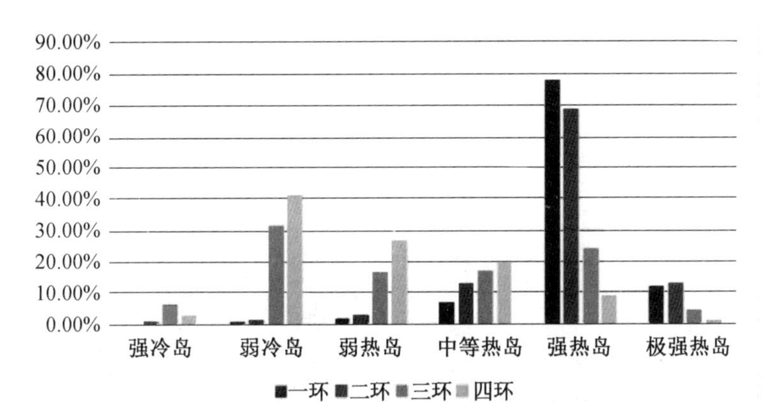

(c) 2007年夏季各环路各热岛强度等级占该环路的比例

图 5－2　夏季不同环路各热岛强度等级所占该环路比例图

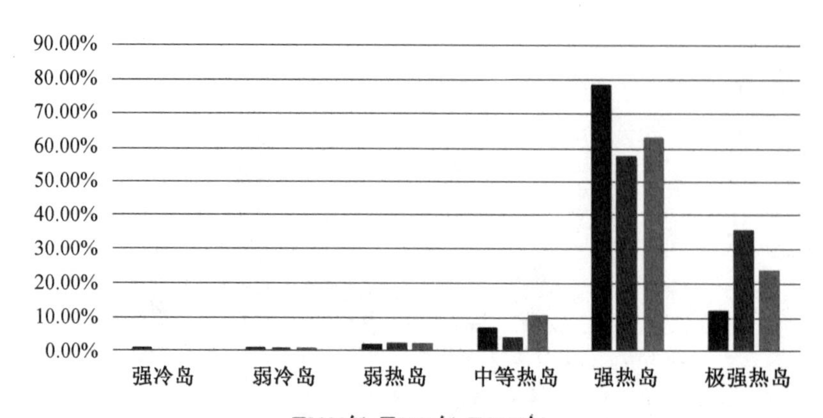

(a) 夏季一环环路各热岛强度等级分布情况

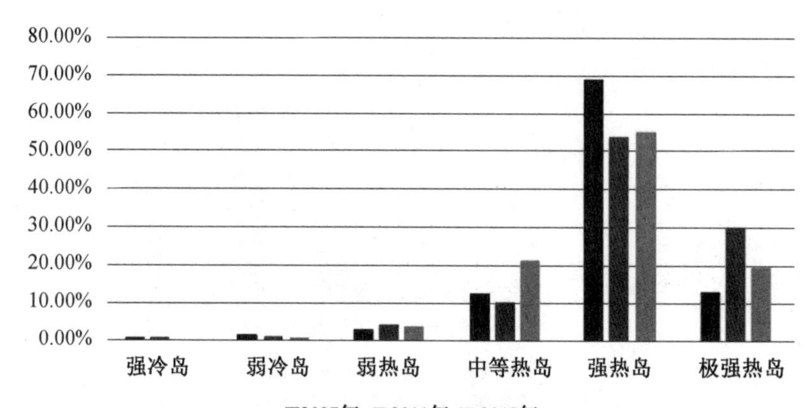

(b) 夏季二环环路各热岛强度等级分布情况

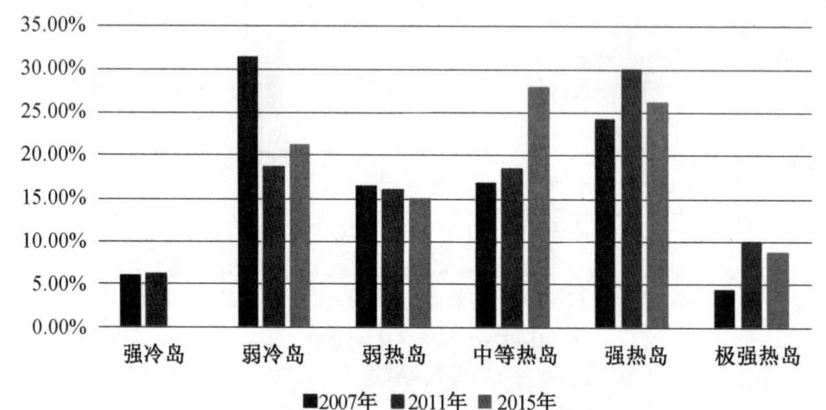

(c) 夏季三环环路各热岛强度等级分布情况

图 5－3　夏季各环路热岛强度等级分布比例图

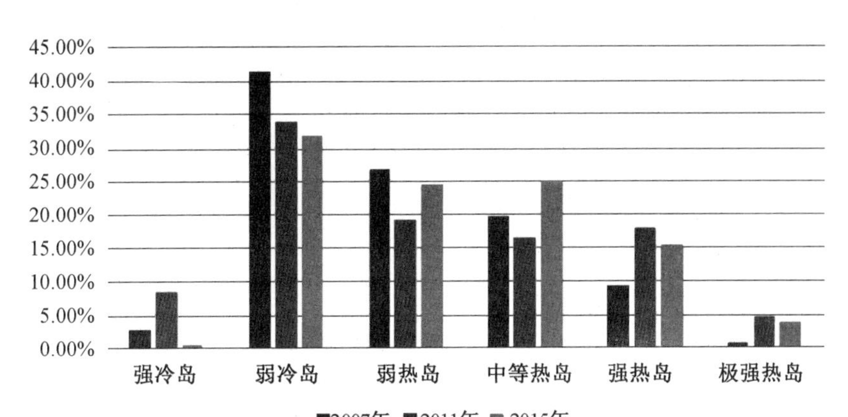

(d)夏季四环环路各热岛强度等级分布情况

续图 5－3

由以上研究可知:哈尔滨夏季热岛强度随着环路的外推而减小,即热岛强度依次为一环 > 二环 > 三环 > 四环。对哈尔滨三期各环路的平均热岛强度进行提取,发现平均热岛强度均呈现出一环最大、四环最小、二环大于三环的趋势。哈尔滨夏季由强冷岛和弱冷岛组成的城市低温区主要分布在三、四环内,且在逐年减少;由弱热岛和中等热岛所组成的城市中温区分布趋势相似,所占比例均随环路的外推而增大;哈尔滨由强热岛和极强热岛组成的城市高温所占比例均随环路的外推而减小,且较其他热岛强度等级波动变化最大。

(2) 以象限为单位进行统计。

以研究区外接矩形中点为中心,通过该点沿水平方向作横轴,通过该点沿竖直方向作纵轴,将研究区划分为东南、东北、西南和西北四个象限。分别统计研究区域内三个时期各象限内不同热岛强度等级的栅格数及其所占比例。研究区内西北象限总共 181 773 个栅格,面积最大,东北象限仅有 129 736 个栅格,面积最小。

采用象限划分的方法分析哈尔滨城区内在空间方位上热岛强度的变化规律。如图 5－4 和图 5－5 所示,2007 年夏季西南象限除强冷岛和极强热岛两种极端热岛所占比例较小之外,其他热岛强度所占比例相近。弱冷岛、弱热岛、中等热岛及强热岛四种热岛强度所占该象限比例随热岛强度增大而增大,其中强热岛所占比例最高,为 28.74%。弱冷岛所占比例最小,为 22.76%。西北象限中强冷岛所占比例明显大于其他象限。除强冷岛外,其他热岛强度所占比例均随强度增大而明显减少,弱热岛所占比例最高,为 43.11%。极强热岛所占比例最小,仅为 2.5%。在东南和东北象限内,各热岛强度所占比例的分布较为相似,均呈现出弱冷岛 > 强热岛 > 弱热岛 > 中等热岛 > 极强热岛 > 强冷岛的趋势,且东北象限各热岛强度等级所占比例波动较大。2011 年夏季,强热岛占西南象限的35.92%,明显高于其他热岛强度。弱冷岛和弱热岛所占比例基本相同,强冷岛所占比例最低,极强热岛所占比例与在其他象限所占比例持平。东南、东北两个象限各热岛强度所占比例均呈现出弱冷岛 > 强热岛 > 弱热岛 > 中等热岛 > 极强热岛 > 强冷岛的趋势,且东北象限内各热岛强度所占比例波动大于东南象限。西北象限不同热岛强度所占比例与东南、东北两象限较为相似,但强冷岛所占比例为 16.21%,明显高于弱热岛、

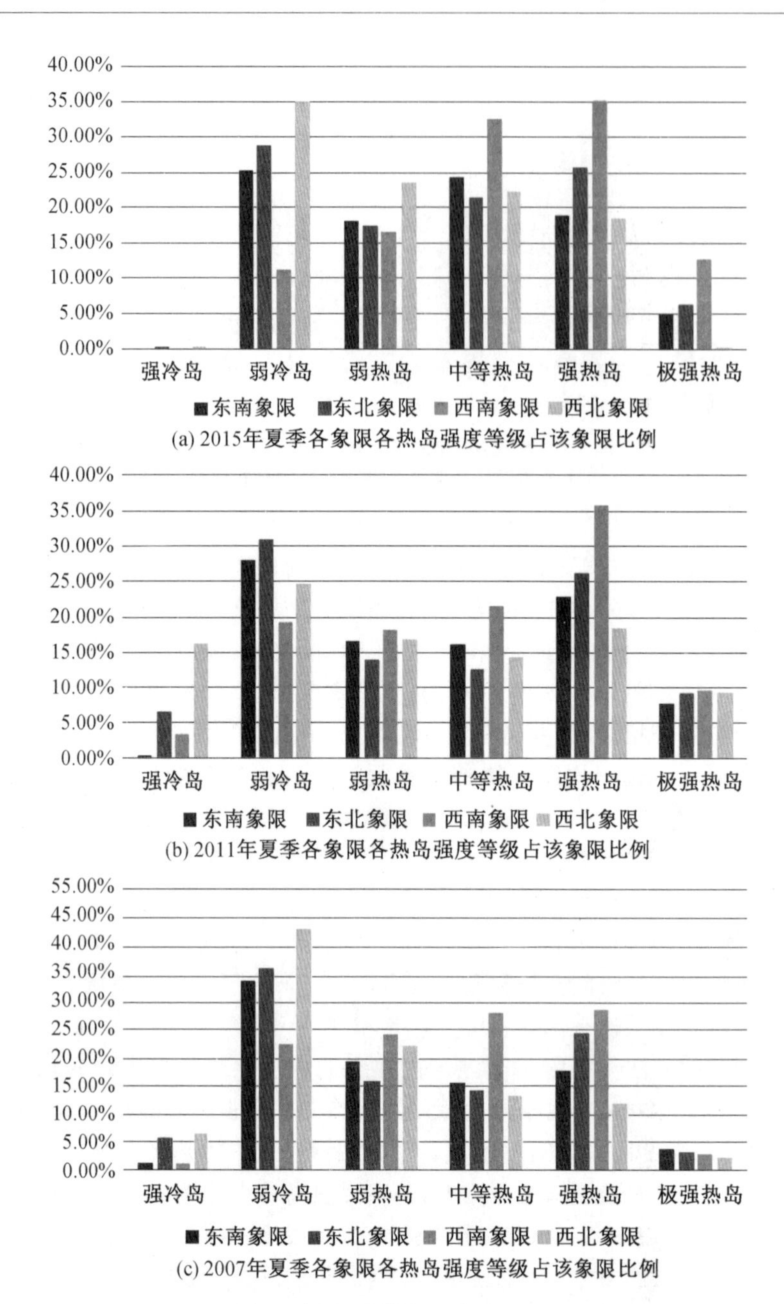

图 5－4　夏季不同象限各热岛强度等级所占该象限比例图

中等热岛和极强热岛。2015 年夏季中等热岛和强热岛分别占西南象限的 32.69% 和 35.24%，同时西南象限内无强冷岛，弱冷岛所占比例最小。极强热岛和弱热岛分别占西南象限的12.8% 和 16.49%，是象限中平均热岛强度最高的。西北象限内弱冷岛所占比例最高，为34.91%。强冷岛和极强热岛所占比例均小于 1%。弱热岛、中等热岛和强热岛所占比例相近，且随着热岛强度的增大所占比例依次减小。西北象限平均热岛强度最小，东北和东南两个象限几乎无强冷岛，但均有极强热岛。东北象限极强热岛和强热岛所占比例均高于东南象限，中等热岛和弱热岛在两个象限所占比例相近，因此东北象限内平均热岛强度要大于东南象限。

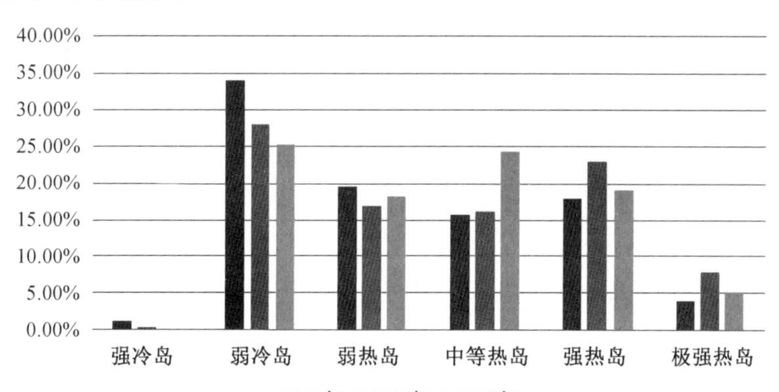

(a) 夏季东南象限各热岛强度等级分布情况

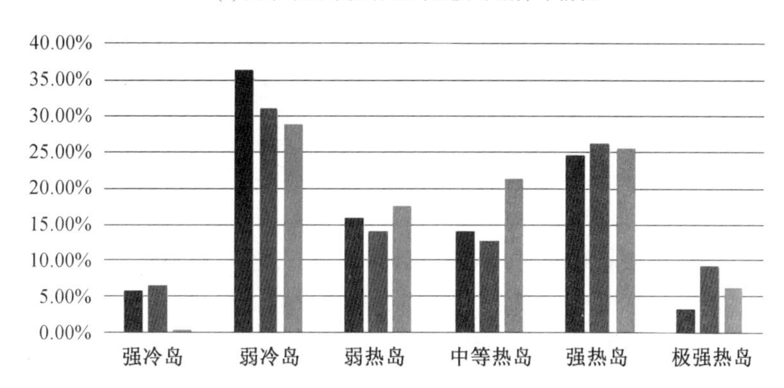

(b) 夏季东北象限各热岛强度等级分布情况

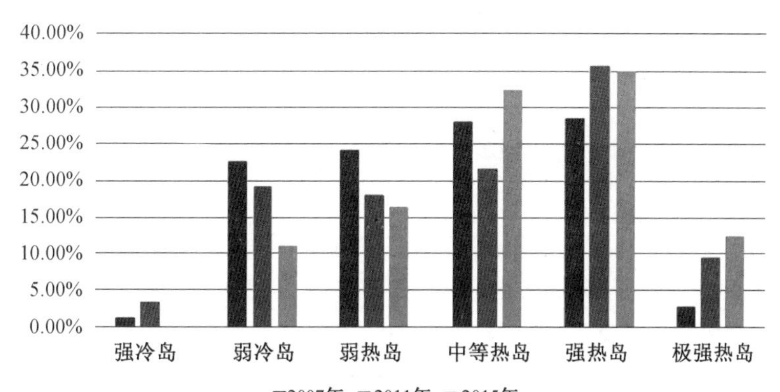

(c) 夏季西南象限各热岛强度等级分布情况

图 5－5　夏季各象限各热岛强度等级分布比例图

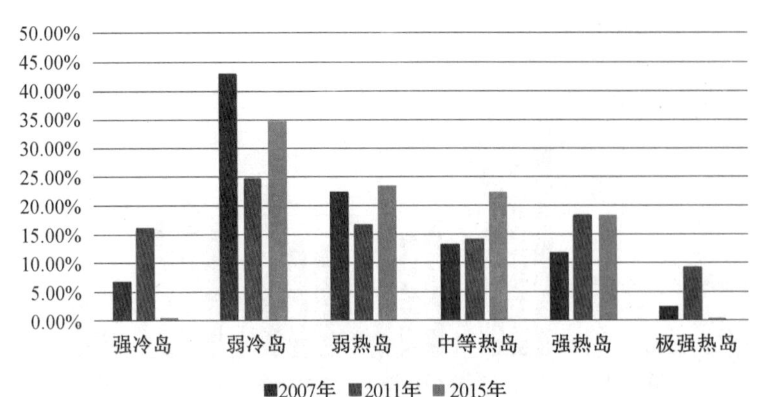

(d) 夏季西北象限各热岛强度等级分布情况

续图 5－5

由以上研究可知，按空间方位分析，哈尔滨西南方向温度最高，西北方向最低。2007年、2011 年夏季，哈尔滨热岛强度为西南 > 东南 > 东北 > 西北，2015 年则为西南 > 东北 > 东南 > 西北。哈尔滨夏季三期热岛强度均为西南方向最高，西北方向最低，且2007—2015 年哈尔滨夏季热岛效应出现由东北至西南方向转移的趋势。就各象限平均热岛强度与研究区内平均热岛强度的比值而言，西南象限呈逐年增大趋势，东北象限则有减少的趋势；东南、西北象限相对平缓，总体上呈由东北至西南上升的趋势。哈尔滨夏季由强冷岛和弱冷岛组成的城市低温区主要分布在西北向，且呈减弱趋势，由强热岛和极强热岛组成的城市高温区主要分布在东侧，且有扩展趋势。

(3) 热岛强度的时空演变规律。

按环路和象限对哈尔滨夏季三期遥感信息进行提取分析，总结各环路和象限内的热岛效应时空演变规律为：

① 总体来说，近年哈尔滨夏季热岛效应明显，虽然整体上逐年递增，但存在弱化趋势。

② 哈尔滨夏季热岛强度随环路增大而减缓，即热岛强度依次为一环 > 二环 > 三环 > 四环。

③2007—2015 年哈尔滨夏季热岛效应分布不均，西南方向热岛强度最高，西北方向最低，且存在加剧和向外扩张的趋势。

2. 冬季热岛效应的时空演变

分别对冬季三期遥感影像进行地表温度反演，计算并提取地表温度反演结果，进行相对地表温度的计算，并划分热岛强度等级，结果如图 5－6 所示。

(1) 以环路为单位进行统计。

对哈尔滨冬季各环路内不同热岛等级的栅格数量进行统计，结果如图 5－7 和图 5－8 所示，2007 年哈尔滨冬季无强冷岛，同时极强热岛和强热岛所占比例均远小于 1%，可忽略不计；因此，热岛强度主要集中在弱冷岛、弱热岛、中等热岛这三个热岛强度上。各环路内，弱热岛占比均在 60% 以上；一环内无弱冷岛，弱热岛占一环的 69.26%，中等热岛占 30.74%；二环至四环弱热岛所占比例依次减少，弱冷岛所占比例依次增加；三环、四环中

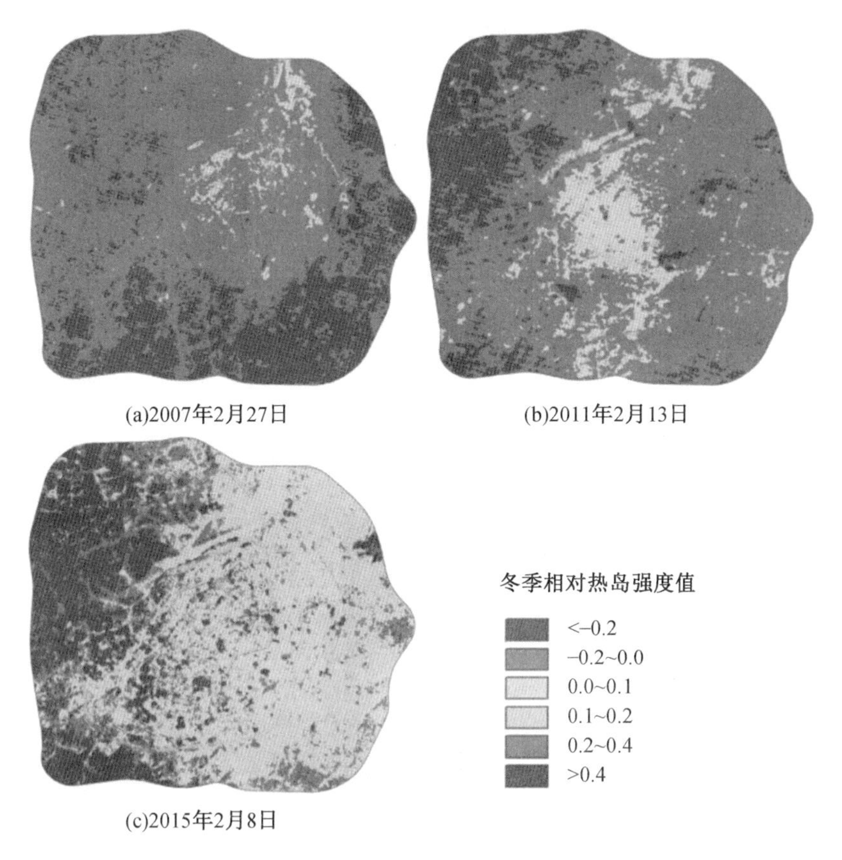

图 5－6　冬季热岛强度提取图(彩图见附录)

等热岛所占比例基本相同，且远低于其所占二环比例。2011 年哈尔滨冬季几乎无强冷岛和极强热岛，一环内中等热岛所占比例最高，达 81.32%；弱热岛所占比例为 18.26%，略高于其他热岛强度。二环主要为中等热岛和弱热岛，且中等热岛所占比例略大于弱热岛，占二环的 55.66%。三环和四环则主要以弱热岛为主，弱热岛分别占三环和四环的 70.86% 和 72.85%；三环内中等热岛所占比例略高于弱冷岛，但四环内弱冷岛所占该环路比例却远高于中等热岛。2015 年哈尔滨冬季一环和二环的各热岛强度分布相似，中等热岛所占比例最高，占一环的 47.46%，占二环的 45.16%；其余热岛强度所占比例大小依次为强热岛 > 弱热岛 > 弱冷岛 > 极强热岛 > 强冷岛。三环和四环内除强冷岛和极强热岛外，其余热岛强度所占比例较为平均，三环内中等热岛所占比例略高，为 26.46%，四环内强热岛和中等热岛所占比例略高。

由以上研究可知：虽然 2007 年、2011 年冬季无明显热岛效应及热岛强度分区，同时热岛强度也只集中在弱冷岛、弱热岛及中等热岛三个热岛强度等级上，但与 2007 年相比，2011 年各热岛强度等级分布存在明显差异，热岛强度向弱热岛和中等热岛转移。虽然在按环路划分时，2015 年的热岛效应强度与 2007 年和 2011 年大致相同，但各热岛强度等级均已出现，且各热岛强度分布比例差异增大。除此之外，虽然哈尔滨冬季热岛效应强度远远小于夏季，但总体上与夏季环路空间分布情况类似，热岛强度等级随环路外推而减缓，热岛强度依次为一环 > 二环 > 三环 > 四环。虽然 2007 年、2011 年无明显热岛效应及热

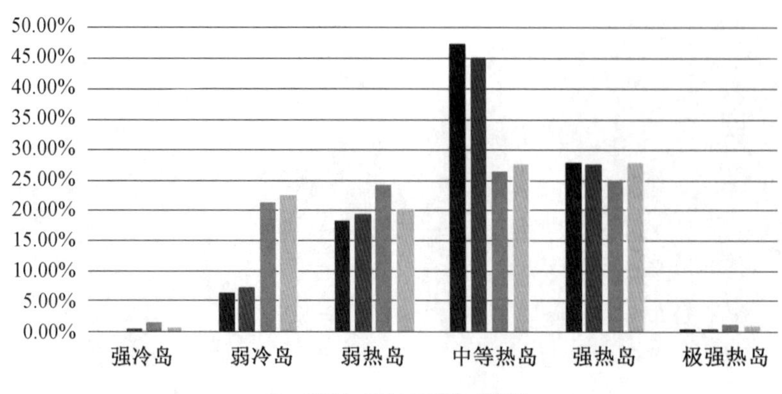

(a) 2015年冬季各环路各热岛强度等级占该环路的比例

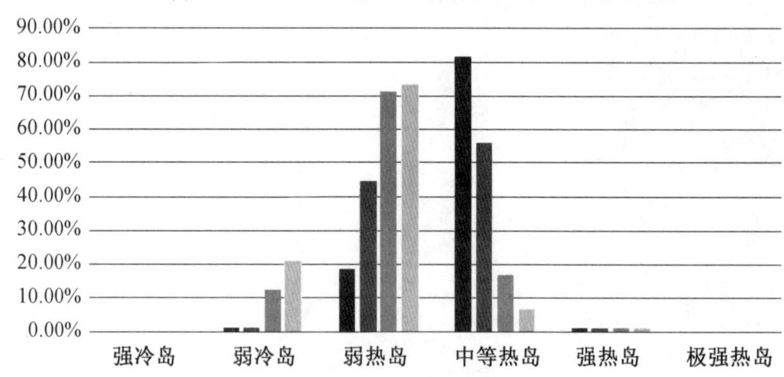

(b) 2011年冬季各环路各热岛强度等级占该环路的比例

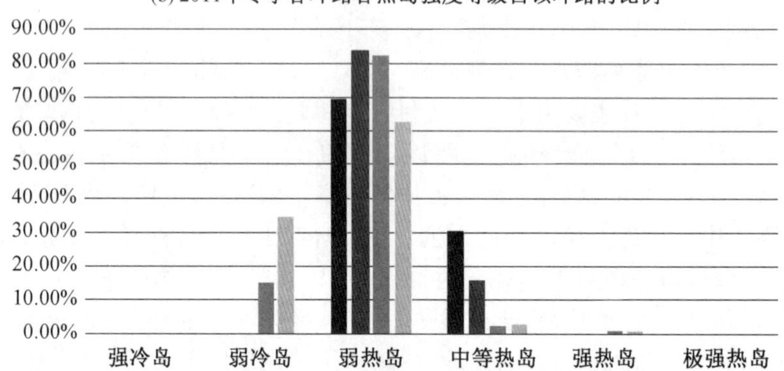

(c) 2007年冬季各环路各热岛强度等级占该环路的比例

图 5－7　冬季不同环路各热岛强度等级所占该环路比例图

岛强度等级分区，但从统计结果可以发现，相对地表温度随环路增加而下降。2015 年热岛已存在初步形成趋势，且各环路内相对地表温度差异性更为明显。

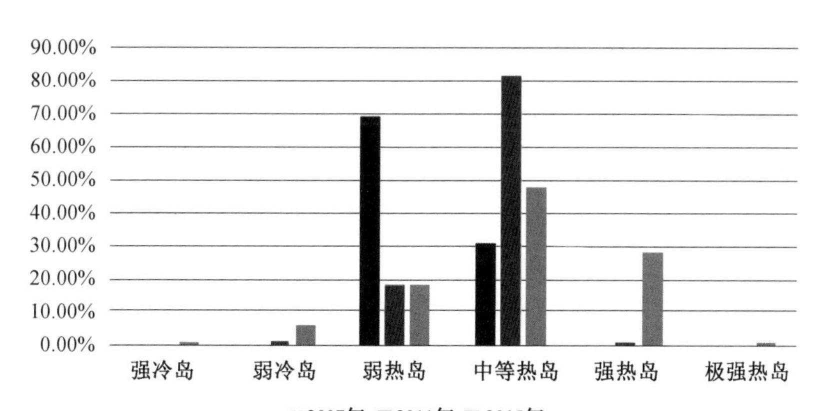

(a) 冬季一环环路各热岛强度等级分布情况

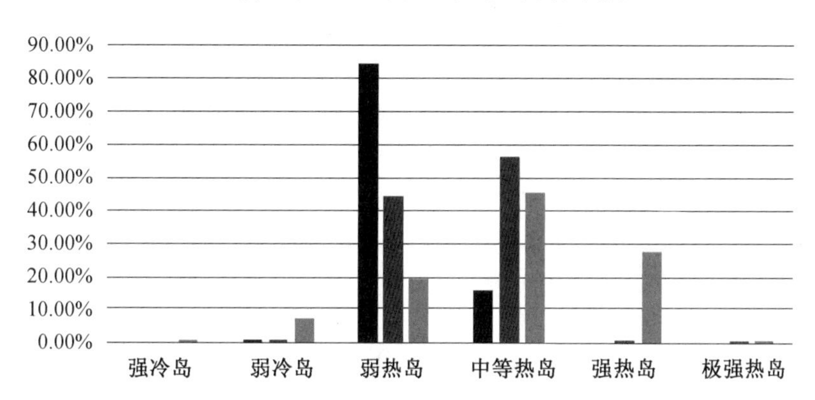

(b) 冬季二环环路各热岛强度等级分布情况

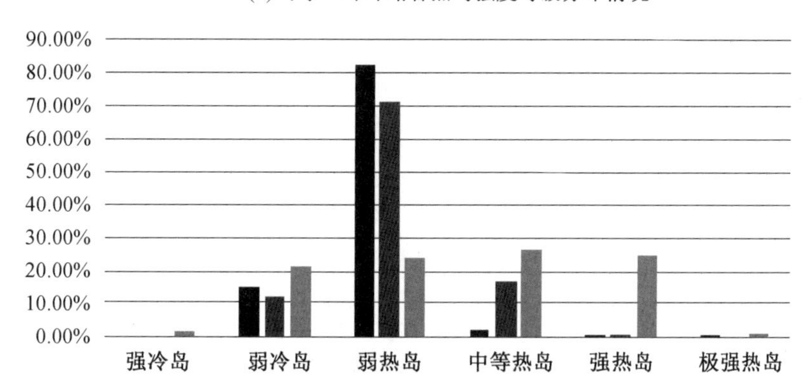

(c) 冬季三环环路各热岛强度等级分布情况

图 5－8　冬季各环路各热岛强度等级分布比例图

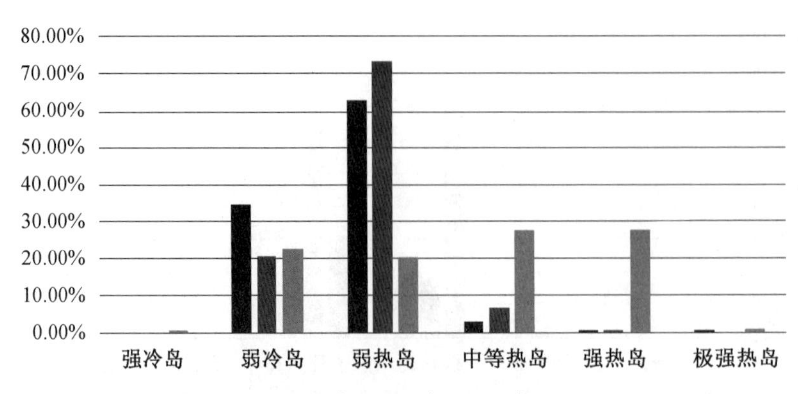

(d) 冬季四环环路各热岛强度等级分布情况

续图 5－8

(2) 以象限为单位进行统计。

如图 5－9 和图 5－10 所示，对哈尔滨冬季各象限内不同热岛强度等级所占比例进行统计，发现 2007 年哈尔滨冬季东南象限内弱热岛与弱冷岛各占 48.91% 和 49.26%，几乎无其他热岛强度；西北象限内主要以弱热岛为主，占比高达 88.52%，而弱冷岛和中等热岛分别只占 8.08% 和 3.28%；虽然东北和西北象限也以弱热岛为主，但弱冷岛和中等热岛所占比例差别较大，东北象限内中等热岛和弱冷岛所占比例基本相同，中等热岛所占比例略大于弱冷岛。2011 年哈尔滨冬季东南和东北象限各热岛等级分布相似，均以弱热岛为主，所占比例均为 80% 左右；虽然在西南象限内弱热岛所占比例高达 68.89%，但仍远低于东南和东北象限的弱热岛所占比例；西北象限内以弱冷岛为主，占比为 60.77%。2015 年哈尔滨冬季已有明显的热岛强度等级分区，热岛效应初步形成。东南和东北象限内强热岛所占比例均为最高，中等热岛所占比例次之。强冷岛和弱冷岛所占比例非常小；西南象限各热岛强度所占比例较为平均，弱冷岛、弱热岛、中等热岛所占比例均在 28% 左右，几乎无极强热岛，且强热岛和强冷岛所占比例分别为 13.44% 和 1.85%；西北象限以弱冷岛和弱热岛为主，分别占该象限的 42.96% 和 31.95%。

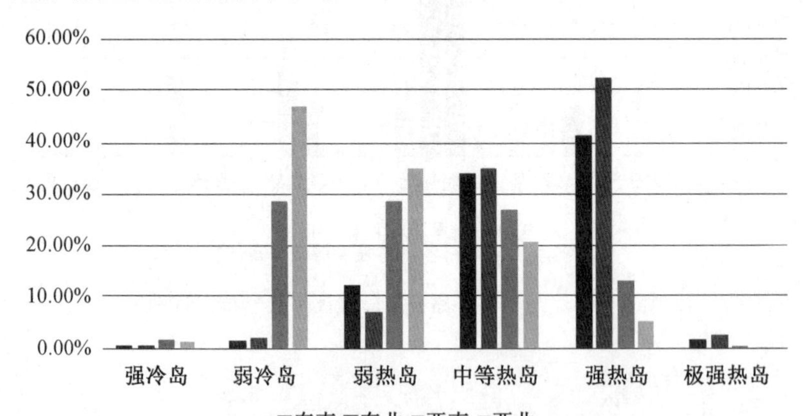

(a) 2015年冬季各象限各热岛强度等级占该象限比例

图 5－9　冬季不同象限各热岛强度等级所占该象限比例图

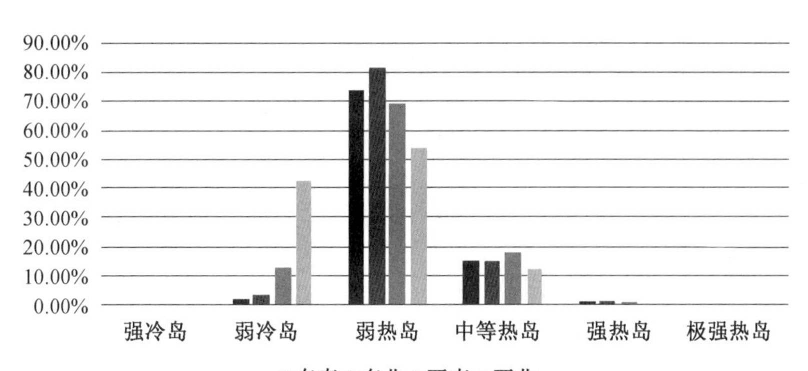

(b) 2011年冬季各象限各热岛强度等级占该象限比例

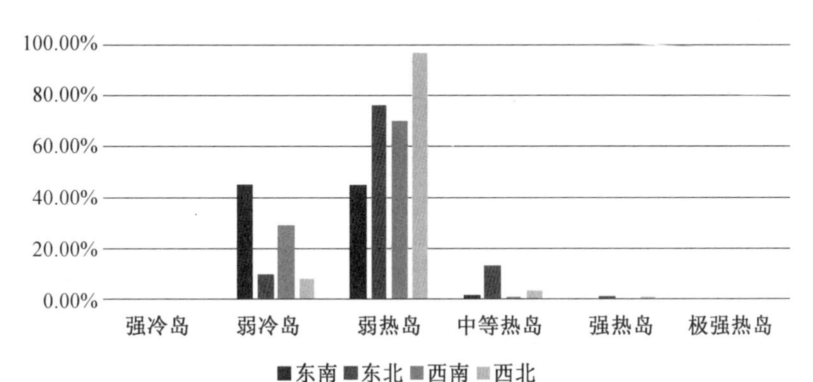

(c) 2007年冬季各象限各热岛强度等级占该象限比例

续图 5－9

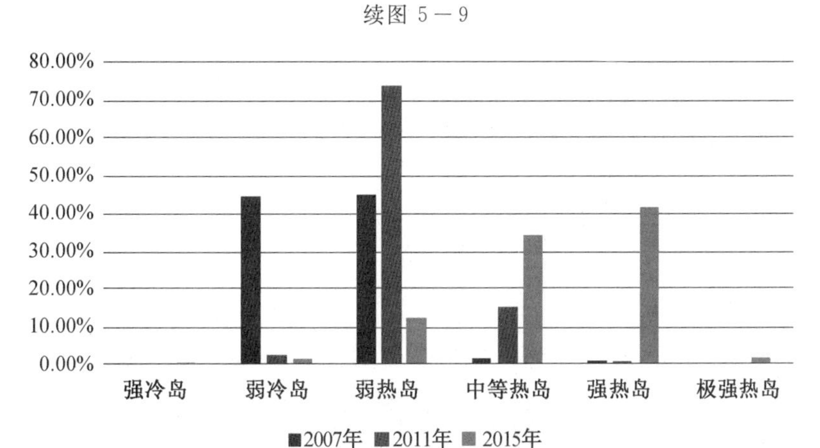

(a) 冬季东南象限各热岛强度等级分布情况

图 5－10　冬季各象限各热岛强度等级图

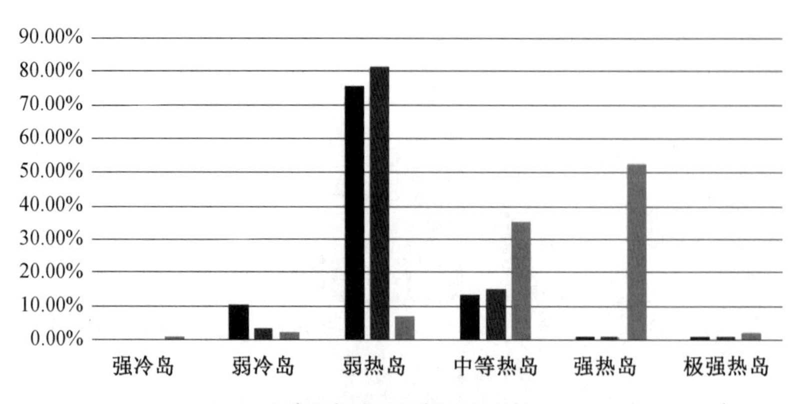

(b) 冬季东北象限各热岛强度等级分布情况

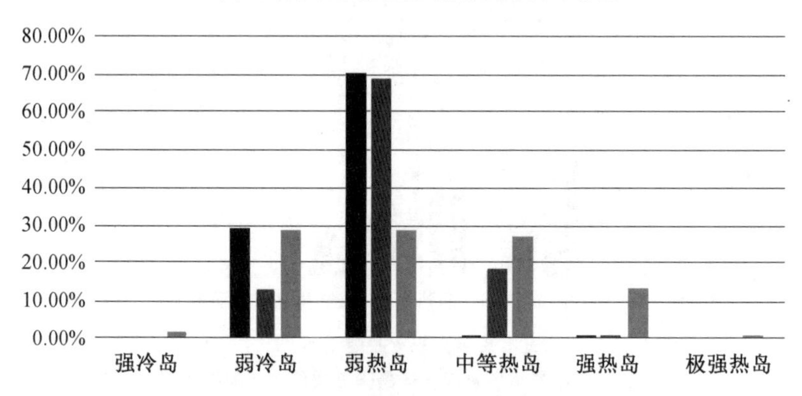

(c) 冬季西南象限各热岛强度等级分布情况

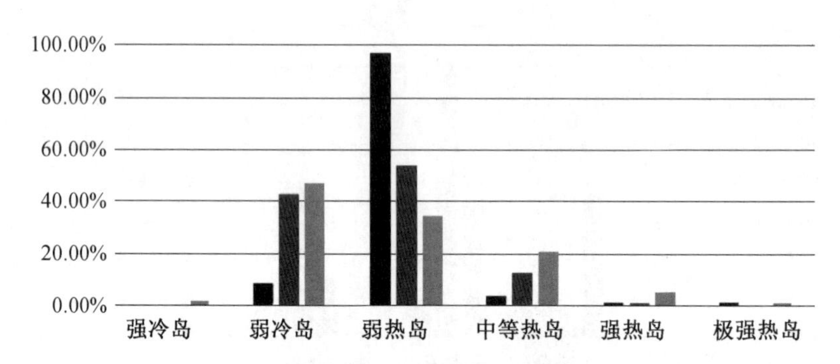

(d) 冬季西北象限各热岛强度等级分布情况

续图 5－10

由以上研究可知：哈尔滨冬季热岛强度在空间方位上分布不均衡，东北方向上热岛强度最高。虽然 2007 年热岛效应还未形成，但仍可看出热岛强度呈东北＞西北＞西南＞东南趋势；2015 年地表温度差值为三年最大，已形成较为明显的热岛效应，且 2011 年、2015 年热岛强度大小均呈东北＞东南＞西南＞西北趋势。虽然哈尔滨冬季热岛效应在环路分布上的变化趋势与夏季相同，但在空间方位上的变化趋势与夏季不同，且冬季相对地表温度在空间方位上的改变量远大于夏季。其原因可能与冬季地表地物的改变及供暖等因素有关。

(3) 热岛强度的时空演变规律。

按环路和象限对哈尔滨冬季三期遥感信息进行提取分析，总结各环路和象限内的热岛效应时空演变规律为：

① 总体来说，2007—2015年哈尔滨冬季热岛已呈现出形成的趋势。

② 哈尔滨冬季热岛效应强度远远小于夏季，热岛强度随环路外推而减缓。相对地表温度呈一环 > 二环 > 三环 > 四环的变化趋势，且与夏季环路空间分布情况类似。

③ 哈尔滨冬季热岛效应在空间方位上分布不均衡，且差异远大于夏季；东北方向温度最高。

5.1.2　哈尔滨城市绿地的时空变化

采用监督分类方法进行地物提取，以获取哈尔滨城市绿地在"量"上的变化，应用遥感技术进行植被覆盖信息提取，采用归一化植被指数(NDVI)的空间分布来分析哈尔滨城市绿地在"质"上的演变。

1. 夏季城市绿地的时空演变

将遥感影像经几何校正、辐射校正、增强等预处理后按水体、植物、建筑以及裸地四类地物进行监督分类。如图5－11所示，哈尔滨夏季植物在2007年占研究区的55.76%，2011年为46.15%，2015年仅占45.14%，虽然呈现出逐年减少的趋势，但其改变量幅度

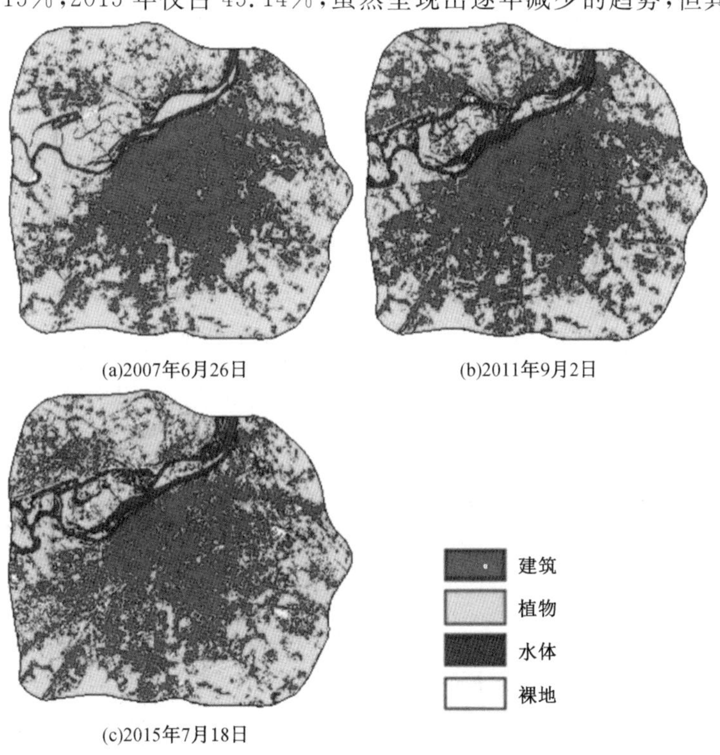

图5－11　夏季地物提取图(彩图见附录)

有所降低。建筑面积所占研究区比例在 2007 年至 2011 年上升了 8.38%，但在 2015 年又回落到 43.66%。

(1) 以环路为单位进行统计。

如表 5－1 所示，对哈尔滨夏季各年份地物进行提取，并按环路进行绿地栅格量统计及绿地面积计算。计算表明，虽然 2007 年至 2015 年夏季绿地总面积在减小，但一环、二环绿地面积呈明显增加的趋势。一环绿地面积由 2007 年的 28.35 hm^2 增加到 2015 年的 84.69 hm^2。二环绿地面积也由 222.66 hm^2 增至 491.22 hm^2。三环绿地面积从 9 485.91 hm^2 减少到 6 911.73 hm^2 再增加至 7 199.1 hm^2。四环绿地面积则在逐年减少。

表 5－1　各年份各环路绿地栅格统计量

年份	一环		二环		三环		四环	
	栅格数	面积 /hm^2	栅格数	面积 /hm^2	栅格数	面积 /hm^2	栅格数	面积 /hm^2
2007	315	28.35	2 474	222.66	105 399	9 485.91	258 515	23 266.35
2011	715	64.35	3 853	346.77	76 797	6 911.73	2 22139	19 992.51
2015	941	84.69	5 458	491.22	79 990	7 199.1	210 457	18 941.13

对提取结果进行分析可知，哈尔滨夏季绿地面积及各环路绿地所占比例上均呈一环＜二环＜三环＜四环的变化趋势，即绿地面积随环路增大而增加，绿地面积所占该环路的比例随环路增大而增加。

NDVI 值是表达研究区域内是否有绿色植物覆盖以及植被覆盖程度的量值。为了更好地表达城市绿地的植被覆盖情况，对夏季三期遥感影像进行归一化植被指数(NDVI)的提取，结果如图 5－12 所示。

按环路进行植被指数及其标准差计算，植被指数表征各环路内城市绿地植被覆盖情况，而其标准差则反映了其植被覆盖的波动情况，见表 5－2，三个年份的植被指数大小均呈一环＜二环＜三环＜四环的变化趋势，即各年份哈尔滨夏季植被指数均随环路外推而增大。其中，一环标准差均小于其他环路，说明一环内植被指数波动变化最小，三环和四环标准差变化相似。2007 年三环的标准差大于四环，说明 2007 年三环的植被指数波动大于四环；2011 年四环标准差则大于三环，说明 2011 年四环的植被指数波动情况大于三环。除 2007 年三、四环外，各环路植被指数的标准差均随环路外推而增大，说明植被指数的波动情况也是随着环路的外推而加剧。

通过分析发现，2011 年一环、二环绿地面积较 2007 年均有所增加，但一环植被指数却小于 2007 年，二环植被指数与 2007 年近似。这可能是由遥感信息提取时间的差异所造成的。2007 年、2015 年数据的采集时间分别为 6 月 26 日及 7 月 18 日，均为盛夏，但 2011 年数据的采集时间为 9 月 2 日，为夏末秋初，因此植被生长状态的季节性变化可造成植被覆盖度的降低。虽然植被指数存在一定差异，但提取结果还是能较好地反映城市绿地植被覆盖情况在时间上的变化。

综上所述，哈尔滨夏季植被覆盖度随环路外推而增加，其波动情况基本也随环路外推而加剧。

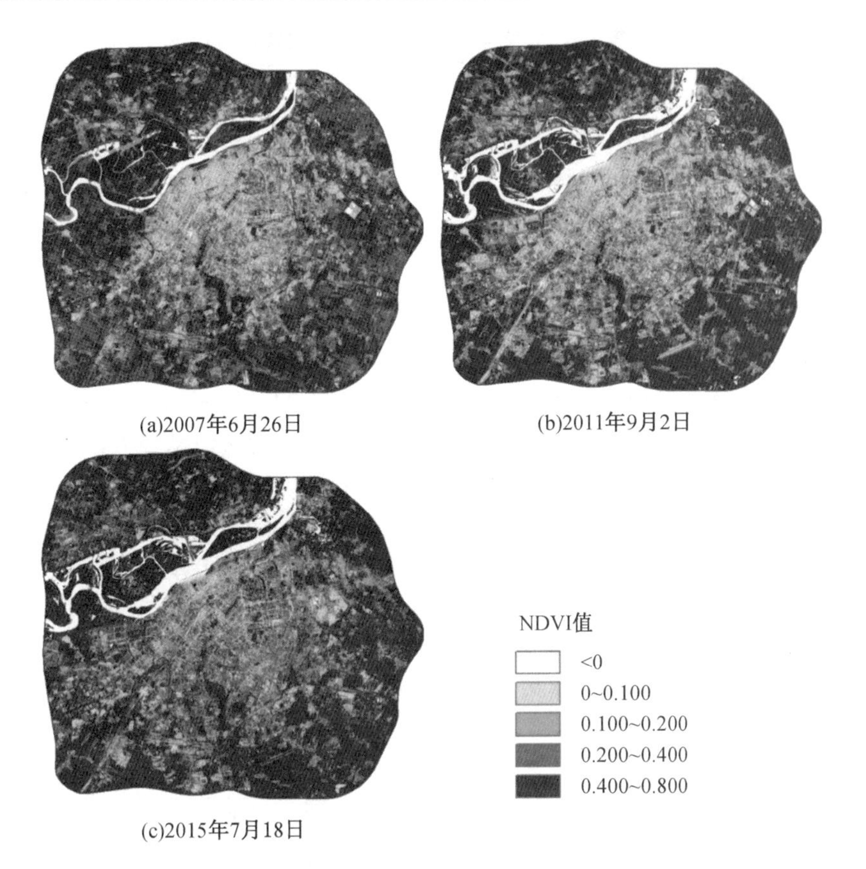

图 5－12　夏季 NDVI 值提取结果图(彩图见附录)

表 5－2　各年份夏季各环路植被指数统计表

年份	一环		二环		三环		四环	
	NDVI	标准差	NDVI	标准差	NDVI	标准差	NDVI	标准差
2007	0.137	0.097	0.152	0.109	0.297	0.196	0.358	0.158
2011	0.128	0.097	0.156	0.114	0.225	0.226	0.326	0.259
2015	0.200	0.135	0.222	0.143	0.311	0.277	0.473	0.270

(2) 以象限为单位进行统计。

如表 5－3 所示，对哈尔滨夏季各年份地物进行提取，并按象限进行绿地栅格量统计及绿地面积计算。计算可知，虽然哈尔滨夏季绿地总面积在不断减小，但其改变量也在减少。通过对不同方位象限上绿地改变量进行统计发现，2011 年西北和西南象限的绿地改变量最大，绿地面积分别减少了 2 768.94 hm^2 和 1 974.06 hm^2。东南及东北象限绿地的改变量最小，分别减少了 438.21 hm^2 和 506.7 hm^2。2011 年绿地的减少量为西北 > 西南 > 东北 > 东南；2015 年绿地的改变量与 2011 年恰恰相反，绿地减少量最大的是东南象限，减少了 505.98 hm^2。东北和西南象限分别减少了 124.74 hm^2 和 67.41 hm^2。西北增加了 98.91 hm^2。2015 年绿地的减少量为东南 > 东北 > 西南 > 西北。

表 5－3　各年份各象限绿地栅格统计量

年份	东南象限		东北象限		西南象限		西北象限	
	栅格数	面积 /hm^2	栅格数	面积 /hm^2	栅格数	面积 /hm^2	栅格数	面积 /hm^2
2007	98 409	8 856.81	54 162	4 874.58	95 273	8 574.57	118 859	10 697.31
2011	93 540	8 418.6	48 532	4 367.88	73 339	6 600.51	88 093	7 928.37
2015	87 918	7 912.62	47 146	4 243.14	72 590	6 533.1	89 192	8 027.28

综上所述，哈尔滨绿地面积在空间方位上变化较大，由于绿地总面积的减少，各年份在不同空间方位上的绿地面积也有所变化，2007 年及 2015 年为西北 ＞ 东南 ＞ 西南 ＞ 东北，2011 年则为东南 ＞ 西北 ＞ 西南 ＞ 东北。西南象限的绿地面积一直小于东南和西北，而东北象限的绿地面积始终最少；西北象限的绿地面积改变量波动较大；东南象限的绿地面积虽然逐年递减，但仍存在较多绿化；西南象限在 2007 至 2011 年绿化面积减少量较大，2011 至 2015 年基本保持不变。

如表 5－4 所示，对各象限进行平均植被指数及其标准差计算，可以发现各年份在不同空间方位上植被指数变化差异较大：2007 年植被指数大小为西北 ＞ 东南 ＞ 西南 ＞ 东北，2011 年为东南 ＞ 东北 ＞ 西南 ＞ 西北，2015 年则为东南 ＞ 西南 ＞ 西北 ＞ 东北。与绿地面积大小的分布情况不同，各象限内标准差均逐年增大，说明植被覆盖的波动情况在逐年加剧。

表 5－4　各年份夏季各象限植被指数提取表

年份	东南象限		东北象限		西南象限		西北象限	
	NDVI	标准差	NDVI	标准差	NDVI	标准差	NDVI	标准差
2007	0.323	0.148	0.275	0.184	0.311	0.160	0.344	0.210
2011	0.394	0.216	0.267	0.235	0.266	0.208	0.178	0.264
2015	0.476	0.255	0.324	0.269	0.384	0.236	0.373	0.325

综上所述，哈尔滨绿地面积在空间方位上变化较大，东北方向的绿地面积一直最少，且由于绿地总面积的减少，各年份在不同空间方位上的绿地面积也有所变化。西南方向的绿地面积一直小于东南和西北；西北方向绿地面积改变量波动较大；东南方向绿地面积虽逐年递减，但一直保持较高的绿化面积；西南象限在 2007 年至 2011 年绿化面积减少量较大，但在 2011 年至 2015 年基本保持不变。

(3) 城市的绿地时空演变特征。

基于对哈尔滨夏季三期遥感影像的地物进行提取与统计，按环路及象限进行绿地面积和植被指数分析可知：

总体上说，哈尔滨城市绿地面积逐年减少，但其减少幅度有所降低。

从圈层变化上看，哈尔滨城市绿地面积、所占该环路比例及植被覆盖度大小均随环路外推而增加。

从空间方位上看，哈尔滨城市绿地的变化较大。东北向绿化面积一直最少。

2. 冬季城市地物的时空分布

哈尔滨位于我国严寒地区，与夏季相比，冬季降雪冻融等因素会导致下垫面发生显著改变。因此，本节均选取与夏季同年的 2 月份影像信息进行冬季地物及植被指数提取，以保证绿地面积及位置一致。图 5－13 为哈尔滨冬季地物提取结果，由图可知哈尔滨冬季基本无植被覆盖，且冰雪覆盖较明显，下垫面较夏季变化显著。通过前文中夏季地物提取分析可知各年份绿地位置及面积的时空演变规律。由于植被指数能反映植被冠层背景的影响，且与植被覆盖有关，因此，在冬季仍采用平均植被指数来研究低 NDVI 值所代表的植物冠层的背景粗糙度的分布情况。NDVI 值提取与统计结果如表 5－5 及图 5－14 所示。分析可知，哈尔滨冬季 NDVI 值主要集中在小于 0.1 的区域，研究区呈冰雪覆盖且基本无植物状态，此时平均植被指数主要表达的是植物冠层背景的影响，且与植被覆盖有关。

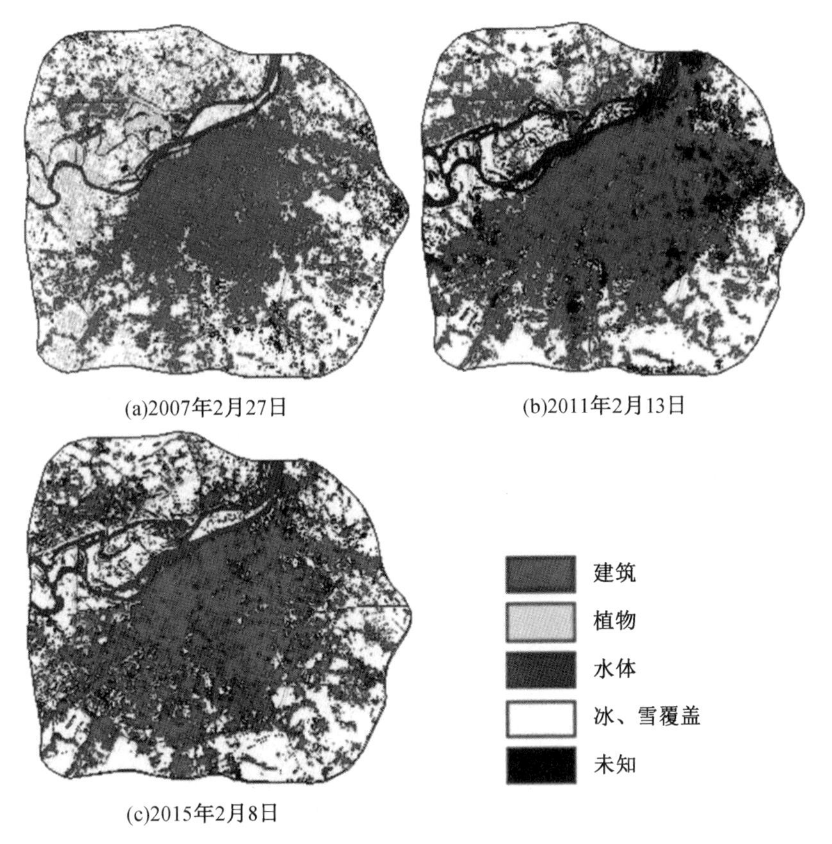

图 5－13　冬季地物提取图(彩图见附录)

表 5－5　各年份冬季各研究区内植被指数等级所占比例表

年份	－1～0		0～0.1		0.1～0.4		0.4～1	
	栅格数	比例	栅格数	比例	栅格数	比例	栅格数	比例
2007	651 933	99.14%	5 659	0.86%	0	0.00%	0	0.00%
2011	654 548	99.54%	3 044	0.46%	0	0.00%	0	0.00%
2015	613 467	93.29%	22 500	3.42%	1464	0.22%	114	0.02%

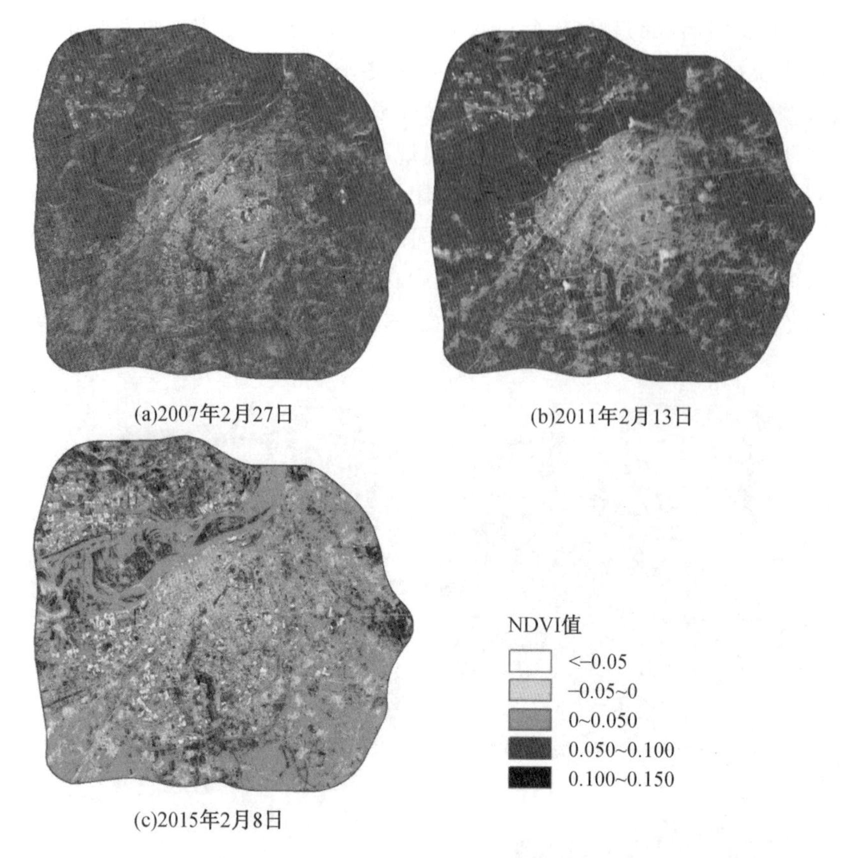

图 5－14　冬季 NDVI 值提取结果(彩图见附录)

(1) 以环路为单位进行统计。

按环路进行植被指数(NDVI 值) 及其标准差计算，平均植被指数表征各环路内植物冠层的背景情况，而其标准差则在一定程度上反映了植物冠层的背景波动情况，结果见表 5－6。虽然哈尔滨冬季植被指数值较小，且其改变量也较小，但仍能看出，植被指数均随环路外推而增大。2015 年一至三环平均植被指数均为负值，说明 2015 年内研究区雪覆盖情况较明显，一至三环内标准差均在 0.3 以上，说明其植被冠层背景波动较大；2007 年及 2011 年三环、四环内植被指数及标准差值均相近似，说明这两年内三环、四环的植物冠层的背景及波动情况均较相似，一环、二环则相差较大。

表 5－6　各年份冬季各环路 NDVI 平均值

年份	一环		二环		三环		四环	
	NDVI 值	标准差	NDVI 值	标准差	NDVI 值	标准差	NDVI 值	标准差
2007	0.019	0.037	0.027	0.035	0.052	0.024	0.057	0.017
2011	0.006	0.026	0.019	0.027	0.052	0.027	0.060	0.018
2015	－0.395	0.496	－0.318	0.479	－0.071	0.304	0.015	0.122

(2) 以象限为单位进行统计。

如表 5－7 所示，对各年份各象限植被指数平均值及其标准差进行统计，2007 年和

2011 年在各象限内 NDVI 值近似相等，且其标准差也近似相同，因此 2007 年与 2011 年哈尔滨冬季各方位上的植物冠层背景变化情况基本一致，四个象限的平均植被指数均在 0.05 左右，变化相同，空间差异较小；2015 年则与 2007 年、2011 年相差较大，四个象限内平均植被指数均为负数，说明 2015 年冬季采集时象限内的下垫面以雪覆盖为主，2015 年植被指数大小为西北 > 东北 > 东南 > 西南。

表 5－7　各年份冬季各象限植被指数平均值及标准差提取表

年份	东南象限		东北象限		西南象限		西北象限	
	NDVI 值	标准差	NDVI 值	标准差	NDVI 值	标准差	NDVI 值	标准差
2007	0.051	0.022	0.052	0.023	0.049	0.024	0.055	0.025
2011	0.053	0.022	0.054	0.024	0.049	0.028	0.056	0.027
2015	－0.044	0.257	－0.037	0.253	－0.095	0.327	－0.014	0.221

(3) 冬季地物变化。

对研究区冬季三期遥感影像进行地物与归一化植被指数的提取与统计结果可知：

① 研究区内呈冰雪覆盖且基本无植物状态。

② 虽然冬季研究区内植被指数值均较小且改变量也非常小，但仍能得出研究区内平均归一化植被指数均随环路外推而增大。

③2007 年和 2011 年冬季在空间方位上的植被冠层背景存在近似性，2015 年冬季采集时研究区内的下垫面以雪覆盖为主。

5.1.3　城市绿地与热岛的关系

城市绿地有利于减缓城市热岛效应，本节采用归一化植被指数来表达哈尔滨城区绿地的分布情况，采用网格法对研究区内的地表温度与归一化植被指数进行相关性分析，从而研究城市绿地与地表温度之间的关系。

国际上通常采用剖面法对城市绿地与热岛效应的关系进行研究，这种方法存在提取范围小、随机性大等局限性，为了弥补剖面法研究的随机性，本节采用网格法研究哈尔滨城市热岛与城市绿地之间的关系。研究采用的 Landsat 系列遥感影像信息，其空间分辨率通常为 30 m × 30 m、60 m × 60 m，为保证网格内样本数量，本节以 60 m 为模数，设定 1 200 m ×1 200 m 网格对哈尔滨四环以内区域进行划分，得到网格数量 373 个，可覆盖研究区 91% 的区域，基本涵盖了所有的栅格信息。网格内含有 400 个或 1 600 个栅格信息，可以提取网格内平均 NDVI 值及平均地表温度。研究区域内网格划分如图 5－15 所示。

由于夏季三期地表温度的提取时间不同，因此地表温度存在一定差异，会对结果分析造成一定干扰。因此本节采用地表温度差值即地表温度的改变量(Δ LST)，对其与植被指数(NDVI 值) 的相关性进行研究。已有研究表明水体具有较好的降温效应，由于哈尔滨四环内松花江为夏季最大的城市冷源，为了避免水体的存在对分析结果产生影响，将水体栅格设置为无意义值，再提取平均 Δ LST 和 NDVI 值。

1. 夏季绿地与热岛的关系

对夏季三期的 Landsat 系列遥感信息进行提取，利用网格法对平均 Δ LST 和 NDVI

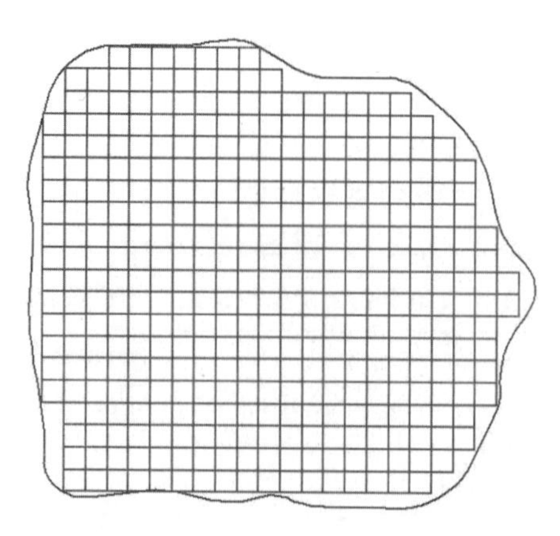

图 5－15　研究区域内网格划分

值信息进行提取，之后利用SPSS软件进行相关性分析，结果见表5－8，经双尾验证，验证精度在0.001。三种相关性算法的相关系数R均在0.6以上，呈显著负相关。说明哈尔滨夏季三期的归一化植被指数与地表温度差值存在明显负相关。

表 5－8　夏季绿地与热岛相关系数表

相关性	皮尔逊	肯德尔	斯皮尔曼
2007	－0.864	－0.643	－0.830
2011	－0.770	－0.611	－0.797
2015	－0.855	－0.685	－0.869

如图5－16所示，对哈尔滨夏季地表温度差值和归一化植被指数进行线性回归分析可知：

(1) 夏季城市绿地对减缓城市热岛作用及降温效果作用明显。夏季地表温度差值与归一化植被指数的回归方程均为线性方程，且其回归方程分别为 $y=-18.176x+10.398$、$y=-5.1097x+6.1134$ 及 $y=-18.248x+14.603$，说明归一化植被指数与地表温度差值呈明显负相关，即地表温度差值随着归一化植被指数的增大而减小。

(2) 城市绿地对热岛的减缓程度及降温效果受季节性影响。回归方程决定系数R^2反映了城市绿地与地表温度关联性，三个回归方程的决定系数R^2分别为0.745 7、0.593及0.730 2。与此同时，方程的斜率在一定程度上反映了植被对热岛缓解的程度。植被指数每增加0.1，温度会分别降低1.82 ℃、0.51 ℃及1.82 ℃。

通过分析可知，2007年和2015年两个时相的绿地降温效果要优于2011年，且2007年与2015年回归方程的回归系数和决定系数R^2值均较为相近，说明这两期城市绿地对地表温度的影响程度较相似，2011年的回归系数远大于其他两期，决定系数R^2远小于这两期，说明2011年城市绿地对地表温度的影响程度远小于2007年和2015年。这一结果可能与遥感数据信息的提取时间有一定关系，因为遥感影像的时间精度较小(16 d)，且对地表温度进行提取时需要控制影像信息的云量。2007年和2015年数据的采集时间分别为6月末及7月初，均为盛夏时期且时间差值较小。但2011年数据的采集时间为9月初，此时为夏末秋初，由于植物本身的生长状态会影响其植被覆盖度，从而影响城市绿地对地表温度的影响作用。

对照哈尔滨夏季热岛效应及城市绿地的时空分布及变化可知:热岛效应虽然总体为逐年增强,但存在弱化的趋势,这与前文中城市绿地面积逐渐缩小但其减少量在降低的结论相一致。

从圈层上看,热岛效应强度随环路外推而增强,绿地面积及所占比例也随环路外推而减小。这也与夏季城市绿地有明显的减缓热岛作用及降温效果的结论相符,且可知城市绿地的降温作用与其面积的大小有关。

从空间分布上看,各方位热岛强度与城市绿地面积及所占比例并不严格对应,各年份在不同空间方位上存在差异。这说明城市绿地减缓热岛及降温效果并不只与绿地面积有关,可能还与其布局、周长或其他因素有关。

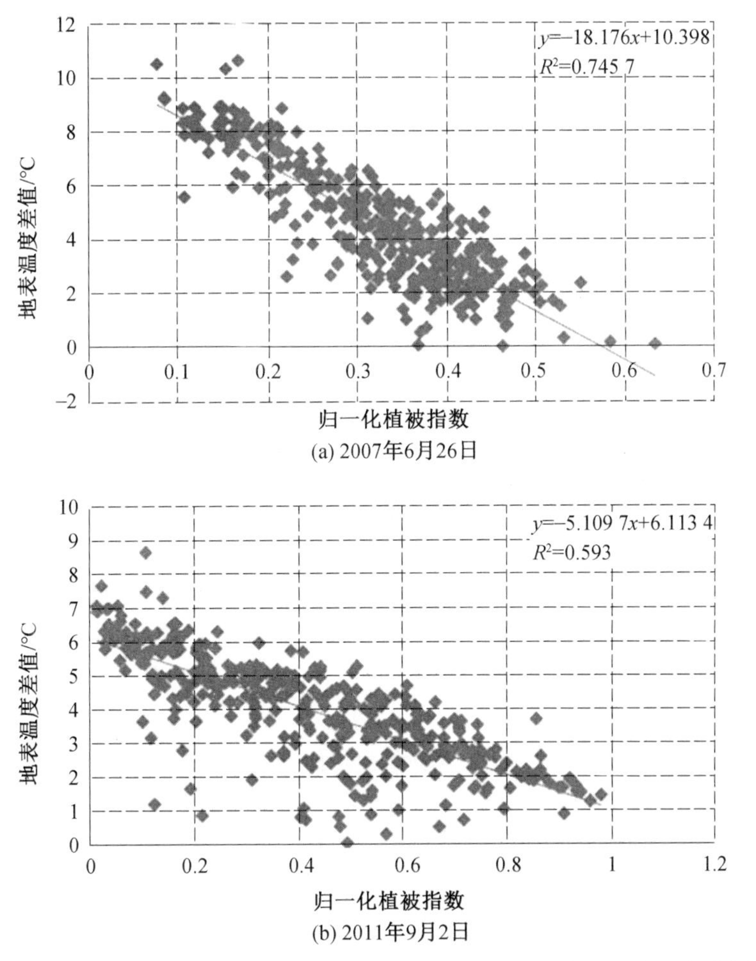

图 5－16　夏季哈尔滨市地表温度差值与归一化植被指数之间的回归分析

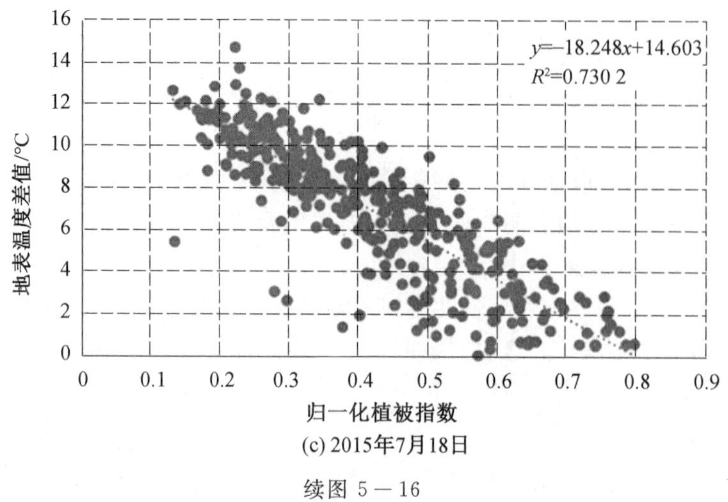

(c) 2015年7月18日

续图 5－16

2. 冬季绿地与热岛的关系

对冬季三期的 Landsat 系列遥感信息进行提取，利用网格法对平均 Δ LST 和 NDVI 值信息进行提取。相关性分析结果见表 5－9，经双尾验证，验证精度在0.001。三种相关性算法的相关系数 R 均在 0.18 以上，呈明显负相关。虽然冬季植被指数和地表温度差值存在一定的相关性，但远小于夏季，且各年份相关性差异较大。由此可知，冬季归一化植被指数与地表温度差值存在一定相关性，但也同样会受到其他因素的显著影响。

表 5－9　冬季绿地与热岛相关系数表

年份	皮尔逊	肯德尔	斯皮尔曼
2007	－0.458	－0.206	－0.309
2011	－0.668	－0.446	－0.623
2015	－0.200	－0.185	－0.281

对冬季地物和 NDVI 值进行统计发现，哈尔滨冬季基本无植物覆盖，2007 年和 2011 年网格内 NDVI 值均在 0～0.1 之间，而 2015 年的 NDVI 值在－0.7～0.1 之间。如图 5－17 所示，提取冬季地表温度差值和归一化植被指数信息并进行线性回归分析，拟合其相关方程。

通过分析可以发现，2015 年冬季地表温度差值与植被指数的回归方程的决定系数 R^2 仅为 0.039 9。归一化植被指数小于 0 的地表温度差值呈散状分布，植被指数在 0～0.1 之间，关联度较紧密。因此对 2015 年的信息数据进行重分类提取，结果如图 5－18 所示。当植被指数小于 0 时，地表温度差值呈散状分布，这说明归一化植被指数小于 0 时，即下垫面以冰雪覆盖为主时，地表温度的改变量与城市绿地无相关性，而可能与其他因素关联性更紧密。对植被指数在 0～0.1 之间的区域进行拟合，决定系数 R^2 为 0.311 2。说明归一化植被指数大于 0 时，即下垫面不以冰雪为主时，地表温度的改变量与植物冠层的背景存在一定相关性。且 2015 年的回归方程的回归系数为－42.399，与 2011 年近似，这说明 2015 年冬季绿地对城市热岛的减缓作用与 2011 年较为接近，2015 年城市冬季绿地与地表温度的关系相对紧密。

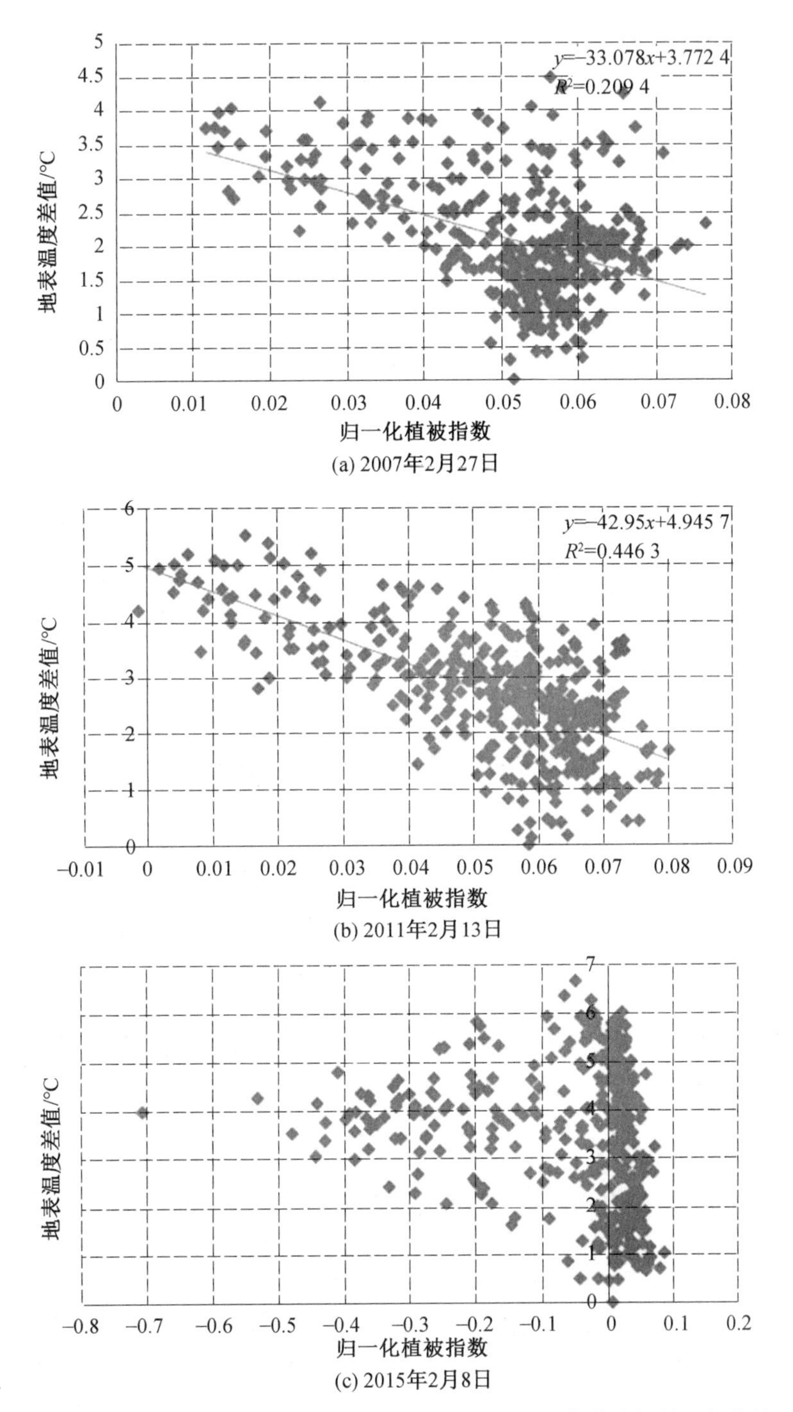

图 5－17　冬季哈尔滨市地表温度差值与归一化植被指数之间的回归分析

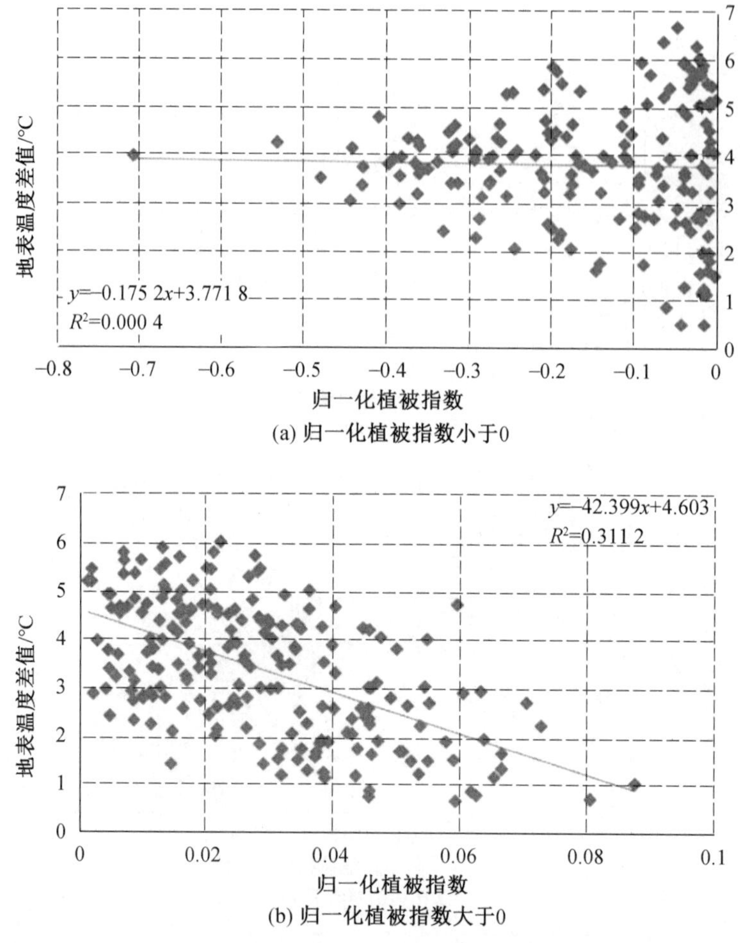

图 5－18　2015 年冬季地表温度差值与归一化植被指数重分类回归分析

对哈尔滨冬季地表温度差值与植被指数进行回归分析可知：

(1) 在冬季城市绿地未有雪覆盖的情况下，绿地对减缓热岛仍存在一定效果，但其减缓程度远远小于夏季。受降雪影响，严寒地区冬季下垫面的改变及城市集中供热均会影响其地表温度差值与热岛效应。2007 年、2011 年平均地表温度差值与归一化植被指数的回归方程与夏季相似，均为线性方程，且回归系数均为负值，说明冬季归一化植被指数与地表温度差值呈负相关关系。对 2015 年冬季数据进行重提取发现，当归一化植被指数小于 0 时，地表温度差值呈散状分布；当归一化植被指数在 0～0.1 之间时，即研究区下垫面不以冰雪为下垫面时，地表温度的改变量与城市绿地仍存在一定相关性。但冬季回归方程的回归系数远小于夏季，且冬季 NDVI 值的改变量不足夏季 NDVI 值改变量的 10%，因此，其减缓程度远小于夏季。

(2) 当冬季城市下垫面主要为冰雪覆盖时，城市绿地对减缓热岛几乎无影响。对 2015 年冬季地表温度差值与归一化植被指数进行回归分析发现，NDVI 值小于 0 的地表温度差值呈散状分布。对 2015 年冬季数据重提取，发现归一化植被指数小于 0 时，即研究区下垫面主要为冰雪下垫面时，地表温度的改变量与下垫面无相关性，地表温度的改变量大小可能与其他因素关联性更紧密。

对照哈尔滨冬季热岛效应及地物的时空分布及变化可知：冬季热岛效应在整体上存在形成趋势，冬季热岛效应强度在空间上分布不均，且与夏季差异明显。严寒地区冬季由于降雪及植物自身生长周期等因素的影响，城市地物大规模改变，除建设用地外，主要为冰雪覆盖且无植物的状态。在建设用地之外的地物环境中，人为活动及建筑布局可能是影响冬季热岛效应的最主要因素。这与冬季城市下垫面主要为冰雪覆盖时，城市绿地对减缓热岛几乎无影响的结论相一致。冬季热岛强度随环路外推而减弱，冬季归一化植被指数很低且大部分为负数，在一定程度上仍能反映出植被冠层背景的影响作用及与植被覆盖的相关性，且其随环路外推而增大。这与冬季城市绿地未有雪覆盖时对减缓热岛效应仍有一定效果的结论相一致。

5.2　城市绿地温度的梯度变化规律

城市绿地的降温效果具有呈梯度变化的规律。本节总结绿地降温作用类型，对哈尔滨城市绿地降温效果进行近似定量的研究，并基于城市绿地降温效应与绿地面积大小及其形状系数的关系，进行相关性研究，分析其变化规律。

5.2.1　绿地缓冲区温度提取

1. 夏季绿地缓冲区温度提取

利用 ArcGIS10.2 提取选取的 32 块绿地样本及其缓冲区内的地表温度，并计算其内部及各个缓冲带的平均地表温度值。由于各地块及所处环境的差异性，各样本及其缓冲区温度有一定偏差，所以，本节采用差值进行研究，即只研究随距离增大温度的变化量大小。计算温度差值时，各绿地样本及其各缓冲带温度最小值为减数，其平均值为被减数。夏季绿地各缓冲带内温度差值见表 5－10。

表 5－10　夏季 32 块绿地样本不同缓冲带内的地表温度差值提取表

编号	30	60	90	120	150	180	210	240	270	300	330	360	390	420	450	480	510
1	0.30	0.91	1.05	1.23	1.17	1.39	1.55	2.03	2.29	2.54	2.70	2.84	2.86	2.77	2.78	2.80	2.54
2	1.46	1.49	1.60	1.59	1.43	1.18	0.95	0.67	0.56	0.40	0.28	0.16	0.00	0.06	0.03	0.02	0.00
3	2.86	3.43	3.56	3.49	3.39	3.09	2.88	2.56	2.37	1.76	1.70	1.22	1.00	1.05	0.69	0.61	0.01
4	2.51	3.92	4.55	4.76	4.98	5.24	5.65	5.69	5.63	5.70	5.55	5.70	5.89	6.17	6.19	6.14	6.08
5	1.07	1.78	2.28	2.63	3.27	3.56	3.75	3.79	4.03	4.18	4.56	4.57	4.60	4.76	4.83	4.95	5.06
6	1.95	2.85	3.10	3.54	4.29	4.99	4.99	5.17	5.12	5.22	5.40	5.44	5.41	5.06	5.09	5.31	5.17
7	1.03	1.92	2.43	2.83	2.97	3.00	3.02	3.07	3.08	3.22	3.19	3.29	3.22	3.07	3.27	3.26	3.83
8	1.64	2.77	3.47	4.00	4.42	4.68	4.87	4.89	5.01	5.21	5.30	5.36	5.36	5.12	5.20	5.03	4.78
9	1.14	1.83	2.11	2.66	2.93	3.25	3.39	3.05	3.37	3.33	3.48	3.65	3.55	3.75	3.59	3.87	4.00
10	1.98	2.85	3.21	3.55	3.56	3.65	3.53	3.39	3.23	3.11	2.92	2.62	2.12	1.85	1.65	1.65	1.66
11	0.48	0.78	0.93	1.02	0.84	0.91	0.75	0.86	0.87	0.85	0.62	0.64	0.42	0.40	0.29	0.45	0.37
12	1.29	2.00	2.91	3.05	3.11	3.00	2.64	2.34	1.99	1.86	1.62	1.84	1.79	2.09	2.50	2.86	3.44
13	2.48	3.40	3.90	4.25	4.33	4.51	4.68	4.72	4.81	4.88	4.79	4.87	4.79	4.80	4.83	4.93	5.22

续表5—10

编号	30	60	90	120	150	180	210	240	270	300	330	360	390	420	450	480	510
14	2.12	4.00	4.93	5.33	5.89	5.94	6.19	5.97	6.16	6.01	6.15	6.24	6.28	6.37	6.44	6.40	6.48
15	0.20	0.85	1.97	2.45	2.37	2.38	2.23	2.25	2.04	2.03	2.07	1.90	1.96	1.56	1.56	1.37	1.13
16	1.16	0.95	1.00	1.14	1.33	1.37	1.05	0.81	0.36	0.38	0.47	0.39	0.39	0.22	0.12	0.18	0.01
17	1.14	1.34	1.48	1.33	1.32	0.96	0.99	0.72	0.76	0.74	0.51	0.18	0.09	0.27	0.62	0.76	0.91
18	1.01	1.17	1.22	1.30	1.41	1.33	1.14	0.97	0.60	0.38	0.18	0.18	0.21	0.31	0.42	0.61	0.70
19	0.38	0.88	0.80	1.29	1.29	1.52	1.26	0.70	0.54	0.47	0.39	0.33	0.09	0.36	0.61	0.70	0.65
20	2.02	3.44	4.37	4.71	4.83	4.85	4.85	4.75	4.59	4.13	3.76	3.52	3.33	3.10	2.99	2.94	2.80
21	2.12	2.25	2.40	2.56	2.67	2.83	2.88	2.92	2.90	2.93	3.08	3.16	3.38	3.50	3.72	3.85	3.88
22	3.94	4.67	5.21	5.58	5.58	5.50	5.34	5.16	5.10	5.01	5.02	5.20	5.45	5.63	5.81	5.57	5.71
23	0.67	1.33	1.75	1.92	1.93	1.81	1.64	1.60	1.62	1.60	1.63	1.59	1.67	1.58	1.61	1.59	1.51
24	2.84	3.47	3.94	4.18	4.25	4.33	4.43	4.56	4.62	4.60	4.54	4.35	4.29	4.23	4.23	4.41	4.48
25	1.77	2.63	3.61	4.36	4.38	4.24	4.2	4.07	3.99	3.66	3.52	3.5	3.59	3.9	3.86	4.12	4.17
26	0.89	1.49	2.07	2.27	2.13	2.19	2.25	2.26	2.24	2.15	2.16	1.86	1.84	1.72	1.63	1.61	1.68
27	0.2	0.43	0.76	1.01	1.18	1.29	1.52	1.57	1.62	1.51	1.36	1.15	0.92	0.69	0.48	0.37	0.31
28	2.57	3.28	3.77	4.12	4.44	4.77	5.14	5.15	5.02	4.91	4.79	4.69	4.77	4.57	4.34	4.1	4.08
29	3.51	4.07	4.42	4.74	4.86	4.92	4.96	4.92	5.06	5.01	5.16	5.2	5.03	5.06	4.8	4.71	4.51
30	3.39	4.44	5.19	5.45	5.62	5.67	5.56	5.57	5.57	5.82	5.98	5.95	5.85	5.74	5.63	5.58	5.37
31	2.33	3.35	3.87	3.96	4.33	4.35	4.92	4.9	4.87	4.83	4.49	4.51	4.24	4.07	4.15	4.12	4.1
32	1.72	2.45	3.01	3.62	3.96	4.1	4.32	4.3	4.2	4.17	3.87	3.62	3.38	3.45	3.67	3.8	3.99

在一定范围内，哈尔滨夏季地表温度差值会随其与绿地边界距离的增加而出现一定程度的增大。当达到一定距离时，地表温度差值随其与绿地边界距离的增加而趋于平缓或逐渐减小。即在一定范围内，地表温度随着与绿地距离增大而升高，达到一定距离后，地表温度随着与绿地距离增加而趋于平缓或呈下降趋势。

图 5－19 为夏季城市绿地降温曲线，表明了各绿地样本、各缓冲带地表温度差值随距离的变化规律。

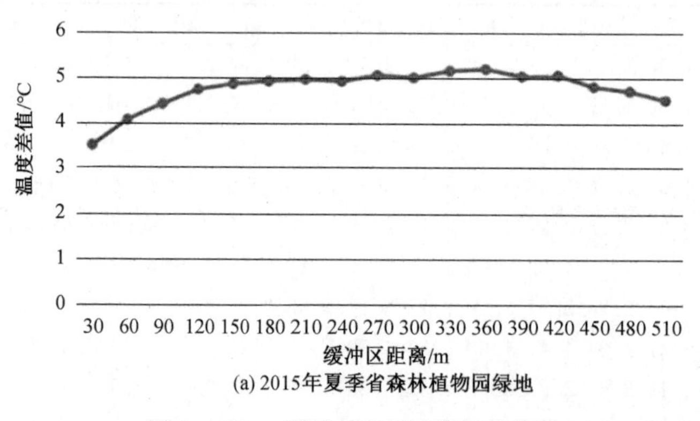

(a) 2015年夏季省森林植物园绿地

图 5－19　夏季城市绿地降温曲线图

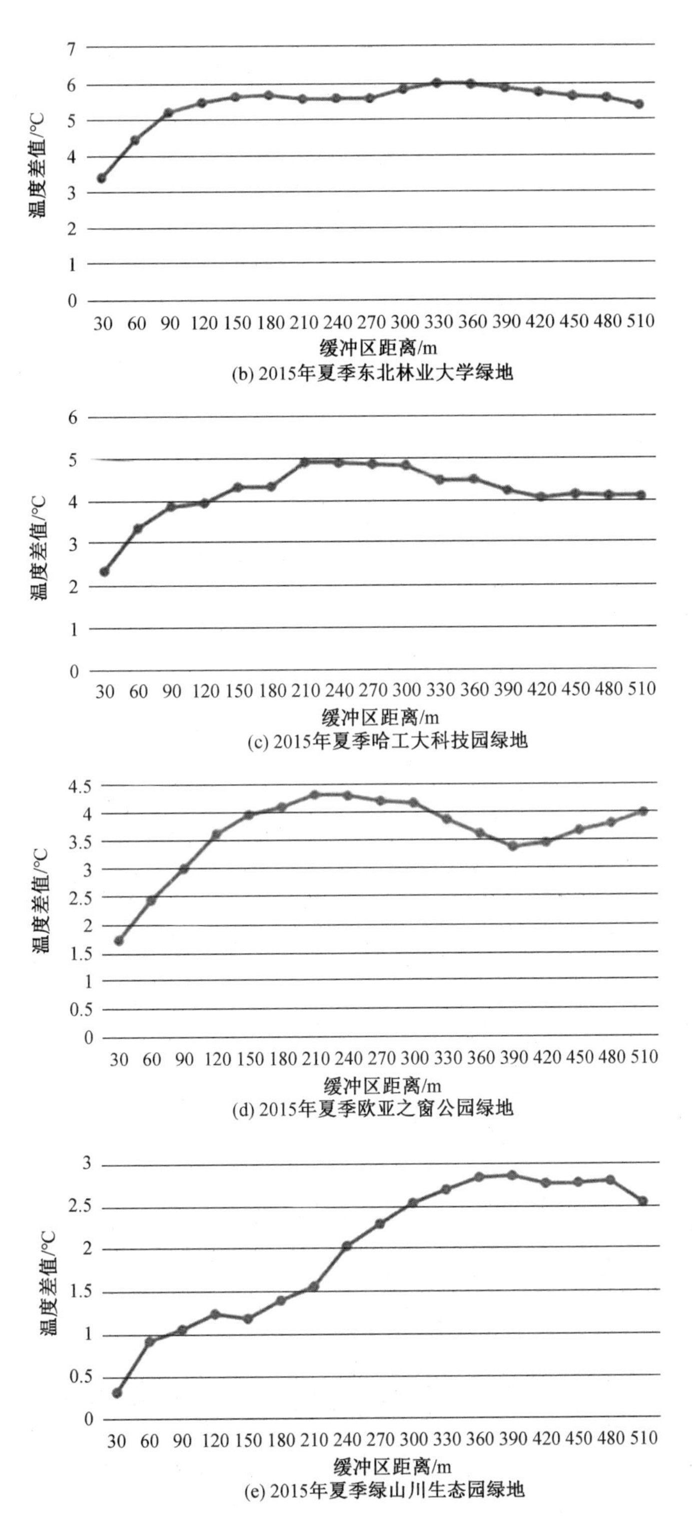

(b) 2015年夏季东北林业大学绿地

(c) 2015年夏季哈工大科技园绿地

(d) 2015年夏季欧亚之窗公园绿地

(e) 2015年夏季绿山川生态园绿地

续图 5－19

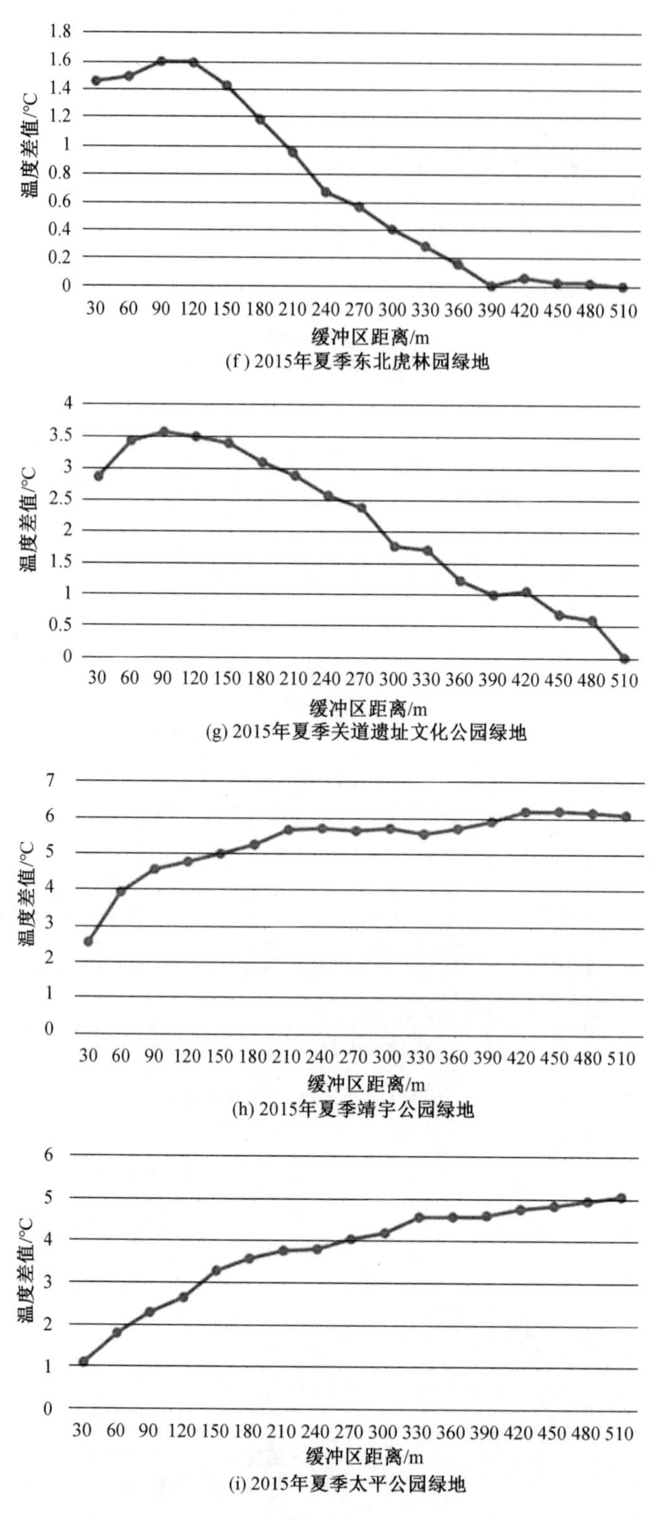

(f) 2015年夏季东北虎林园绿地

(g) 2015年夏季关道遗址文化公园绿地

(h) 2015年夏季靖宇公园绿地

(i) 2015年夏季太平公园绿地

续图 5—19

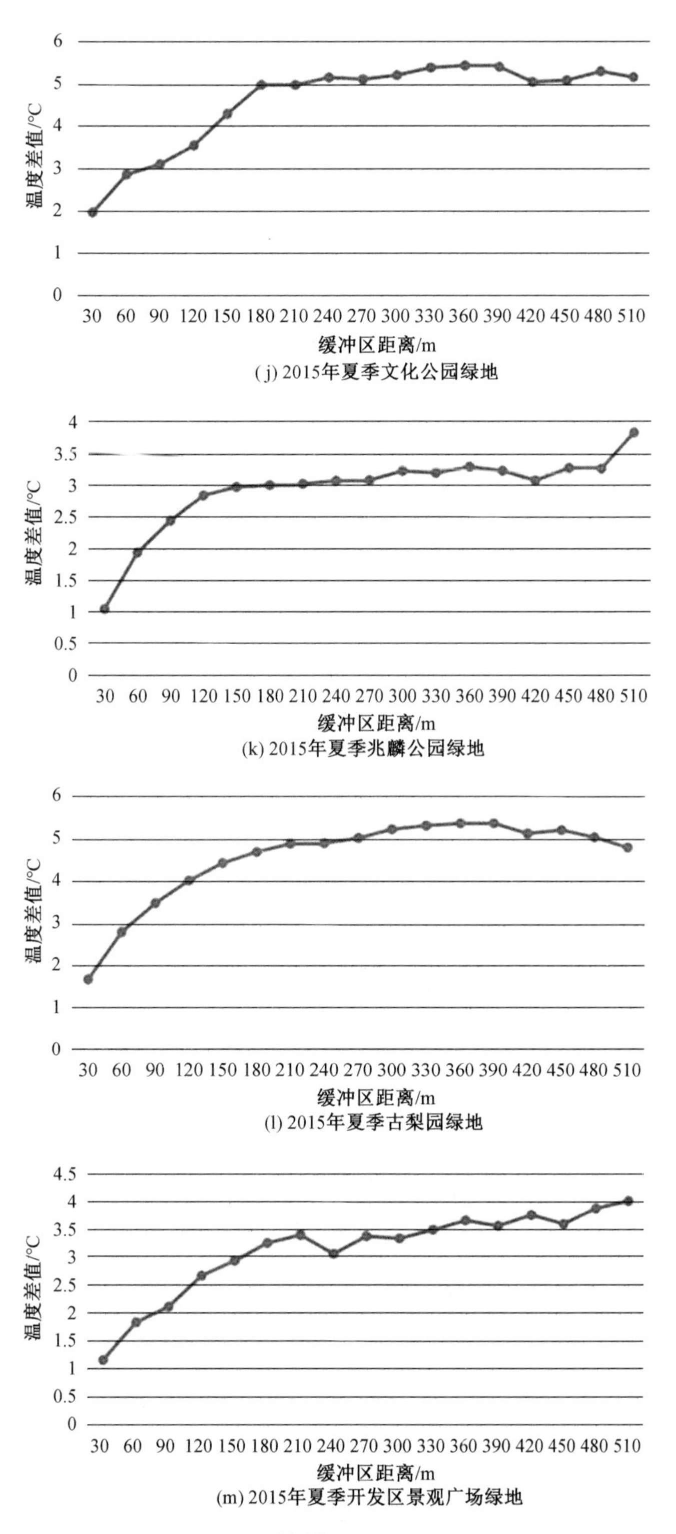
温度差值/℃
缓冲区距离/m
(j) 2015年夏季文化公园绿地
温度差值/℃
缓冲区距离/m
(k) 2015年夏季兆麟公园绿地
温度差值/℃
缓冲区距离/m
(l) 2015年夏季古梨园绿地
温度差值/℃
缓冲区距离/m
(m) 2015年夏季开发区景观广场绿地

续图 5－19

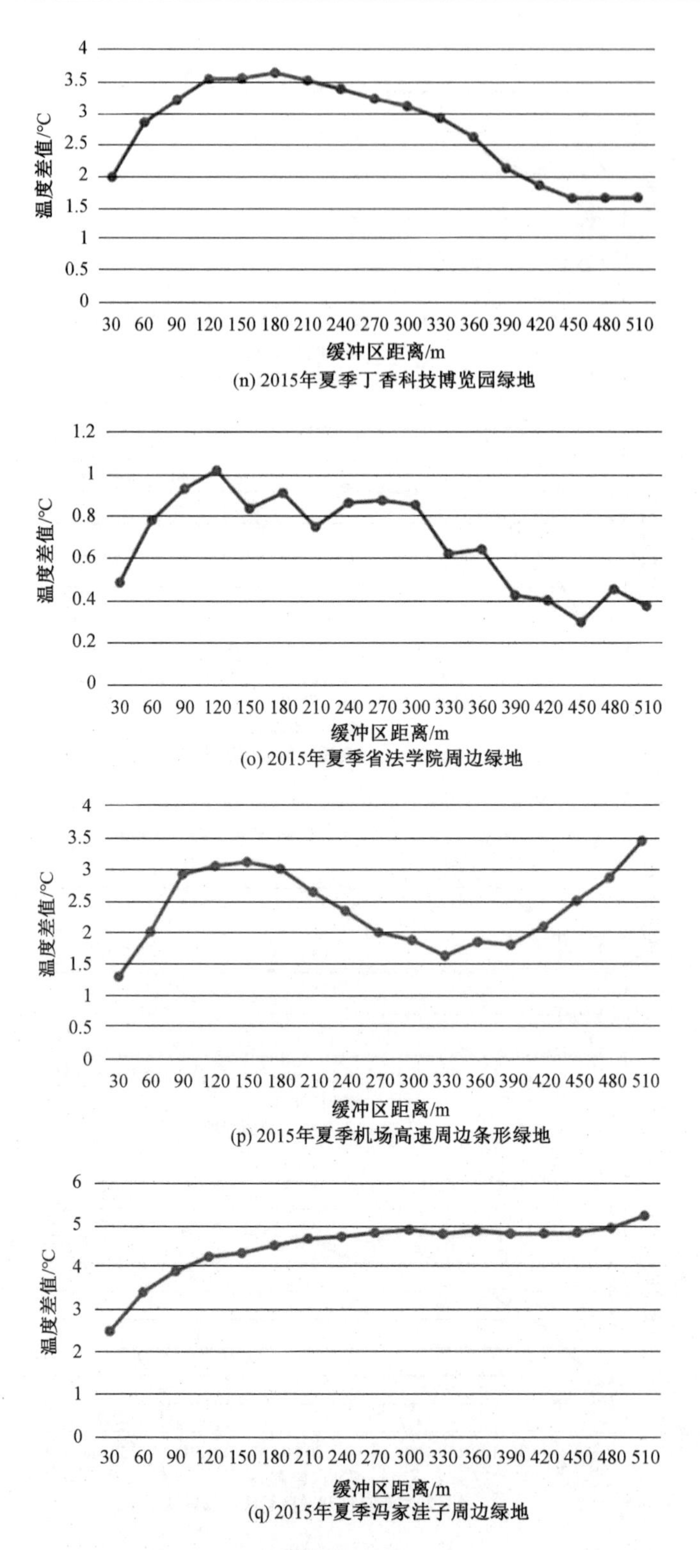

(n) 2015年夏季丁香科技博览园绿地

(o) 2015年夏季省法学院周边绿地

(p) 2015年夏季机场高速周边条形绿地

(q) 2015年夏季冯家洼子周边绿地

续图 5－19

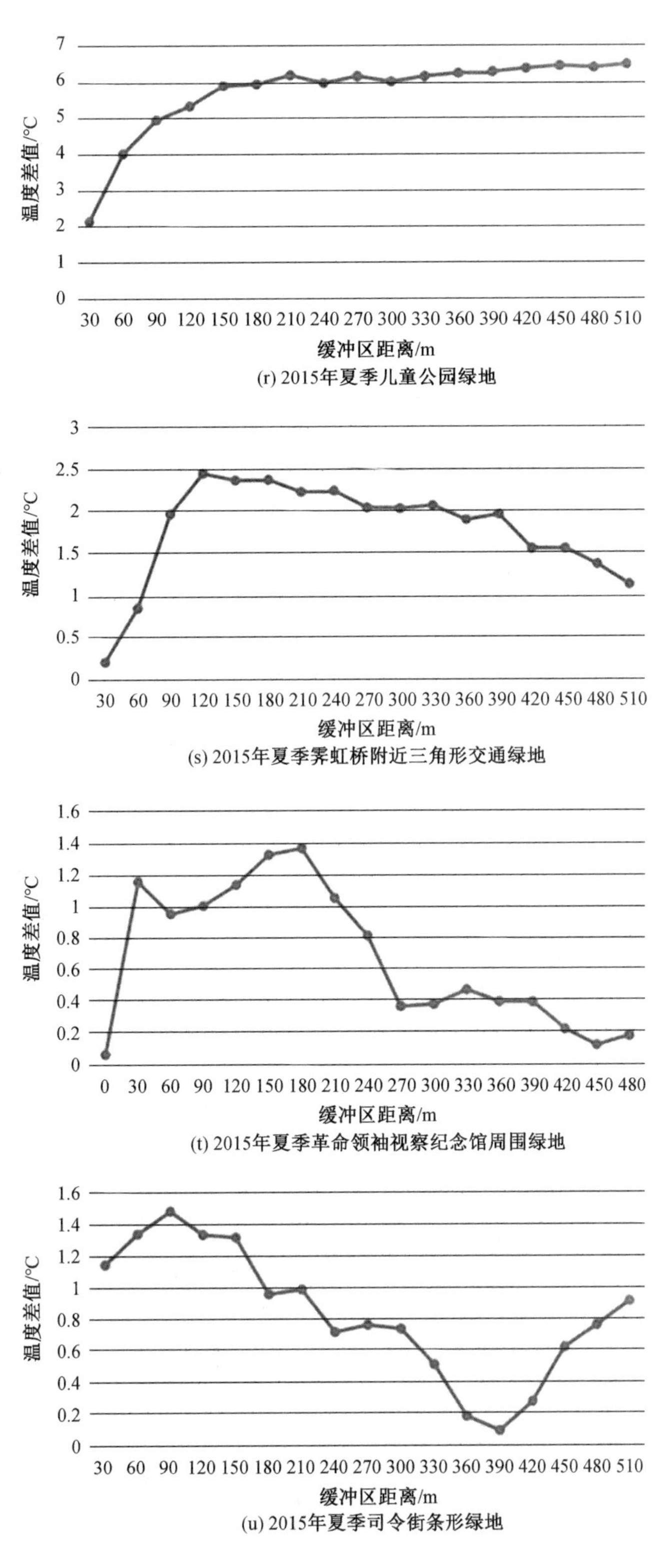
温度差值/°C
0
1
2
3
4
5
6
7
30 60 90 120 150 180 210 240 270 300 330 360 390 420 450 480 510
缓冲区距离/m
(r) 2015年夏季儿童公园绿地
温度差值/°C
0
0.5
1
1.5
2
2.5
3
30 60 90 120 150 180 210 240 270 300 330 360 390 420 450 480 510
缓冲区距离/m
(s) 2015年夏季霁虹桥附近三角形交通绿地
温度差值/°C
0
0.2
0.4
0.6
0.8
1
1.2
1.4
1.6
0 30 60 90 120 150 180 210 240 270 300 330 360 390 420 450 480
缓冲区距离/m
(t) 2015年夏季革命领袖视察纪念馆周围绿地
温度差值/°C
0
0.2
0.4
0.6
0.8
1
1.2
1.4
1.6
30 60 90 120 150 180 210 240 270 300 330 360 390 420 450 480 510
缓冲区距离/m
(u) 2015年夏季司令街条形绿地

续图 5—19

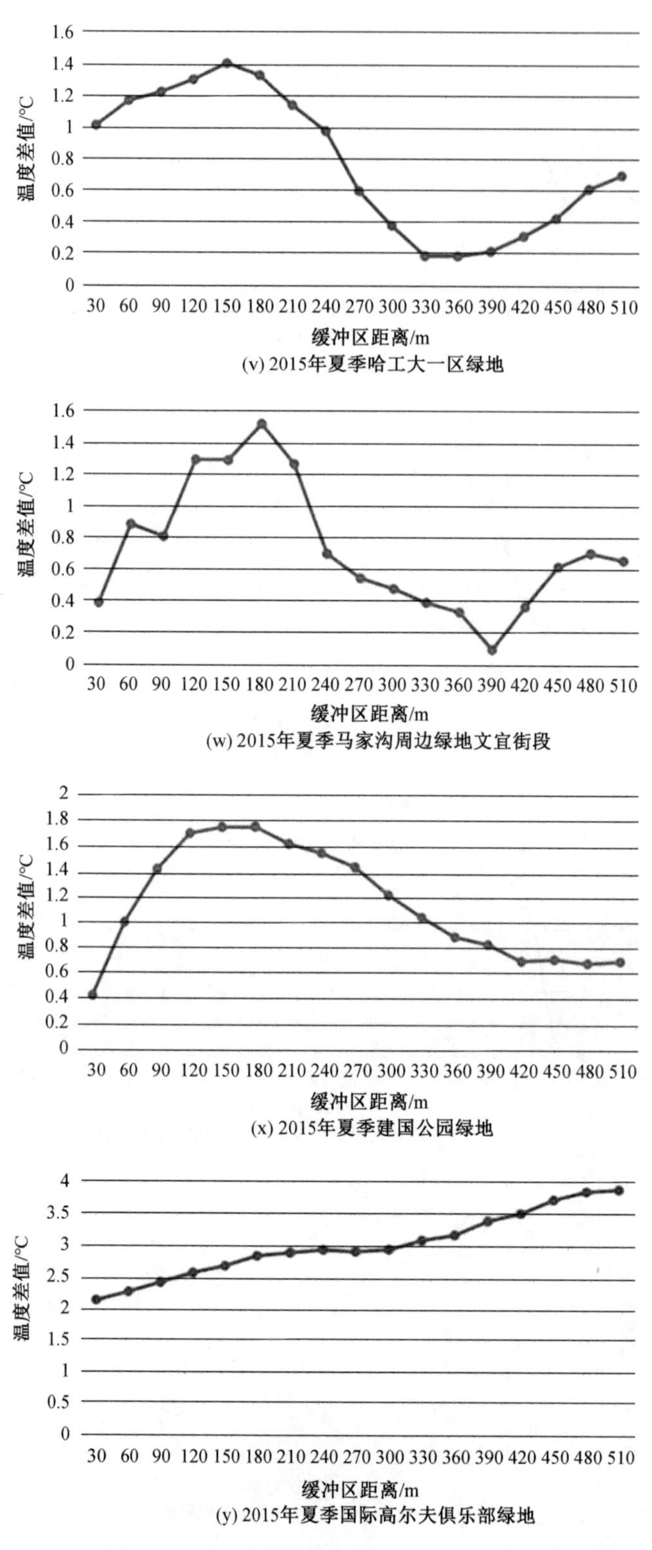
1.6
1.4
1.2
1
0.8
0.6
0.4
0.2
0
温度差值/℃
30 60 90 120 150 180 210 240 270 300 330 360 390 420 450 480 510
缓冲区距离/m
(v) 2015年夏季哈工大一区绿地
1.6
1.4
1.2
1
0.8
0.6
0.4
0.2
0
温度差值/℃
30 60 90 120 150 180 210 240 270 300 330 360 390 420 450 480 510
缓冲区距离/m
(w) 2015年夏季马家沟周边绿地文宜街段
2
1.8
1.6
1.4
1.2
1
0.8
0.6
0.4
0.2
0
温度差值/℃
30 60 90 120 150 180 210 240 270 300 330 360 390 420 450 480 510
缓冲区距离/m
(x) 2015年夏季建国公园绿地
4
3.5
3
2.5
2
1.5
1
0.5
0
温度差值/℃
30 60 90 120 150 180 210 240 270 300 330 360 390 420 450 480 510
缓冲区距离/m
(y) 2015年夏季国际高尔夫俱乐部绿地

续图 5－19

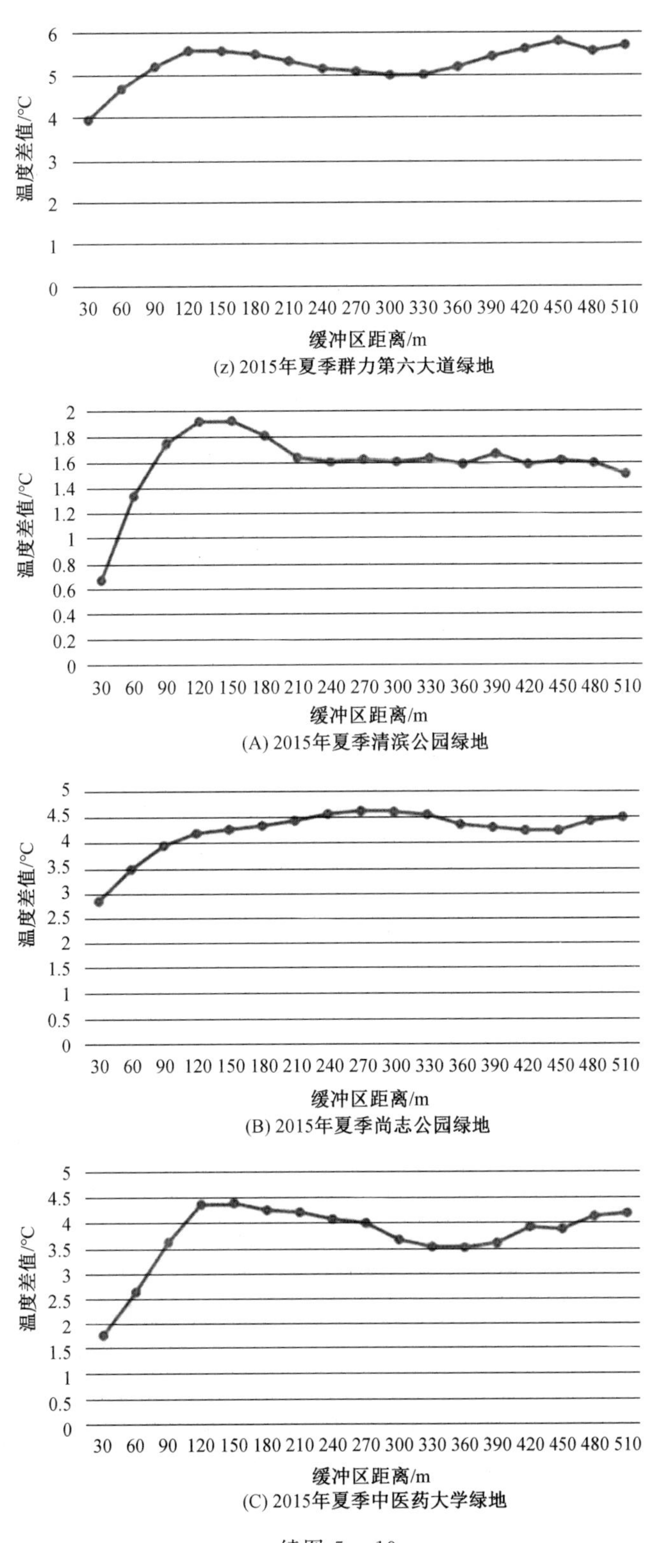
温度差值/°C
缓冲区距离/m
(z) 2015年夏季群力第六大道绿地
温度差值/°C
缓冲区距离/m
(A) 2015年夏季清滨公园绿地
温度差值/°C
缓冲区距离/m
(B) 2015年夏季尚志公园绿地
温度差值/°C
缓冲区距离/m
(C) 2015年夏季中医药大学绿地

续图 5－19

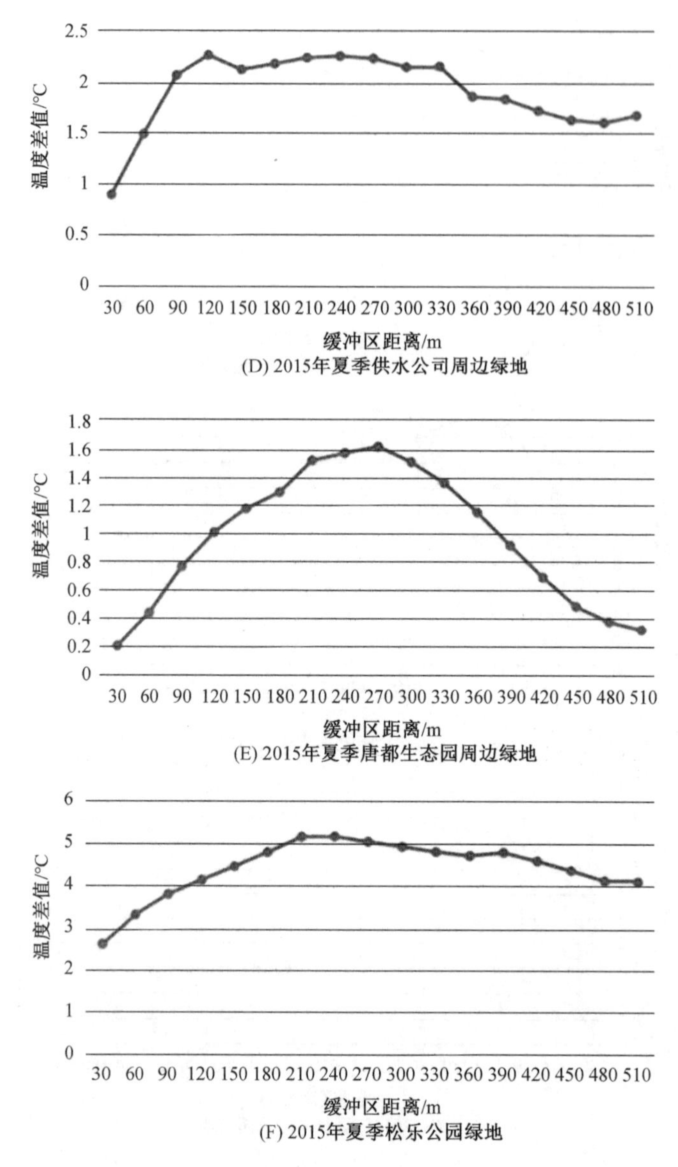

(D) 2015年夏季供水公司周边绿地

(E) 2015年夏季唐都生态园周边绿地

(F) 2015年夏季松乐公园绿地

续图 5－19

2. 冬季绿地缓冲区温度提取

表 5－11 为冬季各缓冲带内的温度差值。在一定距离内，哈尔滨冬季缓冲带内地表温度差值与夏季变化相似，即随其距绿地边界的距离增加，温度差值会出现一定程度的增大。当达到一定距离时，地表温度差值会随其与绿地边界距离的增加而趋于平缓或逐渐减小，即地表温度随着与绿地距离的增大会趋于平缓或呈下降趋势。

表 5－11　冬季 32 块绿地样本不同缓冲带内的平均地表温度差值提取表　℃

编号	30	60	90	120	150	180	210	240	270	300	330	360	390	420	450	480	510
1	0.00	0.06	0.02	0.02	0.15	0.38	0.57	0.76	0.78	0.92	1.02	1.11	1.20	1.15	1.15	1.13	1.06
2	0.41	0.52	0.54	0.48	0.41	0.35	0.32	0.36	0.36	0.34	0.40	0.36	0.27	0.31	0.26	0.28	0.29

续表5—11

编号	30	60	90	120	150	180	210	240	270	300	330	360	390	420	450	480	510
3	1.19	1.66	1.78	1.60	1.43	1.33	1.07	0.68	0.26	0.08	0.26	0.29	0.27	0.51	0.56	0.40	0.20
4	0.56	0.73	0.80	0.72	0.66	0.50	0.54	0.55	0.48	0.61	0.76	0.89	0.94	0.84	0.95	1.04	1.00
5	0.01	0.21	0.50	0.64	0.47	0.37	0.44	0.32	0.41	0.22	0.24	0.25	0.40	0.30	0.25	0.28	0.35
6	0.31	0.58	0.71	0.62	0.82	0.90	1.01	1.18	1.09	1.30	1.31	1.36	1.21	1.06	0.89	0.94	0.85
7	1.04	1.36	1.53	1.49	1.58	1.50	1.65	1.64	1.59	1.64	1.59	1.57	1.50	1.37	1.34	1.41	1.40
8	0.18	0.21	0.24	0.32	0.43	0.46	0.50	0.49	0.50	0.39	0.34	0.36	0.41	0.47	0.56	0.58	0.65
9	0.75	1.74	2.03	2.32	2.48	2.46	2.34	2.28	2.26	2.35	2.31	2.25	2.11	2.24	2.20	2.25	2.41
10	0.09	0.25	0.44	0.49	0.57	0.52	0.42	0.50	0.45	0.48	0.31	0.31	0.21	0.29	0.33	0.37	0.33
11	0.20	0.39	0.53	0.63	0.57	0.60	0.48	0.40	0.38	0.43	0.44	0.54	0.55	0.57	0.59	0.63	0.60
12	0.33	0.51	0.64	0.73	0.79	0.83	0.85	0.82	0.78	0.83	0.88	0.93	0.95	1.03	1.11	1.19	1.39
13	0.62	0.55	0.54	0.49	0.44	0.51	0.55	0.51	0.43	0.33	0.19	0.14	0.08	0.01	0.01	0.07	0.15
14	0.47	1.39	1.75	2.03	2.09	1.95	2.01	1.95	2.06	1.95	1.94	1.90	1.84	1.90	1.89	2.04	2.13
15	0.39	0.50	0.47	0.62	0.43	0.34	0.42	0.48	0.53	0.50	0.57	0.61	0.65	0.75	0.79	0.77	0.75
16	0.87	1.35	1.70	1.50	1.16	0.80	0.63	0.44	0.27	0.24	0.12	0.08	0.01	0.06	0.14	0.24	0.40
17	0.14	0.25	0.37	0.52	0.51	0.53	0.55	0.54	0.54	0.45	0.43	0.36	0.44	0.42	0.29	0.28	0.26
18	1.02	1.30	1.35	1.48	1.46	1.47	1.23	0.98	0.91	0.87	0.71	0.55	0.47	0.73	1.02	1.22	1.18
19	0.25	0.27	0.14	0.06	0.01	0.08	0.12	0.17	0.21	0.16	0.14	0.16	0.22	0.32	0.38	0.39	0.40
20	1.38	1.54	1.57	1.40	1.20	1.09	0.94	0.79	0.77	0.62	0.53	0.35	0.23	0.09	0.09	0.01	0.08
21	0.48	0.64	0.73	0.83	0.79	0.70	0.60	0.44	0.32	0.31	0.34	0.35	0.47	0.57	0.70	0.76	0.80
22	1.53	1.73	1.64	1.48	1.27	1.10	1.01	0.96	0.80	0.60	0.60	0.70	0.54	0.45	0.22	0.09	0.24
23	0.27	0.47	0.81	0.86	0.88	0.67	0.46	0.50	0.54	0.59	0.65	0.71	0.83	0.87	0.82	0.75	0.74
24	0.59	0.81	1.02	1.17	1.30	1.25	1.24	1.24	1.27	1.18	1.15	1.17	1.19	1.24	1.26	1.33	1.35
25	0.45	0.71	0.89	1.00	1.00	1.05	0.99	1.07	0.93	0.83	0.78	0.76	0.78	0.78	0.84	0.92	1.03
26	0.54	0.79	0.84	0.80	0.69	0.67	0.66	0.69	0.80	0.72	0.68	0.67	0.60	0.55	0.52	0.58	0.59
27	0.29	0.30	0.30	0.27	0.16	0.11	0.18	0.18	0.12	0.08	0.13	0.15	0.20	0.18	0.23	0.21	0.33
28	0.52	0.68	0.77	0.79	0.84	0.76	0.80	0.77	0.76	0.65	0.55	0.46	0.44	0.38	0.39	0.48	0.58
29	0.88	1.07	1.12	1.16	1.13	1.05	1.01	0.98	0.98	1.02	1.06	1.10	1.18	1.21	1.21	1.13	1.09
30	0.78	0.89	1.14	1.26	1.35	1.40	1.36	1.30	1.15	1.03	1.10	1.14	1.25	1.20	1.13	1.04	1.00
31	0.46	0.56	0.56	0.52	0.42	0.36	0.45	0.56	0.68	0.77	0.70	0.71	0.60	0.42	0.31	0.18	0.13
32	1.55	1.64	1.65	1.63	1.59	1.58	1.58	1.56	1.62	1.67	1.74	1.81	1.89	2.00	2.11	2.08	2.09

对于严寒地区来说，冬季会存在下垫面改变及采暖等客观影响因素，因此本节在考虑冬季冰雪下垫面、冻融、周边建筑采暖等因素影响的基础上，对多因素影响下冬季城市绿地缓冲区内地表温度变化规律进行定性的总结分析。

上述规律与前文对哈尔滨冬季城市绿地与热岛效应的定量分析结果一致，结果表明城市绿地在冬季也具有一定的降温作用，并可以一定程度上减缓热岛效应。图 5－20 为冬季城市绿地降温曲线，表明了各绿地样本各缓冲带地表温度差值随距离变化的规律。

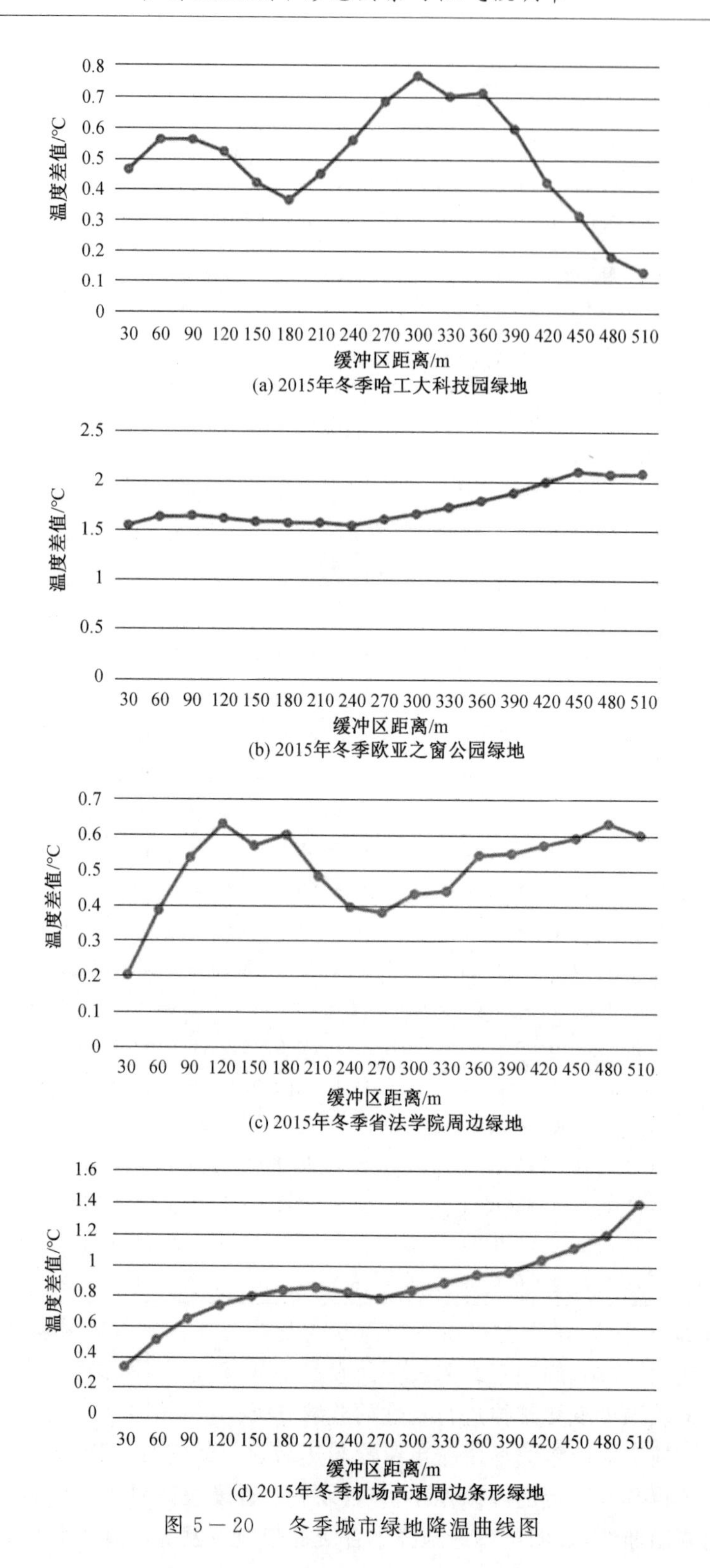

图 5－20　冬季城市绿地降温曲线图

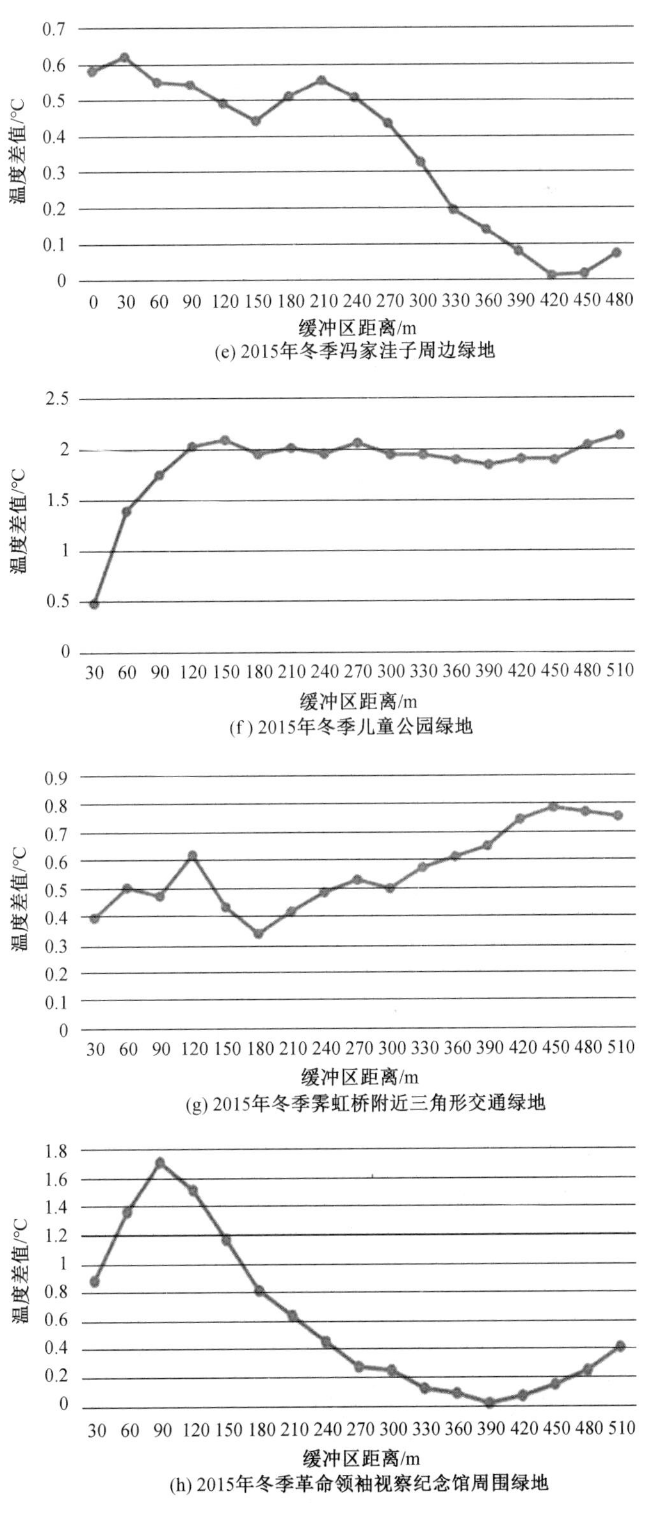

(e) 2015年冬季冯家洼子周边绿地

(f) 2015年冬季儿童公园绿地

(g) 2015年冬季霁虹桥附近三角形交通绿地

(h) 2015年冬季革命领袖视察纪念馆周围绿地

续图 5－20

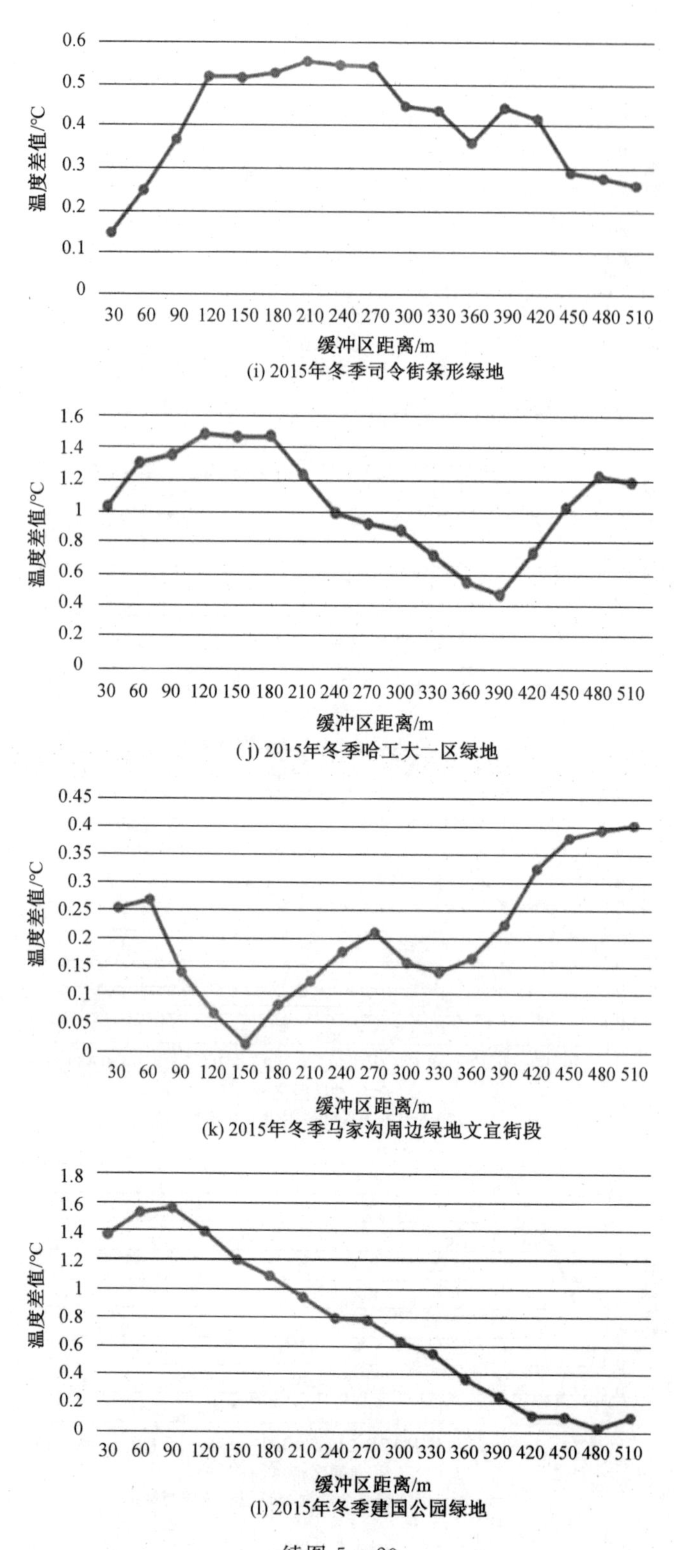

(i) 2015年冬季司令街条形绿地

(j) 2015年冬季哈工大一区绿地

(k) 2015年冬季马家沟周边绿地文宜街段

(l) 2015年冬季建国公园绿地

续图 5－20

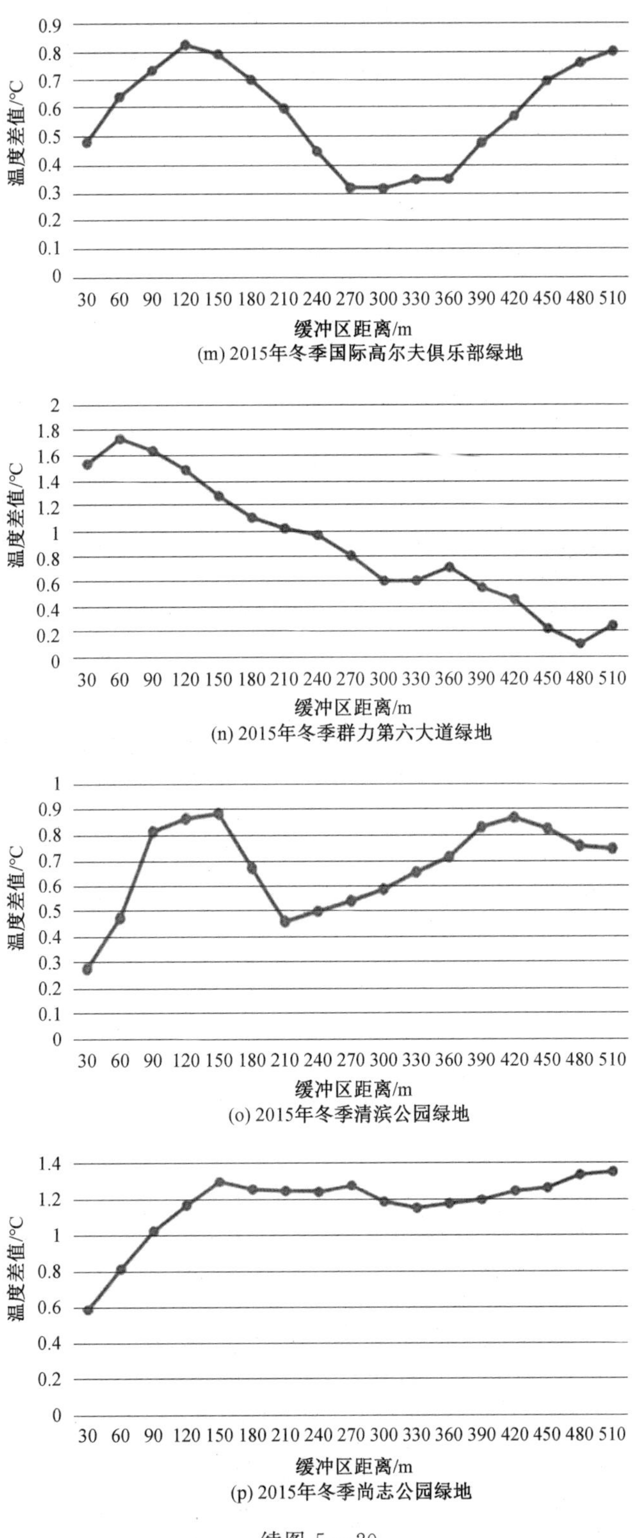

(m) 2015年冬季国际高尔夫俱乐部绿地

(n) 2015年冬季群力第六大道绿地

(o) 2015年冬季清滨公园绿地

(p) 2015年冬季尚志公园绿地

续图 5—20

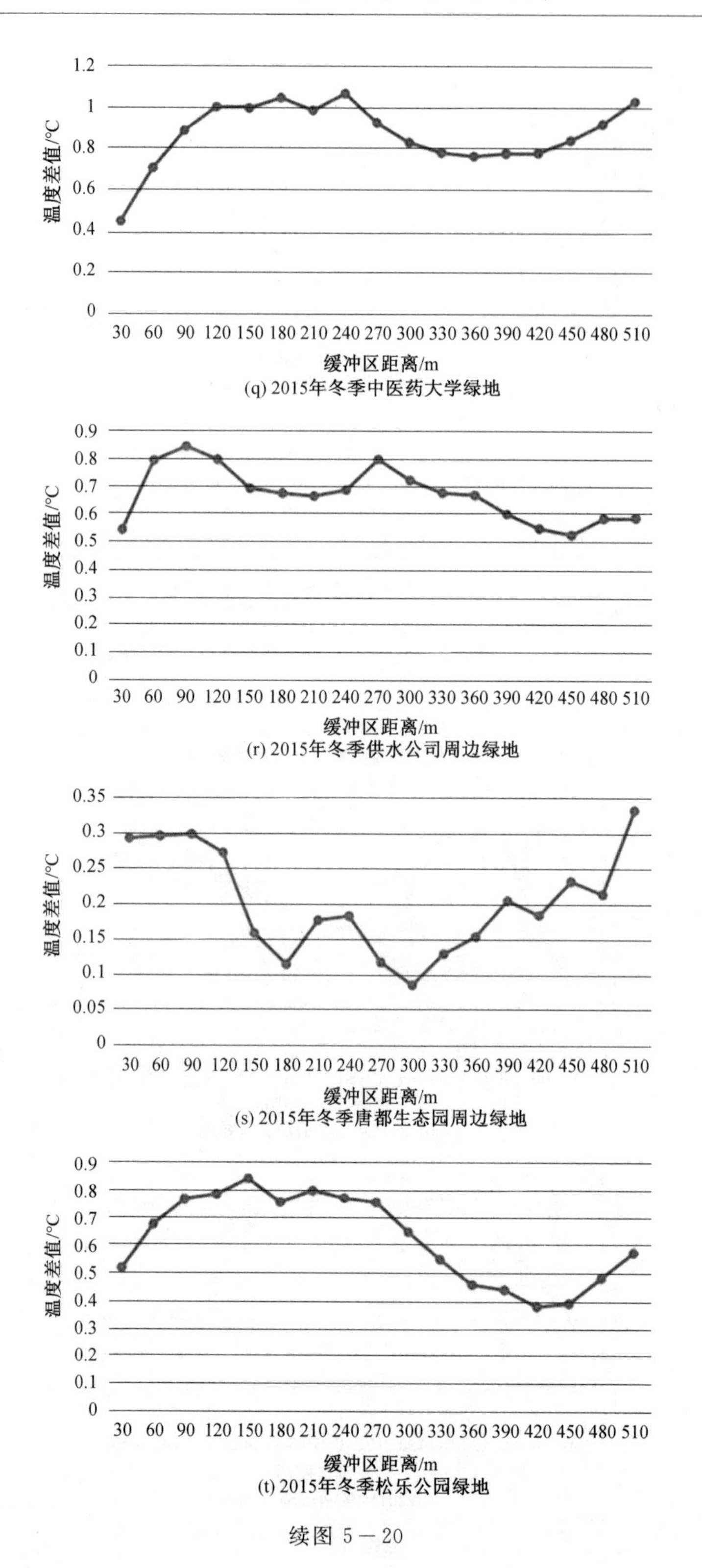
温度差值/°C
缓冲区距离/m
30 60 90 120 150 180 210 240 270 300 330 360 390 420 450 480 510
(q) 2015年冬季中医药大学绿地
(r) 2015年冬季供水公司周边绿地
(s) 2015年冬季唐都生态园周边绿地
(t) 2015年冬季松乐公园绿地

续图 5－20

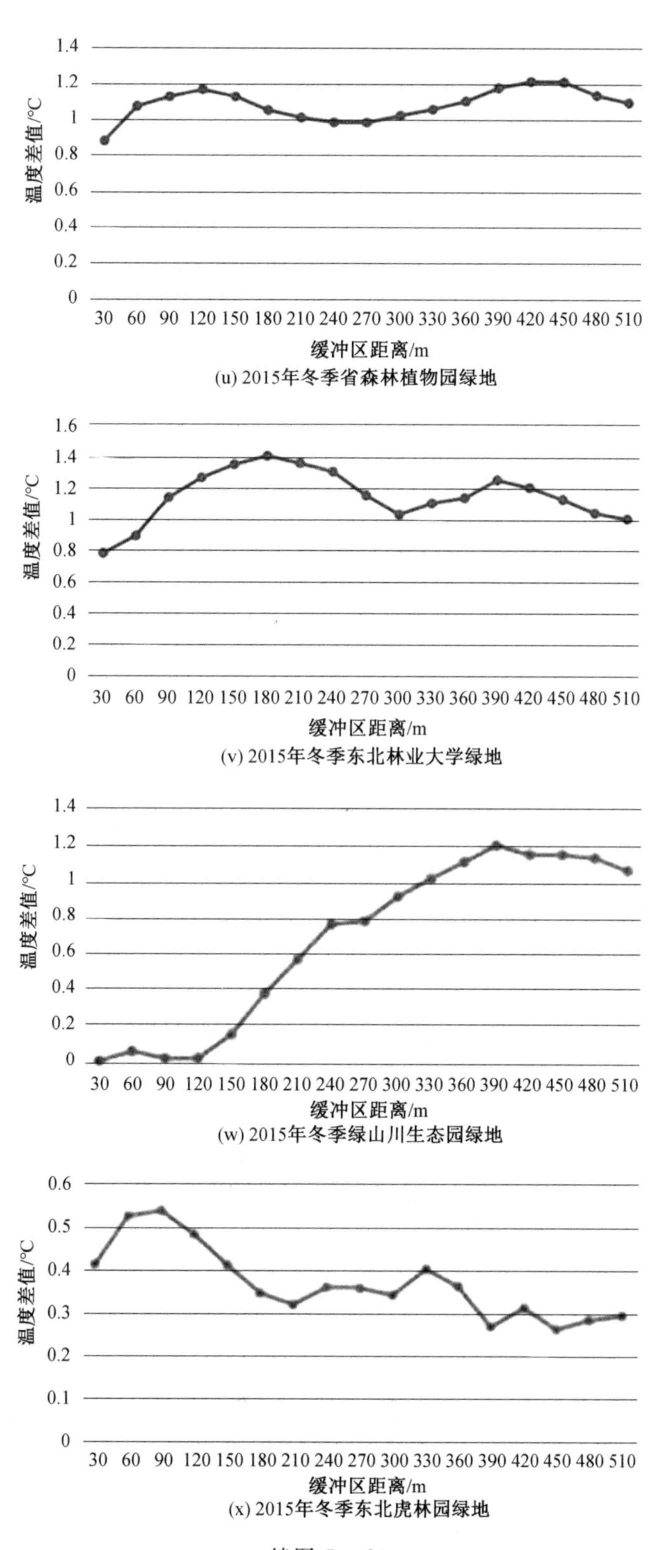

(u) 2015年冬季省森林植物园绿地

(v) 2015年冬季东北林业大学绿地

(w) 2015年冬季绿山川生态园绿地

(x) 2015年冬季东北虎林园绿地

续图 5－20

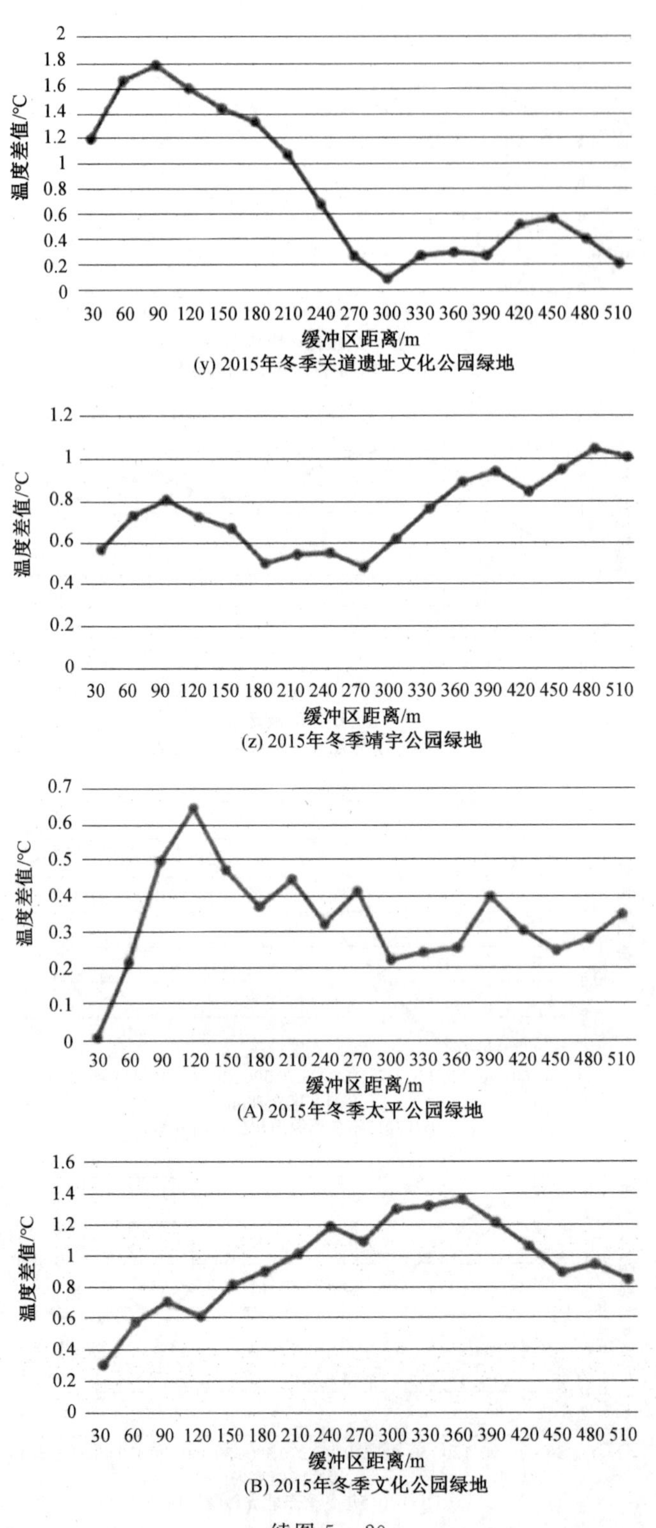
温度差值/°C
缓冲区距离/m
(y) 2015年冬季关道遗址文化公园绿地
温度差值/°C
缓冲区距离/m
(z) 2015年冬季靖宇公园绿地
温度差值/°C
缓冲区距离/m
(A) 2015年冬季太平公园绿地
温度差值/°C
缓冲区距离/m
(B) 2015年冬季文化公园绿地

续图 5－20

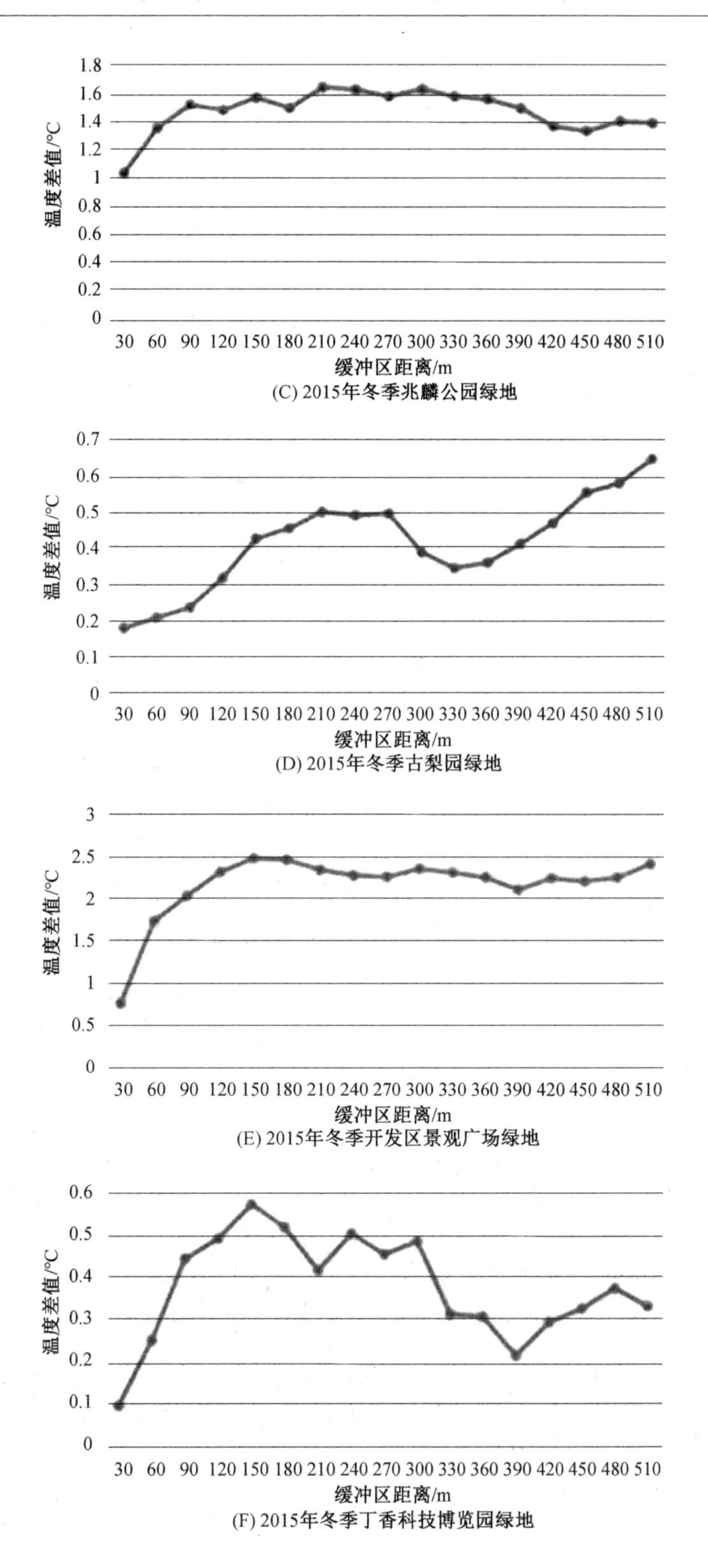

(C) 2015年冬季兆麟公园绿地

(D) 2015年冬季古梨园绿地

(E) 2015年冬季开发区景观广场绿地

(F) 2015年冬季丁香科技博览园绿地

续图 5－20

5.2.2 绿地降温作用类型空间分布

1.夏季绿地降温作用类型空间分布

通过对夏季各绿地及其缓冲区温度进行提取与分析，已证明夏季城市绿地具有一定的降温作用。由图5－19可知，夏季各绿地样本随距离变化而产生的降温效果存在一定差异性。总结各绿地的降温作用类型，根据其降温作用曲线布局划分为均匀变化型、对数变化型和抛物线型。如表5－12所示，统计发现哈尔滨夏季绿地降温作用类型主要以抛物线型为主，占所选样本的53.1%；对数变化型的绿地有11块，稍少于抛物线型；仅有4块绿地的降温作用类型为均匀变化型，是三种降温作用类型中最少的。

表5－12　夏季32块绿地样本降温作用类型

编号	绿地名称	作用类型	编号	绿地名称	作用类型
1	绿山川生态园绿地	均匀变化型	17	司令街条形绿地	抛物线型
2	东北虎林园绿地	抛物线型	18	哈工大一区绿地	抛物线型
3	关道遗址文化公园绿地	抛物线型	19	马家沟周边绿地文宜街段	抛物线型
4	靖宇公园绿地	对数变化型	20	建国公园绿地	抛物线型
5	太平公园绿地	均匀变化型	21	国际高尔夫俱乐部绿地	均匀变化型
6	文化公园绿地	对数变化型	22	群力第六大道绿地	对数变化型
7	兆麟公园绿地	对数变化型	23	清滨公园绿地	抛物线型
8	古梨园绿地	对数变化型	24	尚志公园绿地	对数变化型
9	开发区景观广场绿地	均匀变化型	25	中医药大学绿地	抛物线型
10	丁香科技博览园绿地	抛物线型	26	供水公司周边绿地	抛物线型
11	省法学院周边绿地	抛物线型	27	唐都生态园周边绿地	抛物线型
12	机场高速周边条形绿地	抛物线型	28	松乐公园绿地	抛物线型
13	冯家洼子周边绿地	对数变化型	29	省森林植物园绿地	对数变化型
14	儿童公园绿地	对数变化型	30	东北林业大学绿地	对数变化型
15	霁虹桥附近三角形交通绿地	抛物线型	31	哈工大科技园绿地	对数变化型
16	革命领袖视察纪念馆绿地	抛物线型	32	欧亚之窗公园绿地	抛物线型

对夏季三种降温作用类型以及各类型绿地的空间分布特征和所处环境特征进行分析。夏季不同降温作用类型空间分布如图5－21所示，按照环路和象限对哈尔滨夏季不同降温作用类型的绿地分布频率进行统计，分析各降温作用类型的绿地在圈层及空间方位上的分布情况及变化特征，结果见表5－13和表5－14。

由图5－21及表5－13可知，在哈尔滨夏季，降温作用为均匀变化型的绿地样本较少，只出现在一环、二环内。虽然二环的绿地数量明显高于一环，但其所占该环路绿地总数的比例要低于一环。哈尔滨夏季绿地降温作用类型主要以抛物线型和对数变化型为主，对数变化型和抛物线型所占各环路内绿地总数比例的变化较为明显。其中，一环内无对数变化型，抛物线型占一环的2/3；二环内抛物线型所占比例为对数变化型的2倍；三

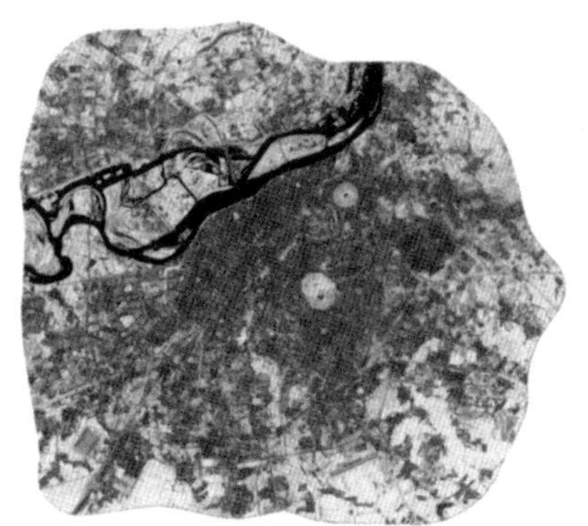

(a)均匀变化型绿地分布图

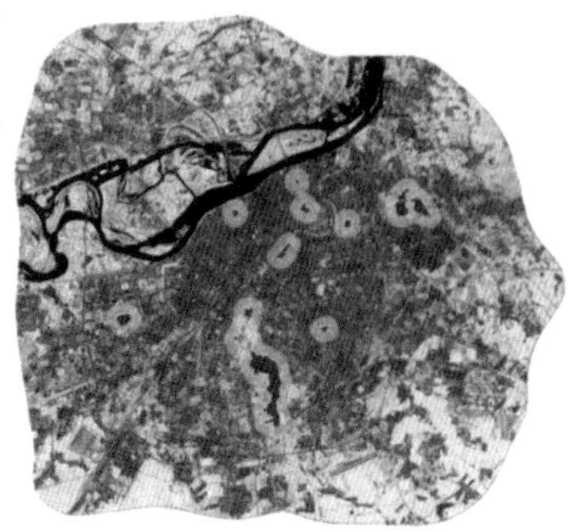

(b)对数变化型绿地分布图

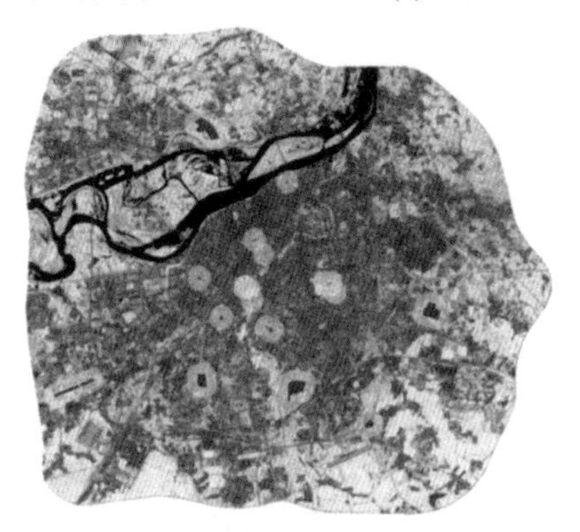

(c)抛物线型绿地分布图

图 5－21　夏季降温作用类型绿地分布示意图

环、四环内无均匀变化型，对数变化型和抛物线型所占该环路内绿地总数的比例近似；通过分析发现，均匀变化型最少且主要集中在二环；与此同时，随着环路的外推，对数变化型所占该环路内绿地总数比例升高，抛物线型所占该环路内绿地总数比例降低。

表 5－13　夏季 32 块绿地样本降温类型按环路分布频率表

环路	降温曲线类型		
	均匀变化型	对数变化型	抛物线型
一环	1	0	2
二环	3	4	8
三环	0	5	4
四环	0	2	3

由图 5－21 及表 5－14 可知，在哈尔滨夏季，在东南和西北两象限内降温作用为均匀变化型的绿地占该象限绿地总数的比例近似相等，且远小于东北象限，西南象限内无均匀变化型。对数变化型和抛物线型在空间方位上变化较大，在东南和西南两个象限内各有 6 块和 7 块绿地为抛物线型，西南象限内无抛物线型，西北象限有 4 块绿地为抛物线型，由此可以发现抛物线型主要分布在南侧。对数变化型在南侧和北侧上各有 6 块和 5 块绿地，南北向上分布较平衡，按其所占该象限绿地总数比例呈东北＞西南＞西北＞东南的

变化趋势。

表 5－14　夏季 32 块绿地样本降温类型按象限分布频率表

象限	降温曲线类型		
	均匀变化型	对数变化型	抛物线型
东南象限	1	1	6
东北象限	2	3	0
西南象限	0	5	7
西北象限	1	2	4

由上述研究可知：哈尔滨夏季绿地的降温作用类型主要以抛物线型和对数变化型为主，均匀变化型最少，且主要集中在二环。随着环路外推，对数变化型所占比例升高，抛物线型所占比例降低。抛物线型主要分布在南侧，对数变化型在南北侧分布较平衡，对数变化型和抛物线型在空间方位上变化较大。均匀变化型在东南和西北所占比例近似相等，且远小于东北象限。

2. 冬季绿地降温作用类型空间分布

通过对冬季各绿地内部及其缓冲区的温度进行提取发现，冬季城市绿地仍有一定的降温作用。由图 5－20 可看出，冬季各绿地样本随距离变化而产生的降温效果存在一定差异性。本节主要针对各绿地样本的降温作用类型进行总结与分析。如表 5－15 所示，对研究区内绿地冬季降温作用类型进行统计，发现冬季时降温作用类型为抛物线型的绿地最多，共 23 块，占所选样本的 71.9%；对数变化型的绿地及均匀变化型的绿地分别为 5 块和 4 块。如图 5－22 所示，按环路和象限对冬季不同降温作用类型的绿地进行划分，统计哈尔滨冬季各降温作用类型绿地的空间分布。

表 5－15　冬季 32 块绿地样本降温作用类型

编号	绿地名称	作用类型	编号	绿地名称	作用类型
1	绿山川生态园绿地	均匀变化型	17	司令街条形绿地	抛物线型
2	东北虎林园绿地	抛物线型	18	哈工大一区绿地	抛物线型
3	关道遗址文化公园绿地	抛物线型	19	马家沟周边绿地文宜街段	抛物线型
4	靖宇公园绿地	抛物线型	20	建国公园绿地	抛物线型
5	太平公园绿地	抛物线型	21	国际高尔夫俱乐部绿地	抛物线型
6	文化公园绿地	抛物线型	22	群力第六大道绿地	抛物线型
7	兆麟公园绿地	对数变化型	23	清滨公园绿地	抛物线型
8	古梨园绿地	均匀变化型	24	尚志公园绿地	对数变化型
9	开发区景观广场绿地	对数变化型	25	中医药大学绿地	对数变化型
10	丁香科技博览园绿地	抛物线型	26	供水公司周边绿地	抛物线型
11	省法学院周边绿地	抛物线型	27	唐都生态园周边绿地	抛物线型
12	机场高速周边条形绿地	均匀变化型	28	松乐公园绿地	抛物线型

续表5—15

编号	绿地名称	作用类型	编号	绿地名称	作用类型
13	冯家洼子周边绿地	抛物线型	29	省森林植物园绿地	抛物线型
14	儿童公园绿地	对数变化型	30	东北林业大学绿地	抛物线型
15	霁虹桥附近三角形交通绿地	抛物线型	31	哈工大科技园绿地	抛物线型
16	革命领袖视察纪念馆绿地	抛物线型	32	欧亚之窗公园绿地	均匀变化型

按环路及象限对哈尔滨冬季不同降温作用类型的绿地分布频率进行统计，分析各降温作用类型的绿地在圈层及空间方位上的分布情况及变化特征，统计结果见表 5 — 16 和表 5 — 17。

(a)均匀变化型绿地分布图

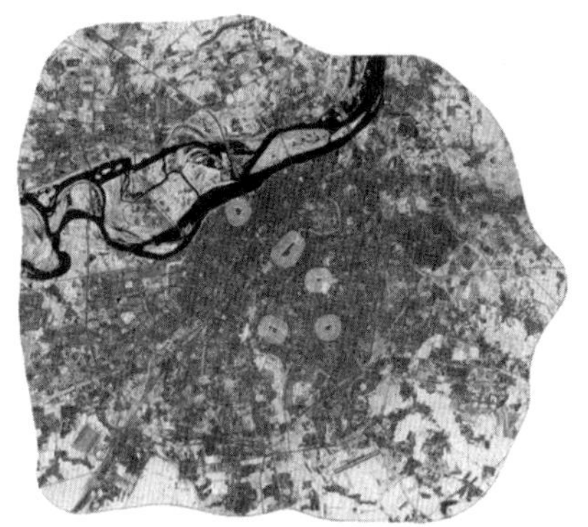

(b)对数变化型绿地分布图

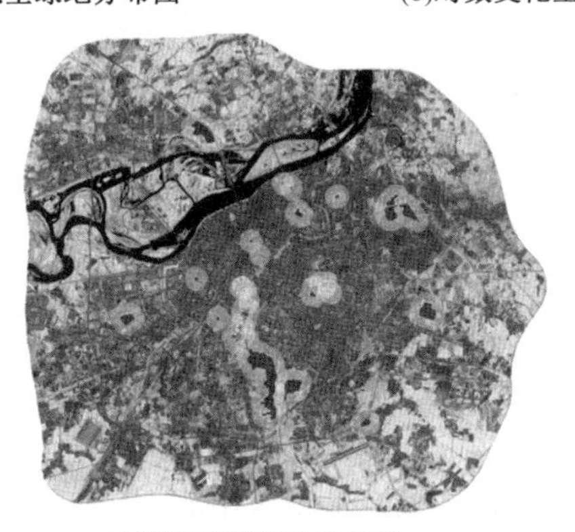

(c)抛物线型绿地分布图

图 5 — 22　冬季各降温作用类型绿地分布示意图

由图 5 — 22 及表 5 — 16 可知，在哈尔滨冬季，降温作用为均匀变化型的绿地较少，一环内无均匀变化型绿地；二环、三环各 1 块；四环内最多，有 2 块均匀变化型绿地。对数变化型绿地在一环、三环各 1 块；其余的 3 块位于二环内；四环内无对数变化型绿地。抛物线型在四个环路内均有分布，且在一环至四环内，各环路内降温作用为抛物线型的绿地占该环路内绿地总数的比例依次为 66.7％、73.3％、77.8％ 及 60％，即降温作用为抛物线型的绿地所占比例为三环 > 二环 > 一环 > 四环。

表 5－16　冬季 32 块绿地样本降温类型按环路分布频率表

环路	降温曲线类型		
	均匀变化型	对数变化型	抛物线型
一环	0	1	2
二环	1	3	11
三环	1	1	7
四环	2	0	3

由图 5－22 及表 5－17 可知，哈尔滨冬季降温作用为均匀变化型的绿地最少，东南象限内无均匀变化型绿地，东北和西北象限各 1 块；西南象限内有 2 块均匀变化型的绿地。对数变化型绿地在东南和西北象限各 2 块，东北象限无对数变化型绿地。抛物线型在四个象限内均有分布，其中，东北和西北象限内各 4 块，西南象限内有 9 块，东南象限内有 6 块。在东南、东北、西南及西北各象限内，降温作用为抛物线型的绿地占该象限内绿地总数的比例依次为 75％、80％、75％ 及 57％，即降温作用为抛物线型的绿地占该象限内绿地总数的比例为东北 ＞ 东南 / 西南 ＞ 西北。

表 5－17　冬季 32 块绿地样本降温类型按象限分布频率表

象限	降温曲线类型		
	均匀变化型	对数变化型	抛物线型
东南象限	0	2	6
东北象限	1	0	4
西南象限	2	1	9
西北象限	1	2	4

由上述研究可知：哈尔滨冬季绿地的降温作用类型主要以抛物线型为主，对数变化型及均匀变化型较少，因此冬季主要讨论抛物线型的分布特征。抛物线型绿地在四个环路及象限内均有分布，主要集中在三环和二环，一环和四环分布较少；且在南侧分布较均匀，就北侧而言，其在西北向的分布比例远远小于东北向。

5.3　城市绿地缓冲区降温

城市绿地缓冲区的降温效应，体现在由城区中心向郊区的距离衰减。本节以圈层划分研究区，探究绿地距城市中心的距离远近及其降温作用的差异性。影响绿地的降温范围的因素不仅包括绿化配置、面积及布局等多种指数，还与所处环境、季节及人为因素等息息相关。同时，绿地降温范围会受到其周边建筑布局、密度与人为排热等多个变量因素的影响。

5.3.1　绿地降温范围

1. 夏季绿地降温范围分析

如上文中图 5－19 所示，夏季绿地降温曲线能够直观地反映各绿地缓冲区内地表温度差值的变化趋势。在夏季，各城市绿地的降温曲线均呈现出先升高后变缓或下降的趋势，城市绿地降温曲线变化拐点所示的缓冲区边界距离即可视为夏季城市绿地的降温范围。夏季城市绿地的降温范围统计结果见表 5－18。

表 5－18　夏季 32 块绿地样本的降温范围统计表

编号	绿地名称	降温范围 /m	编号	绿地名称	降温范围 /m
1	绿山川生态园绿地	120	17	司令街条形绿地	90
2	东北虎林园绿地	120	18	哈工大一区绿地	120
3	关道遗址文化公园绿地	90	19	马家沟周边绿地文宜街段	60
4	靖宇公园绿地	150	20	建国公园绿地	120
5	太平公园绿地	210	21	国际高尔夫俱乐部绿地	210
6	文化公园绿地	150	22	群力第六大道绿地	120
7	兆麟公园绿地	150	23	清滨公园绿地	120
8	古梨园绿地	210	24	尚志公园绿地	120
9	开发区景观广场绿地	210	25	中医药大学绿地	120
10	丁香科技博览园绿地	180	26	供水公司周边绿地	120
11	省法学院周边绿地	90	27	唐都生态园周边绿地	270
12	机场高速周边条形绿地	150	28	松乐公园绿地	270
13	冯家洼子周边绿地	300	29	省森林植物园绿地	180
14	儿童公园绿地	150	30	东北林业大学绿地	180
15	霁虹桥附近三角形交通绿地	120	31	哈工大科技园绿地	150
16	革命领袖视察纪念馆绿地	30	32	欧亚之窗公园绿地	210

哈尔滨夏季热岛效应与绿地分布在空间方位及圈层分布上的差异性较为明显。本节采用与 5.1.1 节相同的方法对城市进行划分，研究城市绿地降温范围的空间差异性。

(1) 以环路为单位进行统计。

如表 5－19 所示，对哈尔滨夏季各环路内城市绿地降温范围的出现频率进行统计。其中一环和四环内研究样本较少，一环内仅有 3 块，降温范围分别为 30 m、120 m 和 150 m。四环内 5 块研究样本的降温范围都相对较大，最大降温范围为300 m。二环内绿地样本最多，达到 14 块，其降温范围主要集中在 120 m 至 210 m 之间。三环内有 10 块样本绿地，虽然其主要降温范围集中在 120 m 至 180 m 之间，但其分布范围比二环更加广泛。降温范围较小的绿地均出现在一、二环，降温范围较大的绿地均位于三、四环。

表 5－19　夏季 32 块绿地样本降温范围按环路统计频率表

环路	降温范围 /m									
	30	60	90	120	150	180	210	240	270	300
一环	1	0	0	1	1	0	0	0	0	0
二环	0	1	2	4	3	0	4	0	0	0
三环	0	0	1	4	1	2	1	0	1	0
四环	0	0	0	1	1	1	0	0	1	1

（2）以象限为单位进行统计。

对研究区内绿地样本按象限进行划分发现，西南象限内有12块绿地，是四个象限样本中绿地最多的；东南和西北象限内均各有7块绿地；东北象限只有5块。表5－20为各象限降温范围，可知西北象限内降温范围均小于150 m，平均降温范围最小，且主要集中在120～150 m，最小作用范围30 m。西南象限绿地较多，平均降温范围稍大于西北象限，作用范围主要集中在120～180 m，作用范围的分布最广。东北和东南象限降温范围均较高，但东北向的平均降温范围大于东南向。按照象限划分平均降温范围大小依次为西北＜西南＜东南＜东北。

表5－20　夏季32块绿地样本降温范围按象限统计频率表

象限	降温范围 /m									
	30	60	90	120	150	180	210	240	270	300
东南象限	0	0	1	2	0	1	2	0	2	0
东北象限	0	0	0	0	2	0	2	0	0	1
西南象限	0	1	1	5	2	2	1	0	0	0
西北象限	1	0	1	3	2	0	0	0	0	0

（3）夏季绿地降温范围空间变化。

通过上述分析可知：夏季城市绿地的降温范围在30～300 m，总体上集中在120～210 m之间，其中降温范围为120 m的地块数量最多。随着环路的外推，一环至四环内绿地的降温范围呈增大的趋势。按照象限划分，平均降温范围依次为西北＜西南＜东南＜东北。

影响绿地降温范围的因素有很多，既包括绿地自身的绿化配置、面积及布局等多种景观格局指数，又与其所处环境、气候、季节及人为因素等息息相关。本节采用哈尔滨2015年夏季一期数据，虽然排除了时间、季节及地域上的差异，但其降温范围仍会受到其周边建筑布局、密度与人为排热等多个不可控因素的影响，因此采用圈层划分研究区，对绿地距城市中心距离及其降温作用的差异进行探究。由于各城市环路内建筑的形式及建筑密度有所不同，考虑到其空间发展的差异性，又对研究区域在方位上进行划分，以减少周边建筑对其降温作用的影响干扰。运用两种方法对研究区域进行划分后，发现相同环路及方位内绿地降温效果仍存在较大差异，说明城市绿地的自身因素对降温效应影响十分显著。

2. 冬季绿地降温范围分析

冬季城市绿地降温曲线直观地反映了各研究绿地及其缓冲区内地表温度的变化趋势。如图5－20所示，冬季各城市绿地降温曲线均呈先升高后变缓或下降的趋势，城市绿地降温曲线变化的拐点所示的缓冲区边界距离即可视为冬季城市绿地的降温范围。如表5－21所示，对冬季绿地降温范围进行统计，可知哈尔滨冬季城市绿地的降温范围在30～210 m，在32块城市绿地中，降温范围为90 m的绿地有10块，降温范围为120 m的绿地有8块，有2块绿地的降温范围为210 m，降温范围为60 m和150 m的绿地各有5块，降温范围为30 m和1 800 m的绿地各1块。哈尔滨冬季城市绿地的降温范围总体上集中在60～150 m之间，其中降温范围为90 m的绿地样本数量最多。

表5－21　冬季32块绿地样本的降温范围统计表

编号	绿地名称	降温范围/m	编号	绿地名称	降温范围/m
1	绿山川生态园绿地	60	17	司令街条形绿地	120
2	东北虎林园绿地	90	18	哈工大一区绿地	120
3	关道遗址文化公园绿地	90	19	马家沟周边绿地文宜街段	60
4	靖宇公园绿地	90	20	建国公园绿地	90
5	太平公园绿地	120	21	国际高尔夫俱乐部绿地	120
6	文化公园绿地	90	22	群力第六大道绿地	60
7	兆麟公园绿地	90	23	清滨公园绿地	150
8	古梨园绿地	210	24	尚志公园绿地	150
9	开发区景观广场绿地	150	25	中医药大学绿地	120
10	丁香科技博览园绿地	150	26	供水公司周边绿地	90
11	省法学院周边绿地	120	27	唐都生态园周边绿地	90
12	机场高速周边条形绿地	210	28	松乐公园绿地	120
13	冯家洼子周边绿地	30	29	省森林植物园绿地	120
14	儿童公园绿地	150	30	东北林业大学绿地	180
15	霁虹桥附近三角形交通绿地	60	31	哈工大科技园绿地	60
16	革命领袖视察纪念馆绿地	90	32	欧亚之窗公园绿地	90

研究已知，哈尔滨冬夏两季热岛效应与绿地分布在空间方位及圈层分布上差异性较为明显，因此冬夏两季采用相同的方法对城市进行划分并研究城市绿地降温范围的空间差异性。

(1) 以环路为单位进行统计。

如表5－22所示，对研究区各环路冬季城市绿地降温范围进行频率统计，可知冬季一环内3块绿地的降温范围分别为30 m、120 m和210 m；二环、三环冬季绿地降温范围较集中，二环的绿地降温范围集中在60 m至150 m之间，其中降温范围为120 m的绿地最多；三环的绿地降温范围更为集中，除1块绿地的降温范围为60 m以外，其他绿地降温范围均在90～120 m之间，且降温范围为90 m的绿地最多；四环内绿地的降温范围分布较为分散，但较一环稍集中些，冬季一环至四环绿地降温范围无明显规律性。

表5－22　冬季32块绿地样本降温范围按环路统计频率表

环路	降温范围/m									
	30	60	90	120	150	180	210	240	270	300
一环	1	0	0	1	0	0	1	0	0	0
二环	0	3	3	5	3	0	1	0	0	0
三环	0	1	5	3	0	0	0	0	0	0
四环	0	1	1	0	2	1	0	0	0	0

(2) 以象限为单位进行统计。

冬季绿地样本与夏季一致,各象限绿地的分布也与夏季一致。如表5－23所示,对各象限内冬季城市绿地降温范围进行频率统计,可知冬季各象限绿地降温范围较集中,东南象限绿地降温范围主要集中在120～150 m,是四个象限中冬季绿地降温范围最大的;东北象限绿地样本最少,降温范围为90 m的绿地略多于其他绿地;西南象限绿地降温范围主要集中在60～120 m;西北象限是四个象限中降温范围分布最广的,冬季最大及最小降温范围均出现在西北象限。冬季以象限划分的平均降温范围依次为西北＜西南＜东北＜东南。

表5－23 冬季32块绿地样本降温范围按象限统计频率表

象限	降温范围/m									
	30	60	90	120	150	180	210	240	270	300
东南象限	0	1	0	3	3	1	0	0	0	0
东北象限	0	0	2	1	1	0	1	0	0	0
西南象限	0	3	5	3	1	0	0	0	0	0
西北象限	1	1	3	1	0	0	1	0	0	0

(3) 哈尔滨冬季绿地降温范围空间变化。

由以上研究可知:哈尔滨冬季城市绿地降温范围在30～210 m,总体上集中在120～210 m之间,降温范围为90 m的地块最多。冬季一环至四环绿地降温作用的范围无明显规律性。从空间方位上看,平均降温范围排序是西北＜西南＜东北＜东南。

与夏季相比,冬季绿地的降温范围较小,由于本节采用与夏季同年二月的遥感影像,以确保绿地的位置及面积不变,因此在面积及布局不变的情况下,地物的改变对降温范围的影响效果与其所处环境、气候、季节及人为因素的相关性要高于夏季。从缓冲区温度曲线可以看出,虽然冬季绿地几乎无蒸腾作用,天空遮蔽度也很小,但仍有一定的降温作用。虽然冬季地物改变后,冰雪覆盖为主的绿地的反射率与比热容均发生改变,其与周围环境(除了建筑用地外)的反射率及比热容相差较小,导致植物的直接降温作用非常小,但其间接降温效应仍存在。冬季落叶植物的孔隙率要远远大于夏季,对风的遮挡及阻碍作用较小,且哈尔滨2月的平均风速要大于6～9月。由此可知,城市绿地冬季的间接降温作用要好于夏季,可能是城市绿地在冬季仍能起到降温作用的主要原因。

5.3.2 绿地降温作用效果

1. 夏季绿地降温作用效果分析

研究已知夏季绿地内部平均温度均低于其外部,目前国内外的相关研究常采用降温幅度作为主要指标来对绿地的降温作用效果进行评价。为了更加客观地评价绿地的降温作用效果,本书采用降温幅度及绿地内外最大温度作为评价指标。

降温幅度即为绿地内部平均地表温度与其边界外30 m缓冲带内平均地表温度差值。绿地内外最大温度即为绿地内外最大温度,是以绿地外部30 m缓冲带内最高地表温度减去绿地内部最低地表温度值所得到的最大温度。如表5－24所示,对夏季绿地的降温幅度及最大温度进行统计，在所选绿地样本中，夏季绿地的降温幅度在 0.14 ～ 3.58 ℃之间，平均降温幅度达 1.65 ℃。绿地内外最大温度反映了绿地内外最大的温度差值，最大温度是以绿地外部 30 m 内最高温度减去绿地内部最低温度所得到的。哈尔滨夏季绿地内外最大温度最大可达 13.38 ℃，最小为 2.23 ℃，最大温度为 7.50 ℃。

表 5 — 24　夏季 32 块绿地样本降温幅度及最大温度统计表

编号	绿地名称	降温幅度 /℃	最大温度 /℃
1	绿山川生态园绿地	0.30	3.40
2	东北虎林园绿地	1.89	8.01
3	关道遗址文化公园绿地	0.56	2.23
4	靖宇公园绿地	1.71	7.96
5	太平公园绿地	1.07	5.62
6	文化公园绿地	1.95	10.37
7	兆麟公园绿地	2.37	9.28
8	古梨园绿地	1.64	5.44
9	开发区景观广场绿地	1.14	5.46
10	丁香科技博览园绿地	1.98	6.71
11	省法学院周边绿地	0.48	4.83
12	机场高速周边条形绿地	1.59	12.83
13	冯家洼子周边绿地	2.48	11.71
14	儿童公园绿地	2.12	9.88
15	霁虹桥附近三角形交通绿地	0.20	5.47
16	革命领袖视察纪念馆绿地	1.10	2.96
17	司令街条形绿地	0.14	2.54
18	哈工大一区绿地	0.76	3.49
19	马家沟周边绿地文宜街段	0.38	4.54
20	建国公园绿地	2.02	7.68
21	国际高尔夫俱乐部绿地	2.12	8.95
22	群力第六大道绿地	2.94	11.48
23	清滨公园绿地	1.56	8.28
24	尚志公园绿地	1.84	8.09
25	中医药大学绿地	1.77	5.88

续表5—24

编号	绿地名称	降温幅度 /℃	最大温度 /℃
26	供水公司周边绿地	0.99	6.98
27	唐都生态园周边绿地	2.19	8.07
28	松乐公园绿地	2.57	8.94
29	省森林植物园绿地	3.58	13.38
30	东北林业大学绿地	3.39	12.19
31	哈工大科技园绿地	2.33	7.56
32	欧亚之窗公园绿地	1.70	9.87

(1) 以环路为单位进行统计。

如表5－25所示，按环路定量统计，夏季城市绿地降温效果包括降温幅度和最大温度及其标准差。由表可知，二环、一环的降温幅度最小，分别为1.39 ℃和1.41 ℃；三环最大，达2.24 ℃；平均降温幅度依次为二环＜一环＜四环＜三环。就平均降温幅度的标准差而言，一环、二环最小，三环、四环最大，这说明一环、二环内绿地的降温幅度较接近标准差，变化较小，三环、四环内绿地的降温幅度较大。与此同时，最大温度与降温幅度的变化规律相同，即最大温度依次为二环＜一环＜四环＜三环，最大温度及其标准差大很多，说明最大温度在各环路的波动量均大于降温幅度，且二环最小，三环最大。

表5－25　夏季32块绿地样本降温幅度按环路统计

环路	平均降温幅度 /℃	平均降温幅度标准差	最大温度 /℃	最大温差标准差
一环	1.41	0.67	6.93	2.80
二环	1.39	0.70	6.48	2.32
三环	2.24	0.92	9.00	3.10
四环	1.71	0.85	8.54	3.82

(2) 以象限为单位进行统计。

如表5－26所示，对夏季城市绿地降温效果按象限进行定量统计可知：降温幅度在西北象限最小，仅为1.22 ℃；西南和东南象限最大，分别为1.85 ℃和1.80 ℃，即降温幅度依次为西北＜东北＜东南＜西南。就降温幅度的标准差而言，东南和东北象限最小，西南和西北象限较大，说明东南和东北象限内的降温幅度较接近，变化较小；西南和西北象限内绿地的降温幅度波动较大。西北象限的最大温度是四个象限中最小的，西南和东北象限最大温度最大分别为8.31 ℃和8.22 ℃，即最大温度大小为西北＜东北＜东南＜西南。最大温度的标准差明显大于降温幅度标准差，四个象限相差较大。最大温度的标准差按方向划分依次为东南＜东北＜西北＜西南，即最大温度的波动为东南＜东北＜西北＜西南。

表 5－26　夏季 32 块绿地样本降温效果按象限统计表

象限	平均降温幅度 /℃	平均降温幅度标准差	最大温度 /℃	最大温差标准差
东南象限	1.80	0.54	8.25	2.20
东北象限	1.77	0.51	8.22	2.80
西南象限	1.85	1.10	8.31	3.71
西北象限	1.22	0.91	5.89	3.17

(3) 夏季绿地降温作用效果空间变化。

通过计算各环路及象限内各绿地的平均降温幅度、最大温度及其标准差，从而对城市绿地降温作用效果的空间分布进行研究可知：

① 哈尔滨夏季城市绿地的降温幅度在 0.14 ～ 3.58 ℃ 之间，平均降温幅度达 1.65 ℃。平均绿地内外最大温度可达 7.50 ℃。

② 从圈层上看，哈尔滨夏季绿地的降温幅度依次为二环 < 一环 < 四环 < 三环。从降温幅度波动情况上看，二环内绿地的降温幅度波动较小，降温效果较接近；三环、四环内绿地的降温幅度波动较大，降温效果差异性大。绿地内外最大温度依次为二环 < 一环 < 四环 < 三环，且最大温度在各环路的波动均大于降温幅度。

③ 从空间方位上看，南侧降温效果要大于北侧，且西南向效果最好，西北向效果最差。降温幅度依次为西北 < 东北 < 东南 < 西南，其中，东南和东北向降温幅度较接近，变化较小；西南和西北向降温幅度波动变化较大。绿地内外最大温度依次为西北 < 东南 < 东北 < 西南，最大温度的波动幅度按方向划分为东南 < 东北 < 西北 < 西南。

夏季绿地降温效果分为绿地直接降温和绿地间接降温。由于植物自身的蒸腾作用、植物冠层的遮蔽作用及下垫面比热容较高等因素，绿地具有直接降温作用。同时，绿地的直接降温作用会产生局部的温度差，形成自然通风，且大面积的绿地在城市中本身就是天然的通风廊道，当城市绿地的通风量较大时，自然风会带走大部分热量，对绿地起到间接降温作用，其降温幅度会受到绿地自身面积布局及绿化配置的影响。从圈层上看，热岛强度随环路外推而减弱，而所选绿地的降温幅度及绿地内外最大温度均为二环 < 一环 < 四环 < 三环。绿地的降温作用效果并未随着环路的外推而显著，反而出现波动，这可能与绿地样本的选择有关。由于一环内绿地面积较少且大多数未能达到选择标准，因此一环内只有 3 块绿地样本，且其面积相对较小。四环内的 5 块样本面积较大，可能会造成其平均降温范围的增大。虽然二环的平均降温幅度小于一环，同时四环的波动小于三环，但仍能看出中心城区的城市绿地降温效果要弱于远离市中心的区域。这种差异可能与绿地自身面积及布局等因素有关，也可能与绿地所处环境的建筑密度及建筑布局有关。从空间方位上看，热岛强度与降温幅度均为西北 < 东北 < 东南 < 西南。

2. 冬季绿地降温作用效果分析

研究已证明冬季绿地仍具有一定程度的降温作用，因此冬季仍采用降温幅度及绿地内外最大温度两个参量进行评价。如表 5－27 所示，对其值进行统计可知，选择的哈尔滨 32 块城市绿地的降温幅度在 0.02 ～ 1.43 ℃ 之间，平均降温幅度为 0.48 ℃。绿地内外最大温度反映了绿地内外最大的温度差值，哈尔滨冬季绿地内外最大温度最大可达

9.60 ℃,最小也为1.04 ℃,最大温度为4.25 ℃。

表5—27　冬季32块绿地样本降温幅度及最大温度统计表

编号	绿地名称	降温幅度/℃	最大温度/℃
1	绿山川生态园绿地	0.08	1.73
2	东北虎林园绿地	0.41	3.64
3	关道遗址文化公园绿地	0.09	3.15
4	靖宇公园绿地	0.26	3.46
5	太平公园绿地	0.02	3.44
6	文化公园绿地	0.39	3.96
7	兆麟公园绿地	1.04	4.08
8	古梨园绿地	0.58	3.51
9	开发区景观广场绿地	0.53	4.98
10	丁香科技博览园绿地	0.36	2.70
11	省法学院周边绿地	0.20	4.10
12	机场高速周边条形绿地	0.39	5.32
13	冯家洼子周边绿地	0.58	4.47
14	儿童公园绿地	0.47	4.96
15	霁虹桥附近三角形交通绿地	0.39	2.82
16	革命领袖视察纪念馆绿地	0.12	2.11
17	司令街条形绿地	0.14	1.60
18	哈工大一区绿地	0.11	3.66
19	马家沟周边绿地文宜街段	0.25	1.04
20	建国公园绿地	0.25	2.46
21	国际高尔夫俱乐部绿地	0.48	5.89
22	群力第六大道绿地	1.43	6.29
23	清滨公园绿地	0.27	2.73
24	尚志公园绿地	0.59	3.18
25	中医药大学绿地	0.22	3.85
26	供水公司周边绿地	0.54	4.05
27	唐都生态园周边绿地	0.97	4.95
28	松乐公园绿地	0.80	8.27
29	省森林植物园绿地	0.88	9.60
30	东北林业大学绿地	0.78	7.11
31	哈工大科技园绿地	0.46	4.26
32	欧亚之窗公园绿地	1.35	8.73

(1) 以环路为单位进行统计。

如表 5－28 所示，按环路定量统计冬季城市绿地降温效果，包括平均降温幅度和最大温度及其标准差，可知一环、二环的降温幅度最小，分别为 0.33 ℃ 和 0.37 ℃；三环最大，为 0.73 ℃。冬季各环路降温幅度依次为一环 ＜ 二环 ＜ 四环 ＜ 三环。就降温幅度的标准差而言，一环最小，三环最大，说明一环内绿地的降温幅度较为接近且变化较小，三环内绿地降温幅度的波动变化较大。最大温度与降温幅度的变化规律相同，最大温度的标准差明显大于降温幅度的标准差，说明最大温度在各环路的波动量均大于降温幅度，且二环最小，三环最大。

表 5－28　冬季 32 块绿地样本降温效果按环路统计表

环路	平均降温幅度 /℃	平均降温幅度标准差	最大温度 /℃	最大温差标准差
一环	0.33	0.19	3.30	1.48
二环	0.37	0.25	3.62	1.21
三环	0.73	0.45	5.86	2.72
四环	0.48	0.33	3.83	1.55

(2) 以象限为单位进行统计。

如表 5－29 所示，对冬季城市绿地降温效果按象限进行定量统计，可知，东北和西北象限在冬季的降温幅度最小，且均为 0.37 ℃。西南和东南象限的降温幅度最大，分别为 0.55 ℃ 和 0.56 ℃。即降温幅度呈西北＝东北 ＜ 西南 ＜ 东南的趋势；就降温幅度的标准差而言，东南和东北象限最小，西南和西北象限较大，说明研究区东部的平均降温幅度较接近且变化较小。东北和西北象限虽然降温幅度相同，但东北象限内的降温幅度的标准差要小于西北象限，说明东北象限内平均降温幅度波动变化小于西北象限。四个象限的最大温度与降温幅度的大小分布相似，且西北象限内的最大温度略小于东北象限，即最大温度大小按象限依次为西北 ＜ 东北 ＜ 西南 ＜ 东南。最大温度的标准差要明显大于降温幅度标准差，且四个象限相差较大。最大温度的标准差按象限划分依次为东北 ＜ 西北 ＜ 东南 ＜ 西南。

表 5－29　冬季 32 块绿地样本降温效果按象限统计表

象限	平均降温幅度 /℃	平均降温幅度标准差	最大温度 /℃	最大温度差值标准差
东南象限	0.56	0.24	4.77	1.75
东北象限	0.37	0.23	3.77	0.45
西南象限	0.55	0.46	4.72	2.74
西北象限	0.37	0.34	3.21	1.12

(3) 哈尔滨冬季绿地降温效果空间变化。

计算各环路及象限内各绿地的平均降温幅度、最大温度及其标准差，从对城市绿地降温作用效果的空间分布研究可知：

① 哈尔滨冬季城市绿地的降温幅度在 0.02 ～ 1.43 ℃ 之间，平均降温幅度为 0.48 ℃。绿地内外最大温度最大可达 9.60 ℃，最大温度为 4.25 ℃。

② 从圈层上看，哈尔滨冬季绿地的降温幅度排序为一环＜二环＜四环＜三环，从降温幅度波动情况上看，二环内绿地的降温幅度波动较小，降温效果较接近；三环、四环内绿地的降温幅度波动较大，降温效果差异性大；绿地内外最大温度排序为一环 ＜ 二环 ＜ 四环 ＜ 三环，且最大温度在各环路的波动均大于降温幅度。

③ 从空间方位上看，南侧降温效果要大于北侧，东南方向的效果最好，西北方向的降温效果最差。降温幅度为西北 ＝ 东北 ＜ 西南 ＜ 东南，绿地内外最大温度依次为西北 ＜ 东北 ＜ 西南 ＜ 东南，最大温度的波动幅度为东北 ＜ 西北 ＜ 东南 ＜ 西南。

冬季绿地的平均降温幅度为 0.48 ℃，最小降温幅度仅为 0.02 ℃，对行人来说无明显差别。但绿地所形成的局部温差较大，最大内外温度差可达 4.25 ℃，温度差会形成静压力差，促进空气流动；流动的空气带走一部分热量，同时也可以缓解冬季的热岛及浑浊岛。与夏季相同，冬季热岛也随环路的外推而减弱，但从圈层上看，冬季绿地的降温幅度及最大温度均为一环 ＜ 二环 ＜ 四环 ＜ 三环，其中三环的热岛强度及降温幅度均大于四环；从空间方位上看，热岛强度依次为西北 ＜ 西南 ＜ 东南 ＜ 东北，而其降温幅度则为西北＝东北＜西南＜东南。虽然西北方向的热岛强度远小于东北，但其平均降温幅度却与东北相等。由此可见，冬季绿地的降温作用效果与其所处环境的热岛强度等级关系不大，且南向降温效果要大于北向，东南向最好，西北向最差，这与夏季的降温效果方位上分布趋势相同。

5.4 城市绿地的降温效应

由于夏季城市绿地的降温作用受较多因素的影响，因此在夏季数据的选择与研究划分上已尽量规避和降低外界因素的影响。通过对其降温范围、幅度的统计分析可以看出各地块降温作用差异较大。同时，由于哈尔滨冬季城市绿地下垫面会有如雪覆盖、冻融、落叶、潮湿等改变，所以对冬季绿地提取时，绿地的分布位置及各地块的边界依然采用夏季研究所用的绿地边界，缓冲区的设置也与夏季相同。前文的研究结果已充分说明城市绿地自身因素对降温效应影响较大。由于绿地面积及布局是规划和改扩建城市绿地时的主要指标且较容易进行调控，所以在研究绿化的降温作用时，应尽量规避其他因素的影响，从绿地面积及布局入手，研究其对于绿地降温作用的影响。

5.4.1 绿地面积对降温效应的影响

1. 夏季绿地面积对降温效应的影响

通过对夏季各绿地及其缓冲区的温度进行提取与分析发现，夏季城市绿地具有一定的降温作用。对夏季各绿地样本的面积及其降温范围、降温幅度等进行统计，以求得夏季绿地面积对其降温效应的影响，结果见表 5 － 30。

表 5－30　夏季 32 块绿地样本面积与绿地降温效应统计表

编号	绿地名称	面积 /hm²	作用范围 /m	最大温差 /℃	降温幅度 /℃
1	绿山川生态园绿地	4.25	120	3.400	0.299
2	东北虎林园绿地	73.58	120	8.010	1.887
3	关道遗址文化公园绿地	1.75	90	2.230	0.557
4	靖宇公园绿地	2.90	150	7.960	1.711
5	太平公园绿地	3.34	210	5.620	1.074
6	文化公园绿地	11.27	150	10.370	1.952
7	兆麟公园绿地	8.28	150	9.280	2.372
8	古梨园绿地	9.29	210	5.440	1.644
9	开发区景观广场绿地	4.20	210	5.460	1.145
10	丁香科技博览园绿地	15.21	180	6.710	1.984
11	省法学院周边绿地	1.85	90	4.830	0.482
12	机场高速周边条形绿地	36.96	150	12.830	1.587
13	冯家洼子周边绿地	101.97	300	11.710	2.475
14	儿童公园绿地	17.19	150	9.880	2.121
15	霁虹桥附近三角形交通绿地	2.02	120	5.470	0.204
16	革命领袖视察纪念馆绿地	0.43	30	2.960	1.096
17	司令街条形绿地	0.77	90	2.540	0.144
18	哈工大一区绿地	1.24	120	3.490	0.761
19	马家沟周边绿地文宜街段	1.83	60	4.540	0.382
20	建国公园绿地	3.09	120	7.680	2.024
21	国际高尔夫俱乐部绿地	17.70	210	8.950	2.121
22	群力第六大道绿地	31.14	120	11.480	2.942
23	清滨公园绿地	3.09	120	8.280	1.561
24	尚志公园绿地	6.61	120	8.090	1.840
25	中医药大学绿地	7.45	120	5.880	1.770
26	供水公司周边绿地	7.74	120	6.980	0.991
27	唐都生态园周边绿地	58.57	270	8.070	2.192
28	松乐公园绿地	63.08	270	8.940	2.574
28	松乐公园绿地	63.08	270	8.940	2.574
29	省森林植物园绿地	253.60	180	13.380	3.583
30	东北林业大学绿地	33.70	180	12.190	3.388
31	哈工大科技园绿地	23.42	150	7.560	2.335
32	欧亚之窗公园绿地	32.62	210	9.870	1.704

如图5－23所示，分别对绿地面积与哈尔滨夏季降温范围、降温幅度及最大温度的关系进行回归分析并拟合其方程。拟合相关方程分别为

$$y = 26.8\ln x + 94.172$$

$$y = 0.4055\ln x + 0.8346$$

$$y = 1.6312\ln x + 3.9332$$

以上方程均通过了0.01水平的验证。可以发现绿地面积与其降温范围、降温幅度及绿地内外最大温度均呈对数相关。随着绿地面积的增大，其降温范围、降温幅度及绿地内外最大温度均会呈一阶段性的上升，且上升的幅度随绿地面积的增大而越来越小，最后无限趋近某一固定值，在绿地面积分别增加至约32.6 hm^2、37 hm^2 及33.7 hm^2 之前，其降温范围、幅度及最大温度均增加较大幅度，之后虽仍有增加的趋势，但逐渐趋于平缓。相关研究均提到增加绿地面积可以有效地降低温度，然而本节综合考虑绿地降温范围及幅度等因素，建议增建或扩建绿地时，在37 hm^2 以内适当增加绿地面积，其降温效应的提高最为经济。回归方程的决定系数 R^2 的数值表示两个因素的关联度的密切程度，上文拟合得到的回归方程决定系数 R^2 分别为0.458 8、0.633 2和0.671 8。说明夏季绿地面积与其降温范围、降温幅度及绿地内外最大温度均有较高的相关性，即绿地面积对绿地内外最大温度的影响最大，对降温范围、降温幅度的影响程度较近似。

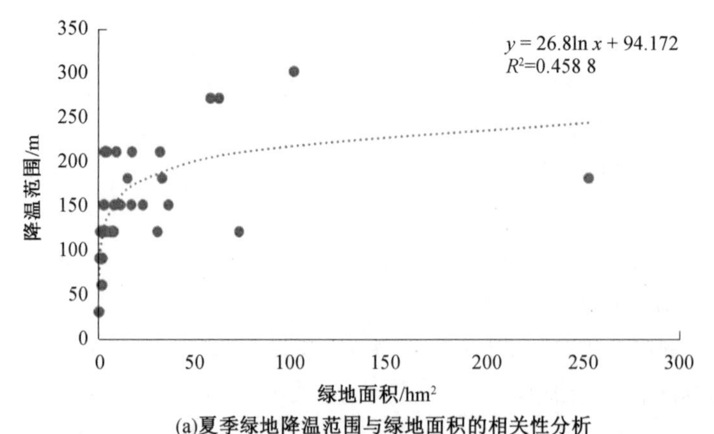

(a)夏季绿地降温范围与绿地面积的相关性分析

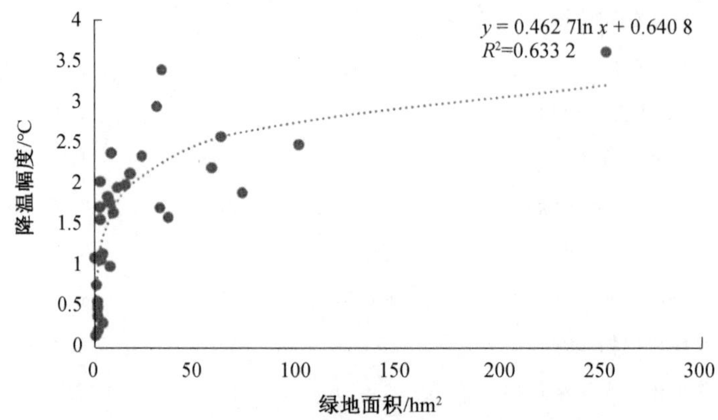

(b)夏季绿地降温幅度与绿地面积的相关性分析

图5－23　夏季绿地面积对降温效应相关性分析

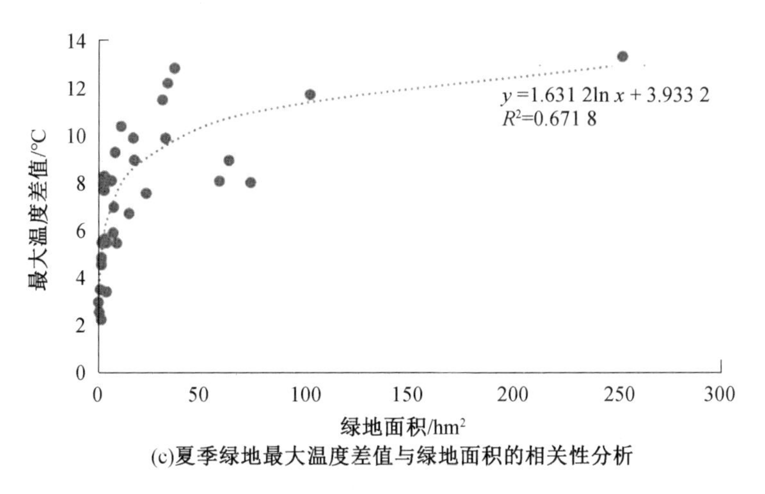

(c)夏季绿地最大温度差值与绿地面积的相关性分析

续图 5－23

由此可知，增加城市绿地面积可有效提高其降温效应，在 37 hm² 以内，适当增加绿地面积，其降温效应的提高最为经济。且绿地面积与其夏季降温范围、降温幅度、绿地内外最大温度之间均为明显的对数相关。即随绿地面积的增大，降温范围、降温幅度及绿地内外最大温度均增大。

2. 冬季绿地面积对降温效应的影响

通过对冬季各绿地内部及其缓冲区的温度进行提取与分析，发现冬季城市绿地具有一定的降温作用。对冬季各绿地降温范围、降温幅度及最大温度进行统计，结果见表5－31。

表 5－31　冬季 32 块绿地样本面积与绿地降温效应统计表

编号	绿地名称	面积 /hm²	降温范围 /m	最大温差 /℃	降温幅度 /℃
1	绿山川生态园绿地	4.25	60	0.08	1.73
2	东北虎林园绿地	73.58	90	0.41	3.64
3	关道遗址文化公园绿地	1.75	90	0.09	3.15
4	靖宇公园绿地	2.90	90	0.26	3.46
5	太平公园绿地	3.34	120	0.02	3.44
6	文化公园绿地	11.27	90	0.39	3.96
7	兆麟公园绿地	8.28	90	1.04	4.08
8	古梨园绿地	9.29	210	0.58	3.51
9	开发区景观广场绿地	4.20	150	0.53	4.98
10	丁香科技博览园绿地	15.21	30	0.36	2.70
11	省法学院周边绿地	1.85	150	0.20	4.10
12	机场高速周边条形绿地	36.96	60	0.39	5.32
13	冯家洼子周边绿地	101.97	90	0.58	4.47
14	儿童公园绿地	17.19	120	0.47	4.96

续表5—31

编号	绿地名称	面积 /hm^2	降温范围 /m	最大温差 /℃	降温幅度 /℃
15	霁虹桥附近三角形交通绿地	2.02	120	0.39	2.82
16	革命领袖视察纪念馆绿地	0.43	60	0.12	2.11
17	司令街条形绿地	0.77	90	0.14	1.60
18	哈工大一区绿地	1.24	120	0.11	3.66
19	马家沟周边绿地文宜街段	1.83	60	0.25	1.04
20	建国公园绿地	3.09	150	0.25	2.46
21	国际高尔夫俱乐部绿地	17.70	150	0.48	5.89
22	群力第六大道绿地	31.14	120	1.43	6.29
23	清滨公园绿地	3.09	90	0.27	2.73
24	尚志公园绿地	6.61	90	0.59	3.18
25	中医药大学绿地	7.45	120	0.22	3.85
26	供水公司周边绿地	7.74	120	0.54	4.05
27	唐都生态园周边绿地	58.57	180	0.97	4.95
28	松乐公园绿地	63.08	60	0.80	8.27
29	省森林植物园绿地	253.60	90	0.88	9.60
30	东北林业大学绿地	33.70	150	0.78	7.11
31	哈工大科技园绿地	23.42	120	0.46	4.26
32	欧亚之窗公园绿地	32.62	210	1.35	8.73

如图5—24所示，分别对绿地面积与哈尔滨冬季降温范围、降温幅度及最大温度的关系进行回归分析并拟合其方程，发现冬季绿地降温范围与绿地面积呈散点分布，相关性分析的R^2仅为0.005，说明绿地的降温范围与绿地面积的大小几乎无直接相关性，即冬季研究区内绿地的降温范围与绿地面积大小的关联度很低，绿地的面积大小不能直接影响其冬季的降温范围。绿地面积与哈尔滨冬季降温幅度及最大温度拟合，其相关方程分别为

$$y=0.975\ln x+2.1197$$

及

$$y=0.1518\ln x+0.1507$$

以上方程均通过了0.01水平的验证。绿地面积与其降温幅度及绿地内外最大温度均呈对数性相关，虽然与各因素的相关系数不同，但在一定范围内，随着绿地面积的增大，其降温幅度及绿地内外最大温度均会呈阶段性上升，且幅度越来越小，即边际效益在逐渐递减，直至无限趋近某个固定值。当绿地面积增加至约36.8 hm^2之前，其降温范围、幅度及最大幅度改变量均明显增加，之后虽仍有增加的趋势，但逐渐趋于平缓，其值与夏季基本相同。由此可知，无论冬季还是夏季，当绿地面积在37 hm^2以内时，适当增加绿地面积其降温效应的提高最为经济。上文中拟合得到的回归方程的决定系数R^2分别为0.549 3和0.431 3，说明冬季绿地面积与其降温幅度及绿地内外最大温度均有较高的相关性，且

冬季绿地面积与绿地降温幅度之间的关联度比与冬季绿地最大温度更加紧密。

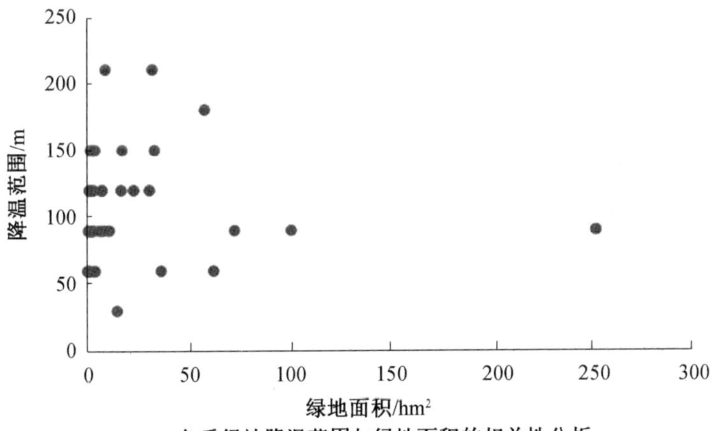

(a)冬季绿地降温范围与绿地面积的相关性分析

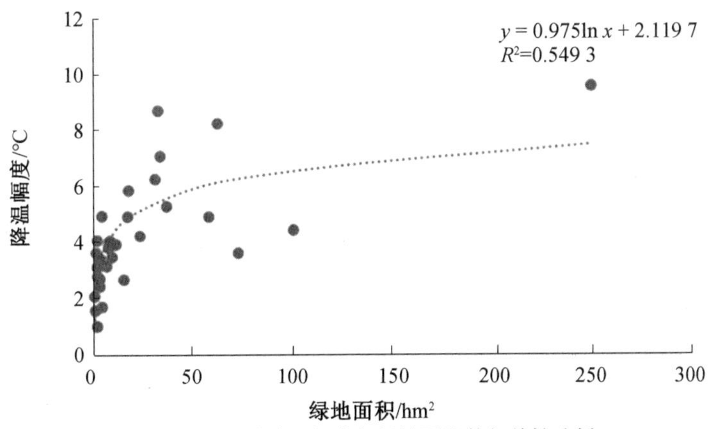

(b)冬季绿地降温幅度与绿地面积的相关性分析

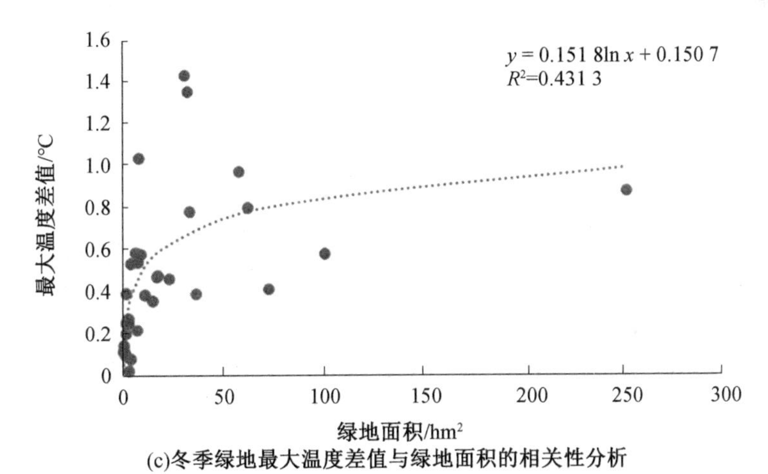

(c)冬季绿地最大温度差值与绿地面积的相关性分析

图 5－24　冬季绿地面积对降温效应相关性分析

5.4.2　绿地周长对降温效应的影响

1. 夏季绿地周长对降温效应的影响

本节采用与上文相同的研究方法对哈尔滨夏季32块绿地周长与绿地降温范围、绿地降温幅度进行统计，结果见表5－32。

表5－32　夏季32块绿地样本周长与绿地降温效应统计表

编号	绿地名称	周长/m	降温范围/m	最大温差/℃	降温幅度/℃
1	绿山川生态园绿地	800	120	3.400	0.299
2	东北虎林园绿地	4 192	120	8.010	1.887
3	关道遗址文化公园绿地	512	90	2.230	0.557
4	靖宇公园绿地	689	150	7.960	1.711
5	太平公园绿地	734	210	5.620	1.074
6	文化公园绿地	1 573	150	10.370	1.952
7	兆麟公园绿地	1 176	150	9.280	2.372
8	古梨园绿地	1 236	210	5.440	1.644
9	开发区景观广场绿地	2 087	210	5.460	1.145
10	丁香科技博览园绿地	1 525	180	6.710	1.984
11	省法学院周边绿地	1 060	90	4.830	0.482
12	机场高速周边条形绿地	5 084	150	12.830	1.587
13	冯家洼子周边绿地	9 493	300	11.710	2.475
14	儿童公园绿地	2 232	150	9.880	2.121
15	霁虹桥附近三角形交通绿地	528	120	5.470	0.204
16	革命领袖视察纪念馆绿地	260	30	2.960	1.096
17	司令街条形绿地	649	90	2.540	0.144
18	哈工大一区绿地	748	120	3.490	0.761
19	马家沟周边绿地文宜街段	671	60	4.540	0.382
20	建国公园绿地	699	120	7.680	2.024
21	国际高尔夫俱乐部绿地	1 736	210	8.950	2.121
23	清滨公园绿地	767	120	8.280	1.561
24	尚志公园绿地	1 086	120	8.090	1.840
25	中医药大学绿地	1 984	120	5.880	1.770
26	供水公司周边绿地	2 015	120	6.980	0.991
27	唐都生态园周边绿地	3 169	270	8.070	2.192
28	松乐公园绿地	3 759	270	8.940	2.574
29	省森林植物园绿地	13 352	180	13.380	3.583

续表5—32

编号	绿地名称	周长 /m	降温范围 /m	最大温差 /℃	降温幅度 /℃
30	东北林业大学绿地	5 369	180	12.190	3.388
31	哈工大科技园绿地	3 195	150	7.560	2.335
32	欧亚之窗公园绿地	2 305	210	9.870	1.704

如图 5－25 所示，分别对绿地周长与哈尔滨夏季降温范围、降温幅度、最大温度的关系进行回归分析并拟合其方程。相关方程分别为

$$y=12.697\ln x^{0.3263}$$

$$y=0.7209\ln x-3.651$$

$$y=2.6574\ln x-12.05$$

以上方程均通过了 0.01 水平的验证。绿地周长与其降温范围、降温幅度及绿地内外最大温度均呈对数性相关。虽然与各因素的相关系数不同，但在一定范围内，随着绿地周长的增大，其降温范围、降温幅度及绿地内外最大温度均会呈一阶段性的上升，且上升的幅度随绿地面积的增大而越来越小，最后无限趋近某一固定值。且绿地周长分别增加至约 5 300 m 之前，其降温范围、幅度及最大改变量均大幅增加，之后虽仍有增加的趋势，但逐渐趋于平缓。由其趋势线可知，增加绿地周长有利于提高其降温效应。本研究综合考虑绿地降温范围及幅度等因素，建议在 5 300 m 以内适当增加绿地周长，其降温效应的提高最为经济。拟合得到的回归方程的决定系数 R^2 分别为 0.417 3、0.529 1 和0.613 6，说明夏季绿地周长与其降温范围、降温幅度及绿地内外最大温度均有较高的相关性，且其周长与绿地内外最大温度之间的关联度最高。降温范围、降温幅度与绿地周长的关联度较近似，即绿地周长对绿地内外最大温度影响最大，对降温范围、降温幅度的影响程度较近似。

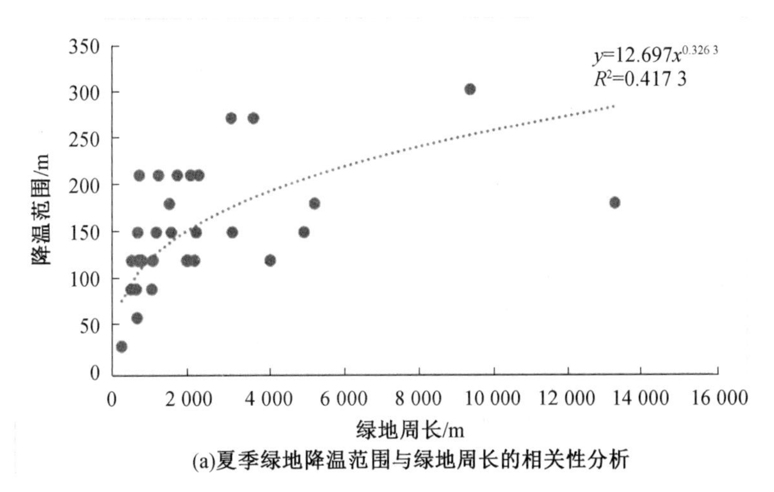

(a)夏季绿地降温范围与绿地周长的相关性分析

图 5－25　夏季绿地周长对降温效应的相关性分析

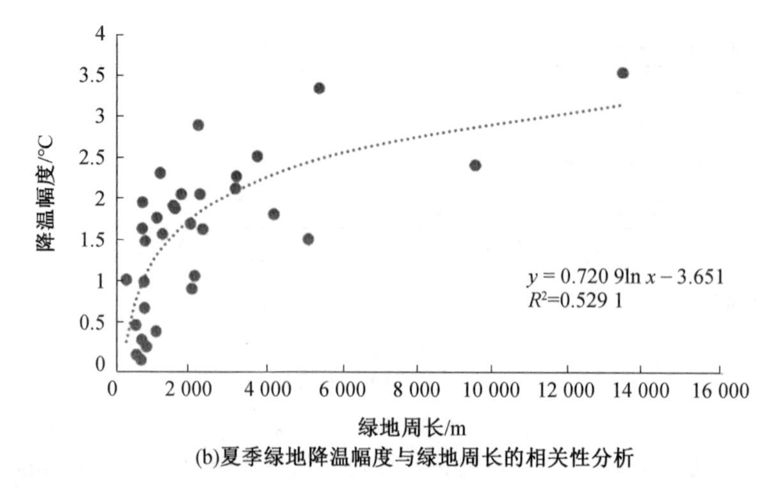

(b)夏季绿地降温幅度与绿地周长的相关性分析

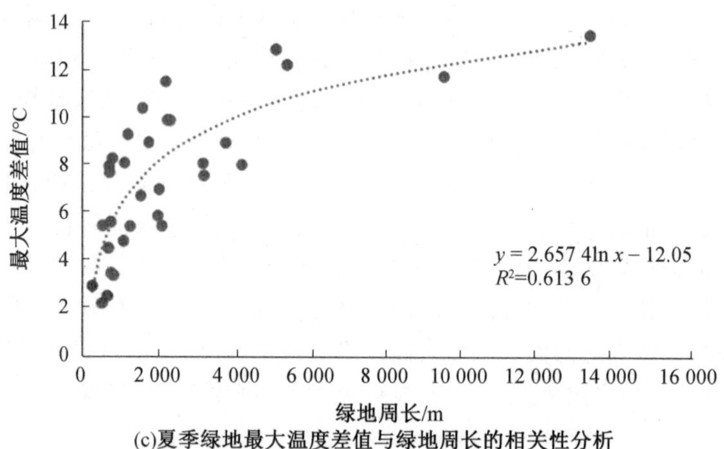

(c)夏季绿地最大温度差值与绿地周长的相关性分析

续图 5－25

由此可知，在 5 300 m 以内适当增加绿地周长，其降温效应的提高最为经济。绿地周长与其夏季降温范围、降温幅度、绿地内外最大温度之间均呈明显的对数相关，即随绿地周长的增大，降温范围、降温幅度及绿地内外最大温度均增大，且增长率减小，无限趋近固定值。绿地周长与其降温范围、幅度及绿地内外最大温度之间均有较高的关联度，且绿地周长对夏季绿地内外最大温度影响最大，对降温范围、降温幅度的影响程度较近似。

2. 冬季绿地周长对降温效应的影响

本节采用相同的研究方法对哈尔滨冬季 32 块城市绿地样本周长与绿地降温范围、绿地降温幅度、绿地最大温差等变量进行统计，其中 10 丁香科技博览园绿地、11 省法学院周边绿地……17 司令街条形绿地降温无显著作用，数据未进行统计，结果见表 5－33。

表 5－33　冬季 32 块绿地样本周长与绿地降温效应统计表

编号	绿地名称	周长 /m	降温范围 /m	最大温差 /℃	降温幅度 /℃
1	绿山川生态园绿地	800	60	0.08	1.73
2	东北虎林园绿地	4 192	90	0.41	3.64
3	关道遗址文化公园绿地	512	90	0.09	3.15
4	靖宇公园绿地	689	90	0.26	3.46
5	太平公园绿地	734	120	0.02	3.44
6	文化公园绿地	1 573	90	0.39	3.96
7	兆麟公园绿地	1 176	90	1.04	4.08
8	古梨园绿地	1 236	210	0.58	3.51
9	开发区景观广场绿地	2 087	150	0.53	4.98
18	哈工大一区绿地	748	120	0.11	3.66
19	马家沟周边绿地文宜街段	671	60	0.25	1.04
20	建国公园绿地	699	150	0.25	2.46
21	国际高尔夫俱乐部绿地	1 736	150	0.48	5.89
22	群力第六大道绿地	2 188	120	1.43	6.29
23	清滨公园绿地	767	90	0.27	2.73
24	尚志公园绿地	1 086	90	0.59	3.18
25	中医药大学绿地	1 984	120	0.22	3.85
26	供水公司周边绿地	2 015	120	0.54	4.05
27	唐都生态园周边绿地	3 169	180	0.97	4.95
28	松乐公园绿地	3 759	60	0.8	8.27
29	省森林植物园绿地	13 352	90	0.88	9.6
30	东北林业大学绿地	5 369	150	0.78	7.11
31	哈工大科技园绿地	3 195	120	0.46	4.26
32	欧亚之窗公园绿地	2 305	210	1.35	8.73

如图 5－26 所示，分别对绿地面积与哈尔滨冬季降温范围、降温幅度及最大温度的关系进行回归分析并拟合其方程。冬季绿地降温范围与绿地周长呈散点分布，R^2 仅为 0.011，说明降温范围与绿地周长的大小几乎无直接相关性，即冬季绿地的降温范围与绿地周长的大小的关联度很低，绿地的周长大小不能直接影响其冬季的降温范围。绿地周长与哈尔滨冬季降温幅度及最大温度拟合，其相关方程分别为

$$y = 1.646\ 6\ln x - 7.861\ 6$$

$$y = 0.216\ 3\ln x - 1.109$$

以上方程均通过了 0.01 水平的验证。可知冬季绿地降温幅度及冬季绿地最大温度与绿地周长均呈对数相关，即在一定范围内，绿地的降温幅度及最大温度均随着绿地周长的增大而增大，且增大的幅度越来越小，无限趋近某一固定值。绿地周长分别增加至约5 300 m 之前，其降温范围、幅度及最大温度均大幅增加，之后虽仍有增加的趋势，但逐渐趋于平缓。

表明无论冬季还是夏季，绿地周长在 5 300 m 以内适当扩大，对提高绿地的降温效应最为经济。冬季绿地周长与绿地降温幅度及绿地最大温度之间均有很高的相关性，且绿地周长与冬季绿地降温幅度之间的关联度比与冬季绿地最大温度更紧密。

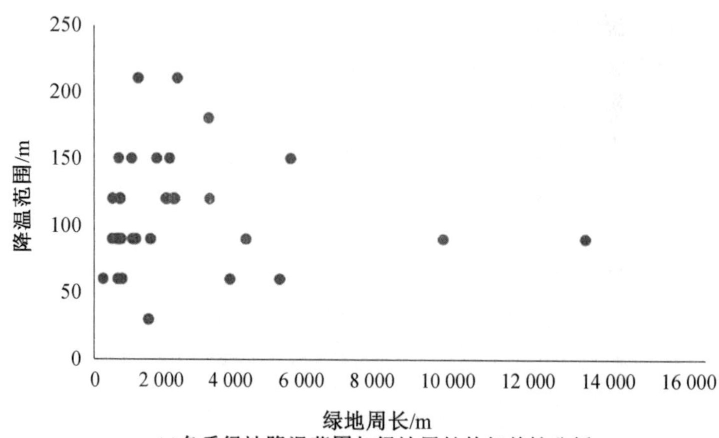

(a)冬季绿地降温范围与绿地周长的相关性分析

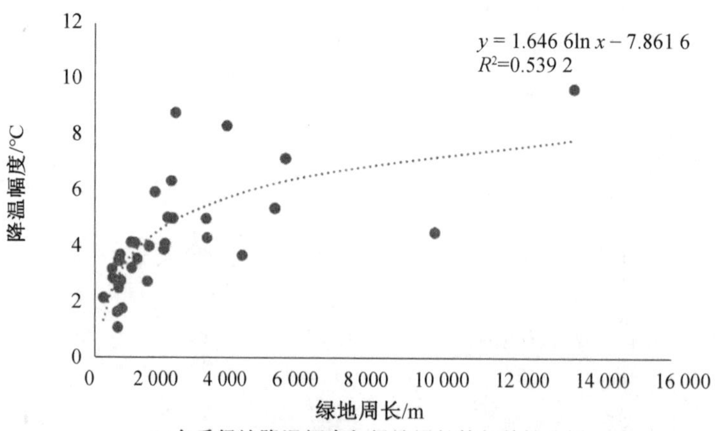

(b)冬季绿地降温幅度与绿地周长的相关性分析

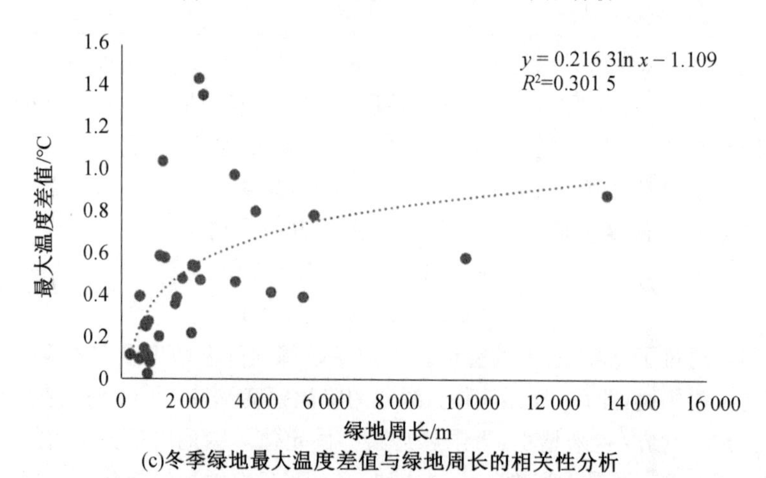

(c)冬季绿地最大温度差值与绿地周长的相关性分析

图 5－26　冬季绿地周长对降温效应的相关性分析

由此可知，在冬季增加城市绿地周长，也可有效提高其降温效应，且与夏季相同，在 5 300 m 以内适当增加绿地周长，其降温效应的提高最为经济。冬季绿地周长与绿地降温幅度及绿地最大温度之间均呈明显的对数相关，冬季绿地周长与绿地降温幅度及绿地最大温度之间关联度较高，且冬季绿地周长与绿地降温幅度之间的关系更为紧密，即绿地周长对绿地降温幅度影响更大。但冬季绿地周长与绿地降温范围无明显相关性。

5.4.3　绿地形状系数对降温效应的影响

1. 夏季绿地形状系数对降温效应的影响

绿地斑块的形状系数，可认为是绿地斑块周长与面积的比值。形状系数可用来衡量其形状的复杂程度。对哈尔滨夏季 32 块城市绿地样本形状系数与其夏季降温范围、最大温差及降温幅度进行统计，结果见表 5－34。

表 5－34　夏季 32 块绿地样本形状系数与绿地降温效应统计表

编号	绿地名称	形状系数	降温范围 /m	最大温差 /℃	降温幅度 /℃
1	绿山川生态园绿地	0.019	120	3.400	0.299
2	东北虎林园绿地	0.006	120	8.010	1.887
3	关道遗址文化公园绿地	0.029	90	2.230	0.557
4	靖宇公园绿地	0.024	150	7.960	1.711
5	太平公园绿地	0.022	210	5.620	1.074
6	文化公园绿地	0.014	150	10.370	1.952
7	兆麟公园绿地	0.014	150	9.280	2.372
8	古梨园绿地	0.013	210	5.440	1.644
9	开发区景观广场绿地	0.050	210	5.460	1.145
10	丁香科技博览园绿地	0.010	180	6.710	1.984
11	省法学院周边绿地	0.057	90	4.830	0.482
12	机场高速周边条形绿地	0.014	150	12.830	1.587
13	冯家洼子周边绿地	0.009	300	11.710	2.475
14	儿童公园绿地绿地	0.013	150	9.880	2.121
15	霁虹桥附近三角形交通绿地	0.026	120	5.470	0.204
16	革命领袖视察纪念馆绿地	0.060	30	2.960	1.096
17	司令街条形绿地	0.085	90	2.540	0.144
18	哈工大一区绿地	0.060	120	3.490	0.761
19	马家沟周边绿地文宜街段	0.037	60	4.540	0.382
20	建国公园绿地	0.023	120	7.680	2.024
21	国际高尔夫俱乐部绿地	0.010	210	8.950	2.121
22	群力第六大道绿地	0.007	120	11.480	2.942

续表5—34

编号	绿地名称	形状系数	降温范围 /m	最大温差 /℃	降温幅度 /℃
23	清滨公园绿地	0.025	120	8.280	1.561
24	尚志公园绿地	0.016	120	8.090	1.840
25	中医药大学绿地	0.027	120	5.880	1.770
26	供水公司周边绿地	0.026	120	6.980	0.991
27	唐都生态园周边绿地	0.005	270	8.070	2.192
28	松乐公园绿地	0.006	270	8.940	2.574
29	省森林植物园绿地	0.005	180	13.380	3.583
30	东北林业大学绿地	0.016	180	12.190	3.388
31	哈工大科技园绿地	0.014	150	7.560	2.335
32	欧亚之窗公园绿地	0.007	210	9.870	1.704

如图 5－27 所示，分别对绿地形状系数与其夏季降温范围、降温幅度、最大温度的关系进行回归分析并拟合其方程。拟合其相关方程分别为

$$y=30.343x^{-0.379}$$

$$y=0.0674x^{-0.735}$$

$$y=1.0694x^{-0.458}$$

且以上方程均通过了 0.01 水平的验证。形状系数与其降温范围、降温幅度及绿地内外最大温度均呈幂函数相关。各因素的相关系数不同，且 a 为负数，上式为减函数，即形状系数趋近 0，降温范围、降温幅度、最大温度均趋近 $+\infty$；形状系数趋近 $+\infty$，降温范围、降温幅度、最大温度均趋近于 0。随着绿地形状系数的增大，绿地的降温范围、降温幅度、最大温度均会减小，且减小的幅度越来越小，无限趋近于 0；随着绿地形状系数的减小，绿地的降温范围、降温幅度、最大温度均会增大，且增加的幅度越来越大，无限趋近于$+\infty$。且形状系数增加至约 0.03 之前，其降温范围、幅度及最大温度均大幅增加，之后虽仍有减少的趋势，但逐渐趋于平缓。也就是说绿地斑块的形状越简单规整，其降温范围、降温幅度、绿地内外最大温度均越大，反之绿地斑块的形状越复杂，其降温范围、降温幅度、绿地内外最大温度均越小。本节综合考虑绿地降温范围及幅度等因素，建议在规划设计绿地或改扩建城市绿地时，绿地斑块的形状应尽量简单规整，其形状系数应控制在 0.03 以内。当其形状系数大于 0.03 时，改变其形状对其降温效应影响较小。上文中拟合得到的回归方程的决定系数 R^2 分别为0.403 5、0.482 3 和 0.543 3，说明绿地形状系数与其夏季降温范围、降温幅度、绿地内外最大温度均有较高的相关性，且其形状系数与绿地内外最大温度之间的关联度最高，对其降温范围影响较小。

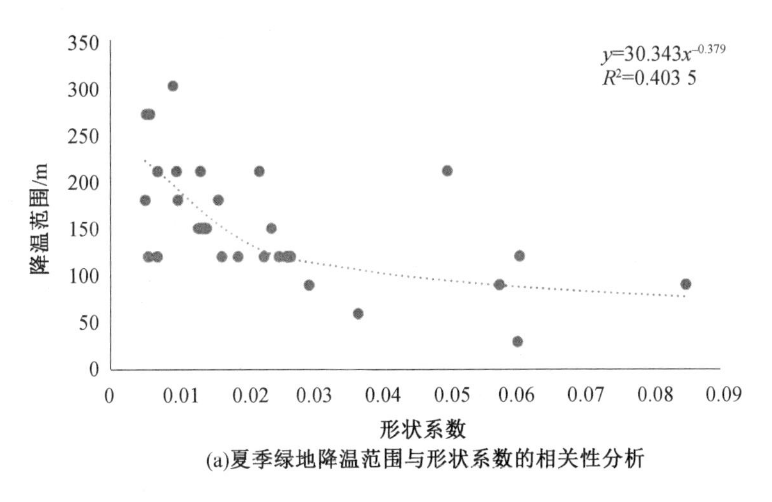

(a)夏季绿地降温范围与形状系数的相关性分析

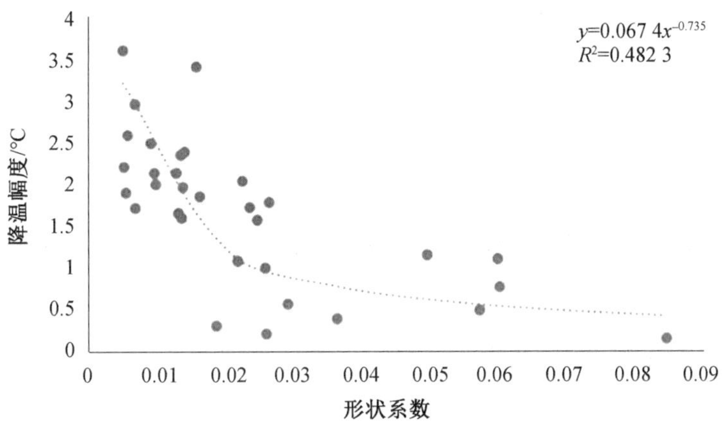

(b)夏季绿地降温幅度与形状系数的相关性分析

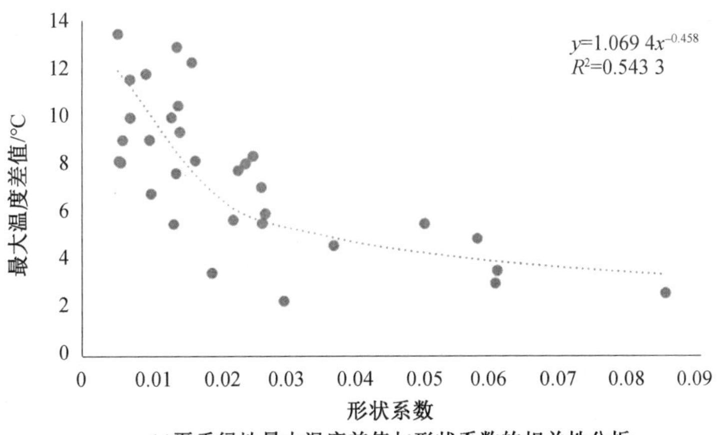

(c)夏季绿地最大温度差值与形状系数的相关性分析

图 5－27　夏季绿地形状系数对降温效应的相关性分析

由此可知，绿地斑块的形状应尽量简单规整，其形状系数应控制在 0.03 以内。当其形状系数大于 0.03 时，改变其形状对其降温效应影响较小。夏季绿地形状系数与其降温范围、幅度及内外最大温度之间均呈明显的幂函数相关。绿地斑块的形状越简单规整，其降温范围、降温幅度、绿地内外最大温度越大，反之绿地斑块的形状越复杂，其降温范围、降温幅度、绿地内外最大温度越小。

2. 冬季绿地形状系数对降温效应的影响

对哈尔滨冬季32块绿地样本形状系数与其冬季降温范围、最大温差及降温幅度进行统计，结果见表5－35。

表5－35　冬季32块绿地样本形状系数与绿地降温效应统计表

编号	绿地名称	形状系数	降温范围/m	最大温差/℃	降温幅度/℃
1	绿山川生态园绿地	0.019	60	0.08	1.73
2	东北虎林园绿地	0.006	90	0.41	3.64
3	关道遗址文化公园绿地	0.029	90	0.09	3.15
4	靖宇公园绿地	0.024	90	0.26	3.46
5	太平公园绿地	0.022	120	0.02	3.44
6	文化公园绿地	0.014	90	0.39	3.96
7	兆麟公园绿地	0.014	90	1.04	4.08
8	古梨园绿地	0.013	210	0.58	3.51
9	开发区景观广场绿地	0.050	150	0.53	4.98
10	丁香科技博览园绿地	0.010	30	0.36	2.7
11	省法学院周边绿地	0.057	150	0.2	4.1
12	机场高速周边条形绿地	0.014	60	0.39	5.32
13	冯家洼子周边绿地	0.009	90	0.58	4.47
14	儿童公园绿地	0.013	120	0.47	4.96
15	霁虹桥附近三角形交通绿地	0.026	120	0.39	2.82
16	革命领袖视察纪念馆绿地	0.060	60	0.12	2.11
17	司令街条形绿地	0.085	90	0.14	1.6
18	哈工大一区绿地	0.060	120	0.11	3.66
19	马家沟周边绿地文宜街段	0.037	60	0.25	1.04
20	建国公园绿地	0.023	150	0.25	2.46
21	国际高尔夫俱乐部绿地	0.010	150	0.48	5.89
22	群力第六大道绿地	0.007	120	1.43	6.29
23	清滨公园绿地	0.025	90	0.27	2.73
24	尚志公园绿地	0.016	90	0.59	3.18
25	中医药大学绿地	0.027	120	0.22	3.85
26	供水公司周边绿地	0.026	120	0.54	4.05
27	唐都生态园周边绿地	0.005	180	0.97	4.95
28	松乐公园绿地	0.006	60	0.8	8.27
29	省森林植物园绿地	0.005	90	0.88	9.6
30	东北林业大学绿地	0.016	150	0.78	7.11
31	哈工大科技园绿地	0.014	120	0.46	4.26
32	欧亚之窗公园绿地	0.007	210	1.35	8.73

基于哈尔滨冬季32块绿地样本形状系数与降温范围、幅度等的统计，回归分析绿地形状系数与其冬季降温范围、幅度及最大温度关系，如图5－28所示。

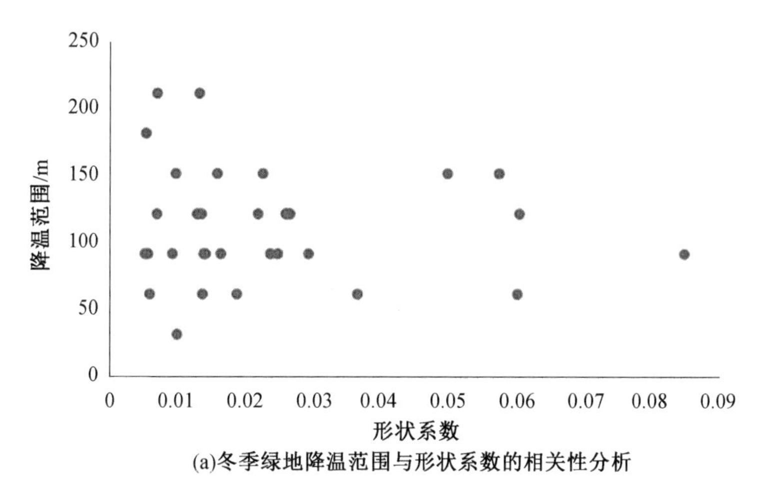

(a)冬季绿地降温范围与形状系数的相关性分析

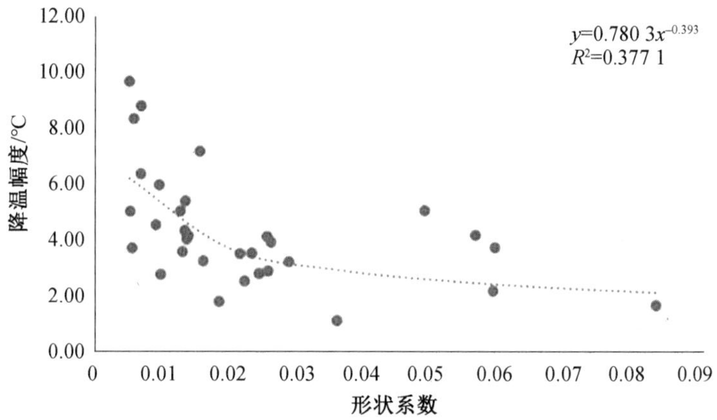

(b)冬季绿地降温幅度与形状系数的相关性分析

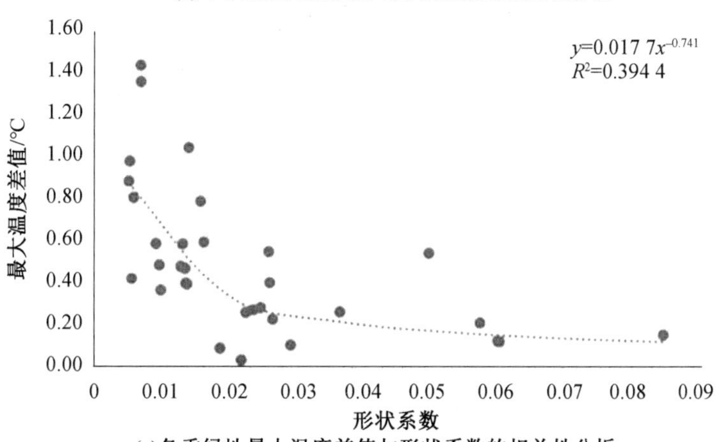

(c)冬季绿地最大温度差值与形状系数的相关性分析

图 5－28　冬季绿地形状系数对降温效应的相关性分析

如图 5－28 所示，分别对绿地形状系数与其冬季降温范围、降温幅度、最大温度的关系进行回归分析并拟合其方程。相关方程分别为

$$y=0.780\ 3x^{-0.393}$$

$$y=0.017\ 7x^{-0.741}$$

以上方程均通过了0.01水平的验证。形状系数与其降温范围、降温幅度及绿地内外最大温度均呈幂函数相关。故上式为减函数，即形状系数趋近0，降温范围、降温幅度、最大温度均趋近+∞；形状系数趋近+∞，降温范围、降温幅度、最大温度均趋近于0。即随着绿地形状系数的增大，绿地的降温范围、降温幅度、最大温度均会减小，且减小的幅度越来越小，无限趋近于0；随着绿地形状系数的减小，绿地的降温范围、降温幅度、最大温度均会增大，且增加的幅度越来越大，无限趋近于+∞。形状系数增加至约0.03之前，其降温范围、幅度及最大温度均大幅增加，之后虽仍有减少的趋势，但逐渐趋于平缓。也就是说绿地斑块的形状越简单规整，其降温范围、降温幅度、绿地内外最大温度均越大；反之绿地斑块的形状越复杂，其降温范围、降温幅度、绿地内外最大温度均越小。本研究表明绿地斑块的形状与其降温效果的关系在冬夏两季一致，当其形状系数大于0.03时，改变其形状对其降温效应影响较小。上文拟合得到的回归方程的决定系数R^2分别为0.403 5、0.482 3和0.543 3，说明绿地形状系数与其夏季降温范围、降温幅度、绿地内外最大温度均有较高的相关性，且其形状系数与绿地内外最大温度之间关联度最高，与其降温范围关联度最低。

由此可知，城市绿地形状的规整程度与其降温效果的关系冬夏一致，当其形状系数大于0.03时，改变其形状对其降温效应影响较小。冬季绿地形状系数与其降温幅度、绿地内外最大温度之间均呈明显的幂函数相关。绿地斑块的形状越简单规整，其降温范围、降温幅度、绿地内外最大温度越大；反之绿地斑块的形状越复杂，其降温范围、降温幅度、绿地内外最大温度越小。冬季绿地形状系数与其面积和周长一样，与其降温范围无明显相关性。

综上所述，冬季城市绿地的布局及面积大小均对其降温范围无明显相关性，而城市绿地面积、周长及形状系数与其降温幅度及最大温度关系均与夏季相同。其对降温幅度及最大温度的关联度与夏季相反，且冬季在37 hm^{2}以内适当增加绿地面积或在5 300 m以内适当增加绿地周长，其降温效果的提高最为经济。当形状系数大于0.03时，改变其形状对其降温效果影响较小。

相关研究表明，冬季热岛效应越大，越有利于降低冬季采暖能耗。且冬季采暖能耗与冬季热岛效应强度呈负相关，与室内温度呈正相关。由于供暖会作用于城市热岛，与非采暖期相比，采暖期的城市热岛强度平均升高约2 ℃。虽然冬季城市绿地仍会起到一定的降温作用，但绿地的平均降温幅度为0.48 ℃，最小降温幅度仅为0.02 ℃。在冬季，这样的温度差值对人来说并无明显差别。不过，由于绿地所形成的局部温差较大，最大内外温度差可达4.25 ℃，温度差会形成静压力差，使空气流动形成风，流动的空气会带走一部分热量，从而在一定程度上缓解冬季的热岛及浑浊岛。

夏季城市绿地的降温范围与其面积、周长及形状系数均有较高的相关性，夏季地表温度的差异主要受到下垫面比热容、太阳辐射及蓄能散热时间的影响；冬季城市绿地的降温范围与其面积、周长及形状系数均无明显相关性。冬季绿地的直接降温作用非常小。

5.5　本章小结

随着哈尔滨近几年的快速发展，急速扩张的城区范围、大面积的改造城区，使得城市内部温度急剧增高，存在明显的热岛效应。本章在哈尔滨中心城区四环以内共选取32块绿地样本，计算各样本内部及其缓冲带内平均地表温度，通过计算绿地样本的面积、周长及形状系数，研究分析了冬夏两季的绿地形态对降温作用的影响，得到如下结论：

(1) 近年哈尔滨夏季热岛效应明显，整体上逐年递增，但有弱化的趋势，热岛强度随着环路增大而减缓。热岛强度在空间上分布不均，有东北至西南方向转移的趋势。冬季热岛已有形成的趋势，热岛强度随着环路外推而减缓，且在空间方位上分布不均衡。

(2) 哈尔滨城市绿地面积逐年减少，从2007年的33 003 hm^2减少到2011年的27 315 hm^2，截止到2015年，绿地面积仅为26 716 hm^2，其减少幅度有所降低。从圈层上看，绿地面积、所占该环路比例及植被覆盖度大小均随环路外推而增加，且近十年在空间方位上的变化较大。冬季研究区内下垫面改变很大，除建设用地外，基本呈冰雪覆盖且无植物状态，冬季植被指数值及差值非常小，但植被指数仍有随环路外推而增大的趋势。

(3) 城市绿地在冬夏两季均具有一定的减缓热岛的降温作用，且夏季城市绿地对减缓热岛效应作用效果明显；冬季在无冰雪覆盖或冰雪覆盖较少时，城市绿地对减缓热岛效应仍有一定效果，但其影响远低于夏季。在下垫面以冰雪覆盖为主时，地表温度呈无规律变化。在以冰雪下垫面为主的区域，城市绿地与热岛效应无相关性。

(4) 夏季城市绿地降温范围在30～300 m内，主要以120 m为主。越远离城市中心，其降温范围越大，且随着环路外推，绿地降温范围呈增大趋势。夏季可能由于主导风向的影响，造成其空间方位上的降温范围有所差异。以象限划分时，平均降温范围依次为西北＜西南＜东南＜东北。由于城市绿地的间接降温作用，冬季城市绿地仍有一定降温作用，冬季城市绿地降温范围在30～210 m内，主要集中在90 m。由于主要热源及降温作用方式的改变，冬季一环至四环内绿地降温范围并无明显规律性，空间方位上的平均降温范围依次为西北＜西南＜东北＜东南。

(5) 夏季绿地降温为直接作用和间接作用的共同作用，平均降温幅度达1.65 ℃。平均绿地内外最大温度可达7.50 ℃。中心城区的城市绿地降温效果小于远离市中心的区域。受间接降温的影响，哈尔滨夏季南侧的降温效果要大于北侧，西南方向上效果最好，冬季城市绿地的平均降温幅度为0.48 ℃，平均绿地内外最大温度可达4.25 ℃，中心城区冬季城市绿地降温效果小于远离市中心的区域，从空间方位上看，南侧降温效果要大于北侧，东南方向上效果最好，西北方向降温效果最差，这与夏季的降温效果方位上分布趋势相同。

(6) 适当增加城市绿地面积或周长均可有效提高其降温效应，且在37 hm^2以内适当增加绿地面积或在5 300 m以内适当增加绿地周长，其降温效应的提高最为经济。绿地面积、周长与其夏季降温范围、降温幅度、绿地内外最大温度之间均呈明显的对数相关，城市绿地的形状越简单规整，其降温效应越明显。因此城市绿地形状应尽量简单规整，形状系数应控制在0.03以内。当其形状系数大于0.03时，改变其形状对降温效应的影响较小，形状系数与其夏季降温范围、幅度及内外最大温度之间均呈明显的幂函数相关。

参考文献

[1] 周淑贞，束炯. 城市气候学[M]. 北京：气象出版社，1994.

[2] 郭家林，王永波. 近 40 年哈尔滨的气温变化与城市化影响[J]. 气象，2005(8)：74-76.

[3] CHAO Xin，ONISHI A，CHEN Jin，et al. Quantifying the cool island intensity of urban parks using ASTER and IKONOS data[J]. Amsterdam：Landscape & Urban Planning，2010，96(4)：224-231.

[4] 袁超. 缓解高密度城市热岛效应规划方法的探讨——以香港城市为例[J]. 建筑学报，2010(S1)：120-123.

[5] 王频，孟庆林. 多尺度城市气候研究综述[J]. 建筑科学，2013，29(6)：107-114.

[6] 金虹，王博. 城市微气候及热舒适性评价研究综述[J]. 建筑科学，2017，33(8)：1-8.

[7] 谢超. 基于空间句法的哈尔滨主城区空间形态演进研究[D]. 哈尔滨：哈尔滨工业大学，2018.

[8] 哈尔滨市自然资源和规划局. 哈尔滨市城市总体规划(2011—2020 年)[R]. 哈尔滨：哈尔滨市人民政府，2011.

[9] 金明一. 基于 RS 和 GIS 的哈尔滨市城市空间扩展研究[J]. 测绘与空间地理信息，2016，39(11)：182-183+187+191.

[10] 冯树民，孙玉庆. 哈尔滨市道路网总体建设水平分析[J]. 哈尔滨工业大学学报，2006(9)：1506-1510.

[11] 中华人民共和国建设部. 城市道路交通规划设计规范：GB 50020—95[S]. 北京：中国计划出版社，1995：5-6.

[12] IMHOFF M L，ZHANG Ping，WOLFE R E，et al. Remote sensing of the urban heat island effect across biomes in the continental USA[J]. Remote Sensing of Environment，2010，114(3)：504-513.

[13] WU Jianguo. Urban sustainability：an inevitable goal of landscape research[J]. Landscape Ecology，2010，25(1)：1-4.

[14] ALI R R，SHALABY A. Response of topsoil features to the seasonal changes of land surface temperature in the arid environment[J]. International Journal of Soil Science，2012，7(2)：39-50.

[15] 吴菲，朱春阳，王广勇，等. 北京市 8 种铺装材质温湿度变化特征[J]. 城市环境与城市生态，2012，25(1)：35-38.

[16] 刘娇妹，杨志峰. 北京市冬季不同景观下垫面温湿度变化特征[J]. 生态学报，2009，29(6)：3241-3252.

[17] 李苗，臧淑英，吴长山，等. 哈尔滨市中心城区不透水面时空变化及驱动力分析[J].

地理学报:英文版,2018,28 (3):323-336.

[18] 葛壮.哈尔滨市主城区不透水面格局变化特征分析[D].哈尔滨:哈尔滨师范大学,2015.

[19] LEJEUNE Q, DAVIN E L, GUILOD B P, et al. Influence of amazonian deforestation on the future evolution of regional surface fluxes, circulation, surface temperature and precipitation[J]. Climate Dynamics, 2015, 44(9-10):2769-2786.

[20] GUO Z, WANG S D, CHENG M M, et al. Assess the effect of different degrees of urbanization on land surface temperature using remote sensing images [J]. Procedia Environmental Sciences, 2012, 13(10):935-942.

[21] 陈爱莲,孙然好,陈利顶.基于景观格局的城市热岛研究进展[J].生态学报,2012,32(14):4553-4565.

[22] WENG Qihao, LU Dengsheng. A sub-pixel analysis of urbanization effect on land surface temperature and its interplay with impervious surface and vegetation coverage in Indianapolis, United States[J]. International Journal of Applied Earth Observation & Geoinformation, 2008, 10(1):68-83.

[23] AKBARI H. Shade trees reduce building energy use and CO_2 emissions from power plants[J]. Environmental Pollution, 2002, 116:S119-S126.

[24] KRAYENHOFF E S, VOOGT J. Impacts of urban albedo increase on local air temperature at daily-annual time scales: model results and synthesis of previous work[J]. Journal of Applied Meteorology & Climatology, 2010, 49(8):1634-1648.

[25] 王利会.应对热岛效应的哈尔滨城市中心区绿地格局优化策略研究[D].哈尔滨:哈尔滨工业大学,2017.

[26] 住房和城乡建设部.城市园林绿化评价标准:GB 50563—2010[S].北京:中国建筑工业出版社,2010:12.

[27] 龙珊,苏欣,王亚楠,等.城市绿地降温增湿效益研究进展[J].森林工程,2016,32(1):21-24.

[28] 唐子来.西方城市空间结构研究的理论和方法[J].城市规划学刊,1997 (6):1-11.

[29] REINELT L R, AZOUS A. Impacts of urbanization on palustrine wetlands-research and management in Puget region[J]. Urban Ecosystems, 1998 (2): 219-236.

[30] OKE T R. Boundary layer climates[J]. Earth Science Reviews, 1987, 27 (3): 265-265.

[31] TAKAHASHI K, YOSHIDA H, TANAKA Y, et al. Measurement of thermal environment in Kyoto city and its prediction by CFD simulation[J]. Energy and Buildings, 2004, 36(8):771-779.

[32] BOURBIA F, BOUCHERIBA F. Impact of street design on urban micro-climate for semi arid climate (Constantine)[J]. Renewable Energy, 2010, 35(2):343-347.

[33] 郭琳琳,李保峰,陈宏.我国在街区尺度的城市微气候研究进展[J].城市发展研究,

2017,24(1):75-81.

[34] 邬尚霖,孙一民.广州地区街道微气候模拟及改善策略研究[J].城市规划学刊,2016(1):56-62.

[35] 赵敬源,刘加平.城市街谷热环境数值模拟及规划设计对策[J].建筑学报,2007(3):37-39.

[36] HIRANO Y,FUJITA T. Evaluation of the impact of the urban heat island on residential and commercial energy consumption in Tokyo[J]. Energy,2012,37(1):371-383.

[37] OKE T R. City size and the urban heat island[J]. Atmospheric Environment,2017,7:769-779.

[38] IIZAWA I,UMETANI K,ITO A,et al. Time evolution of an urban heat island from high-density observations in Kyoto city[J]. Sola,2016,12:51-54.

[39] ASHIE Y,HIRANO K,KONO T. Effects of sea breeze on thermal environment as a measure against Tokyo's urban heat island [J]. The Seventh International Conference on Urban Climate,2009:6-7.

[40] 丁沃沃,胡友培,窦平平.城市形态与城市微气候的关联性研究[J].建筑学报,2012(7):16-21.

[41] 孟庆林,王频,李琼.城市热环境评价方法[J].中国园林,2014,30(12):13-16.

[42] 吴玺.城市街区内广场空间形态与天空开阔度关系研究[D].南京:南京大学,2013.

[43] 李雪松,陈宏,张苏利.城市空间扩展与城市热环境的量化研究——以武汉市东南片区为例[J].城市规划学刊,2014(3):71-76.

[44] 周雪帆,陈宏.不同城市发展模式对城市中心区气候影响研究——以武汉为例[J].建筑实践,2019(2):27-28.

[45] HOWARD L. The climate of London[M]. London:IAUC,2006.

[46] SUGAWARA H,SHIMIZU S,TAKAHASHI H,et al. Thermal influence of a large green space on a Hot Urban environment [J]. Journal of Environmental Quality,2015,45 (1):1-7.

[47] 王颖,张镭,胡菊,等.WRF 模式对山谷城市边界层模拟能力的检验及地面气象特征分析[J].高原气象,2010,29(6):1397-1407.

[48] 郭飞.基于 WRF/UCM 的城市气候高分辨率数值模拟研究[J].大连理工大学学报,2016,56(5):502-509.

[49] XU Yongming,QIN Zhihao,LÜ Jingjing. Comparative analysis of urban heat island and associated land cover change based in Suzhou city using Landsat data[C]// Institute of Electrical and Electronics Engineers. Proceedings of the 2008. International Workshop on Education Technology and Training & 2008 International Workshop on Geoscience and Remote Sensing. Shanghai: IEEE Xplore ,2008: 316—319.

[50] SONG Y B. Influence of new town development on the urban heat island—The case

of the Bundang area[J]. Journal of Environmental Ences,2005,17(4):641-645.

[51] HANG H T, RAHMAN A. Characterization of thermal environment over heterogeneous surface of National Capital Region (NCR), India using Landsat-8 sensor for regional planning studies[J]. Urban Climate,2018,24:1-18.

[52] HEREHER M E. Effect of land use/cover change on land surface temperatures—The Nile Delta, Egypt[J]. Journal of African Earth Sciences,2017,126:75-83.

[53] HOVE L V, JACOBS C, HEUSINKVELD B G, et al. Temporal and spatial variability of urban heat island and thermal comfort within the Rotterdam agglomeration[J]. Building & Environment,2015,83:91-103.

[54] NONOMURA A, KITAHARA M, MASUDA T. Impact of land use and land cover changes on the ambient temperature in a middle scale city, Takamatsu, in Southwest Japan [J]. Journal of Environmental Management, 2009, 90 (11): 3297-3304.

[55] GONG Jianzhou, HU Zhiren, CHEN Wenli, et al. Urban expansion dynamics and modes in metropolitan Guangzhou, China[J]. Land Use Policy,2018,72:100-109.

[56] ZHANG Lei, WENG Qihao. Annual dynamics of impervious surface in the Pearl River Delta, China, from 1988 to 2013, using time series Landsat imagery[J]. Isprs Journal of Photogrammetry & Remote Sensing,2016,113(3):86-96.

[57] SHI Lingfei, LING Feng, GE Yong, et al. Impervious surface change mapping with an uncertainty-based spatial-temporal consistency model: a case study in Wuhan city using Landsat time-series datasets from 1987 to 2016[J]. Remote Sensing, 2017,9(11):1148.

[58] BOUNOUA L, ZHANG Ping, MOSTOVOY G, et al. Impact of urbanization on US surface climate[J]. Environmental Research Letters,2015,10(8):084010.

[59] ANSARI T A, KATPATAL Y. Spatial and temporal analyses of impervious surface area on hydrological regime of urban watersheds[M]. Singapore: Springer, 2018:99-109.

[60] ESTOQUE R C, MURAYAMA Y. Monitoring surface urban heat island formation in a tropical mountain city using Landsat data (1987—2015)[J]. Isprs Journal of Photogrammetry & Remote Sensing,2017,133:18-29.

[61] PENG Jian, HU Yina, LIU Yanxu, et al. A new approach for urban-rural fringe identification: integrating impervious surface area and spatial continuous wavelet transform[J]. Landscape & Urban Planning,2018,175:72-79.

[62] MENG Qingyan, ZHANG Linlin, SUN Zhehui, et al. Characterizing spatial and temporal trends of surface urban heat island effect in an urban main built-up area: a 12-year case study in Beijing, China[J]. Remote Sensing of Environment,2017, 204:826-837.

[63] HAO Pengyu, NIU Zheng, ZHAN Yulin, et al. Spatiotemporal changes of urban

impervious surface area and land surface temperature in Beijing from 1990 to 2014 [J]. Mapping Sciences & Remote Sensing,2016,53(1):63-84.

[64] KUANG Wenhui,LIU Yue,DOU Yinyin,et al. What are hot and what are not in an urban landscape: quantifying and explaining the land surface temperature pattern in Beijing,China [J]. Landscape Ecology,2015,30(2):357-373.

[65] RIDDMK. Exploring a V-I-S (Vegetation-impervious Surface-soil) model for urban ecosystem analysis through remote sensing:comparative anatomy for cities[J]. International Journal of Remote Sensing,1995,16(12):2165-2185.

[66] WANG Panshi, HUANG Chengquan, ERIC B D C. Mapping 2000—2010 impervious surface change in India using global land survey Landsat data[J]. Remote Sensing,2017,9(4):366.

[67] ECKERT S,HUSLER F,LINIGER H,et al. Trend analysis of MODIS NDVI time series for detecting land degradation and regeneration in Mongolia[J]. Journal of Arid Environments,2015,113(2):16-28.

[68] FEIZIZADEH B,BLASCHKE T,NAZMFAR H,et al. Monitoring land surface temperature relationship to land use/land cover from satellite imagery in Maraqeh County,Iran[J]. Journal of Environmental Planning & Management,2013,56(9):1290-1315.

[69] WENG Qihao,LIU Hua,LU Dengsheng. Assessing the effects of land use and land cover patterns on thermal conditions using landscape metrics in city of Indianapolis,United States [J]. Urban Ecosystems,2007,10(2):203-219.

[70] YUAN Fei,BAUER M E. Comparison of impervious surface area and normalized difference vegetation index as indicators of surface urban heat island effects in Landsat imagery[J]. Remote Sensing of Environment,2007,106(3):375-386.

[71] LEE S H, LEE K S, JIN Wencheng, et al. Effect of an urban park on air temperature differences in a central business district area [J]. Landscape and Ecological Engineering,2009,5(2):183-191.

[72] ZOULIA I,SANTAMOURIS M,DIMOUDI A. Monitoring the effect of urban green areas on the heat island in Athens[J]. Environmental Monitoring and Assessment,2009,156(1-4):275-292.

[73] OLIVEIRA S,ANDRADE H,VAZ T. The cooling effect of green spaces as a contribution to the mitigation of urban heat:a case study in Lisbon[J]. Building and Environment,2011,46:2186-2194.

[74] CHEN Yu,HIEN W N. Thermal benefits of city parks[J]. Energy and Buildings,2006,38:105-120.

[75] SHASHUA-BAR L,HOFIFINAN M E. Vegetation as a climatic component in the design of an urban street:an empirical model for predicting the cooling effect of urban green areas with trees[J]. Energy and Buildings,2000:221-235.

[76] 陈朱,陈方敏,朱飞鹤,等. 面积与植物群落结构对城市公园气温的影响[J]. 生态学杂志,2011,30(11):2590-2596.
[77] 吴菲,张志国,王广勇. 北京 54 种常用园林植物降温增湿效应研究[C]// 中国园艺学会观赏园艺专业委员会. 中国观赏园艺研究进展 2012. 北京:中国林业出版社,2012: 670—679.
[78] 苏泳娴,黄光庆,陈修治,等. 广州市城区公园对周边环境的降温效应[J]. 生态学报,2010,30(18):4905-4918.
[79] 孟丹,李小娟,宫辉力,等. 北京地区热力景观格局及典型城市景观的热环境效应[J]. 生态学报,2010,30(13):3491-3500.
[80] 邹春城,张友水,黄欢欢. 福州市城市不透水面景观指数与城市热环境关系分析[J]. 地球信息科学学报,2014,16(3):490-498.
[81] HONJO T,TAKAKURA T. Simulation of themal effects of urban green areas on their surrounding areas [J]. Energy and Buildings,1991,15(3):443-446.
[82] HART M A,SAILOR D J. Quantifying the influence of land-use and surface characteristics on spatial variability in the urban heat island [J]. Theoretical and Applied Climatology,2009,95(3-4):397-406.
[83] HAMADA S,OHTA T. Seasonal variations in the cooling effect of urban green areas on surrounding urban areas[J]. Urban Forestry & Urban Greening,2010,9(1):15-24.
[84] 刘艳红,郭晋平. 基于植被指数的太原市绿地景观格局及其热环境效应[J]. 地理科学进展,2009 (5):798-804.
[85] 吴菲,李树华,刘娇妹. 林下广场、无林广场和草坪的温湿度及人体舒适度[J]. 生态学报,2007 (7):2964-2971.
[86] 陈辉,古琳,黎燕琼,等. 成都市城市森林格局与热岛效应的关系[J]. 生态学报,2009,29(9):4865-4874.
[87] 阳勇,陈仁升,宋耀选. 高寒山区地表温度测算方法研究综述[J]. 地球科学进展,2014(12):1383-1393.
[88] 周婷,张寅生,高海峰,等. 青藏高原高寒草地植被指数变化与地表温度的相互关系[J]. 冰川冻土,2015(1):58-69.
[89] SHAHIDAN M F,SHM-IFF M K M,JONES P,et al. A comparison of Mesua ferrea L. and Hura crepitans L. for shade creation and radiation modification in improving thermal comfort[J]. Landscape and Urban Planning,2010,97(3):168-181.
[90] NICHOL J E. High-resolution surface temperature patterns related to urban morphology in a tropical city:a satellite-based study[J]. Journal of Applied Meteorology,1996,35(1):135-146.
[91] AVISSAR R. Potential effects of vegetation on the urban thermal environment[J]. Atmospheric Environment,1996,30(3):437-448.
[92] ALEXANDRI E,JONES P. Temperature decreases in an urban canyon due to

green walls and green roofs in diverse climates [J]. Building and Environment, 2008,43(4):480-493.

[93] 纪鹏,朱春阳,李树华.河流廊道绿带结构的温湿效应[J].林业科学,2012,48(3):58-65.

[94] 高玉福,李树华,朱春阳.城市带状绿地林型与温湿效益的关系[J].中国园林,2012,28(1):94-97.

[95] 马秀枝,李长生,陈高娃,等.校园内行道树不同树种降温增湿效应研究[J].内蒙古农业大学学报(自然科学版),2011,32(1):125-130.

[96] KUBOTA T, MIURA M, TOMINAGE Y. Wind tunnel tests on the relationship between building density and pedestrian level wind velocity: development of guidelines for realizing acceptable wind environment in residential neighborhoods [J]. Building and Environment, 2008, 43:1699-1708.

[97] PRICE T, PROBERT D. Sustainable settlements: a guide for planners, designers and developers[J]. Applied Energy, 1995, 52(4):369-370.

[98] LITTLEFAIR P J. SANTAMOURIS M, ALVAREZ S. Environmental site layout planning: solar access microclimate and passive cooling in urban areas[M]. London: CRC, BRE Publications, 2000.

[99] 王珍吾,高云飞,孟庆林,等.建筑群布局与自然通风关系的研究[J].建筑科学,2007(6):24-27+75.

[100] 徐小东,徐宁.地形对城市环境的影响及其规划设计应对策略[J].建筑学报,2008(1):25-28.

[101] 王雪松,曹宇博."藏风聚气"与传统村镇风环境研究——以重庆偏岩古镇为例[J].建筑学报,2012(S2):21-23.

[102] OKE T R. Street design and urban canopy layer climate [J]. Energy and Buildings, 1988, 11(1):103-113.

[103] HUNTER L J, JOHNSON L J, WATSON G T. An investigation of three-dimensional characteristics of flow regimes within the urban canyon [J]. Atmospheric Environment, Urban Atmosphere, 1992, 26(4):425-432.

[104] DABBERDT W F, HOYDYSH W G. Street canyon dispersion: sensitivity to block shape and entrainment[J]. Atmospheric Environment, General Topics, 1991, 25(7):1143-1153.

[105] ZHANG Aishe, GAO Guilan, ZHANG Ling. Numerical simulation of the wind field around different building arrangements[J]. Journal of Wind Engineering and Industrial Aerodynamics, 2005, 12:891-904.

[106] GEORGAKIS C, SANTAMOURIS M. Experimental investigation of air flow and temperature distribution in deep urban canyons for natural ventilation purposes [J]. Energy and Buildings, 2006, 38:367-376.

[107] 蒋维楣,苗世光,刘红年,等.城市街区污染散布的数值模拟与风洞实验的比较分析

[J]. 环境科学学报,2003(5):652-656.

[108] 沈祺,王国砚,顾明. 某商业区建筑风压及风环境数值模拟[J]. 力学季刊,2007,28(4):662-666.

[109] 赵敬源. 数字街谷及其热环境模拟[J]. 西安建筑科技大学学报(自然科学版),2007,39(2):219-222.

[110] 寇利,袁丽丽,谢平,等. 不同风向下城市街区风环境的模拟[J]. 洁净与空调技术,2008,12(4):21-25.

[111] SHINSUKE K, HUANG Hong. Ventilation efficiency of void space surrounded by buildings with wind blowing over built-up urban area[J]. Journal of Wind Engineering and Industrial Aerodynamics,2009,97(7-8):358-367.

[112] TAIKI S, SHUZO M, RYOZO O. Analysis of regional characteristics of the atmospherics heat balance in the Tokyo metropolitan area in summer[J]. Journal of Wind Engineering and Industrial Aerodynamics,2008,96(10-11):1640-1654.

[113] KAZUYA T. Measurement of thermal environment in Kyoto city and its prediction by CFD simulation [J]. Energy and Buildings,2004,36(8):771-779.

[114] 张伯寅,桑建国,吴国昌. 建筑群环境风场的特性及模拟——风环境模拟研究之一[J]. 力学与实践,2004,26(3):1-9.

[115] 朱亚斓,余莉莉,丁绍刚. 城市通风道在改善城市环境中的运用[J]. 城市发展研究,2008(1):46-49.

[116] YANG Lina, LI Yuguo. City ventilation of Hong Kong at no wind conditions[J]. Atmospheric Environment,2009,43:3111-3121.

[117] HANG Jian, LI Yuguo. Age of air and air exchange efficiency in high-rise urban areas and its link to pollutant dilution[J]. Atmospheric Environment, 2011, 45(31):5572-5585.

[118] 任超,袁超,何正军,等. 城市通风廊道研究及其规划应用[J]. 城市规划学刊,2014(3):52-60.

[119] 中华人民共和国住房和城乡建设部. 民用建筑热工设计规范:GB 50176—2016[S]. 北京:中国建筑工业出版社,2016:17-18.

[120] 中华人民共和国住房和城乡建设部. 严寒和寒冷地区居住建筑节能设计标准:JGJ 26—2010[S]. 北京:中国建筑工业出版社,2010:4.

[121] 王伟,吴志强. 城市空间形态图析及其在城市规划中的应用——以济南市为例[J]. 同济大学学报(社会科学版),2007(4):40-44.

[122] 林炳耀. 城市空间形态的计量方法及其评价[J]. 城市规划汇刊,1998 (3):42-45.

[123] CONZENM M R G, Alnwick. Northumberland: a Study in town-plan analysis [M]. Transactions and Papers (Institute of British Geographers), 1960 (27): 18-20.

[124] 哈尔滨市香坊区人民政府信息中心. 香坊区概述[R]. 哈尔滨:哈尔滨市香坊区人民政府,2015.

[125] 郭飞.基于WRF的城市热岛效应高分辨率评估方法[J].土木建筑与环境工程,2017,39(1):13-19.

[126] EDWARD N G,CHENG V. Urban human thermal comfort in hot and humid Hong Kong[J]. Energy and Buildings,2012,55:51-65.

[127] 吴恩融,孙凌波.香港的高密度和环境可持续性——一个关于未来的个人设想[J].世界建筑,2007(10):127-128.

[128] 周雪帆.城市空间形态对主城区气候影响研究[D].武汉:华中科技大学,2013.

[129] 齐静静,刘京,郭亮.遥感技术应用于河流对城市气候影响研究[J].哈尔滨工业大学学报,2010,42(5):797-800.

[130] 李延明,郭佳,冯久莹.城市绿色空间及对城市热岛效应的影响[J].城市环境与城市生态,2004(1):1-4.

[131] 陈瑞闪.一次焚风效应的分析[J].气象,1990,16(4):54.

[132] 中华人民共和国住房和城乡建设部.城市道路工程设计规范:CJJ 37—2012[S].北京:北京工业出版社,2016:4.

[133] 冯树民,孙玉庆.哈尔滨市道路网总体建设水平分析[J].哈尔滨:哈尔滨工业大学学报,2006(9):1506-1510.

[134] 覃志豪,李文娟,徐斌,等.陆地卫星TM6波段范围内地表比辐射率的估计[J].国土资源遥感,2004,16(3):28-32.

[135] BAKER L A,BRAZEL A J,SELOVER N,et al. Urbanization and warming of Phoenix (Arizona, USA): impacts, feedbacks and mitigation [J]. Urban Ecosystems,2002,6(3):183-203.

[136] SONG Y B. Influence of new town development on the urban heat island—the case of the Bundang area[J].环境科学学报(英文版),2005,17(4):641-645.

[137] HANG H T,RAHMAN A. Characterization of thermal environment over heterogeneous surface of National Capital Region (NCR),India using Landsat-8 sensor for regional planning studies[J]. Urban Climate,2018,24:1-18.

[138] SOBRINO J A,JIMENEZ-MUNOZ J C,PAOLINI L. Land surface temperature retrieval from LANDSAT TM 5[J]. Remote Sensing of Environment,2004,90(4):434-440.

[139] XU Hanqiu. Modification of normalised difference water index (NDWI) to enhance open water features in remotely sensed imagery [J]. International Journal of Remote Sensing,2006,27(14):3025-3033.

[140] DU Zhiqiang, LI Wenbo, ZHOU Dongbo, et al. Analysis of Landsat-8 OLI imagery for land surface water mapping[J]. Remote Sensing Letters,2014,5(7):672-681.

[141] 徐涵秋.城市不透水面与相关城市生态要素关系的定量分析[J].生态学报,2009,29(5):2456-2462.

[142] MCFEETERS S K. The use of the Normalized Difference Water Index (NDWI) in

the delineation of open water features[J]. International Journal of Remote Sensing,1996,17(7):1425-1432.

[143] SANKEY T,DONALD J,MCVAY J,et al. Multi-scale analysis of snow dynamics at the southern margin of the North American continental snow distribution[J]. Remote Sensing of Environment,2015,169(1):307-319.

[144] ESTOQUE R C,MURAYAMA Y. Classification and change detection of built-up lands from Landsat-7 ETM+ and Landsat-8 OLI/TIRS imageries:a comparative assessment of various spectral indices[J]. Ecological Indicators,2015,56:205-217.

[145] XU Hanqiu,SHI Tingting,WANG Meiya,et al. Predicting effect of forthcoming population growth - induced impervious surface increase on regional thermal environment:Xiong'an New Area,North China[J]. Building & Environment,2018,136:98-106.

[146] SUN Qinqin,WU Zhifeng,TAN Jianjun. The relationship between land surface temperature and land use/land cover in Guangzhou,China[J]. Environmental Earth Sciences,2012,65(6):1687-1694.

[147] SONG Juer,DU Shihong,FENG Xin,et al. The relationships between landscape compositions and land surface temperature:quantifying their resolution sensitivity with spatial regression models[J]. Landscape & Urban Planning,2014,123(1):145-157.

[148] WENG Qihao,LU Dengsheng,SCHUBRING J. Estimation of land surface temperature-vegetation abundance relationship for urban heat island studies[J]. Remote Sensing of Environment,2015,89(4):467-483.

[149] BOKAIE M,ZARKESH M K,ARASTEH P D,et al. Assessment of urban heat island based on the relationship between land surface temperature and land Use/land Cover in Tehran [J]. Sustainable Cities & Society,2016,23:94-104.

[150] WENG Q. A remote sensing GIS evaluation of urban expansion and its impact on surface temperature in the Zhujiang Delta,China[J]. International Journal of Remote Sensing,2001,22(10):1999-2014.

[151] 吴文钰,高向东.中国城市人口密度分布模型研究进展及展望[J].地理科学进展,2010,29(8):968-974.

[152] EL-ASMAR H M,HEREHER M E,KAFRAWY S B E. Surface area change detection of the Burullus Lagoon,North of the Nile Delta,Egypt,using water indices:a remote sensing approach[J]. Egyptian Journal of Remote Sensing & Space Sciences,2013,16(1):119-123.

[153] AMIRI R,WENG Q,ALIMOHAMMADI A,et al. Spatial - temporal dynamics of land surface temperature in relation to fractional vegetation cover and land use/cover in the Tabriz urban area,Iran[J]. Remote Sensing of Environment,2009,113(12):2606-2617.

[154] XU Jianhui, ZHAO Yi, ZHONG Kaiwen, et al. Measuring spatio-temporal dynamics of impervious surface in Guangzhou, China, from 1988 to 2015, using time-series Landsat imagery [J]. Science of the Total Environment, 2018, 627: 264-281.

[155] 徐建华,岳文泽,谈文琦. 城市景观格局尺度效应的空间统计规律——以上海中心城区为例[J]. 地理学报,2004,59(6):1058-1067.

[156] 申卫军,邬建国,林永标,等. 空间粒度变化对景观格局分析的影响[J]. 生态学报,2003,23(11):2219-2231.

[157] XIAO Rongbo, OUYANG Zhiyun, ZHENG Hua, et al. Spatial pattern of impervious surfaces and their impacts on land surface temperature in Beijing, China[J]. Journal of Environmental Sciences, 2007, 19(2): 250-256.

[158] MYINT S W, WENTZ E, BRAZEL A J, et al. The impact of distinct anthropogenic and vegetation features on urban warming [J]. Landscape Ecology, 2013, 28(5): 959-978.

[159] 王伟武,张雍雍. 城市住区热环境可控影响因素定量分析[J]. 浙江大学学报(工学版),2010,44(12):2348-2353.

[160] 岳文泽,刘学. 基于城市控制性详细规划的热岛效应评价[J]. 应用生态学报,2016,27(11):3631-3640.

[161] 蔡智,韩贵锋. 山地城市空间形态的地表热环境效应——基于 LCZ 的视角[J]. 山地学报,2018,36(04):617-627.

[162] 潘玥,廖明伟,廖明,等. 鄱阳湖核心流域地区城市地表形态的异质性对地表温度的影响研究[J]. 生态环境学报,2017,26(8):1358-1367.

[163] MCGARIGAL K S, CUSHMAN S A, NEEL M C, et al. FRAGSTATS: Spatial pattern analysis program for categorical maps[J/OL]. Canadian Journal of Zoology, 2002, 73(11): 2098-2105[2002-11-18]. http://www.umass.edu/landeco/research/fragstats/fragstats.html.

[164] 中华人民共和国建设部. 绿色建筑评价标准:GB/T 50378—2006[S]. 北京:中国建筑工业出版社,2006:4.

[165] ZHOU Weiqi, HUANG Ganlin, CADENASSO M L. Does spatial configuration matter? Understanding the effects of land cover pattern on land surface temperature in urban landscapes[J]. Landscape & Urban Planning, 2011, 102(1): 54-63.

[166] CONNORS J P, CHOW W T L. Landscape configuration and urban heat island effects: assessing the relationship between landscape characteristics and land surface temperature in Phoenix, Arizona[J]. Landscape Ecology, 2013, 28(2): 271-283.

[167] 王耀斌,赵永华,韩磊,等. 西安市景观格局与城市热岛效应的耦合关系[J]. 应用生态学报,2017,28(8):2621-2628.

[168] 吴健生,张朴华. 城市景观格局对城市内涝的影响研究——以深圳市为例[J]. 地理学报,2017,72(3):444-456.

[169] MA Qun, WU Jianguo, HE Chunyang. A hierarchical analysis of the relationship between urban impervious surfaces and land surface temperatures: spatial scale dependence, temporal variations, and bioclimatic modulation [J]. Landscape Ecology, 2016, 31(5):1139-1153.

[170] WU Jianguo. Landscape sustainability science: ecosystem services and human well-being in changing landscapes[J]. Landscape Ecology, 2013, 28(6):999-1023.

[171] COUTTS A M, DALY E, BERINGER J, et al. Assessing practical measures to reduce urban heat: green and cool roofs[J]. Building & Environment, 2013, 70 (12):266-276.

[172] BOWLER D E, BUYUNG-ALI L, KNIGHT T M, et al. Urban greening to cool towns and cities: a systematic review of the empirical evidence[J]. Landscape and Urban Planning, 2010, 97 (3):147-155.

[173] LI Xiaoma, ZHOU Weiqi, OUYANG Zhiyun, et al. Spatial pattern of greenspace affects land surface temperature: evidence from the heavily urbanized Beijing metropolitan area, China[J]. Landscape Ecology, 2012, 27 (6):887-898.

[174] 黄勇波. 城市热岛效应对建筑能耗影响的研究[D]. 天津:天津大学,2005.

名 词 索 引

附录　部分彩图

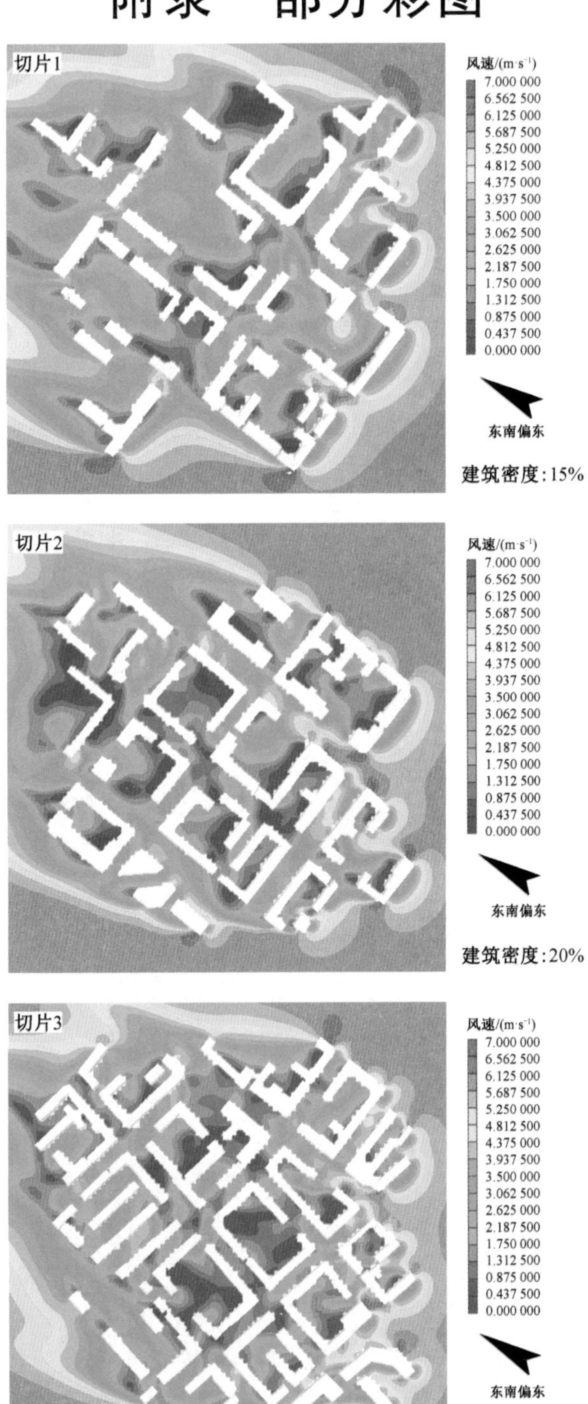

切片1
风速/(m·s⁻¹)
7.000 000
6.562 500
6.125 000
5.687 500
5.250 000
4.812 500
4.375 000
3.937 500
3.500 000
3.062 500
2.625 000
2.187 500
1.750 000
1.312 500
0.875 000
0.437 500
0.000 000
东南偏东
建筑密度:15%
切片2
风速/(m·s⁻¹)
7.000 000
6.562 500
6.125 000
5.687 500
5.250 000
4.812 500
4.375 000
3.937 500
3.500 000
3.062 500
2.625 000
2.187 500
1.750 000
1.312 500
0.875 000
0.437 500
0.000 000
东南偏东
建筑密度:20%
切片3
风速/(m·s⁻¹)
7.000 000
6.562 500
6.125 000
5.687 500
5.250 000
4.812 500
4.375 000
3.937 500
3.500 000
3.062 500
2.625 000
2.187 500
1.750 000
1.312 500
0.875 000
0.437 500
0.000 000
东南偏东
建筑密度:25%

图 2—12

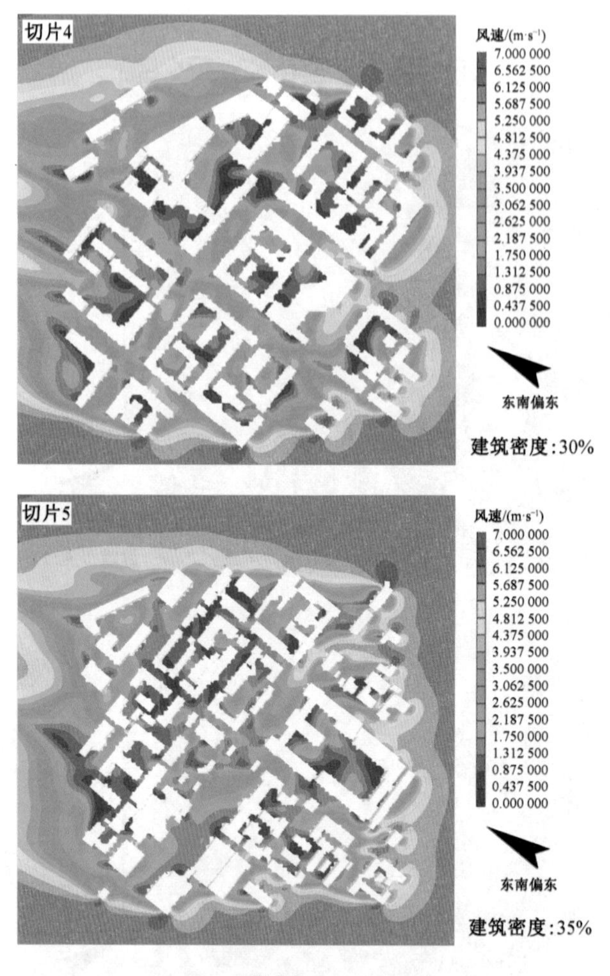
切片4
风速/(m·s^{-1})
7.000 000
6.562 500
6.125 000
5.687 500
5.250 000
4.812 500
4.375 000
3.937 500
3.500 000
3.062 500
2.625 000
2.187 500
1.750 000
1.312 500
0.875 000
0.437 500
0.000 000
东南偏东
建筑密度:30%
切片5
风速/(m·s^{-1})
7.000 000
6.562 500
6.125 000
5.687 500
5.250 000
4.812 500
4.375 000
3.937 500
3.500 000
3.062 500
2.625 000
2.187 500
1.750 000
1.312 500
0.875 000
0.437 500
0.000 000
东南偏东
建筑密度:35%

续图 2—12

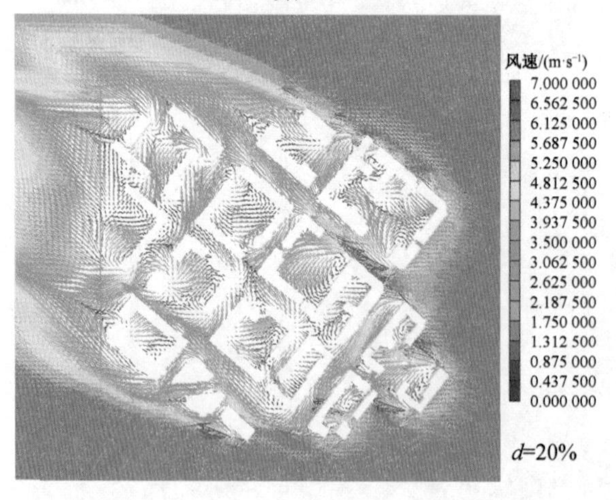
风速/(m·s^{-1})
7.000 000
6.562 500
6.125 000
5.687 500
5.250 000
4.812 500
4.375 000
3.937 500
3.500 000
3.062 500
2.625 000
2.187 500
1.750 000
1.312 500
0.875 000
0.437 500
0.000 000
d=20%

图 2—13

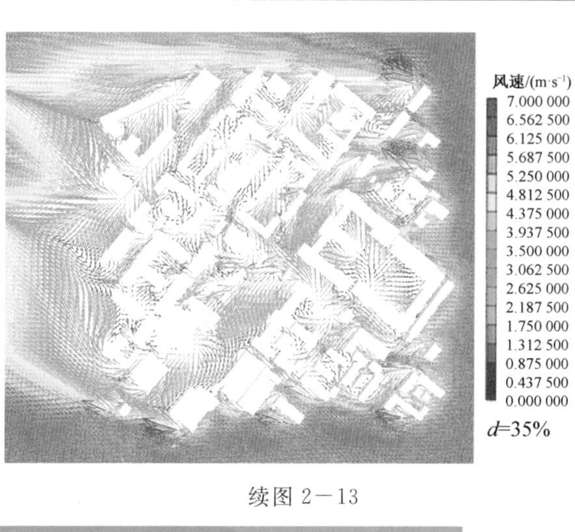
风速/(m·s^{-1})
7.000 000
6.562 500
6.125 000
5.687 500
5.250 000
4.812 500
4.375 000
3.937 500
3.500 000
3.062 500
2.625 000
2.187 500
1.750 000
1.312 500
0.875 000
0.437 500
0.000 000
d=35%

续图 2－13

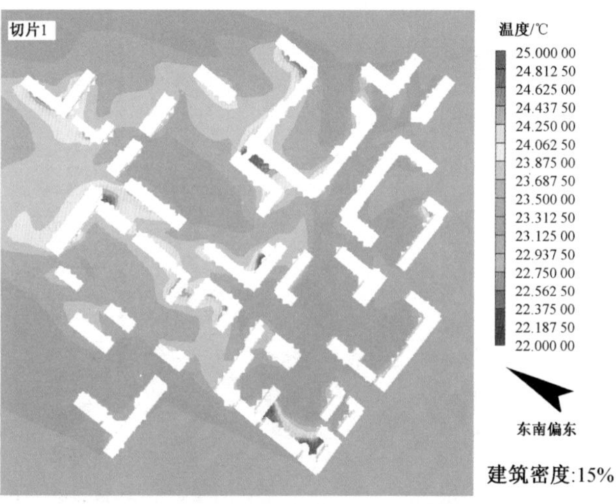
切片1
温度/℃
25.000 00
24.812 50
24.625 00
24.437 50
24.250 00
24.062 50
23.875 00
23.687 50
23.500 00
23.312 50
23.125 00
22.937 50
22.750 00
22.562 50
22.375 00
22.187 50
22.000 00
东南偏东
建筑密度:15%

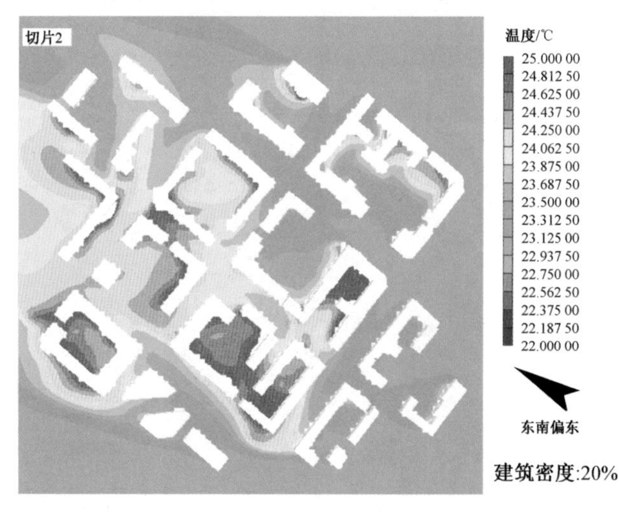
切片2
温度/℃
25.000 00
24.812 50
24.625 00
24.437 50
24.250 00
24.062 50
23.875 00
23.687 50
23.500 00
23.312 50
23.125 00
22.937 50
22.750 00
22.562 50
22.375 00
22.187 50
22.000 00
东南偏东
建筑密度:20%

图 2－14

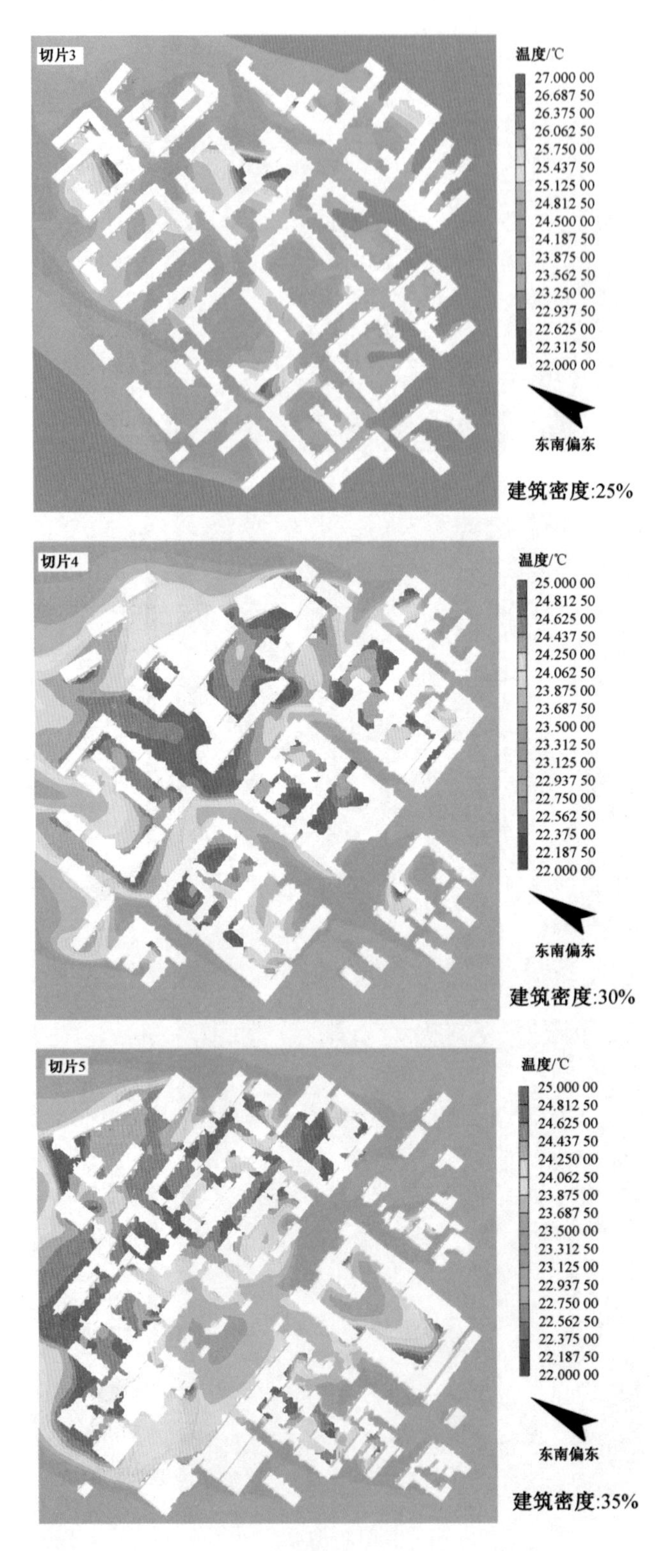
切片3
温度/℃
27.000 00
26.687 50
26.375 00
26.062 50
25.750 00
25.437 50
25.125 00
24.812 50
24.500 00
24.187 50
23.875 00
23.562 50
23.250 00
22.937 50
22.625 00
22.312 50
22.000 00
东南偏东
建筑密度:25%
切片4
温度/℃
25.000 00
24.812 50
24.625 00
24.437 50
24.250 00
24.062 50
23.875 00
23.687 50
23.500 00
23.312 50
23.125 00
22.937 50
22.750 00
22.562 50
22.375 00
22.187 50
22.000 00
东南偏东
建筑密度:30%
切片5
温度/℃
25.000 00
24.812 50
24.625 00
24.437 50
24.250 00
24.062 50
23.875 00
23.687 50
23.500 00
23.312 50
23.125 00
22.937 50
22.750 00
22.562 50
22.375 00
22.187 50
22.000 00
东南偏东
建筑密度:35%

续图 2—14

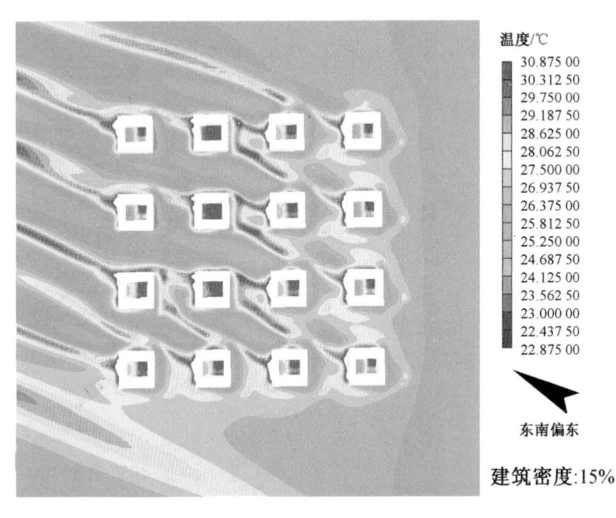
温度/℃
30.875 00
30.312 50
29.750 00
29.187 50
28.625 00
28.062 50
27.500 00
26.937 50
26.375 00
25.812 50
25.250 00
24.687 50
24.125 00
23.562 50
23.000 00
22.437 50
22.875 00
东南偏东
建筑密度:15%

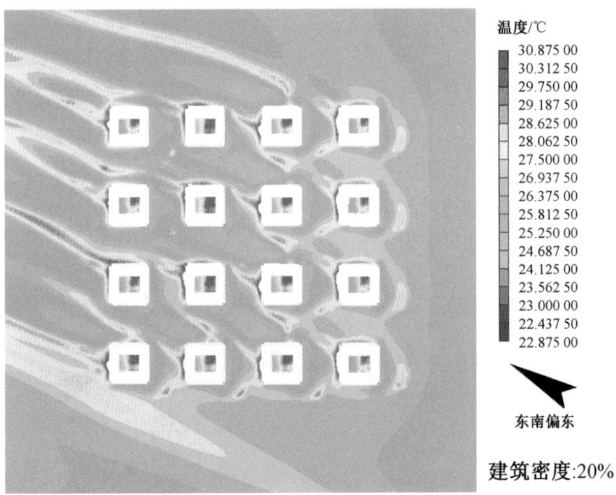
温度/℃
30.875 00
30.312 50
29.750 00
29.187 50
28.625 00
28.062 50
27.500 00
26.937 50
26.375 00
25.812 50
25.250 00
24.687 50
24.125 00
23.562 50
23.000 00
22.437 50
22.875 00
东南偏东
建筑密度:20%

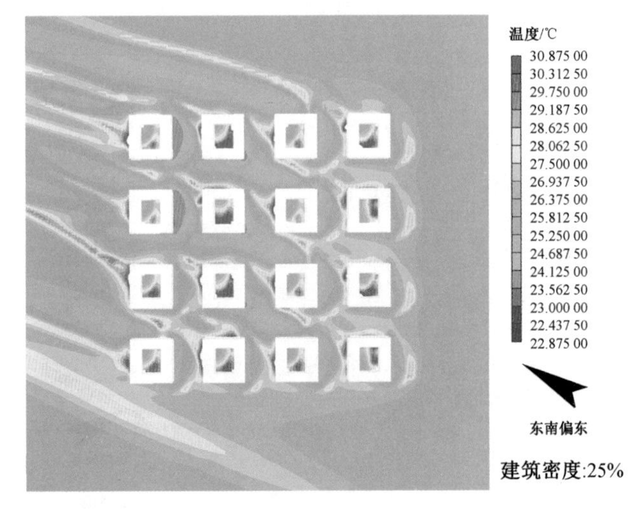
温度/℃
30.875 00
30.312 50
29.750 00
29.187 50
28.625 00
28.062 50
27.500 00
26.937 50
26.375 00
25.812 50
25.250 00
24.687 50
24.125 00
23.562 50
23.000 00
22.437 50
22.875 00
东南偏东
建筑密度:25%

图 2—17

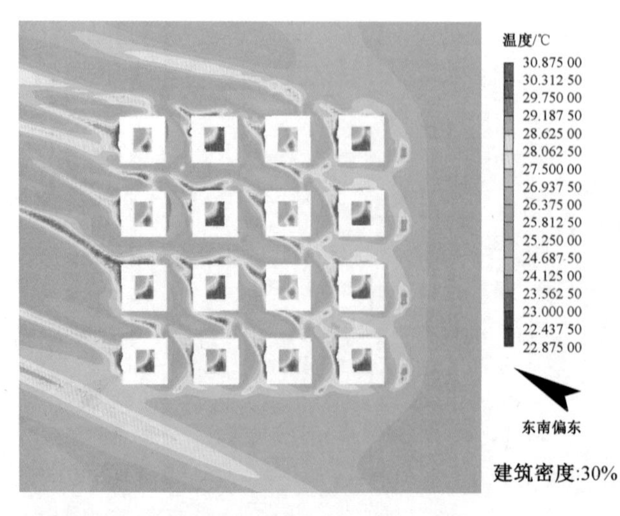
温度/℃
30.875 00
30.312 50
29.750 00
29.187 50
28.625 00
28.062 50
27.500 00
26.937 50
26.375 00
25.812 50
25.250 00
24.687 50
24.125 00
23.562 50
23.000 00
22.437 50
22.875 00
东南偏东
建筑密度:30%

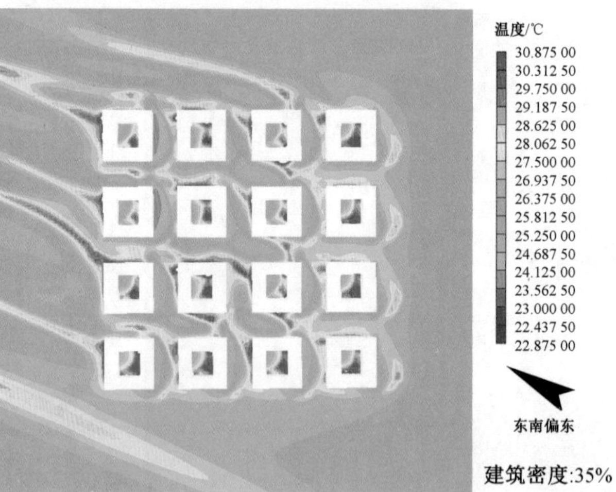
温度/℃
30.875 00
30.312 50
29.750 00
29.187 50
28.625 00
28.062 50
27.500 00
26.937 50
26.375 00
25.812 50
25.250 00
24.687 50
24.125 00
23.562 50
23.000 00
22.437 50
22.875 00
东南偏东
建筑密度:35%

续图 2—17

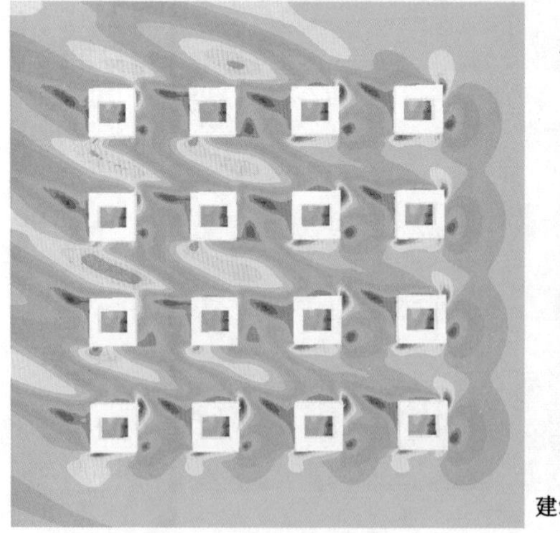

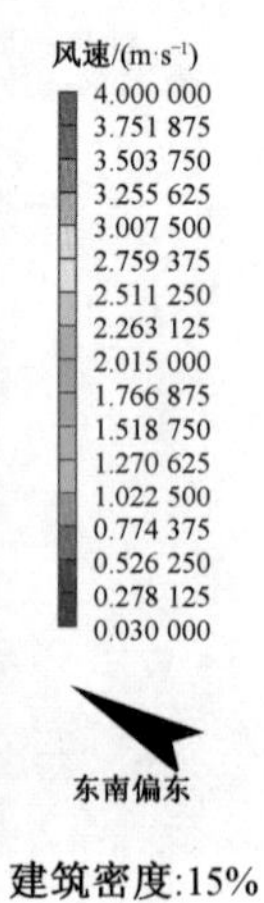
风速/(m·s⁻¹)
4.000 000
3.751 875
3.503 750
3.255 625
3.007 500
2.759 375
2.511 250
2.263 125
2.015 000
1.766 875
1.518 750
1.270 625
1.022 500
0.774 375
0.526 250
0.278 125
0.030 000
东南偏东
建筑密度:15%

图 2—18

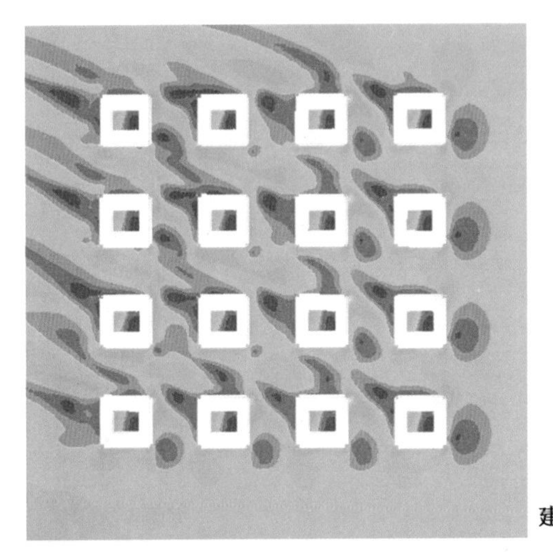

建筑密度.20%

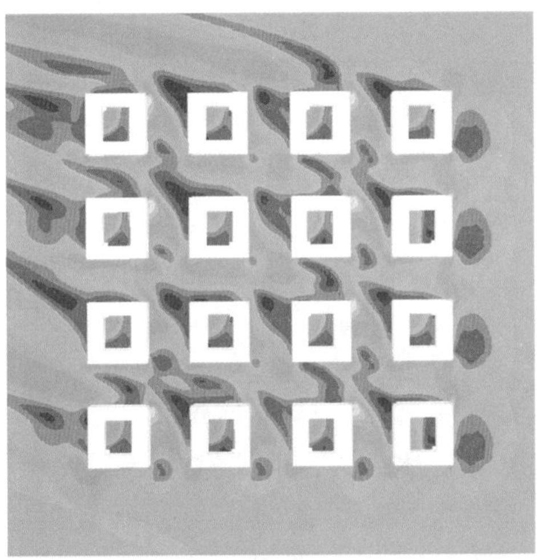

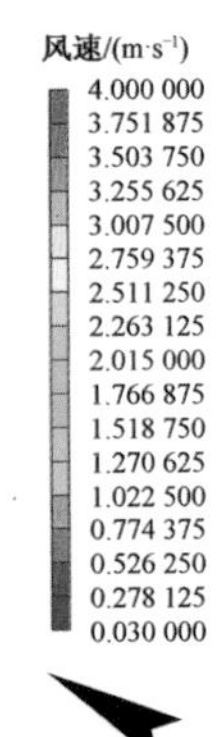

建筑密度:25%

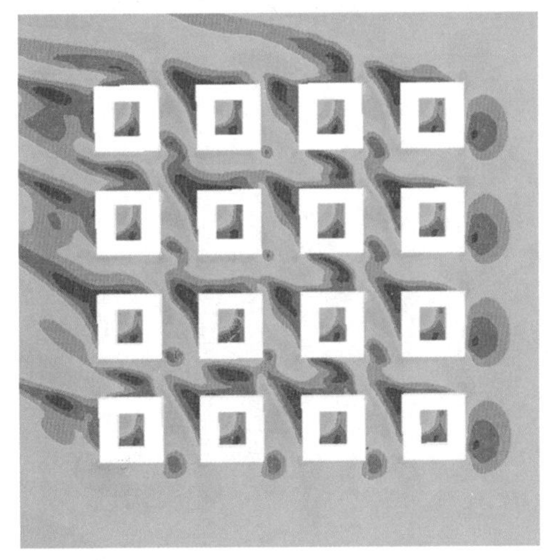

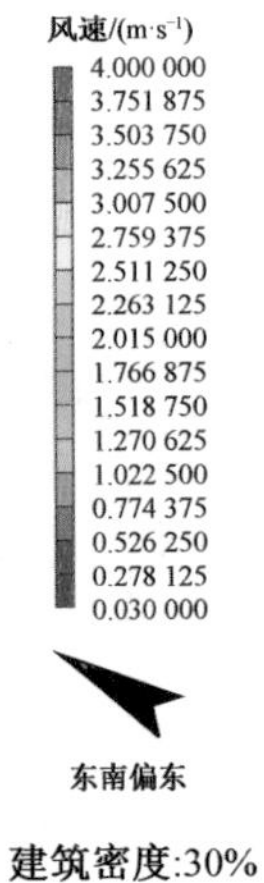

建筑密度:30%

续图 2—18

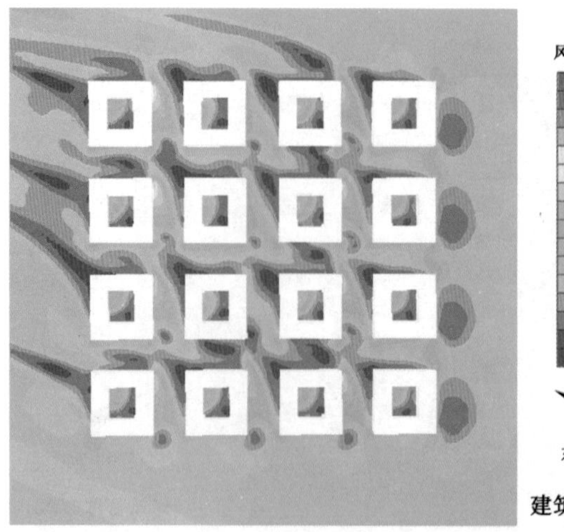

建筑密度:35%

续图 2—18

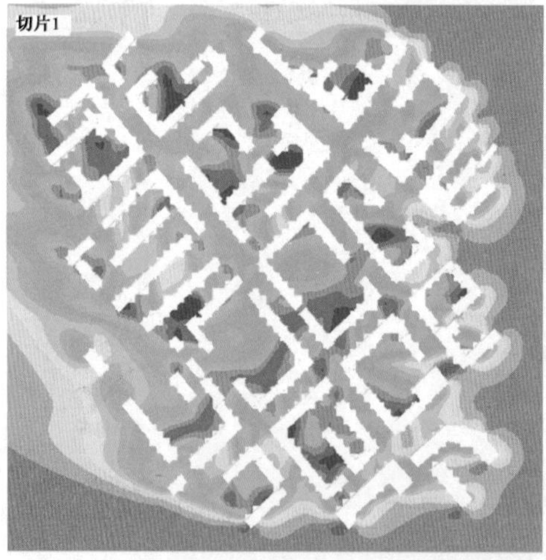

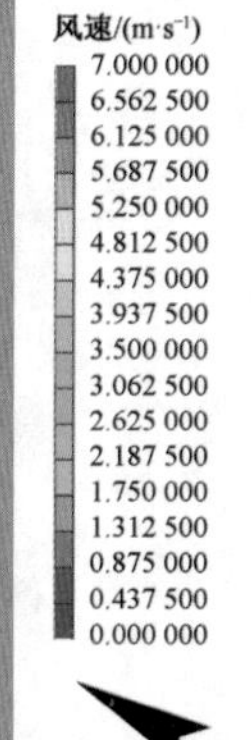

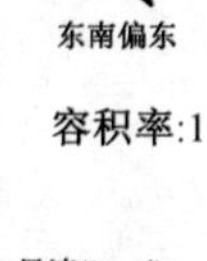

容积率:1

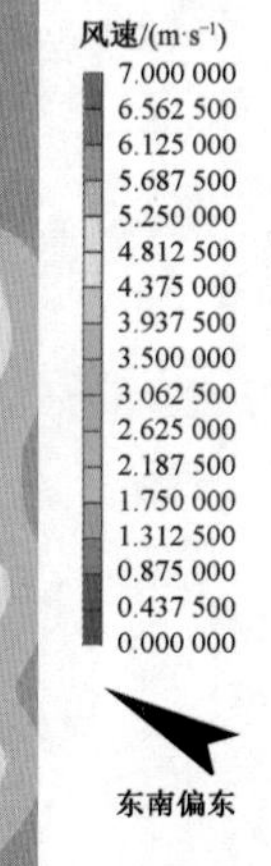

容积率:1.5

图 2—19

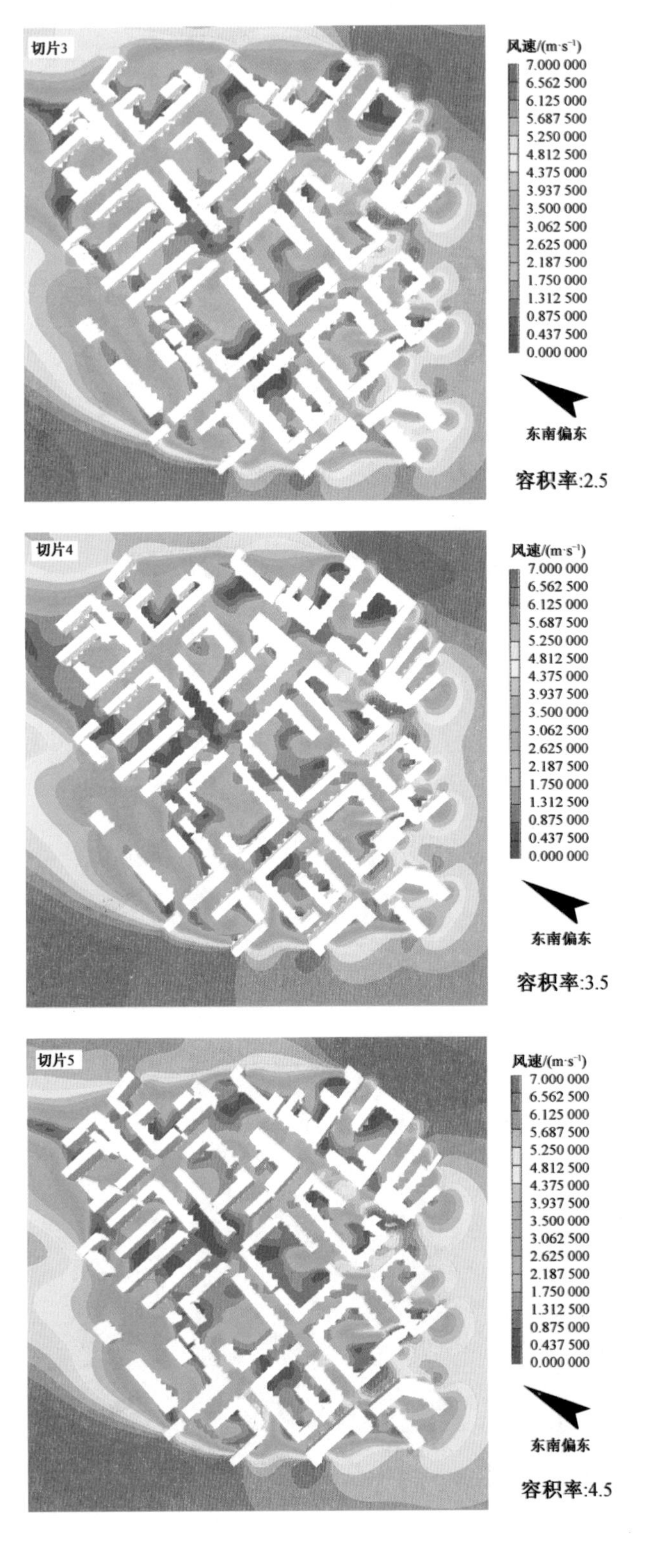

切片3
风速/(m·s⁻¹)
7.000 000
6.562 500
6.125 000
5.687 500
5.250 000
4.812 500
4.375 000
3.937 500
3.500 000
3.062 500
2.625 000
2.187 500
1.750 000
1.312 500
0.875 000
0.437 500
0.000 000
东南偏东
容积率:2.5
切片4
风速/(m·s⁻¹)
7.000 000
6.562 500
6.125 000
5.687 500
5.250 000
4.812 500
4.375 000
3.937 500
3.500 000
3.062 500
2.625 000
2.187 500
1.750 000
1.312 500
0.875 000
0.437 500
0.000 000
东南偏东
容积率:3.5
切片5
风速/(m·s⁻¹)
7.000 000
6.562 500
6.125 000
5.687 500
5.250 000
4.812 500
4.375 000
3.937 500
3.500 000
3.062 500
2.625 000
2.187 500
1.750 000
1.312 500
0.875 000
0.437 500
0.000 000
东南偏东
容积率:4.5

续图 2—19

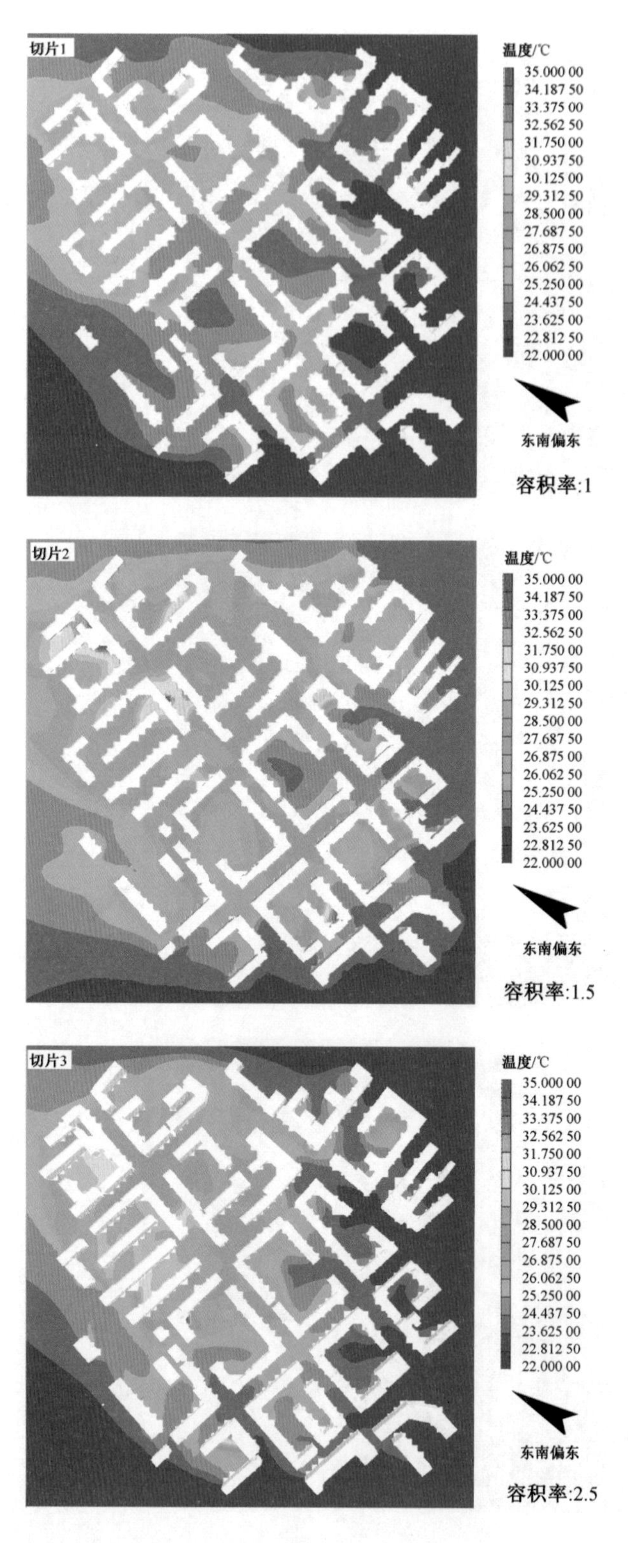
切片1
温度/℃
35.000 00
34.187 50
33.375 00
32.562 50
31.750 00
30.937 50
30.125 00
29.312 50
28.500 00
27.687 50
26.875 00
26.062 50
25.250 00
24.437 50
23.625 00
22.812 50
22.000 00
东南偏东
容积率:1
切片2
温度/℃
35.000 00
34.187 50
33.375 00
32.562 50
31.750 00
30.937 50
30.125 00
29.312 50
28.500 00
27.687 50
26.875 00
26.062 50
25.250 00
24.437 50
23.625 00
22.812 50
22.000 00
东南偏东
容积率:1.5
切片3
温度/℃
35.000 00
34.187 50
33.375 00
32.562 50
31.750 00
30.937 50
30.125 00
29.312 50
28.500 00
27.687 50
26.875 00
26.062 50
25.250 00
24.437 50
23.625 00
22.812 50
22.000 00
东南偏东
容积率:2.5

图 2—20

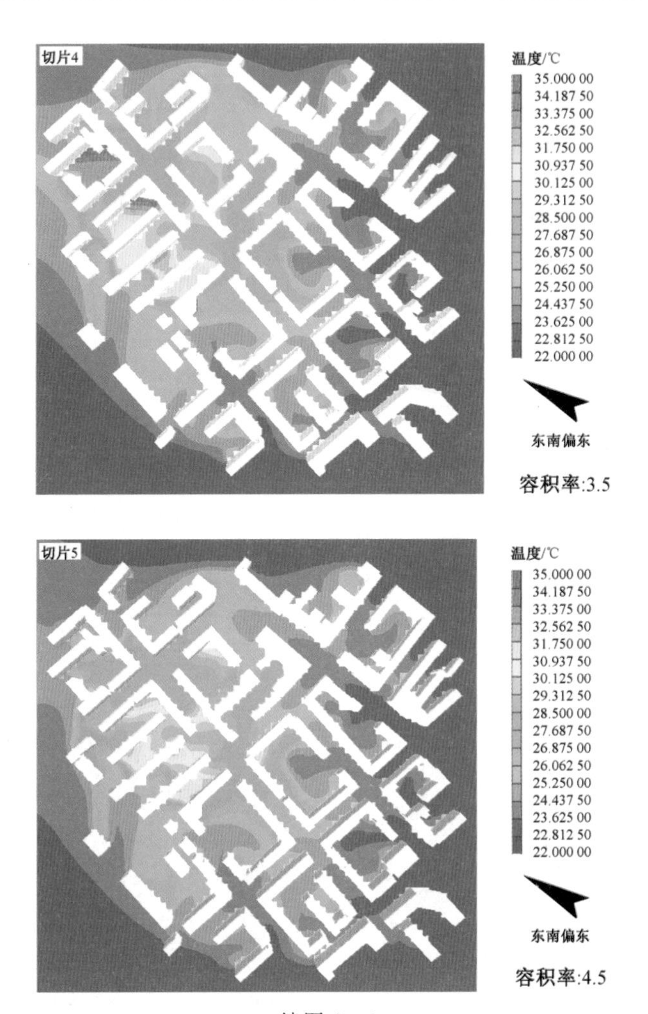
切片4
温度/℃
35.000 00
34.187 50
33.375 00
32.562 50
31.750 00
30.937 50
30.125 00
29.312 50
28.500 00
27.687 50
26.875 00
26.062 50
25.250 00
24.437 50
23.625 00
22.812 50
22.000 00
东南偏东
容积率:3.5
切片5
温度/℃
35.000 00
34.187 50
33.375 00
32.562 50
31.750 00
30.937 50
30.125 00
29.312 50
28.500 00
27.687 50
26.875 00
26.062 50
25.250 00
24.437 50
23.625 00
22.812 50
22.000 00
东南偏东
容积率:4.5

续图 2—20

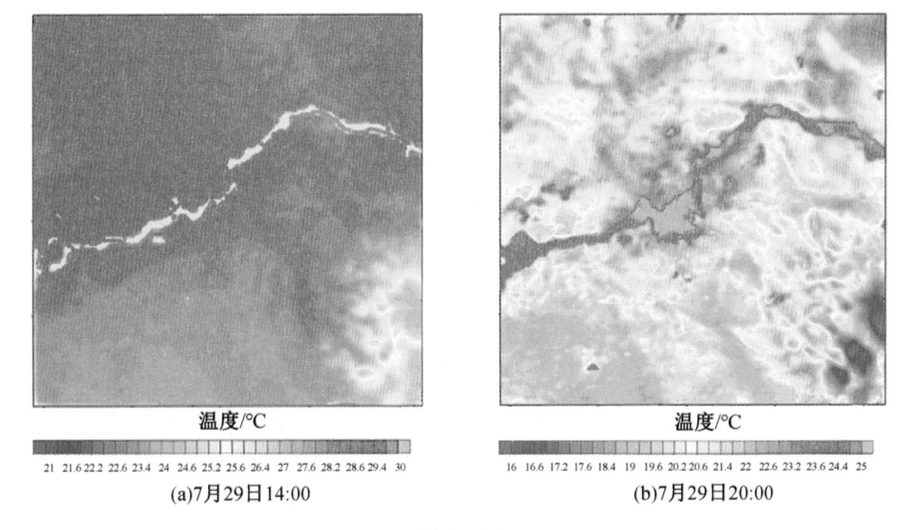
温度/°C
21 21.6 22.2 22.6 23.4 24 24.6 25.2 25.6 26.4 27 27.6 28.2 28.6 29.4 30
(a)7月29日14:00
温度/°C
16 16.6 17.2 17.6 18.4 19 19.6 20.2 20.6 21.4 22 22.6 23.2 23.6 24.4 25
(b)7月29日20:00

图 2—26

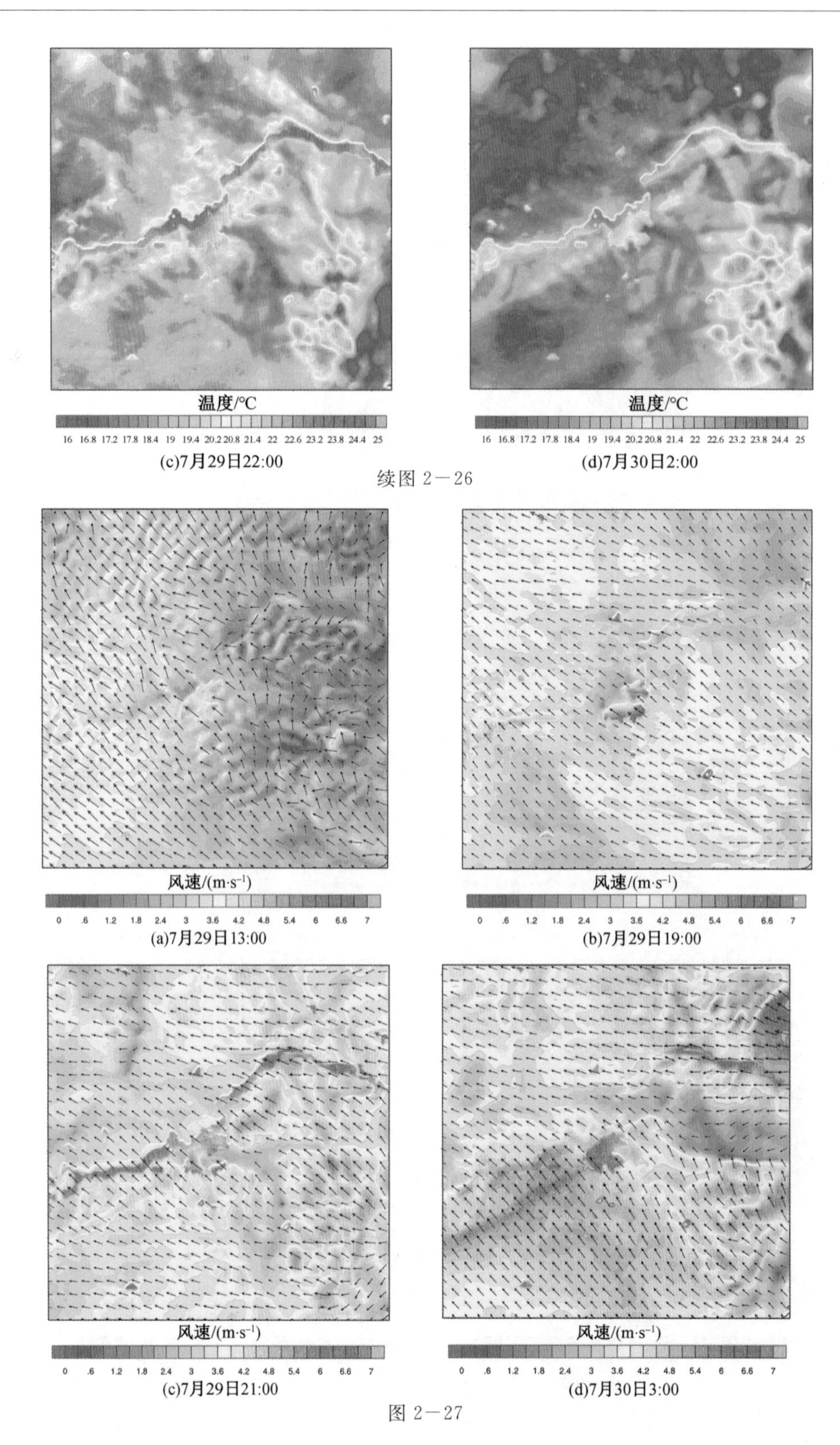

(c)7月29日22:00　(d)7月30日2:00

续图 2—26

(a)7月29日13:00　(b)7月29日19:00

(c)7月29日21:00　(d)7月30日3:00

图 2—27

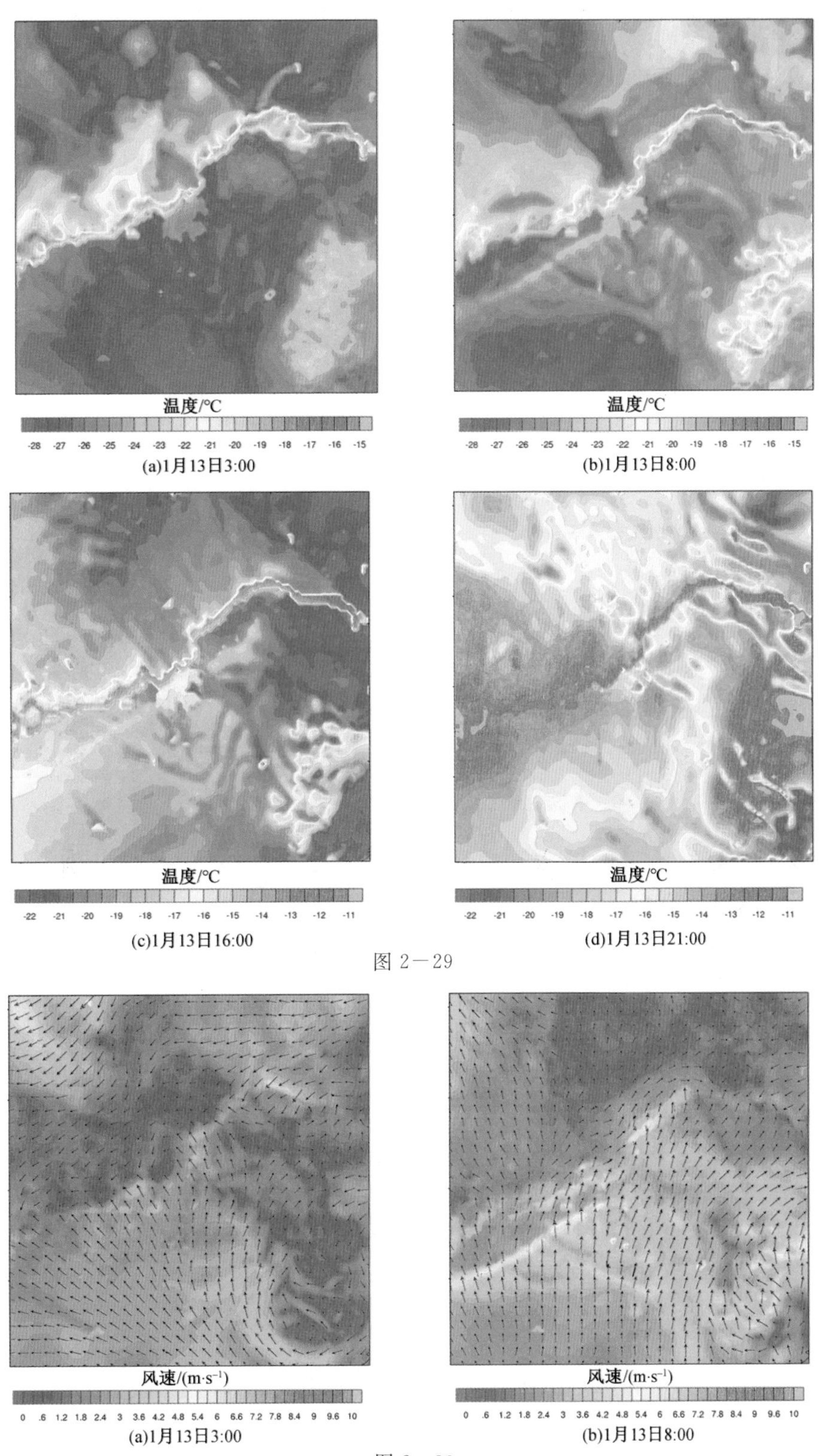

(a)1月13日3:00　(b)1月13日8:00

(c)1月13日16:00　(d)1月13日21:00

图 2—29

(a)1月13日3:00　(b)1月13日8:00

图 2—30

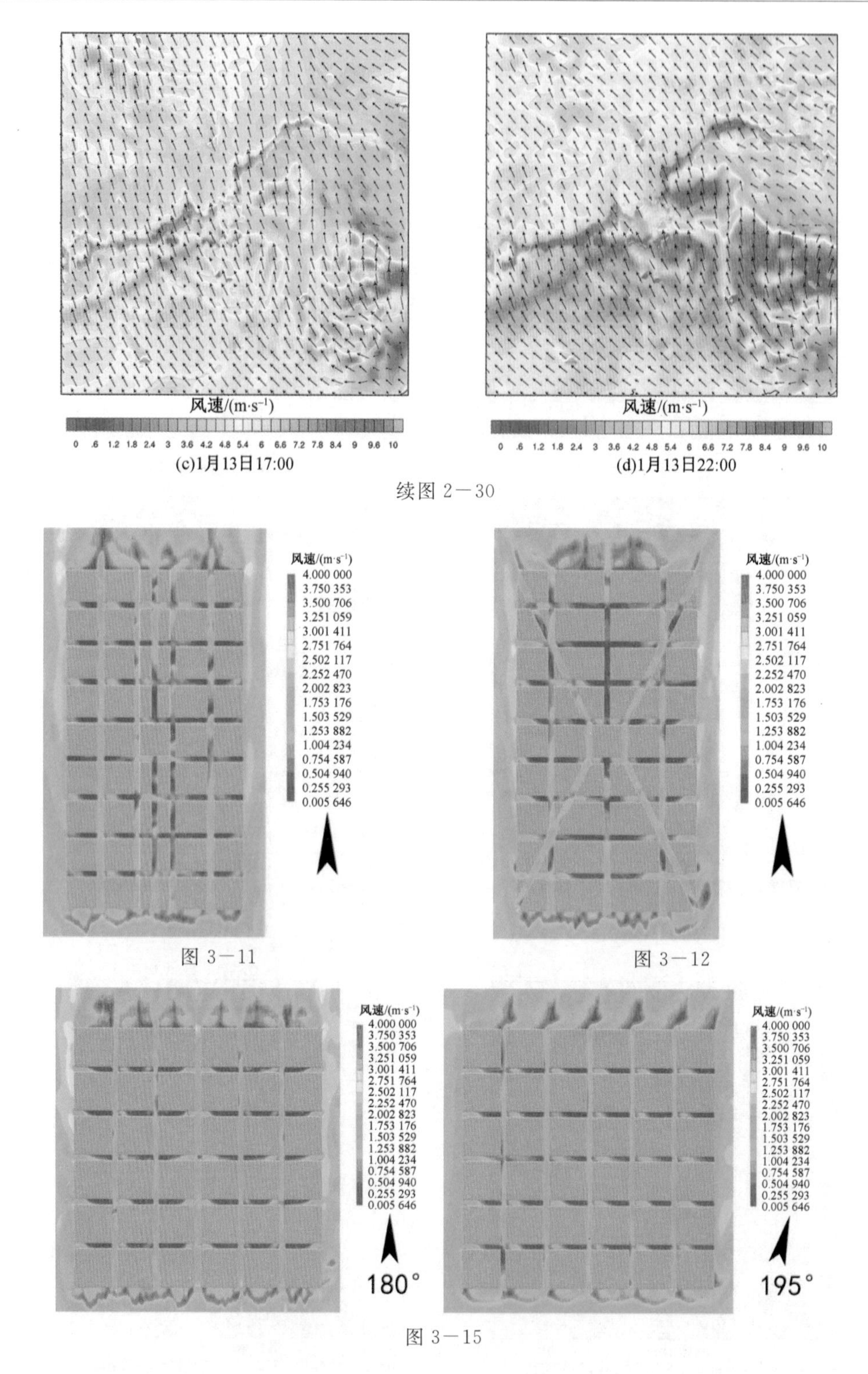

(c)1月13日17:00

(d)1月13日22:00

续图 2—30

图 3—11

图 3—12

图 3—15

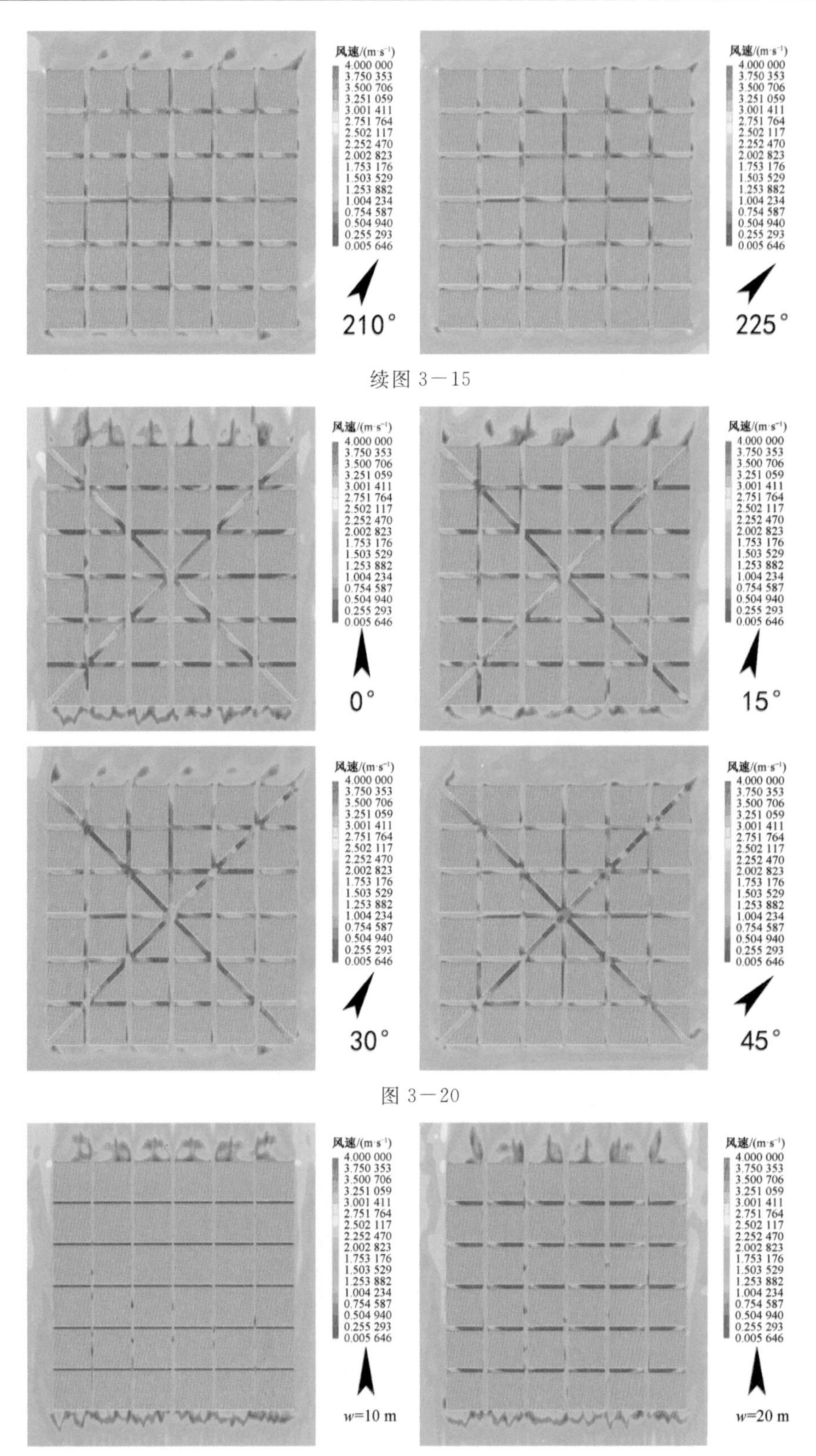

续图 3－15

图 3－20

图 3－27

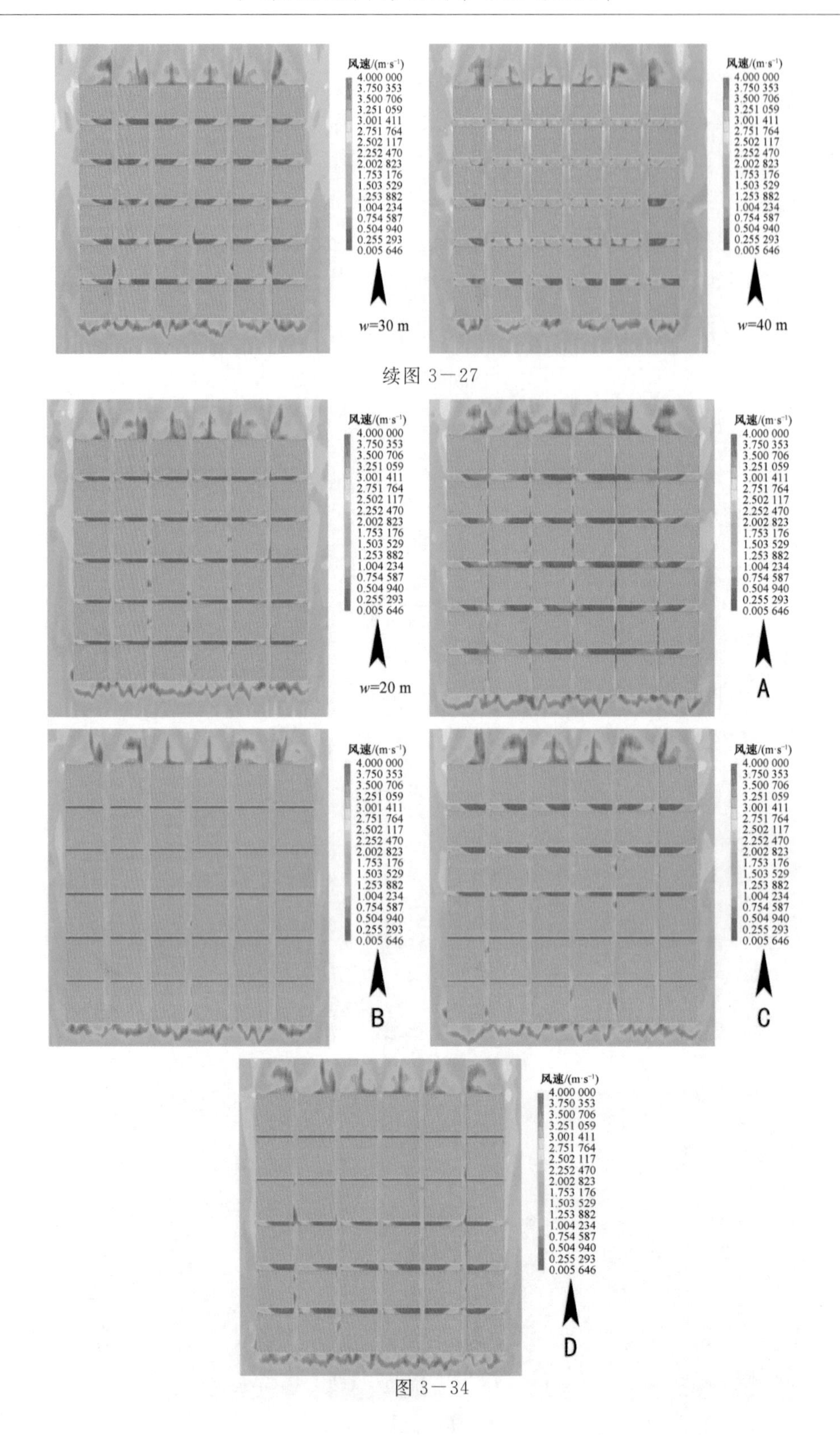
风速/(m·s⁻¹)
4.000 000
3.750 353
3.500 706
3.251 059
3.001 411
2.751 764
2.502 117
2.252 470
2.002 823
1.753 176
1.503 529
1.253 882
1.004 234
0.754 587
0.504 940
0.255 293
0.005 646
w=30 m
风速/(m·s⁻¹)
4.000 000
3.750 353
3.500 706
3.251 059
3.001 411
2.751 764
2.502 117
2.252 470
2.002 823
1.753 176
1.503 529
1.253 882
1.004 234
0.754 587
0.504 940
0.255 293
0.005 646
w=40 m
风速/(m·s⁻¹)
4.000 000
3.750 353
3.500 706
3.251 059
3.001 411
2.751 764
2.502 117
2.252 470
2.002 823
1.753 176
1.503 529
1.253 882
1.004 234
0.754 587
0.504 940
0.255 293
0.005 646
w=20 m
风速/(m·s⁻¹)
4.000 000
3.750 353
3.500 706
3.251 059
3.001 411
2.751 764
2.502 117
2.252 470
2.002 823
1.753 176
1.503 529
1.253 882
1.004 234
0.754 587
0.504 940
0.255 293
0.005 646
A
风速/(m·s⁻¹)
4.000 000
3.750 353
3.500 706
3.251 059
3.001 411
2.751 764
2.502 117
2.252 470
2.002 823
1.753 176
1.503 529
1.253 882
1.004 234
0.754 587
0.504 940
0.255 293
0.005 646
B
风速/(m·s⁻¹)
4.000 000
3.750 353
3.500 706
3.251 059
3.001 411
2.751 764
2.502 117
2.252 470
2.002 823
1.753 176
1.503 529
1.253 882
1.004 234
0.754 587
0.504 940
0.255 293
0.005 646
C
风速/(m·s⁻¹)
4.000 000
3.750 353
3.500 706
3.251 059
3.001 411
2.751 764
2.502 117
2.252 470
2.002 823
1.753 176
1.503 529
1.253 882
1.004 234
0.754 587
0.504 940
0.255 293
0.005 646
D

续图 3－27

图 3－34

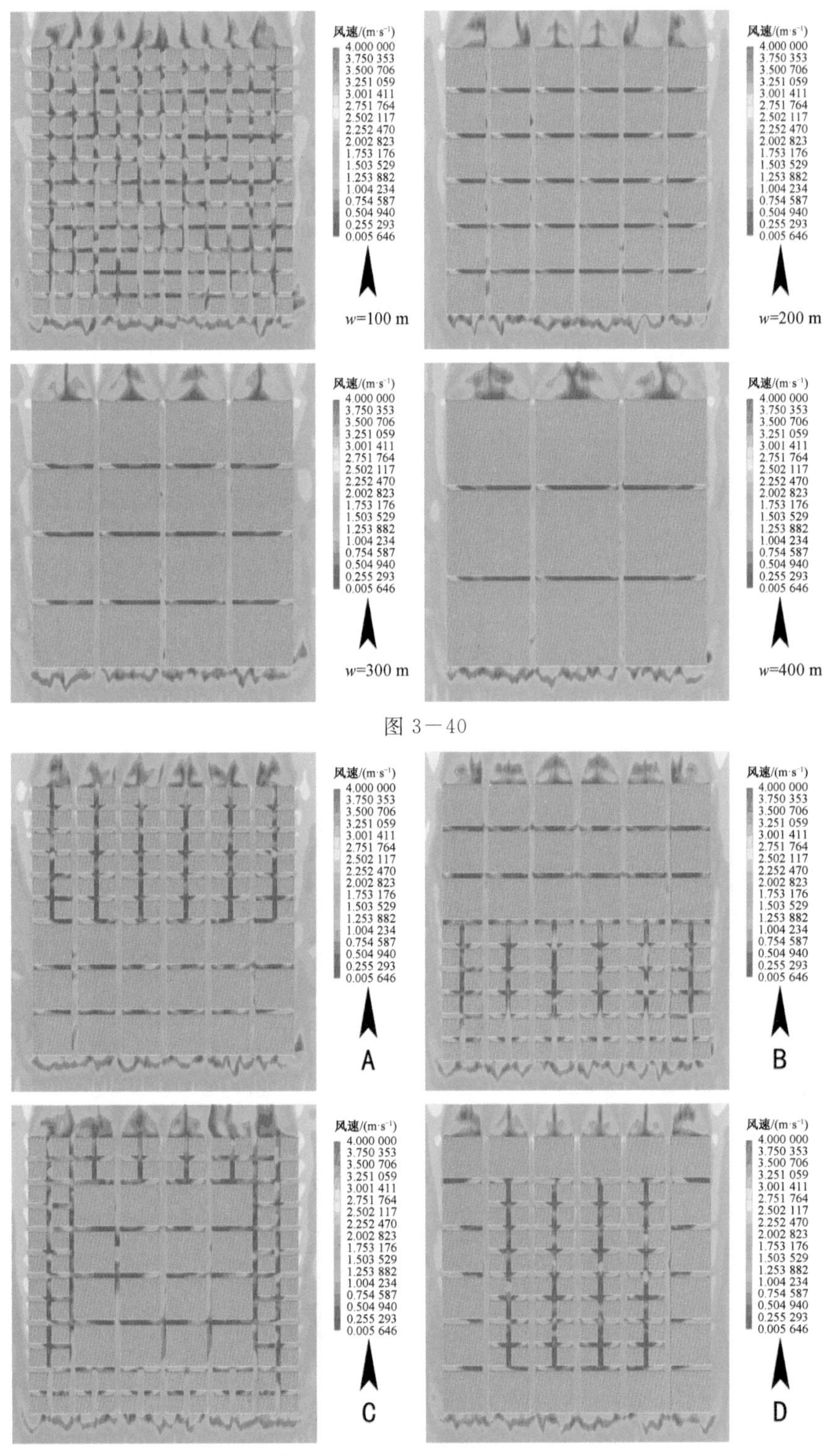
风速/(m·s⁻¹)
4.000 000
3.750 353
3.500 706
3.251 059
3.001 411
2.751 764
2.502 117
2.252 470
2.002 823
1.753 176
1.503 529
1.253 882
1.004 234
0.754 587
0.504 940
0.255 293
0.005 646
w=100 m
w=200 m
w=300 m
w=400 m
A
B
C
D

图 3－40

图 3－47

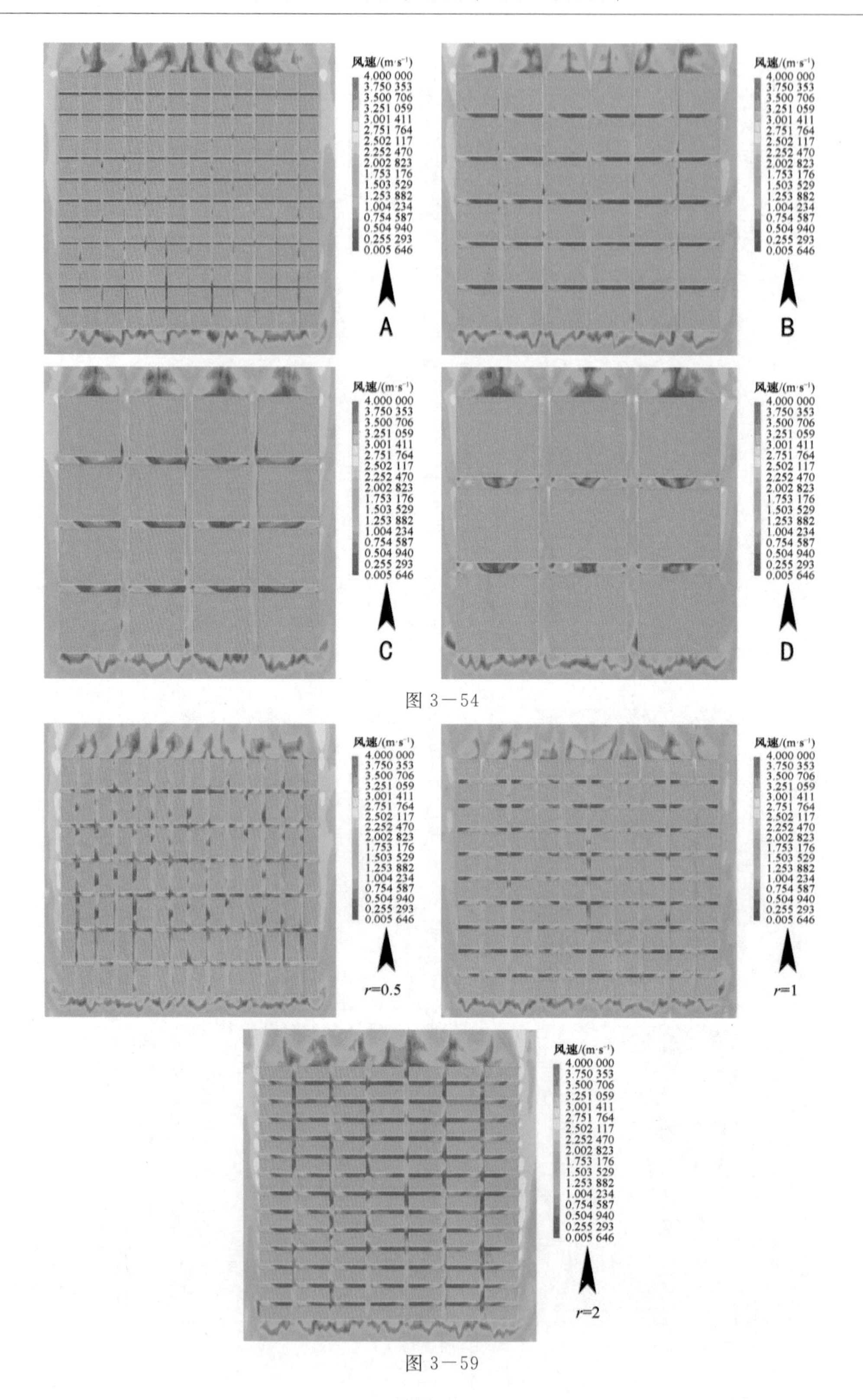
风速/(m·s⁻¹)
4.000 000
3.750 353
3.500 706
3.251 059
3.001 411
2.751 764
2.502 117
2.252 470
2.002 823
1.753 176
1.503 529
1.253 882
1.004 234
0.754 587
0.504 940
0.255 293
0.005 646
A
B
C
D
r=0.5
r=1
r=2

图 3—54

图 3—59

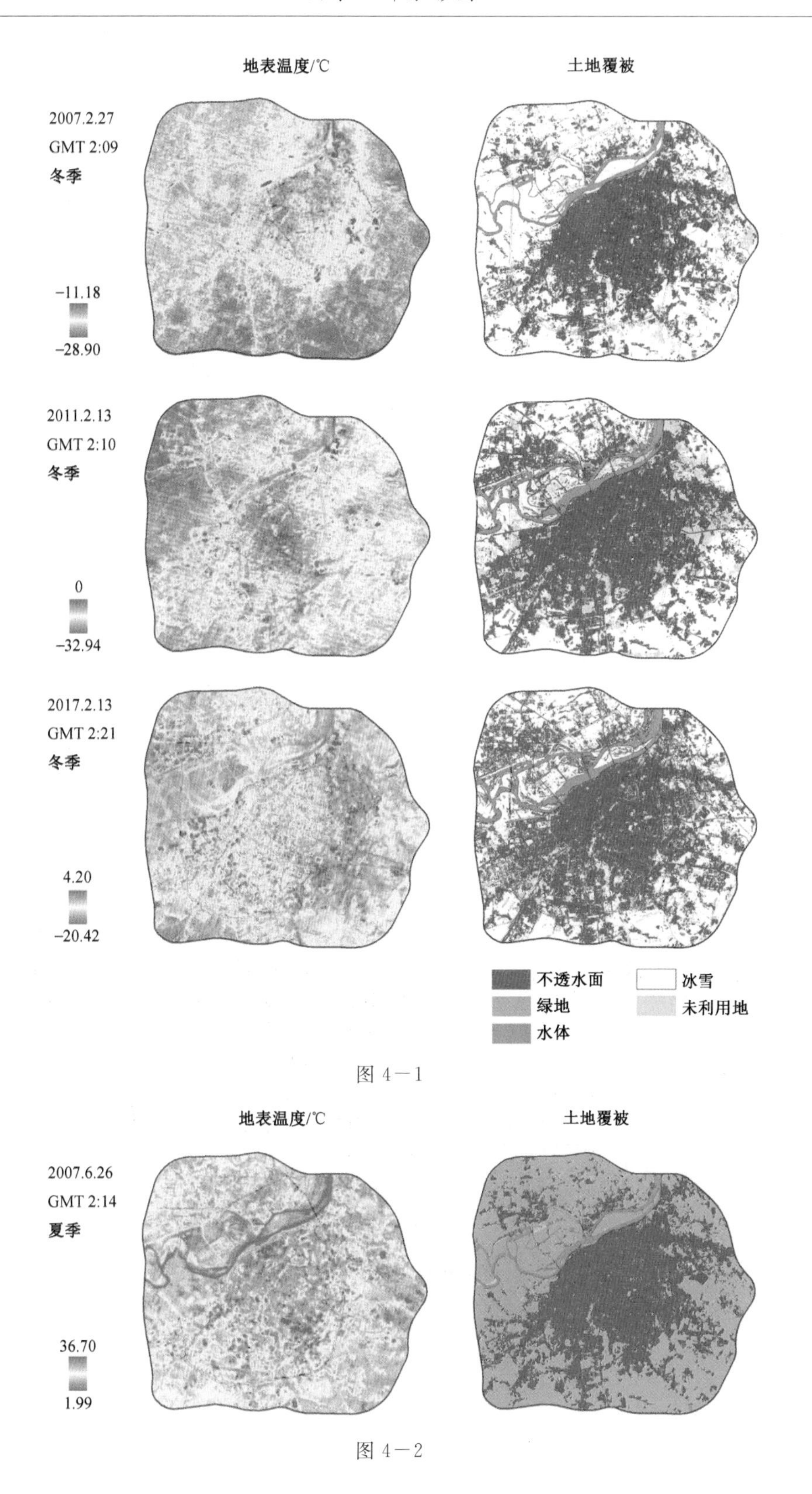
地表温度/℃
土地覆被
2007.2.27
GMT 2:09
冬季
-11.18
-28.90
2011.2.13
GMT 2:10
冬季
0
-32.94
2017.2.13
GMT 2:21
冬季
4.20
-20.42
不透水面
冰雪
绿地
未利用地
水体

图 4—1

地表温度/℃
土地覆被
2007.6.26
GMT 2:14
夏季
36.70
1.99

图 4—2

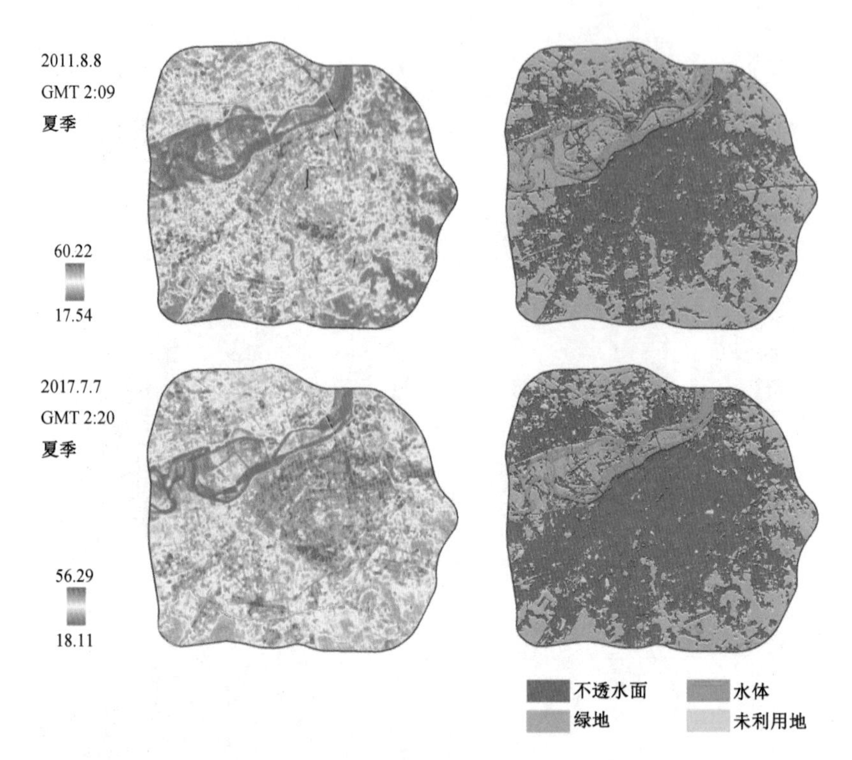

续图 4－2

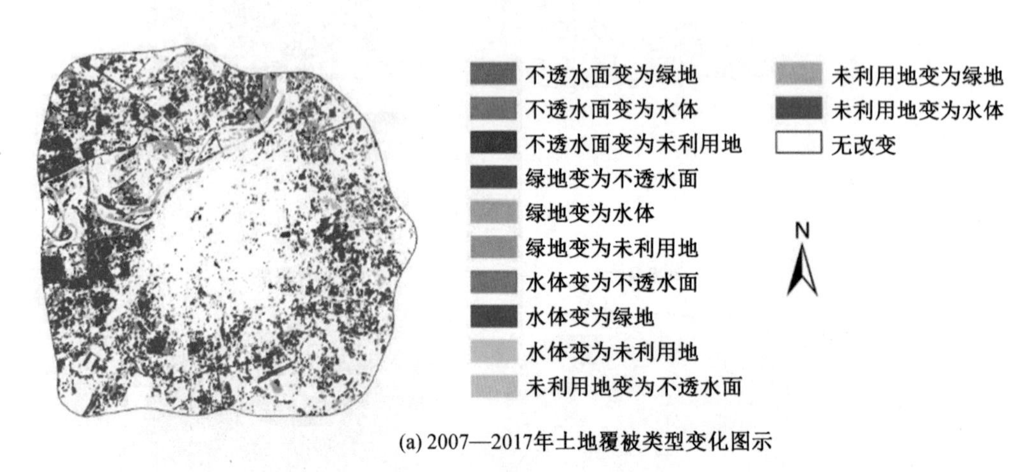

(a) 2007—2017年土地覆被类型变化图示

图 4－3

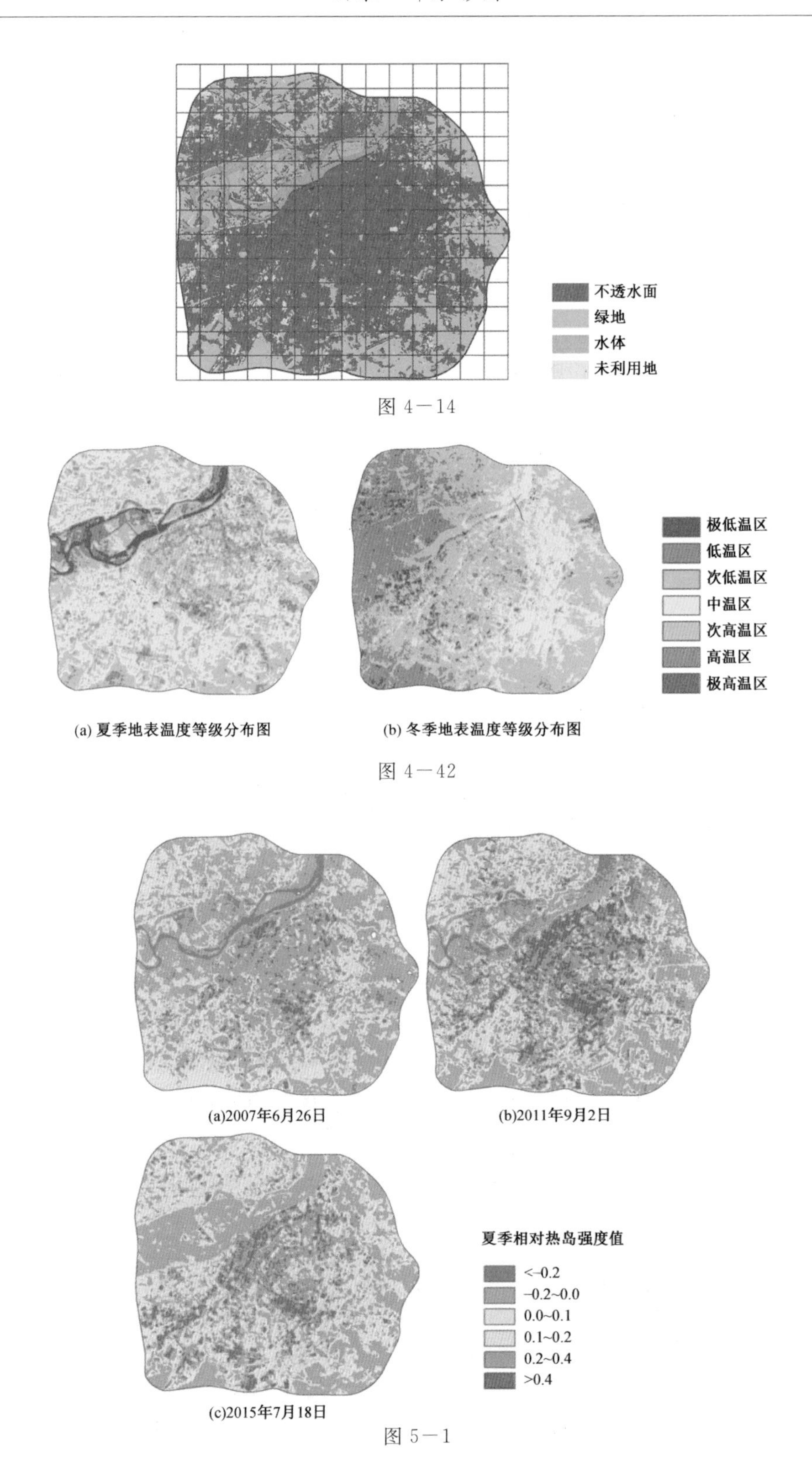

图 4－14

图 4－42

图 5－1

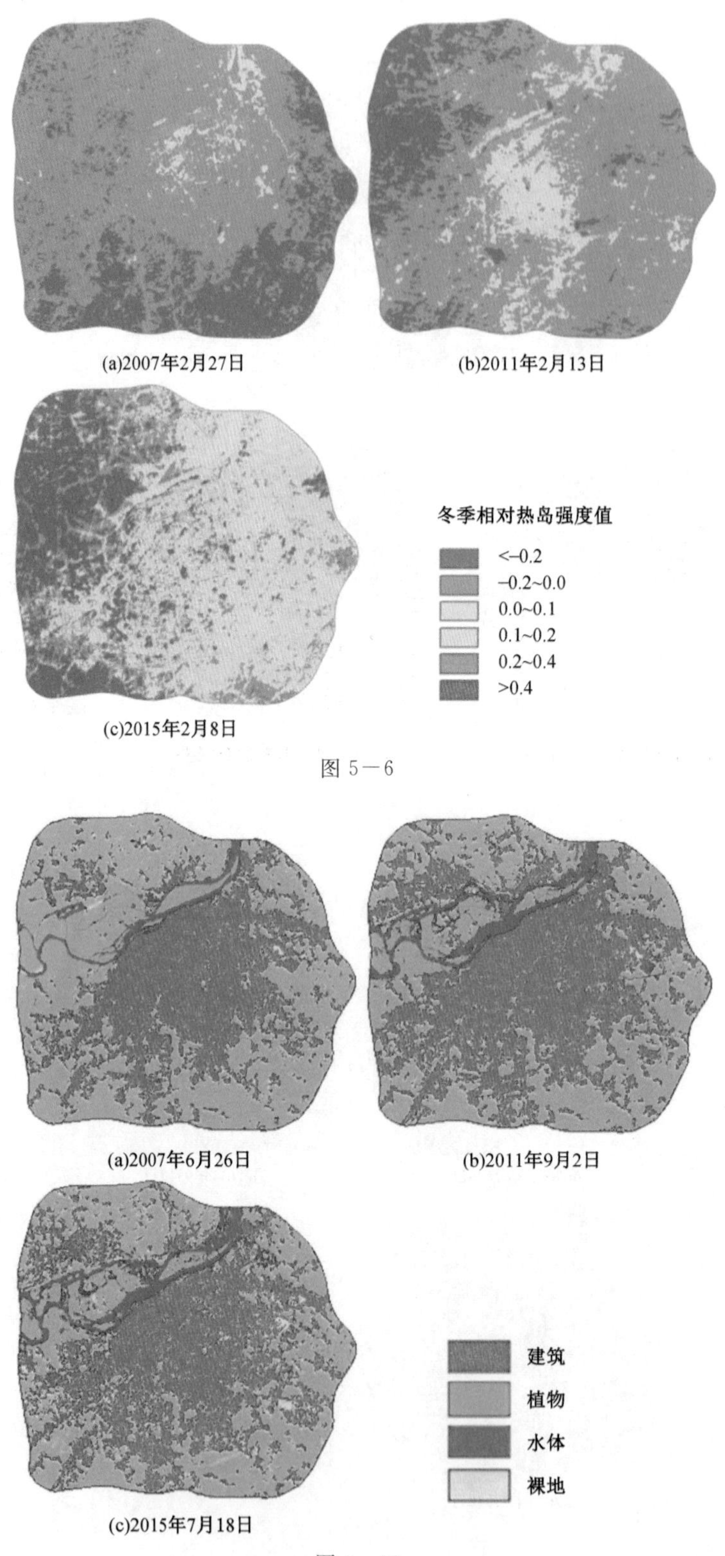
(a)2007年2月27日
(b)2011年2月13日
(c)2015年2月8日
冬季相对热岛强度值
<-0.2
-0.2~0.0
0.0~0.1
0.1~0.2
0.2~0.4
>0.4

图 5—6

(a)2007年6月26日
(b)2011年9月2日
(c)2015年7月18日
建筑
植物
水体
裸地

图 5—11

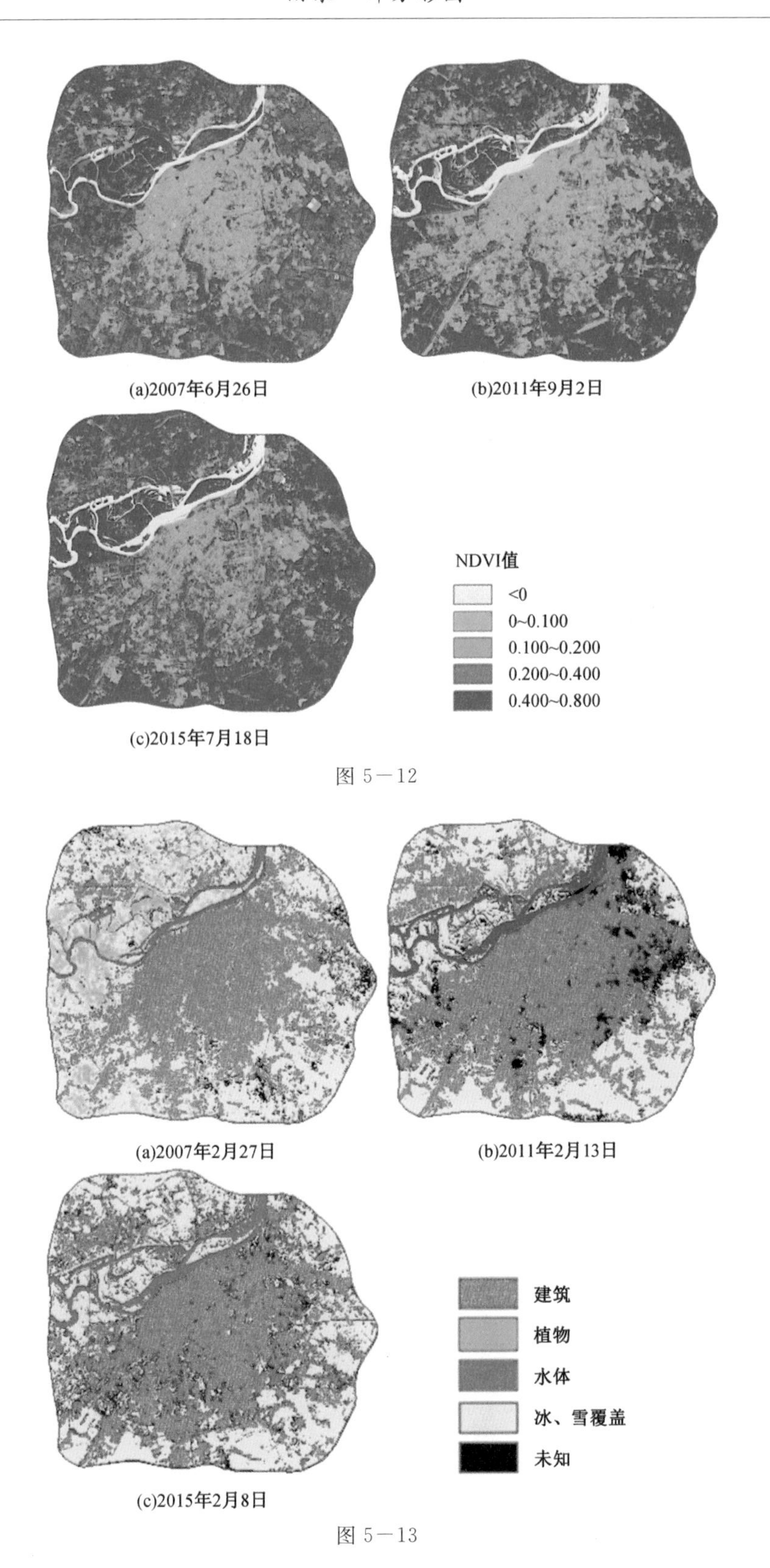
(a)2007年6月26日
(b)2011年9月2日
(c)2015年7月18日
NDVI值
<0
0~0.100
0.100~0.200
0.200~0.400
0.400~0.800
(a)2007年2月27日
(b)2011年2月13日
(c)2015年2月8日
建筑
植物
水体
冰、雪覆盖
未知

图5—12

图5—13

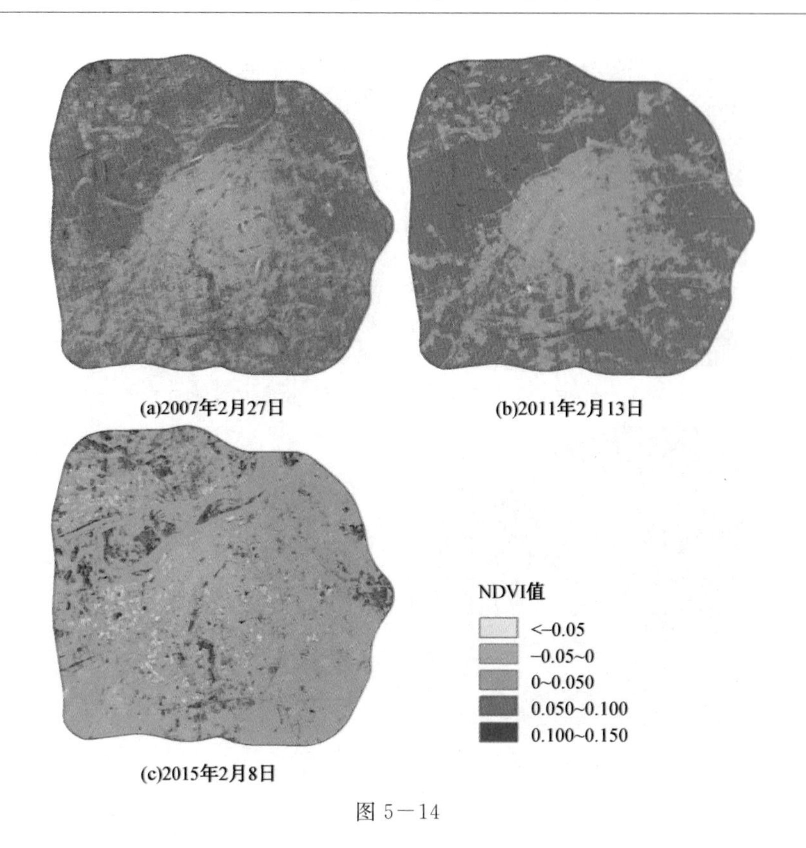

(a)2007年2月27日　(b)2011年2月13日

(c)2015年2月8日

图 5－14